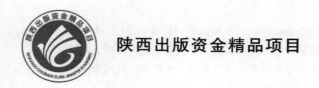

陕西出版资金精品项目

FUHE CAILIAO YUANLI JI GONGYI

复合材料原理及工艺

成来飞　梅　辉　刘永胜　张立同　编著

西北工业大学出版社

西　安

【内容简介】 本书全面系统地阐述了复合材料原材料的结构、性能及复合材料的应用,并从界面和工艺角度介绍了复合材料的相关原理和结构设计,同时也对复合材料的成型工艺和制备方法进行了介绍。

本书既可作为高等学校材料专业本科生教材,也可作为从事相关专业的工程技术人员的参考书。

图书在版编目(CIP)数据

复合材料原理及工艺/成来飞等编著 . —西安:西北
工业大学出版社,2018.3
ISBN 978 - 7 - 5612 - 5892 - 7

Ⅰ.①复… Ⅱ.①成… Ⅲ.①复合材料—高等
学校—教材 Ⅳ.①TB33

中国版本图书馆 CIP 数据核字(2018)第 052880 号

策划编辑:卞 浩
责任编辑:胡莉巾

出版发行:西北工业大学出版社
通信地址:西安市友谊西路 127 号 邮编:710072
电 话:(029)88493844 88491757
网 址:www.nwpup.com
印 刷 者:陕西金德佳印务有限公司
开 本:787 mm×1 092 mm 1/16
印 张:18
字 数:437 千字
版 次:2018 年 3 月第 1 版 2018 年 3 月第 1 次印刷
定 价:48.00 元

前　言

现代复合材料自出现以来,已经发展出聚合物基复合材料、金属基复合材料、陶瓷基复合材料和碳/碳复合材料等几大体系,并广泛应用于航空航天、交通运输、能源、建筑和体育等众多领域。据统计,复合材料的全球市场份额在 2015 年已达 260 亿美元,并保持着高速增长,预计 2020 年此值将达 340 亿美元。

复合材料日新月异的发展对本科生教学工作提出了越来越高的要求,而作为本科生教学基础工作的教材建设也处在不断完善之中。欧美发达国家自 20 世纪 80 年代起便开始了现代复合材料的教学工作,出版了一些经典教材。例如,1987 年出版,由 Krishan K. Chawla 主编的 *Composite Materials:Science and Engineering* 一书以复合材料的微结构-性能关系为主线,反映了聚合物基、金属基和陶瓷基复合材料在当时所取得的研究成果,该书还对复合材料的细观力学、宏观力学和设计原理进行了详细的介绍;2002 年出版,由 Daniel Gay,Suong V. Hoa 和 Stephen W. Tsai 主编的 *Composite Materials:Design and Applications* 一书从工程应用的角度出发,对复合材料的制备工艺、性能特点和设计原理进行了阐释,同时介绍了复合材料层合板承受多种类型载荷下的力学行为和失效判据,并涵盖了复合材料在众多领域的应用实例。自 20 世纪 90 年代以来,国内也开始了复合材料专业的教学工作,陆续出版了一些各具特色的教材。例如,1998 年出版,由闻荻江主编的《复合材料原理》一书重点关注了界面科学与工程以及复合规律这两大基础性问题,并对几类重要的结构复合材料和功能复合材料做了简明介绍,关注了本领域的基本科学问题和工程前沿;2004 年出版,由周曦亚主编的《复合材料》一书侧重各类复合材料的制备工艺和性能,对主要复合材料体系进行了分类论述,兼顾仿生复合材料、纳米复合材料等新材料和原位复合技术、梯度复合技术等新工艺;2011 年出版,由张以河主编的《复合材料学》一书介绍了复合材料的基本概念、基础理论和发展概况,着重体现了矿物复合材料的特色。

综上所述,由于复合材料体系和工艺方法种类繁多、涉及面广,目前本科生教材还没有形成基本固定的知识结构体系。笔者尝试编写一本系统性强、覆盖面广的本科生教材,一方面是为了及时反映复合材料学科的最新研究成果,另一方面也是为了探索建立复合材料本科生教材的基本框架。因此,笔者以各种复合材料体系为基础,以复合材料原理和工艺为主线,将复合材料原理与复合材料及其制备工艺有机结合起来,编著成本书。本书的宗旨是力争使读者站在不同复合材料共性的基础上,更深入地理解复合材料原理与工艺重要的知识点,强化基本功,同时更全面地掌握复合材料原理与工艺发展的本质,扩大知识面。

本书共 15 章,由成来飞教授、梅辉教授、刘永胜教授和张立同教授编著。其中,第 1 章为绪论,第 2 章至第 6 章为材料基础,主要介绍几类复合材料组元的结构与性能以及各类复合材料的应用,涵盖聚合物、金属、陶瓷、碳材料和强韧相几大材料类型,这是设计、制备和应用复合材料的前提;第 7 章至第 10 章为复合材料的复合原理和工艺原理,主要介绍复合材料中不同组元复合时得以实现协同相长的基础性问题,这是掌握复合材料的结构、性能与工艺关系的基础;第 11 章至第 15 章为工艺过程,主要介绍各类复合材料的制备工艺,同时对当前较为前沿的增材制造技术也有所涉及。

　　本书为高等学校复合材料专业本科生教材,也可作为相关研究人员和工程技术人员的参考书。作为教材,本书授课时数为 64 学时左右,先修课程有材料科学基础、物理化学、材料表面与界面等。

　　复合材料是一门融合性学科,众多不同领域的研究者为此学科的发展做出了贡献。本书引用了许多学者的研究成果,在此一并致以谢意。

　　由于水平和时间有限,书中难免存在诸多不足,敬请读者批评指正。

编著者

2017 年 12 月

目　　录

第1章 绪 论

1.1 概 述

现代工业的发展离不开材料的发展,同时它也对材料提出了更高的要求。研发更轻质量、更高强度、更强功能的材料越来越受到人们的重视。人们在传统材料的应用实践中发现,单一材料在具备某些优点的同时,也不可避免地存在着一些难以克服的缺点。这促使了人们对复合材料的研究和应用。

将两种或两种以上的材料以某种方式组合可以获得新型材料,这种新型材料既继承了组元材料的优点,克服或弥补了缺点,又可以获得任何组元都不具备的新特点。同时,人们可以根据应用需求,对这种新型材料的组成、结构和性能进行设计。这便是复合材料的基本思想。

经过多年的研究和应用实践,复合材料已经发展出聚合物基复合材料、金属基复合材料、陶瓷基复合材料和碳/碳复合材料等几大体系,复合材料及其相关技术日趋成熟,并且成本大大降低,制品性能优势突出。复合材料在众多领域逐渐取代传统材料,成为材料解决方案的一大趋势。纵观工程材料的应用史,可以发现复合材料扮演着越来越重要的角色(见图1-1)。

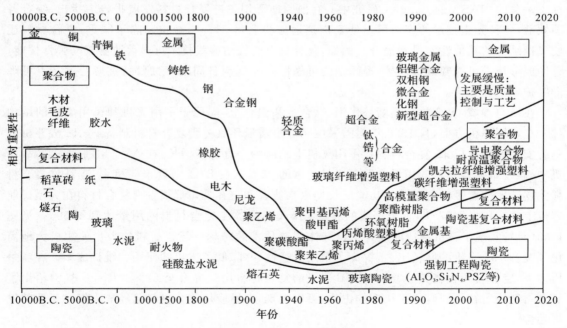

图1-1 工程材料的发展历史

根据2004年的统计结果,全球复合材料市场已经达到500亿美元。在各行业中,航空航天、建筑与基础设施、汽车、体育器材等占据了较大的份额(见图1-2)。

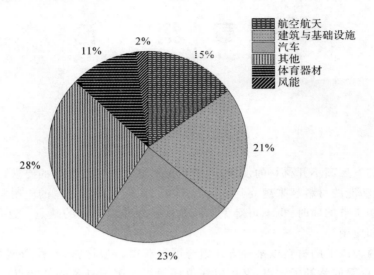

图1-2 复合材料市场在各行业的比重

　　先进复合材料用于航空航天结构上可有效减轻结构质量,从而提高飞行器的速度、载重、航程和机动性等各项关键性能。复合材料的应用部位已由非承力部件及次承力部件发展到主承力部件,并向大型化、整体化方向发展,先进复合材料的用量已成为飞行器先进与否的重要标志。美国NASA的Langley研究中心在航空航天用先进复合材料发展报告中指出,综合各项效益,各种先进技术的应用可以使亚声速运输机获得51%的减重。除了减重,复合材料还使飞机结构的其他性能得到提升。例如,复合材料的气动剪裁技术可显著改善气动弹性性能;整体成形技术可大幅减少连接,提高结构可靠性并降低制备周期;耐腐蚀、抗疲劳的特点可降低维护成本。

　　在航空领域,复合材料逐渐替代钢、钛合金和铝合金,应用于军用飞机和民用飞机的结构件。在军用飞机方面,自1969年美国采用硼纤维增强环氧树脂复合材料制备F-14战斗机的垂直安定面蒙皮以来,复合材料在军用飞机上的应用一直稳步增长,在AV-8B和F-22战斗机中,碳纤维复合材料的用量已经占机身总重的25%。在B-2等隐形飞机中,碳纤维复合材料蒙皮还发挥着吸收电磁波的功能。长期以来波音和空客公司都很重视复合材料在大型民航客机上的应用。2007年,首架下线的波音787飞机机体中复合材料的用量达到了50%(见图1-3(a)),实现了飞机制造向复合材料基体制造技术的跨越。复合材料的大量使用极大地简化了波音787飞机的制备工艺,提高了乘用舒适性,并降低了飞机的使用和维护成本。在竞争压力下,空客公司也将其A350-XWB飞机的复合材料用量提升至52%。图1-3(b)给出了复合材料用量在不同时代飞机中的占比,可以发现,大量应用复合材料已经成为航空工业的发展趋势。

　　在航天领域,除了航天飞机、太空飞船等的大型结构件,复合材料还被应用于太阳能阵列、天线、光学设备等的支撑结构。通过结构设计,复合材料可具备极低的热膨胀系数,因而可以在很宽的温度范围内保持尺寸稳定性,大大提高了上述设备的结构可靠性和精度。

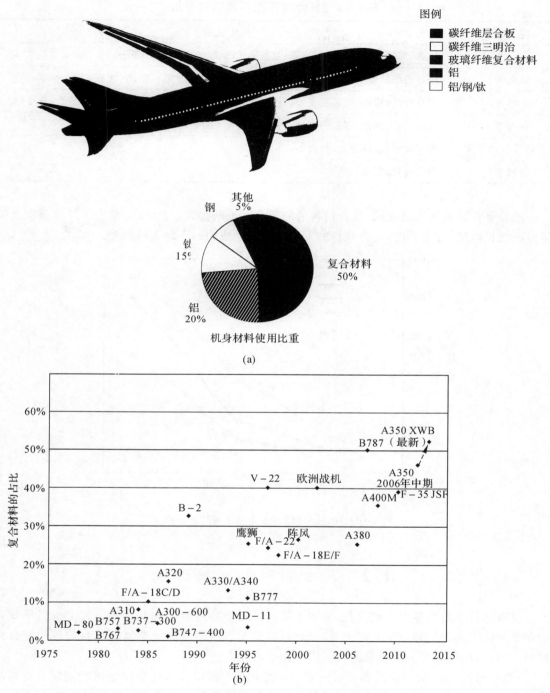

图 1-3 复合材料在航空工业中的应用

(a)波音 787 飞机机身结构用材料的应用状况; (b)不同时期飞机中复合材料的应用占比

　　除航空、航天、军事等先进领域外,复合材料在众多民用领域的应用也迅速发展。表 1-1
给出了复合材料在诸多行业的典型应用。

表 1-1　复合材料在各领域的应用

应用领域	具体应用
航空	机翼、尾翼、机身蒙皮、雷达罩、起落架舱门、发动机罩板、升降舵
航天	机身支撑结构、载荷舱门、远程机械臂、防热结构、压力容器、小型支撑件
汽车	车身部件(罩板、散热器支架、缓冲梁、车顶梁),底盘(后身钢板弹簧、驱动轴、负重轮)
体育器材	网球、羽毛球拍,高尔夫球杆,钓竿,自行车架,滑板,船体,弓
建筑与基础设施	桥梁面板,建筑修复、加强
风能	风力叶片,发电机罩

随着复合材料技术的成熟,复合材料的应用范围不断扩大。图1-4给出了纤维需求量随年份的增长曲线,可以看出,复合材料的发展壮大已经成为一个显著的趋势。

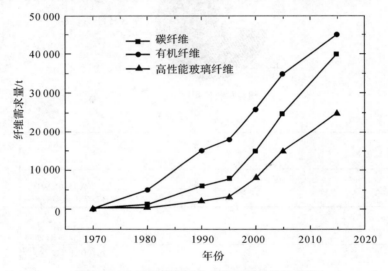

图 1-4　先进纤维的需求量随年份的增长曲线

1.2　复合材料的发展历程

复合材料在自然界中广泛存在,例如木材、竹子、动物的骨骼和肌肉等。人类也很早就开始制造并使用复合材料。从宏观上看,复合材料的发展可以分为早期复合材料和现代复合材料两大时代,而现代复合材料又经历了以下四个阶段:

1940—1960 年,玻璃纤维和合成树脂的商品化生产使得玻璃纤维增强树脂基复合材料成为具有工程意义的材料,人们也展开了复合材料的科研工作。随着相关技术的成熟,复合材料在许多领域取代了金属材料,这被看作是现代复合材料发展的第一阶段。

1960—1980 年,高性能纤维(碳纤维、Kevlar 纤维等)的研制成功带来了先进复合材料的问世,复合材料进入高性能阶段。

1980—1990 年是金属基复合材料的时代,铝基复合材料的应用较为广泛。

1990 年至今被认为是现代复合材料发展的第四阶段,主要发展多功能复合材料,如智能复合材料、梯度复合材料等。

1.3　复合材料的组成

一般来讲,复合材料由基体、分散于基体中的增强体以及两者之间的界面组成。各组元的性能、相对含量、界面结合及增强体的几何形态、分布状况和空间取向对复合材料的性能均有影响。

基体是复合材料中的连续相,它黏结了分散的增强体,使材料成为一个整体,并对增强体提供保护。在结构复合材料中,基体并非主要的承载单元,而是起将应力传递至增强体的作用,然而,在某些复合材料中,基体对复合材料的面间剪切和面内剪切性能具有重要影响。在压缩载荷下,基体还起到支撑增强体、防止其屈曲的作用,因而对压缩强度也有影响。在功能方面,基体的环境性能、电磁性能、热性能等对复合材料的相应性能有重要贡献。

增强相有连续纤维、短纤维、晶须、片层和颗粒等形式,其中连续纤维因其优异的性能和承载能力而应用最为广泛。由于尺度效应,增强相的力学性能通常远远优于块体材料(图 1-5 给出了不同状态材料的力学性能对比),可以有效地提高复合材料的力学性能。此外,具有某些功能特性的增强相还可以赋予复合材料以相应功能,例如,SiC 晶须增强的 SiC_w/Al_2O_3 复相陶瓷与单项 Al_2O_3 陶瓷相比,不仅具有更好的力学性能,其导电性和导热性也可获得极大提高。

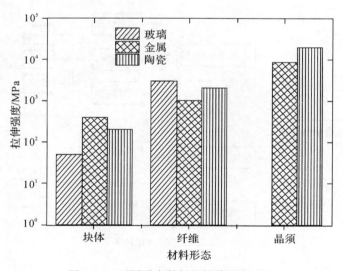

图 1-5　不同形态材料的拉伸强度对比

界面是增强体和基体之间具有一定厚度(一般为数纳米到数微米)的过渡区域,它具有传递应力、阻断裂纹扩展、散射电磁波等多种单一材料所不具备的功能,是复合材料中的重要结构。界面种类和对界面结合状态的调控是复合材料科学与工程中不可忽视的部分。

材料科学发展至今,材料体系极大扩充,人们对各类材料的结构与性能研究日益深入,这为复合材料的设计和制备提供了基础。本书第 2 章至第 6 章(材料基础)即对各类材料进行较为全面的讲解。

1.4　复合材料的分类

在现代材料体系下,众多增强体与基体材料为人们设计和制备复合材料提供了灵活的选择,这也催生了种类繁多的复合材料。人们常依据增强体和基体的类型对复合材料进行分类。

按照增强体类型可对复合材料进行以下分类(见图1-6):

(1)颗粒增强复合材料。

(2)短纤维/晶须增强复合材料。当短纤维/晶须的排列具有取向性时,复合材料会表现出各向异性;当短纤维/晶须随机分布时,复合材料在宏观上各向同性。

(3)连续纤维增强复合材料。连续纤维具有各种排布或编织方式,详见本书第10.2.2节。

按照基体类型可对复合材料进行以下分类:

(1)聚合物基复合材料。

(2)金属基复合材料。

(3)陶瓷基复合材料。

(4)碳/碳复合材料。

本书第2章至第5章分别介绍以上几种复合材料的基本特点和应用。

除以上两种分类方式外,复合材料按照性能高低可分为常用复合材料和先进复合材料;按照用途可分为结构复合材料、功能复合材料和结构/功能一体化复合材料。

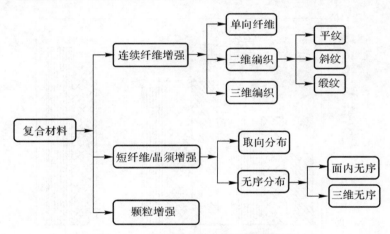

图1-6　复合材料按增强体类型分类

1.5　复合材料的性能特点

组元间的复合效应赋予了复合材料任何单一组元所不具备的性能,复合效应本质上是基体与增强体的性能,以及由两者之间的界面结合状态相互作用、相互补充所产生的。为了获得具有所期望的性能的复合材料,需要依据复合原理,对复合材料进行设计,并结合工艺原理,选取合适的工艺进行制备(详见本书第7章至第10章)。

不同体系的复合材料性能各异,但总的来说,相比传统材料,复合材料具有以下性能特点:

　　(1)比强度和比模量高。复合材料的一项突出特征是比强度和比模量高。在航空航天和交通运输等领域,减重是结构设计的一项重要目标,因而复合材料与传统材料相比具有极大的竞争优势。图 1-7 给出了某些复合材料与传统材料的比强度和比模量,可以看出,复合材料在轻质高强这一方面具有传统结构材料难以比拟的优势。

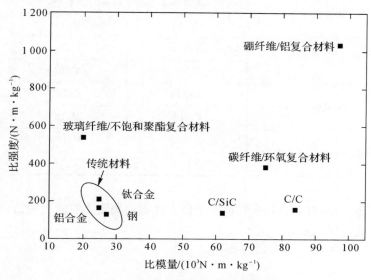

图 1-7　不同材料的比强度和比模量对比

　　(2)具有各向异性。纤维、短纤维/晶须可以沿某一方向或某几个方向择优取向,相应地复合材料的性能也将产生各向异性。例如,在层合板复合材料中,为了提高复合材料在某一方向的拉伸性能,可以通过提高这一方向的纤维体积分数的方法来实现。表 1-2 给出了不同预制体结构 C/SiC 复合材料在力学性能上的各向异性。可以看出,2.5D 和 3D C/SiC 复合材料在不同方向上的力学性能具有较大差异。在特定的结构中,人们对材料在不同方向的力学性能的要求是不同的,复合材料各向异性的特性适于应用于这些结构。

　　(3)性能可设计性强。随着复合材料科学与技术的发展,复合材料组元(增强体、基体、界面相)的可选择范围越来越广,复合材料成型工艺越来越多,人们对复合材料结构与性能关系的理解也日趋深刻和完善,这都为设计出符合需求的复合材料提供了基础。

　　(4)可制备复杂形状的大型构件。复合材料可以实现制备与成型的一体化。例如,根据构件的形状需要制备出增强体预制体,然后,采用浸渗的方法引入基体,填补增强体间的孔隙即可获得复合材料构件,不需后续加工。目前,聚合物基复合材料已经在大型风力发电机叶片、飞机机身等构件中获得了大量应用。

　　以上优点使得复合材料在工程上具有极大的吸引力,然而,以下缺点制约了复合材料的推广:尽管性能优异,复合材料目前还较为昂贵,仅被应用于对性能有严格要求的领域;由于制备工艺的限制,复合材料中常常存在某些严重缺陷,复合材料的可靠性还有待提高;复合材料的各向异性在有些情况下是一个不利因素;复合材料的产能还不足,无法满足相关领域的应用需求;最后,人们对复合材料的应用经验尚浅,对复合材料的性能考核工作开展不足,相关性能数据库匮乏。

表 1 - 2　不同预制体结构 C/SiC 复合材料的各向异性

性能指标	材料类型	
	2.5D C/SiC	3D C/SiC
拉伸强度/MPa	X:325	X:270
	Y:146	Y:15
拉伸模量/GPa	X:169	X:140
	Y:61	Y:13
压缩强度/MPa	X:210	X:235
	Y:405	Y:16
压缩模量/GPa	X:162	X:182
	Y:95	Y:17

尽管存在诸多不足,复合材料在性能上的巨大优越性决定了它的光明前景,复合材料在未来必将得到极大的发展。

第 2 章　聚合物材料的结构与性能

2.1　概　　述

现代意义上的复合材料研究和应用始于 20 世纪 40 年代。第二次世界大战(简称"二战")期间,军事装备对于轻质高强材料的需求催生了玻璃纤维增强塑料(GFRP)。随着各种新型高性能纤维和聚合物基体的出现,聚合物基复合材料已经成为应用最为广泛的一类复合材料。

作为复合材料的基体,聚合物材料的各类性质对于复合材料的成型工艺和制品性能都有决定性的影响。本章重点介绍聚合物材料与复合材料相关的性质,并介绍一些常用的聚合物基体材料。

2.2　聚合物材料的微观结构

聚合物材料又称高分子材料,由大量相对分子质量达 10^6 甚至更高的链状大分子(高分子)聚集而成。与金属和陶瓷材料相比,聚合物材料的强度和模量较低,耐化学腐蚀,是热和电的不良导体,热稳定性差,使用温度一般低于 150 ℃。一些高性能聚合物材料(如聚酰亚胺),可以在更高的温度下使用。

2.2.1　分子结构

组成聚合物材料的高分子是由众多被称为单体的小分子通过聚合反应生成的。聚合物的分子结构中,重复出现的单元被称为结构单元。图 2-1 为乙烯分子通过聚合反应生成聚乙烯(PE)分子的示意图。

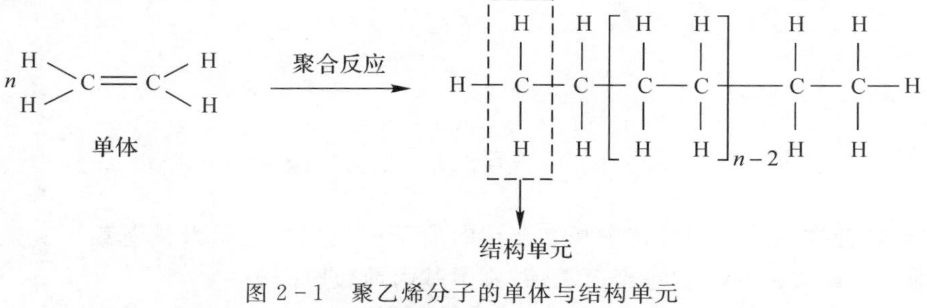

图 2-1　聚乙烯分子的单体与结构单元

类似聚乙烯这类由一种单体聚合而成的聚合物被称为均聚物。当单体有两种或两种以上时,形成的聚合物被称为共聚物。图 2-2 为乙烯-醋酸乙烯酯(EVA)的分子结构示意图,它由乙烯与醋酸乙烯两种单体共聚生成。图中,m 和 n 的数值不固定,即两种结构单元的排列可以是任意的。

结构单元的种类及其排序方式属于聚合物的一次结构。事实上,聚合物具有复杂的多级结构。

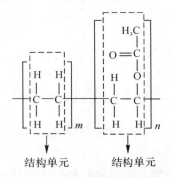

结构单元   结构单元

图 2-2 乙烯-醋酸乙烯酯分子结构示意图

依据分子链的形状,聚合物可分为线形聚合物、支链聚合物、交联聚合物以及梯形聚合物,如图 2-3 所示。

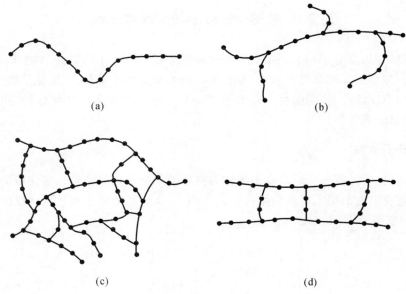

(a)   (b)

(c)   (d)

图 2-3 聚合物链的几种形状
(a)线形; (b)支链; (c)交联; (d)梯形

(1)线形聚合物。此类聚合物由相互连接的原子所构成的主链及侧基组成。众多工程塑料的分子即属于此类,如聚乙烯,聚氯乙烯,聚甲基丙烯酸甲酯等。

(2)支链聚合物。此类聚合物的特征是主链上支接了支链,支链的类型、数量、长度等对于聚合物的性能有重要影响。

(3)交联聚合物。此类聚合物的众多分子链相互连接,形成了三维网状结构。这种结构使得分子间的滑移变得困难,故此类聚合物通常具有较高的强度和刚度。

(4)梯形聚合物。两条线形聚合物相互连接,形成梯形聚合物。此类聚合物的刚度较线形聚合物有所增加。

2.2.2　相对分子质量

相对分子质量是聚合物的一项重要参数。一般来说,组成聚合物材料的高分子的相对分子质量并不是单一的,而是具有一定分布的,即聚合物的相对分子质量具有多分散性。聚合物相对分子质量的统计平均值及其分布对聚合物的众多性能均有显著影响。常用的相对分子质量的统计平均值有数均相对分子质量($\overline{M}_n$)、重均相对分子质量($\overline{M}_w$)和黏均相对分子质量($\overline{M}_z$)。

设某一聚合物体系内,相对分子质量为 M_i 的聚合物的数量为 n_i,总质量为 W_i,三种平均相对分子质量的含义和计算方法如下。

(1)数均相对分子质量。数均相对分子质量为聚合物的相对分子质量在数量上的平均,即所有聚合物相对分子质量的总和与分子数量的商,计算公式为

$$\overline{M}_n = \frac{\sum n_i M_i}{\sum n_i}$$

数均相对分子质量可以采用熔点法、计数法、渗透压法、端基分析等方法测定。

(2)重均相对分子质量。以聚合物的质量作为统计单元,则可得到重均相对分子质量:

$$\overline{M}_w = \frac{\sum W_i M_i}{\sum W_i} = \frac{\sum n_i M_i^2}{\sum n_i M_i}$$

重均相对分子质量最常用的测试方法为光散射法。

(3)黏均相对分子质量。黏均相对分子质量与聚合物熔体的黏流特性相关性最大。定义 $z_i = W_i M_i$,则黏均相对分子质量的计算方法如下:

$$\overline{M}_z = \frac{\sum z_i M_i}{\sum z_i} = \frac{\sum n_i M_i^3}{\sum n_i M_i^2}$$

黏均相对分子质量可用光散射法或超速离心法测量。

由三种平均相对分子质量的计算方法可以看出,$\overline{M}_z \geqslant \overline{M}_w \geqslant \overline{M}_n$,如图 2-4 所示。只有当聚合物中聚合物的相对分子质量完全均一时不等式才取等号。平均相对分子质量的各种测试方法可参考本书后参考文献[4]。

统计学上常用方差来考察某一数据的分散性,聚合物相对分子质量的分散性同样可以用方差来衡量。根据方差的定义,有

$$\begin{cases} \sigma_n^2 = \dfrac{\sum\limits_i (M_i - \overline{M}_n)^2}{\sum\limits_i n_i} \\[4mm] \sigma_w^2 = \dfrac{\sum\limits_i (M_i - \overline{M}_w)^2}{\sum\limits_i n_i} \end{cases}$$

其中,σ_n^2 和 σ_w^2 分别是数均相对分子质量和重均相对分子质量标准下的方差。化简可得

$$\begin{cases} \sigma_n^2 = \overline{M}_n^2 \left(\dfrac{\overline{M}_w}{\overline{M}_n} - 1 \right) \\[2mm] \sigma_w^2 = \overline{M}_w^2 \left(\dfrac{\overline{M}_z}{\overline{M}_w} - 1 \right) \end{cases}$$

定义多分散系数 $d = \dfrac{\overline{M}_w}{\overline{M}_n}$ 或 $d = \dfrac{\overline{M}_z}{\overline{M}_w}$。可见,在某一聚合物体系中,相对分子质量的分散性可以用 d 来衡量。d 的值越大,相对分子质量的分散性越强,d 最小为 1,此时聚合物的相对分子质量均一。

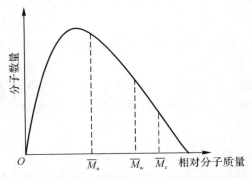

图 2-4 聚合物的几种平均相对分子质量

聚合物间通过范德华力相互结合,聚合物的相对分子质量越大,彼此间的范德华力的加和就越大,同时,聚合物的重叠和缠结程度也越高。这些都使得聚合物间的作用力增强,因而,聚合物的相对分子质量及其分布对聚合物的诸多力学性能和物理性能都有着决定性的影响。通常,随着相对分子质量的提高,聚合物的强度和模量增大,断裂伸长率下降;过高的相对分子质量会对聚合物的韧性产生不利影响。聚合物的软化点、溶液和熔体黏度、溶解度则随相对分子质量的增加而降低。

窄的相对分子质量分布有利于提高制品的性能,而较宽的相对分子质量分布则可以降低聚合物熔体的黏度,提高聚合物的加工性能。实际应用中,需要综合考虑相对分子质量及其分布对聚合物制品使用性能和加工性能的影响。为此,人们开发了相对分子质量呈双峰分布的聚乙烯产品,如图 2-5 所示。相对分子质量较高的那部分聚合物保证了产品的力学性能;而相对分子质量较低的聚合物则使得产品易于加工,同时起到内增塑作用,改善了产品的韧性。

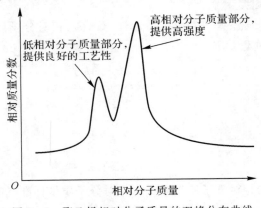

图 2-5 聚乙烯相对分子质量的双峰分布曲线

2.2.3　高分子的运动

与小分子相比,聚合物的体积庞大,结构复杂,这就使得聚合物的运动具有许多特殊性。归结起来有以下几方面:

(1)运动单元的多重性。聚合物的结构是多层次的,聚合物除了 2.2.1 小节提到的结构单元和分子形状的差异性外,侧基、相对分子质量的大小及其分散性、结晶、取向、织构等特征赋予了聚合物在不同尺度上的结构,这就造成了聚合物运动单元的多重性。聚合物的运动单元有以下五种:

1)侧基:侧基可以进行自身内旋转,相对于主链转动、摆动。

2)链节:链节是指聚合物中基本的重复结构单元,链节的运动是聚合物主链中几个化学键的协同运动。

3)链段:当高分子的某个链节运动时,会带动它周围若干个链节共同运动,这些相互影响的链节即称为链段。

4)分子链:分子链的运动是各部分分子链协同运动的结果,它使得整条分子链的质心位置改变。

5)晶区:晶区运动是指聚合物结晶区域发生局部松弛、晶型转变和晶体缺陷运动等。

(2)聚合物运动的时间依赖性。分子通过运动恢复到平衡态的过程称为松弛过程。松弛需要一定时间,运动单元越大,所受阻力越大,松弛时间就越长。小分子的松弛时间很短,通常在 $10^{-10} \sim 10^{-8}$ s 之间,可认为小分子的松弛是即时完成的。聚合物中,不同运动单元的大小和运动模式不同,其松弛时间也有差异。键长、键角的松弛时间与小分子相当,链段、整条分子链的松弛时间则长得多。因此,聚合物体系的松弛时间不是单一的,其跨度可从 10^{-10} s 到几个月、几年甚至更长,可用“松弛时间谱”来表示。

(3)聚合物运动的温度依赖性。温度对于高分子的运动具有重要影响。从能量方面考虑,聚合物的运动需要一定的能量,温度的升高使得聚合物运动单元所具备的能量增加。当能量超过运动所需克服的能垒时,运动单元即处于激活状态,可以进行某一模式的运动。从体积效应考虑,聚合物各运动单元的运动需要一定的空间来相互协调,温度升高将使聚合物体积扩大,内部的自由空间增加,有利于聚合物的运动。

2.2.4　聚合物材料的物理状态

小分子物质通常具有气、液、固三种物理状态。温度较低时,分子的热运动不足,分子间作用力使得分子紧密地结合在一起,物质呈现形状和体积固定的固态。随着温度升高,分子的热运动逐渐增强,物质经历固-液转变和液-气转变,变为液态和气态。温度的变化同样会引起聚合物状态的变化。聚合物具有玻璃态、高弹态和熔融态三种状态。处于不同状态,聚合物材料的应力-应变行为和流变行为具有不同的特征。

随温度的改变,聚合物宏观性质会发生显著的变化。例如,对聚合物施加某一恒定外力,其形变与温度的关系如图 2-6 所示。可见,聚合物在不同温度下呈现出以下几种区别明显的物理状态:

(1)玻璃态。当温度低于玻璃化转变温度(T_g)时,聚合物处于玻璃态。此时,聚合物呈现一种坚硬的刚性状态,变形性很低,其应力-应变行为基本服从胡克定律。在玻璃态下,聚合物只有键长、键角、侧基、链节等小的运动单元处于激活状态,而链段和整链的松弛时间很长,超出了测试的观测时间范围,聚合物表现不出明显的变形能力。

从热力学角度来看,处于玻璃态的聚合物属于一种过冷液体,其黏度极大,失去流动性,因而呈现出固体的性质。

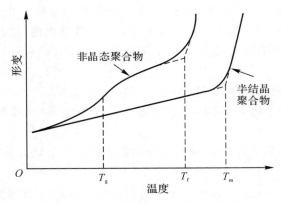

图 2 - 6 聚合物的形变随温度的变化

(2)高弹态。当温度处于玻璃化转变温度(T_g)～黏流温度(T_f)之间时,聚合物处于高弹态。在此温度范围内,链段的运动被激活,而整条聚合物链的松弛时间仍然很长。受到外力时,由于链段的运动,聚合物的形变量较大,表现得柔软而富有弹性。但聚合物链的质心并没有发生改变,即聚合物链之间没有相对移动。因此,在撤去外力后,形变随之消失,聚合物恢复到原来的尺寸。

聚合物在玻璃态与高弹态之间的转变被称为玻璃化转变,转变温度为 T_g。通常,T_g 相较于室温的高低是判定聚合物属于塑料还是橡胶的标准。T_g 高于室温的聚合物被称为塑料,T_g 是其工作温度的上限。T_g 低于室温的聚合物被称为橡胶,T_g 是其工作温度的下限。T_g 与分子结构有关。一般来说,相对分子质量、主链的刚性、侧基或支链的尺度越大,交联程度越高,聚合物的 T_g 就越高。

(3)黏流态。对于非结晶聚合物,当温度高于黏流温度(T_f)时,聚合物处于黏流态。在此状态下,聚合物链的运动被激活,分子间可以发生相对移动,聚合物表现出流体的性质,受到外力时发生黏性流动,撤去外力时形变不可恢复。

聚合物在高弹态与黏流态之间的转变被称为黏流转变。

具有结晶性的聚合物一般处于半结晶状态,结晶区域的分子运动会受到结晶的影响。对于轻度结晶的聚合物,温度升高时,非晶部分发生玻璃化转变,聚合物的变形性随之增大,变得柔软。而当结晶度高于某一临界值(约为 40%)时,结晶区域相互连接,起到承载应力的作用,材料的变形受到制约,观察不到聚合物明显的玻璃化转变。温度进一步升高至熔点(T_m),结晶区域将发生熔融。如果聚合物的相对分子质量不太高,T_f 将低于 T_m,聚合物呈现黏流状态;若相对分子质量足够大,T_f 将高于 T_m,聚合物呈高弹态,进一步升温至 T_f 以上才可进入黏流态。

2.2.5 结晶度

聚合物通常以非晶或半结晶的状态存在。聚合物相对分子质量的多分散性、侧基、支链、分子间的缠结等结构因素决定了聚合物实现完全结晶是十分困难的。结晶度是指聚合物材料中,结晶区的体积占聚合物总体积的百分比。实际情况下,聚合物的类型、相对分子质量、结晶温度和降温速率等因素均对结晶度有影响。随着结晶度的增加,聚合物的强度和刚度上升,断裂伸长率降低。

2.3　聚合物的力学特性

从柔软、高弹的橡胶到坚硬、质脆的环氧树脂,聚合物材料的力学特性具有很宽的分布范围。本节将从拉伸和压缩两方面介绍聚合物的力学行为。

2.3.1　聚合物的拉伸行为

根据承受拉伸载荷时的强度、模量、韧性、断裂伸长率等指标,可以将聚合物按照表 2-1分为 5 类,它们的拉伸应力-应变曲线示意图如图 2-7 所示。

表 2-1　不同类型聚合物的力学特点

力学行为	弹性模量	屈服点	拉伸强度	断裂伸长	举例
软而弱	低	低	低	中等	聚合物凝胶
软而韧	低	低	中等	高	橡胶、软质 PVC
硬而脆	高	基本不存在	高	低	聚苯乙烯
硬而强	高	高	高	中等	硬质 PVC
硬而韧	高	高	高	高	尼龙、醋酸纤维素

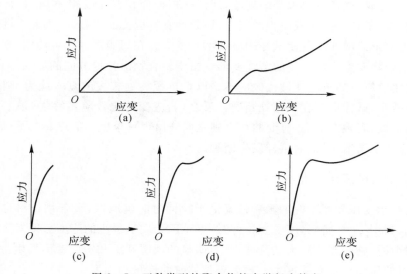

图 2-7　五种类型的聚合物的力学行为特点
(a)软而弱; (b)软而韧; (c)硬而脆; (d)硬而强; (e)硬而韧

对于脆性的聚合物,在拉伸载荷的作用下,发生很小的形变后即脆性断裂,没有明显的屈服现象;对于韧性的聚合物,当应力达到某一值时,聚合物发生屈服现象,应力不需增加即可产生塑性变形,随后发生断裂。

下面将结合聚合物试样的拉伸实验(见图2-8)来分析聚合物的变形和断裂过程。

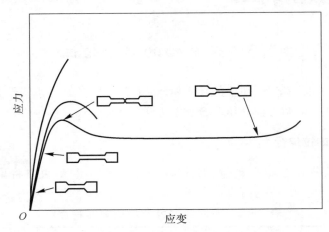

图 2-8　聚合物试样拉伸试验中的宏观变化和应力-应变曲线

当应变较小时,聚合物呈现线弹性,即应力-应变关系符合胡克定律。此时的应变主要来源于键角的变化和键长的增加,撤去外力后应变可恢复。当应变增加时,应力-应变的斜率变小,即聚合物的模量下降,这种现象被称为应变转化。这是因为拉伸使得聚合物的构象发生变化,卷曲的聚合物链被拉直,此时的应变仍在弹性范围内。对于脆性聚合物,若应变进一步增加,试样发生脆性断裂,整个实验过程中不发生或几乎不发生屈服现象和塑性变形。对于延展性较好的聚合物,当应变进一步增加时,应力将出现一个极大值,曲线中的这个点被称为屈服点或上屈服点。此时,试样将出现颈缩现象,即试样横截面积开始变得不均匀,某一处横截面积小于其他处。由于颈缩处横截面积的减小,该处的真实应力变得较高,因此在随后的拉伸过程中,表观应力值不需增加即可使试样的应变不断增大。在屈服后的聚合物中,聚合物开始产生相对滑移,聚合物发生不可恢复的塑性变形。由于聚合物沿拉伸方向的取向排列,因而聚合物产生应变硬化效应。如果应变硬化效应不足以抵抗颈缩处较大的真实应力,则颈缩处的横截面积将不断减小,试样最终在颈缩处断裂。反之,若应变硬化效应足够强,颈缩将沿着试样拉伸方向不断扩展,表现在应力-应变曲线上则是曲线出现一个极小值点,称为下屈服点;随后应力值不变,应变不断增加;最后试样发生断裂。

2.3.2　聚合物的压缩行为

多数材料在承受压缩载荷时的延展性要优于拉伸时的延展性,聚合物材料也是如此。以聚苯乙烯为例,如图2-9所示,当受到拉伸时,聚苯乙烯发生很小的应变后即发生断裂。而当它受到压缩载荷时,则表现出较大的延展性,有明显的屈服现象和塑性变形发生。需要注意的是,聚合物材料的压缩模量和强度也一般大于拉伸时的模量和强度。

2.3.3　聚合物力学行为的温度和时间依赖性

在介绍聚合物的分子运动时,已经提到了聚合物运动的温度和时间依赖性。聚合物对载荷的响应是分子运动的结果,因而温度和时间对于聚合物的力学行为同样具有显著影响。

图 2-10 为无定形聚合物的弹性模量与温度的关系示意图。随着温度的升高,聚合物的弹性模量呈下降趋势,弹性模量在玻璃化温度和黏流温度两处发生大幅的变化。

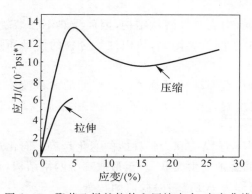

图 2-9　聚苯乙烯的拉伸和压缩应力-应变曲线
注:1 psi* ≈6.895 kPa

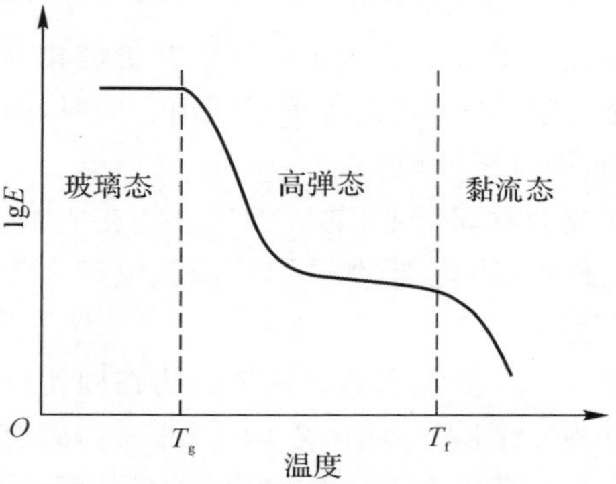

图 2-10　无定形聚合物的弹性模量与温度的关系示意图

时间对聚合物力学行为的影响可以通过加载速率来体现。聚合物的各级运动单元具有一定的弛豫时间。随着加载速率的提高,某些运动单元会来不及响应,故缓慢加载时延展性好的聚合物在快速加载时可能发生脆性断裂,反之亦然。图 2-11(a)为不同应变速率下聚合物材料的应力-应变曲线示意图。温度对聚合物材料应力-应变行为具有与之类似的影响(见图 2-11(b))。

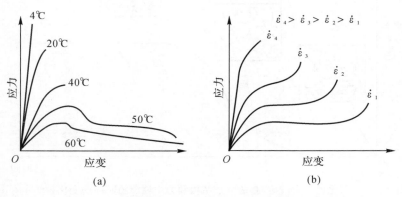

(a)　　　　　　　　　　(b)

图 2-11　聚合物力学行为的温度和时间依赖性
(a)PMMA 在不同温度下的拉伸应力-应变曲线示意图;　(b)聚合物在不同应变速率下的拉伸应力-应变曲线示意图

2.4　复合材料中常用的聚合物基体

热塑性聚合物和热固性聚合物是两类常见的聚合物材料,它们在分子结构、力学特性和物理化学性质等方面有较大差异,因而当作为复合材料基体时,复合材料的成型工艺及产品性能也各不相同。

热塑性聚合物的分子间不存在共价键,聚合物通过范德华力或物理缠结等弱的相互作用结合在一起,加热时分子间可以产生相对移动,表现为受热熔融;受到溶剂作用时,相邻聚合物可以被溶剂分子隔开,表现为遇到溶剂溶解。热塑性聚合物的制品可以加热熔融后重新成型,因而可以回收重复利用。

热固性聚合物的分子一般由共价键相互交联,构成三维网状结构,因而受热不会熔融,也不溶于溶液,故一般无法重复利用。同时,由于分子间滑移困难,热固性聚合物的模量和强度也较高,而延展性较低。

在复合材料行业,热固性聚合物在成型前通常是一种相对分子质量较低的黏稠液体。在一定条件下(固化剂、加热、紫外线、电子束等)通过聚合反应,其分子链增长并彼此交联,最终固化成型。

图 2-12 展示了热固性聚合物在固化过程中分子结构和力学性能的变化趋势。固化过程可以分为三个阶段:①随着固化的进行,聚合物间逐渐发生交联,直至形成三维网络结构,聚合物成为果冻状的凝胶。这一阶段为凝胶阶段,也称为 A 阶段,凝胶时间记为 t_{gel}。②聚合物从凝胶状态到具有一定硬度、可以脱模的这段时间为硬化阶段(B 阶段)。③硬化阶段后的聚合物不溶不熔,交联度进一步增加,力学性能不断提高,直至固化时间(t_{cure})后,交联基本完全,力学性能趋于稳定,此阶段称为熟化阶段(C 阶段)。需要注意的是,在熟化阶段,由于聚合物的运动变得困难,故此阶段的持续时间很长,一般为几天或几周,甚至更长。

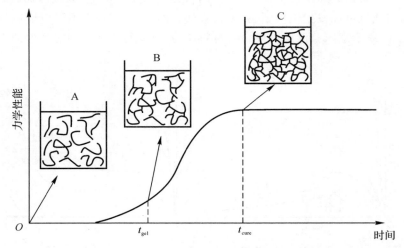

图 2-12　固化过程中,聚合物的分子结构和力学性能随时间的变化趋势示意图

2.4.1　热固性聚合物

相比热塑性聚合物,热固性聚合物较早地被用于复合材料的基体,目前其用量更大。本节将简要介绍不饱和聚酯树脂、环氧树脂、酚醛树脂和聚酰亚胺树脂等几种最常用的基体材料。

1. 不饱和聚酯树脂

不饱和聚酯树脂是指分子中含有不饱和碳碳双键的酯类线型聚合物,由二元酸或酸酐(通常为饱和酸/酸酐、不饱和酸/酸酐的混合物)和二元醇(通常为饱和醇)共聚而成,碳碳双键的存在保证了分子间可以交联,使树脂得以固化成型。

不饱和聚酯树脂的综合性能较差,且固化收缩大,一般不被用于先进复合材料。然而,玻璃纤维增强不饱和聚酯树脂低廉的成本使其被广泛地应用于管道、船壳、卫浴用品等行业,是用量最大的聚合物基体。表 2-2 给出了不饱和聚酯树脂的一些性能数据。

表 2-2 不饱和聚酯树脂的常见组分

单体		分子结构式	功能
不饱和酸/酸酐	马来酸酐	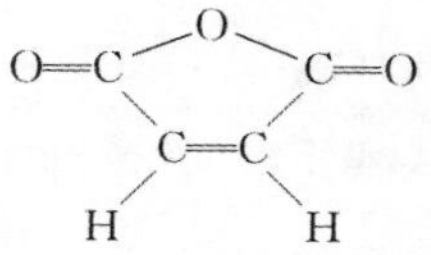	提供不饱和双键
	富马酸	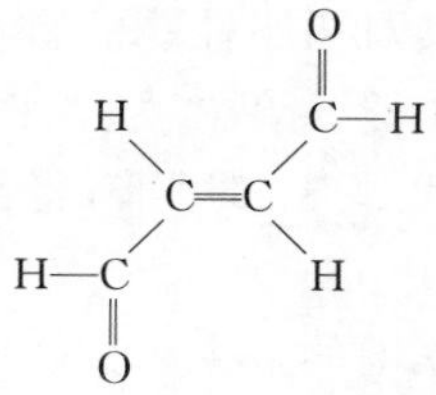	
饱和酸/酸酐	邻苯二甲酸	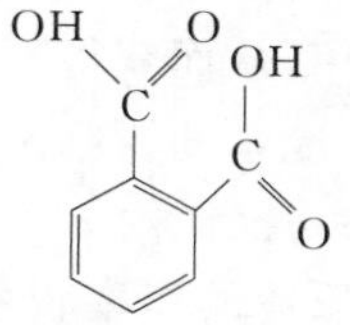	成本低廉,性能均衡
饱和酸/酸酐	间苯二甲酸	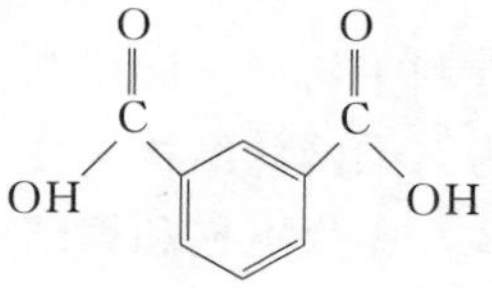	提高力学性能和耐化学性能
	己二酸及其同系物	—	柔韧性
	卤化酸/酸酐	—	阻燃性
二元醇	丙二醇	HO—HC—CH$_2$—OH 中间 CH	成本低廉,性能均衡
	二甘醇	HO—H$_2$C—CH$_2$—O—CH$_2$—CH$_2$—OH	柔韧性
	双酚 A	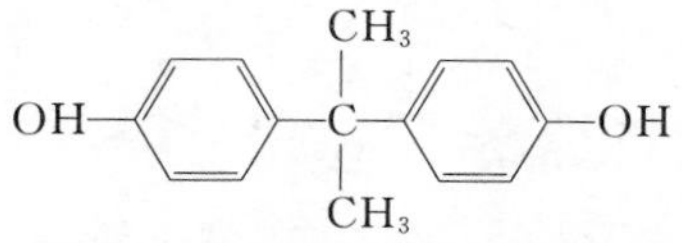	耐化学性,高的热变性温度

图 2-13 是一种典型的不饱和聚酯树脂的分子结构示意图。如图 2-13 所示,不饱和聚酯树脂的聚合物链的骨架由二元酸/酸酐和二元醇结构单元构成,链中含有不饱和的双键和酯键,两端含有未反应的羧基和羟基。酯键可以发生水解反应,酸或碱的存在可以加速水解过

程,但在酸性介质中水解是不完全的,且是可逆的。因此,不饱和聚酯树脂可用于耐酸性环境,耐碱性则较差。

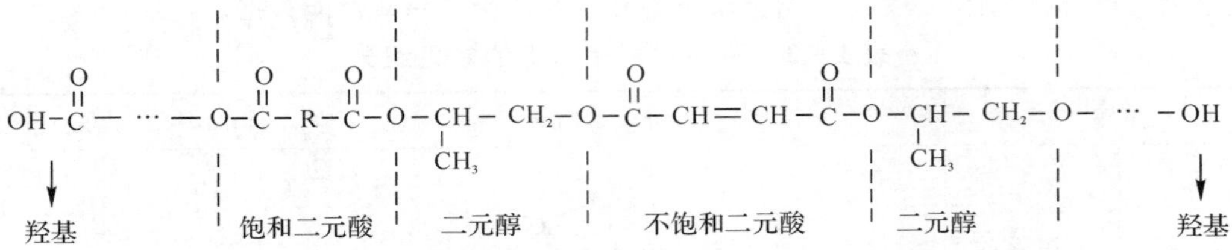

图 2-13　一种典型不饱和聚酯树脂的分子结构示意图

调节不饱和聚酯树脂分子链的构成单元,可得到一系列具有不同性能特点的树脂产品。合成不饱和聚酯树脂常用的单体及其对树脂性能的影响见表 2-2。

通用型不饱和聚酯树脂最常见的合成单体为马来酸酐(不饱和酸酐)、邻苯二甲酸(饱和酸)和丙二醇。使用间苯二甲酸替代邻苯二甲酸,得到的树脂具有更好的韧性和耐化学腐蚀性。

交联密度是指交联聚合物中交联键的多少。交联密度提高,聚合物的模量、玻璃化转变温度、热稳定性都将提高,而断裂应变将降低。调节不饱和聚酯树脂组分中饱和酸与不饱和酸的比例可以起到调控树脂交联密度的作用,从而获得不同性能的树脂产品。

总之,不饱和聚酯树脂是一类派系庞杂的树脂家族,多种单体可以引入到其中对树脂进行改性,感兴趣的读者可以参考本书后参考文献[4]。

不饱和聚酯树脂与自身发生聚合反应的速率较慢,而与乙烯基类单体(称为交联剂)的聚合反应速率则要快得多。实际应用中的不饱和聚酯树脂通常都是添加了交联剂的树脂溶液,交联剂的存在降低了树脂的黏度,有利于树脂浸润增强体,同时在固化时可以与树脂中的不饱和双键反应,将线型树脂分子连接为三维网状结构。

苯乙烯是最常见的交联剂,图 2-14 为不饱和聚酯树脂与苯乙烯交联固化的示意图。

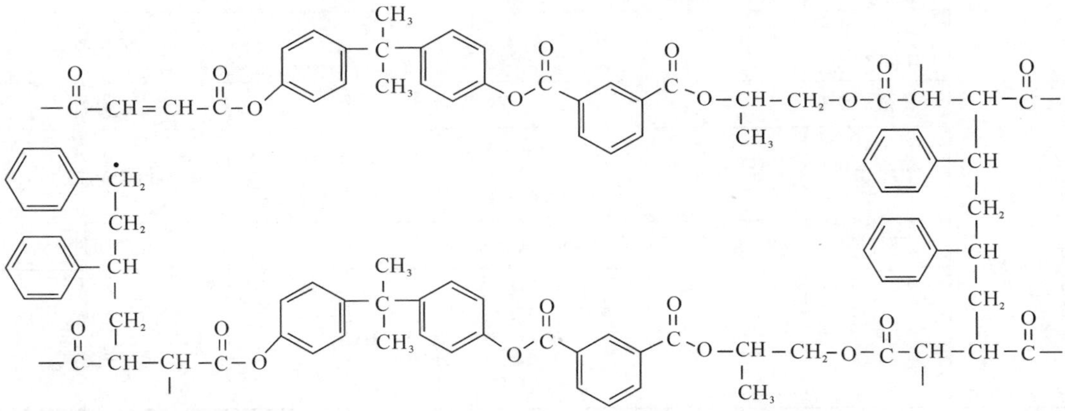

图 2-14　不饱和聚酯树脂与苯乙烯单体的交联反应(碳原子上的点表示反应仍在继续)

不饱和聚酯树脂的固化属于自由基型的共聚反应,人们通常向反应体系中加入引发剂和促进剂来加快固化速率。引发剂通常是有机过氧化物,如过氧化甲乙酮,它的分解可以提供交联反应所需的自由基,从而推动反应的进行(见图 2-15)。常温下,引发剂的分解是很慢的。促进剂,如环烷酸钴的加入可以加速引发剂的分解,从而使得树脂体系可在常温下固化。必须提及的是,在配置不饱和聚酯树脂时,不可将引发剂和促进剂直接混合,否则引发剂剧烈分解放出的大量热量可能引发起火或爆炸事故。

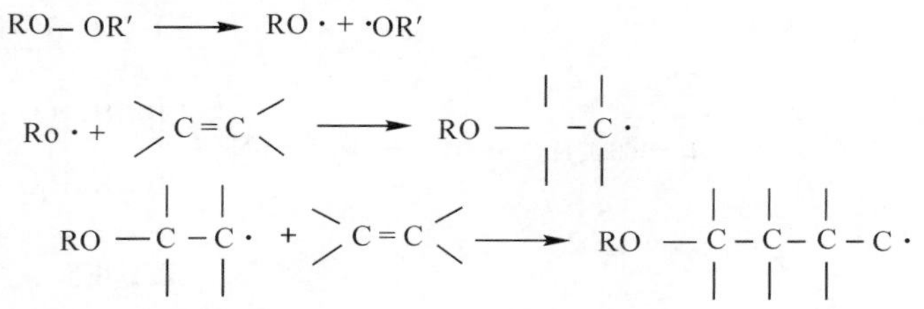

图 2-15　引发剂分解生成自由基,引发共聚反应

2. 环氧树脂

环氧树脂的分子结构中含有环氧键,在一定条件下环氧键可以打开,与固化剂发生化学反应,实现交联固化。环氧树脂是高性能聚合物基复合材料中应用十分广泛的基体材料,与不饱和聚酯树脂相比,环氧树脂的成本较高,然而,它具有较好的耐潮性、较低的固化收缩率(约 3%)、优异的力学性能、更高的使用温度上限以及与纤维良好的黏附力。

环氧树脂的分子结构通式如图 2-16 所示。通过改变与环氧键连接的端基,可以调整环氧树脂的分子结构,进而得到一系列性能各异的树脂体系。

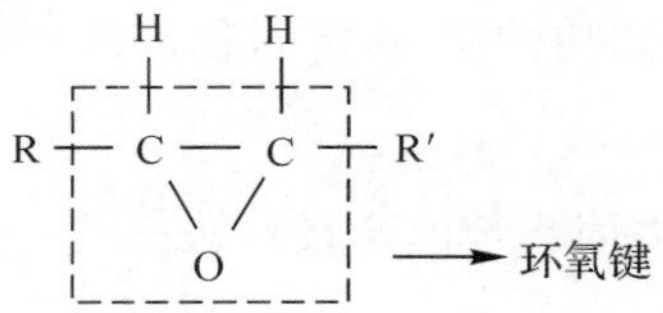

图 2-16　环氧树脂的分子结构通式

最常用的环氧树脂为双酚 A 型缩水甘油醚(简称 GEDBA),它一般由环氧氯丙烷(简称 ECH)与双酚 A 聚合而成,如图 2-17 所示。n 代表方括号中的结构在分子中的重复次数,通常在 0~12 之间。随着 n 的增大,树脂逐渐由黏稠的液体变为固体。在制备复合材料时,需要根据工艺和性能要求选择具有合适 n 值的树脂。

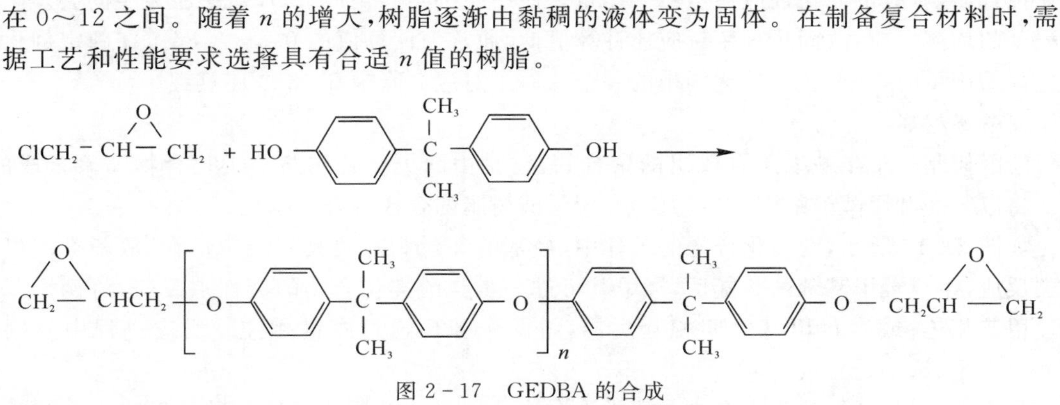

图 2-17　GEDBA 的合成

环氧树脂常用的固化剂有胺类、酸酐类和催化类等。其中,胺类化合物的应用最为广泛,依据其分子结构可分为脂肪胺和脂环胺两种。脂肪胺类固化剂的反应活性较高,固化时间短且可以在室温下固化。脂环胺类固化剂与树脂需要在较高的温度下固化,其制品具有更好的热稳定性和化学稳定性。图 2-18 示意性地给出了胺类固化剂与环氧树脂的固化反应式。

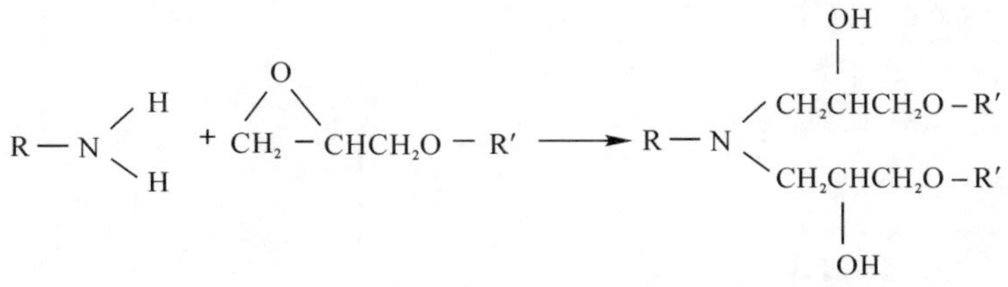

图 2-18 环氧树脂与胺类固化剂的固化反应

酸酐类固化剂需要高的固化温度和长的固化时间,固化后的树脂具有良好的热稳定性和化学稳定性,但其耐氢氧化钠和水的侵蚀能力差。

催化型固化剂是一类路易斯酸,它们在高温下可以实现环氧树脂间的均聚反应。

为了实现树脂的完全固化,固化剂用量的确定是至关重要的。从化学计量的角度看,固化剂的用量应由环氧树脂中环氧键的数量来决定,为此,引入环氧当量这一常用物理量。环氧当量是指含有 1 mol 环氧键的树脂的质量,即

$$环氧当量 = \frac{环氧树脂的平均相对分子质量}{平均每个分子中含有环氧键的数量} \quad g \cdot mol^{-1}$$

已知环氧当量,则可依据固化剂的类型确定固化剂的用量。现在以胺类固化剂为例进行说明:

$$每 100\ g\ 树脂所需固化剂的质量 = \frac{固化剂的胺氢当量}{树脂的环氧当量} \times 100\ g$$

其中,固化剂的胺氢当量的计算方法为

$$胺氢当量 = \frac{胺的相对分子质量}{与氮原子连接的氢原子数量} \quad g \cdot mol^{-1}$$

对于胺类固化剂,固化剂的实际用量一般与计算值相当。需要注意的是,叔胺具有微弱的催化性,故含叔胺的固化剂应适当减小用量。使用酸酐类固化剂时,环氧树脂分子间会发生一定程度的均聚反应,故固化剂用量应比计算值低,通常为计算值的 0.5~0.85。在确定催化型固化剂的用量时,一般认为催化剂中的一个氮原子对应树脂中 6~8 个环氧键。

3. 酚醛树脂

酚醛树脂是最早被人工合成出的聚合物,它是由酚类化合物与醛类化合物缩聚合成的。现在将以苯酚和甲醛的缩聚反应为例,介绍酚醛树脂的合成及分子结构。

如图 2-19 所示,酚类化合物的苯环中,羟基的邻位和对位具有反应活性,故酚类可以与醛类反应,生成羟甲基苯酚。随后,羟甲基可进一步与酚类化合物的活性点反应,将两个苯环通过甲基相连;或者羟甲基之间相互反应,将两个苯环通过醚键相连。反应过程中有副产物——水生成。

合成酚醛树脂时,酚类聚合物与醛类聚合物的用量比及反应环境的酸碱度将会影响酚醛树脂的分子结构。

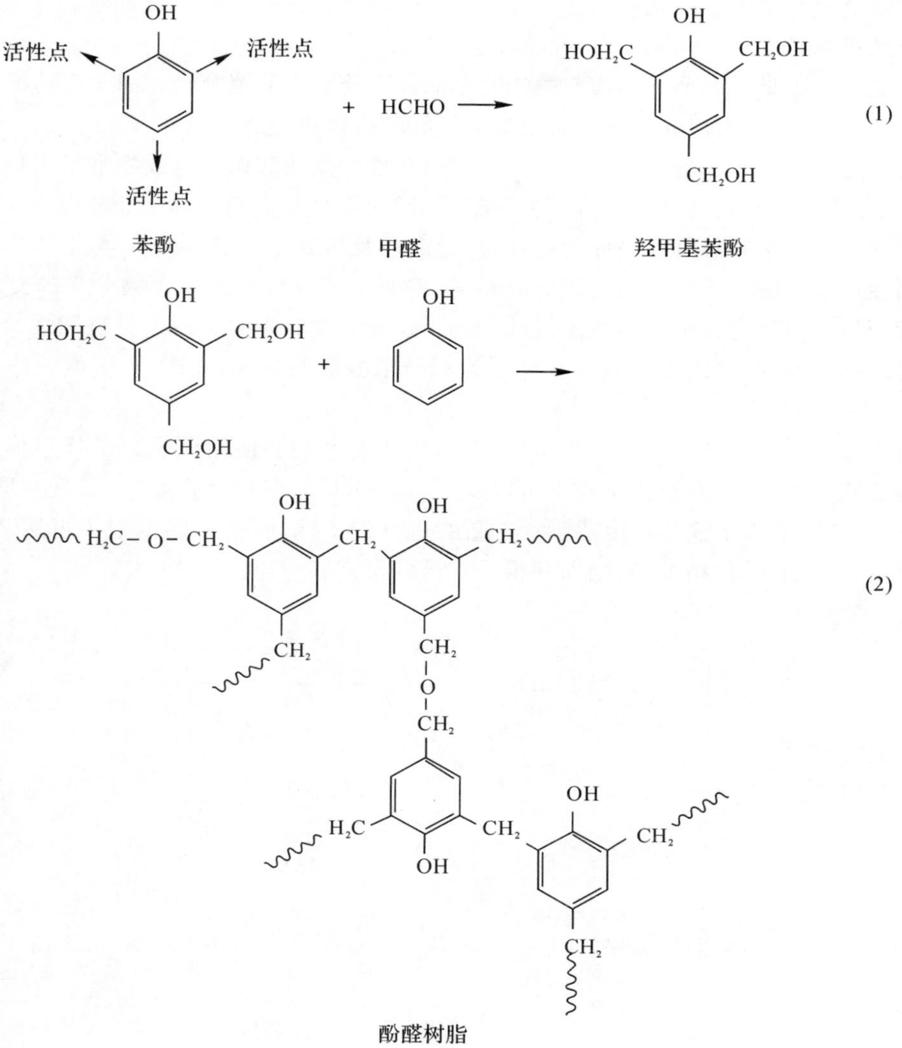

活性点　　　　　　活性点

活性点

苯酚　　　　　甲醛　　　　　　　羟甲基苯酚

(1)

(2)

酚醛树脂

图 2-19　酚醛树脂的合成

　　当反应在碱性催化剂的催化下进行,且醛类化合物与酚类化合物的摩尔比高于 1 时,可以得到热固性酚醛树脂(Resoles)。由于合成时醛类化合物过量,Resoles 的分子中含有羟甲基,当升高温度或改变体系 pH 值时,缩聚反应可以继续,酚醛树脂将固化成为不溶不熔的热固性树脂。Resoles 常被用于制备复合材料预浸料。

　　当合成反应在酸性催化剂的催化下进行,且醛类化合物与酚类化合物的摩尔比低于 1 时,可以得到线型酚醛树脂(Novolacs)。由于酚类化合物过量,Novolacs 的分子中的苯环含有未反应的活性点,在醛类化合物或六次甲基胺等固化剂的作用下可以实现固化。Novolacs 不常用于复合材料,而常用于塑料行业。

　　酚醛树脂是一种原料易得、价格低廉的材料,且具有优异的力学性能、电绝缘性、阻燃性和低烟性等优点,因而在电器行业和复合材料领域具有广泛的应用。值得一提的是,与其他聚合物材料相比,酚醛树脂的热稳定性、抗氧化性和抗烧蚀性尤其出色,非常适于用作航空航天领域的某些需要短时暴露于高温环境的部件,例如导弹前缘、发动机喷管内衬等。

4. 聚酰亚胺树脂

聚酰亚胺树脂是一类分子中含有酰亚胺基的高性能耐高温聚合物。固化后的聚酰亚胺分子中不含亲水性基团,因而其比环氧树脂具有更好的耐水热性能。

聚酰亚胺树脂分为热塑性和热固性两种。热塑性聚酰亚胺由酸酐或酸酐衍生物与二元胺缩聚而成,分子为线形长链状。其熔融黏度较高,因而在成型复合材料制品时需要高温高压。热塑性聚酰亚胺树脂一般具有良好的韧性、热稳定性及热氧化稳定性。

热固性聚酰亚胺在固化前具有较低的黏度,因而工艺性较好。聚合物分子的交联可以使树脂具有理想的热稳定性和化学性稳定性,然而,过高的交联密度会造成材料韧性的下降。依据活性封端基的不同,热固性聚酰亚胺可分为双马来酰亚胺(BMI)、PMR 聚酰亚胺和乙炔封端聚酰亚胺三种。

BMI 聚酰亚胺以马来酰亚胺封端,兼具良好的工艺性能和使用性能。BMI 单体由马来酸酐和芳香二胺加聚而成,在适当条件下可以发生自聚和其他多种聚合反应,实现交联固化(见图 2 - 20)。BMI 聚酰亚胺具有接近环氧树脂的良好的工艺性,使用温度上限可达 225 ℃,且与其他聚酰亚胺相比,价格低廉,因而获得了广泛的研究和应用。

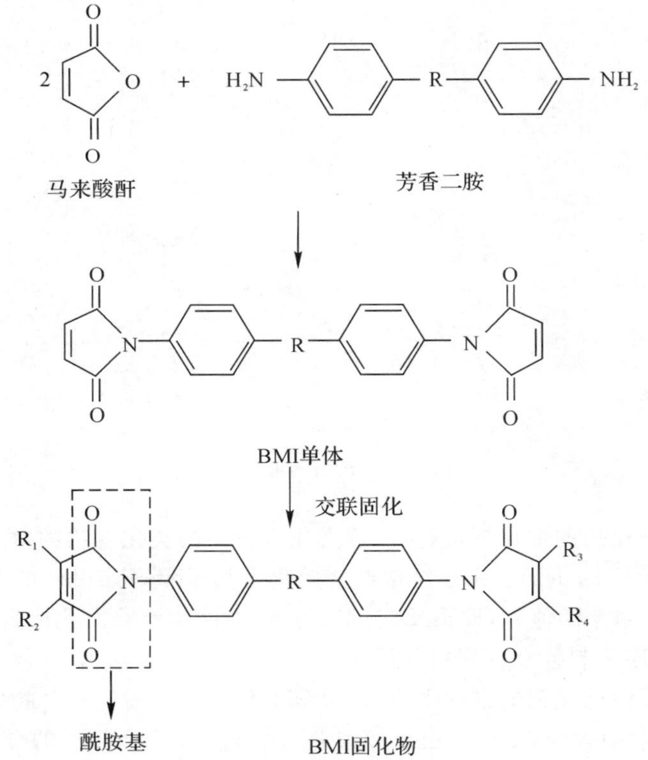

图 2 - 20 BMI 单体及其固化

PMR 聚酰亚胺是由 NASA(美国国家航空航天局)开发的 PMR(in situ Polymerization of Monomeric Reactants,反应性单体原位聚合)技术发展而来的,其活性封端物为 Nadic 酸酐。由于采用了 PMR 技术,该类聚酰亚胺易于浸润增强体。在制备 PMR 基复合材料时,首先采用小分子的芳香二酐、芳香二胺和 Nadic 酸酐单体的溶液浸渍增强体；然后，在 121～232 ℃ 的温度范围内，上述单体发生原位亚胺化，生成聚酰亚胺预聚物，同时，溶剂和反应副产物通过挥发排除；最后，在高温高压下，预聚物交联固化，复合材料最终成型（见图 2 - 21）。在固化阶段无挥发性的副产物产生，故可以得到气孔率极低的复合材料。PMR 聚酰亚胺是常规聚合物中热稳定性最为优异的一类，可以在 316 ℃ 下工作 1 500 h。

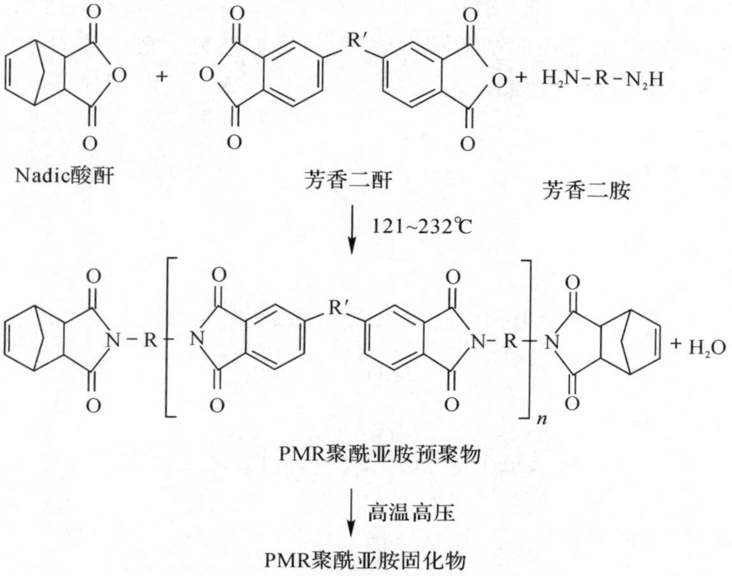

图 2 - 21　PMR 聚酰亚胺的合成及固化

2.4.2　热塑性聚合物

热固性聚合物在成型过程中需经过交联反应，使聚合物间通过化学键形成三维网络。交联度的提高可以改善聚合物的强度、模量和耐化学腐蚀等性能，然而却降低了冲击韧性。高性能热固性聚合物往往因交联度很高，而脆性大。

热塑性聚合物由通过分子间作用力结合的线形聚合物组成，具有很高的断裂伸长率，因而抗冲击强度更高。其复合材料有良好的损伤容限，这是热塑性聚合物相较于热固性聚合物的一大性能优势。热固性聚合物的断裂伸长通常在 1%～3%，而热塑性聚合物的断裂伸长则强烈地依赖于结晶度，约为 30%～100%。

成型时，热塑性聚合物可受热熔融或溶于溶剂从而获得流动性。由于在成型过程中不需经过化学反应，因而其成型周期很短。热塑性聚合物可反复熔融或溶解以回收利用；此外，不同于热固性树脂体系，热塑性聚合物一般不含挥发性小分子，对操作人员的健康危害低。因此，热塑性聚合物具有良好的环境友好性。

然而，热塑性聚合物也存在一些缺点。如热固性树脂的黏度较低，一般在 1 Pa·s 的数量级，而热塑性聚合的相对分子质量很高，因而黏度较高，范围在 10^3～10^6 Pa·s，在不施加压力的条件下难以浸润纤维，这极大地限制了热塑性聚合物复合材料的发展。早期的热塑性聚合物复合材料多为短纤维增强，直至 20 世纪 70 年代，对高容限复合材料的需求才驱动了连续纤维增强热塑性聚合物复合材料的发展。

热固性树脂可以在室温或较低温度下成型,而热塑性聚合物往往需要较高的加工温度,尤其是对于高熔点的高性能聚合物。尽管可以重复使用,多次的高温加热熔融会使得聚合物的性能发生退化。

常用于复合材料基体的传统热塑性聚合物材料有聚丙烯(PP)、尼龙、热塑性聚酯(PET,PBT)和聚碳酸酯(PC)等,图 2-22 给出了几类热塑性聚合物的化学结构式。现在就具体介绍几种高性能新型热塑性聚合物的结构和性能特点,它们的分子链主要由苯环构成,因而具有高的 T_g 和 T_m 以及良好的高温性能。

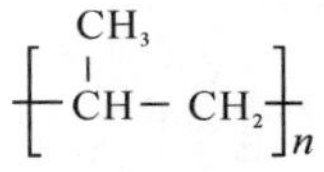

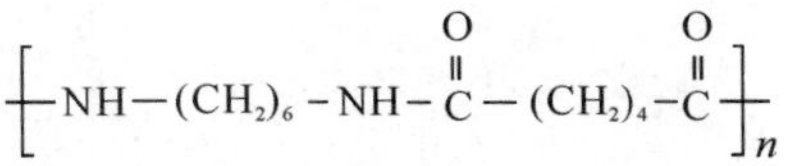

图 2-22 几类热塑性聚合物的化学结构式

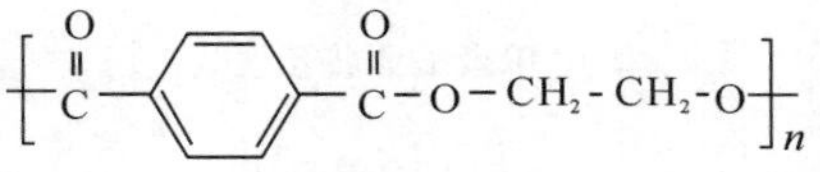

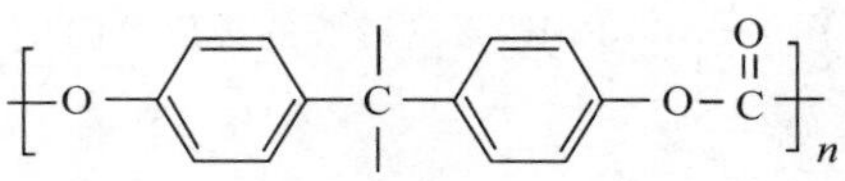

1. 热塑性聚酰亚胺

热塑性聚酰亚胺(TPI)是由聚酰胺和醇通过缩聚反应得到的可熔的线形聚合物,其熔融黏度较高,须在较高温度下加工成型。热塑性聚酰亚胺具有优异的耐热、力学、介电、耐腐蚀和抗辐射等性能,且在易加工性、生产效率、经济效益和环保等方面都优于传统的热固性聚酰亚胺,因而获得了大量的研究和应用。

最早实现商品化且目前产量最大的热塑性聚酰亚胺是 GE 公司于 1982 年投放市场的聚醚酰亚胺(Polyether-imide,PEI,商品牌号为 Ultem©)。图 2-23 给出了其分子结构式。由于分子链中含有双酚 A 残基,PEI 的 T_g 仅为 217 ℃,使用温度为 150~180 ℃。尽管性能不高,低的熔体黏度和相对低廉的价格使得 PEI 获得了广泛的应用。

Avimid K 和 LARC-TPI 是两类常用于复合材料预浸料的热塑性聚酰亚胺。两者在成型前一般处于预聚体溶液状态,体系黏度较低,易于浸润纤维。聚合反应可在 300 ℃ 以上的温度下完成(图 2-24 给出了 Avimid K 的聚合反应式)。两者都为无定形的聚合物,其 T_g 分别为 250 ℃和 265 ℃,都具有良好的耐热和耐溶剂性能。由于树脂的主链中刚性的苯环间存在着柔性基团,因而复合材料可在树脂的玻璃化温度以上加工成型。

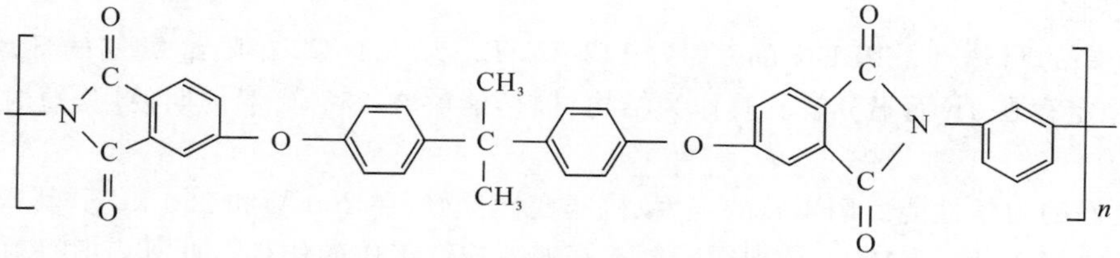

图 2-23　PEI 的分子结构式

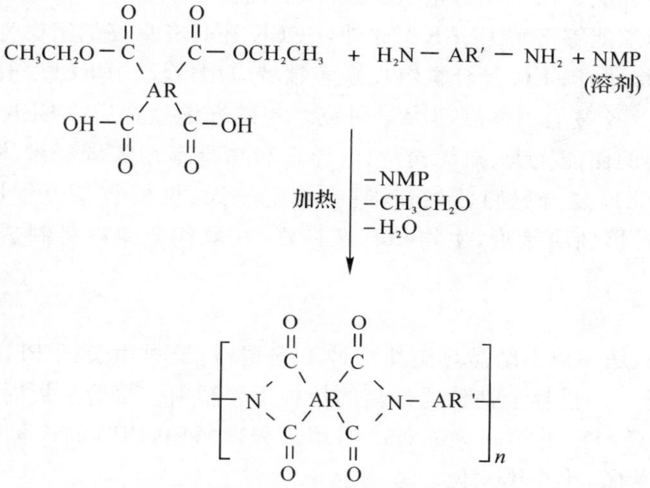

图 2-24　Avimid K 聚合反应式

2. 聚醚醚酮

聚醚醚酮(PEEK)是一类半结晶的芳香族热塑性工程塑料,最早由英国 ICI 公司于 20 世纪 80 年代实现工业化生产。PEEK 通常由对苯二酚、4,4'二氟二苯甲酮和碳酸钾在二苯基砜溶剂中在 150～300 ℃发生反应生成(见图 2-25)。

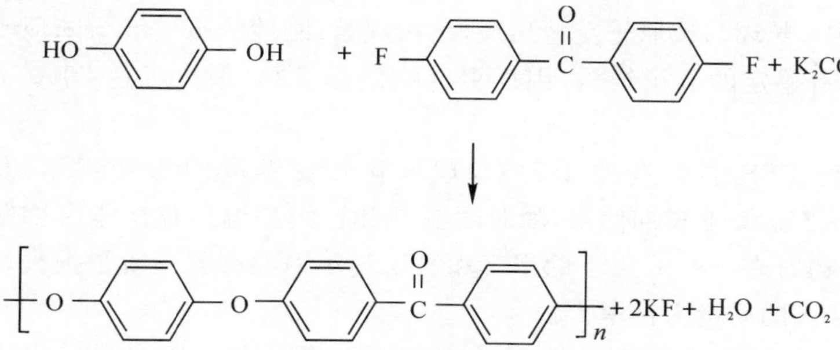

图 2-25　PEEK 的合成反应

PEEK 的分子链可以绕醚键和酮键旋转而呈无规线团构象,分子链间彼此缠绕、交叉。PEEK 的最大结晶度可达 48%,熔体冷却速率和后续退火工艺均对结晶度有较大影响。研究表明,结晶度在 25%～40%时,PEEK 的综合性能最优。作为一种高性能聚合物材料,PEEK

具有以下特性：

(1)良好的耐热性。PEEK 的 T_g 为 143 ℃，T_m 为 334 ℃，在隔绝氧气的环境下，可在 400 ℃下稳定存在 1h 而不分解。其作为结构材料，能够在 250 ℃下长期使用，短时使用温度达 300 ℃。

(2)良好的力学性能。PEEK 的强度、抗蠕变性良好，在 200 ℃和 250 ℃下，其弯曲强度仍能保持到 24 MPa 和 12 MPa，特别适于制造高温下连续工作的构件。此外，PEEK 的耐摩擦、磨损性能优良，可在 250 ℃下保持很高的耐磨性和低的摩擦因数。

(3)突出的环境性能。PEEK 耐化学腐蚀性强，高温下能抵抗大多数化学物质的侵蚀。通常情况下，只有浓硫酸能够溶解 PEEK。此外，PEEK 还具有良好的阻燃性和较低的吸水率。

由于以上优良特性，PEEK 复合材料在众多领域应用广泛。PEEK 与碳纤维的相容性好，因而碳纤维增强 PEEK 复合材料获得大量研究。与碳纤维复合后，PEEK 的结晶温度和熔点有所下降，复合材料的储能模量、损耗模量、电导率和热导率均随碳纤维体积分数的提高而提高。碳纤维增强 PEEK 复合材料已经在国防、航空航天、机械装备等领域获得应用。此外，PEEK 树脂与人体骨骼性质接近，生物相容性良好，在取代金属材料制造人造骨骼方面具有前景。

3. 聚苯硫醚

聚苯硫醚(PPS)是一种半结晶热塑性特种工程塑料，最早由美国 Phillips 公司于 1973 年实现工业化生产，是当今世界上性价比最高的特种工程塑料。尽管发展时间不长，但其在产量上已经是特种工程塑料中的第一大品种。通用工程塑料中，PPS 的产量仅次于聚碳酸酯、聚酯、聚甲醛、尼龙和苯醚，排在第六位。

PPS 聚合物呈苯环在对位上与硫原子相连而成的线型结构，其分子结构式如图 2-26 所示。

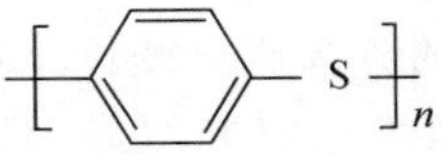

图 2-26　聚苯硫醚(PPS)的分子结构式

在 PPS 分子中，苯环与硫原子交替出现，结构规整；刚性的硫醚键与苯环密集的苯环连接后形成大 π 键，具有稳定的分子结构，因而聚合物结晶度高(最大可达 70%)且刚性大。PPS 具有以下特征：

(1)耐热性能。PPS 的熔点为 285 ℃，玻璃化转变温度约为 90 ℃，短期使用温度达 260 ℃，可在 200～240 ℃下长期使用，瞬时耐温性和连续耐温性仅次于聚四氟乙烯和聚酰亚胺。热分析表明，PPS 在 500 ℃以下的空气和氮气气氛中没有明显质量损失；在惰性气氛下，1 000 ℃时仍有 40%的质量保持率。

(2)环境性能。PPS 耐化学腐蚀性强，仅次于聚四氟乙烯。除受强氧化性酸(浓硫酸、浓硝酸、王水等)的腐蚀外，能耐绝大多数酸、碱、盐类。其在 200 ℃下不溶于任何试剂，仅在高温下能溶于氯化萘、氯代联苯等少数有机溶剂。由于分子中含有硫元素，PPS 的阻燃性很好，不需添加任何阻燃剂即可达到阻燃性能要求。

(3)力学性能。PPS 的刚性很高，抗弯刚度可达 3.8 GPa。尽管 PPS 具有众多优点，但其拉伸强度和弯曲强度仅为中等水平，此外，耐冲击性能也不佳。因此，常常与纤维、无机填料复合,或与其他聚合物进行共混改性以提高制品的力学性能。

(4)电学性能。PPS 在室温下、1 MHz 频率时的介电常数为 3.1,电阻率约为 10^7 $\Omega \cdot cm$。与其他聚合物相比,PPS 的介电常数和损耗角正切都较低,且在较大的频率和温度范围内变化不大,是优秀的电绝缘材料,因而常用于各种电器设备的绝缘部件。

PPS 所具有的耐高温、耐腐蚀的特性使其成为汽车工业的重要材料,其复合材料在石油、化工、国防军工领域的各个方面也有大量应用。

2.5 聚合物基复合材料的应用

聚合物基复合材料具有比强/比模高、抗疲劳性能好、结构和性能的可设计性强等突出优点。自 20 世纪 30 年代连续玻璃纤维生产技术得到开发,并成功用于增强酚醛树脂开始,复合材料已有 80 多年的发展历史;而用于航空航天的碳纤维增强的树脂基复合材料,也就是先进复合材料,自 20 世纪 60 年代问世以来,也跨越了半个多世纪的发展历程。先进复合材料的发展以满足航空航天需求为主,随着它的优点越来越多地被认识和接受,以及使用经验的不断积累,几十年来,特别是进入 21 世纪以来,其应用范围不断扩大,"足迹"遍布生产、生活中的每一个角落。航空、航天、军事、海洋、化工、建筑、医疗、交通等行业能得以扩大再发展,树脂基复合材料可谓功不可没。现在从以下几方面予以简单介绍。

2.5.1 航空领域

航空领域是使用树脂基复合材料最早、最多的部门之一。树脂基复合材料可使飞机显著轻量化,并显著提高飞机的性能,如隐身性能、降低噪声、提高可靠性等。特别是随着军用飞机的发展和性能改善,树脂基复合材料的使用量也大幅度增加。例如 F-18 树脂基复合材料的使用量为 12.1%,美国先进战术战斗机(ATF)则接近 40%,估计美国 B-2 战略隐身轰炸机中其使用量高达 18~22.5 t。西方先进军用飞机结构材料的发展趋势和显著特点就是全复合材料化,并开发隐身性能。我国的先进军用飞机的结构也大量采用了树脂基复合材料。

现代商用飞机使用树脂基复合材料的增长速度也十分迅速,并逐渐由次承力构件向主承力构件过渡,如波音飞机、空中客车等的方向舵、垂尾副翼、升降舵等。图 2-27 所示为飞机上的复合材料结构。全复合材料飞机 Voyager 更是完成了人类历史上首次不加油、不着陆的环球飞行。直升飞机的许多部件也采用了树脂基复合材料,如旋翼桨叶几乎都用树脂基复合材料制作,我国研制的直-九直升机使用树脂基复合材料的量高达 60%。

2.5.2 航天领域

减重对航天飞行器和运载工具也同样至关重要。这一方面基于树脂基复合材料的高比强度和比刚度以及明显的减重效果,另一方面也基于树脂基复合材料优异的尺寸稳定性和环境适应性。树脂基复合材料已成为航天飞行器和运载工具中使用的极为重要的结构材料,如导弹、火箭发动机壳体、卫星天线、支撑结构、太阳能电池底板、发射卫星整流罩、哈勃望远镜镜筒等均采用了树脂基复合材料。美国航天飞机上使用的结构复合材料总重约 2 t,采用先进复合材料后减重 410 kg,而且明显减少了飞行过程中因复杂的温度环境引起的变形。美、欧国家的卫星广泛使用树脂基复合材料,使其结构质量比总质量的 10%还小。

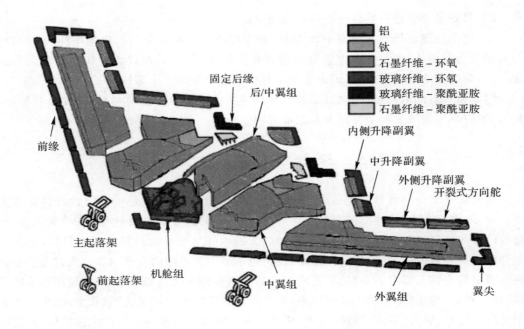

铝
钛
石墨纤维－环氧
玻璃纤维－环氧
玻璃纤维－聚酰亚胺
石墨纤维－聚酰亚胺

固定后缘
后/中翼组
内侧升降副翼
中升降副翼
外侧升降副翼
开裂式方向舵
前缘
主起落架
前起落架
机舱组
中翼组
外翼组
翼尖

图 2-27　飞机上的复合材料结构

2.5.3　化工领域

　　氯碱工业是树脂基复合材料用作耐腐材料最早的应用领域之一,其中玻璃钢(玻璃纤维增强树脂基复合材料)已成为氯碱工业的主要材料。玻璃钢已用于各种管道系统、气体鼓风机、热交换器外壳、盐水箱以及泵、池、地坪、墙板、格栅、把手、栏杆等建筑结构上。同时,玻璃钢也开始进入化工行业的各个领域。其在造纸工业中的应用也在发展。造纸工业以木材为原料,造纸过程中需要酸、盐、漂白剂等,对金属有极强的腐蚀作用,唯有玻璃钢材料能抵抗这类恶劣环境。玻璃钢材料已在一些国家的纸浆生产中显现其优异的耐蚀性。

　　在金属表面处理工业中的应用,则成为环氧乙烯基酯树脂的重要应用。金属表面处理厂所使用的酸,大多为盐酸,基本上用玻璃钢是没有问题的。环氧树脂作为纤维增强复合材料进入化工防腐领域,是以环氧乙烯基酯树脂形态出现的。它是由双酚 A 环氧树脂与甲基丙烯酸通过开环加成化学反应而制成的,每吨需用环氧树脂比例达 50%。这类树脂既保留了环氧树脂基本性能,又有不饱和聚酯树脂良好的工艺性能,因此大量应用在化工防腐领域。其在化工领域的防腐主要包括化工管道、贮罐内衬层,电解槽,地坪,电除雾器及废气脱硫装置,海上平台井架,防腐模塑格栅以及阀门、三通连接件等。

　　为了提高环氧乙烯基酯树脂优越的耐热性、防腐蚀性和结构强度,还不断对树脂进行改性。如酚醛、溴化、增韧等环氧乙烯基酯树脂等品种,大量应用于大直径风叶、磁悬浮轨道增强网、赛车头盔、光缆纤维牵引杆等。

2.5.4　交通运输领域

　　汽车工业是树脂基复合材料应用最活跃的领域之一。它可用作车身、驱动轴、操作杆、方向盘、客舱阁板、底盘、结构梁、发动机罩、散热器罩等部件。各种汽车外壳、摩托车外壳以及高速列车车厢厢体等也广泛采用了树脂基复合材料。树脂基复合材料大量用作运动和竞技用车。全复合材料自行车、汽车已经问世,并引起了广泛注意。

在船舶工业,由于树脂基复合材料具有耐腐蚀、抗微生物附着等优点,因而被普遍用来制造汽艇、游艇、救生艇和渔船等小型船舶。更因为树脂基复合材料具有无磁、可透磁和声波、吸收振动等特点,因而它最适合用于军用扫雷艇的制造。

2.5.5　建筑领域

树脂基复合材料在建筑领域的应用主要包括以下方面:

(1)承载结构。用作承载结构的复合材料建筑制品有柱、梁、承重折板、屋面板、楼板等。这些复合材料构件,主要用于化学腐蚀厂房的承重结构、高层建筑及全玻璃钢-复合材料楼房大板结构。

(2)围护结构。复合材料围护结构制品有波纹板、夹层结构板,不同材料复合板,整体式和装配式折板结构和壳体结构。用作壳体结构的板材,既是围护结构,又是承重结构。这些构件可用作工业及民用建筑的外墙板、隔墙板、防腐楼板、屋顶结构、遮阳板、天花板、薄壳结构和折板结构的组装构件。玻璃纤维复合材料已大量应用于建筑材料,如冷却塔、储水塔、卫生间的浴盆浴缸、桌椅门窗、安全帽以及玻璃钢暖房、临时建筑、活动房屋等。国内外已有多座玻璃纤维复合材料桥梁。

(3)采光制品。透光建筑制品有透明波形板、半透明夹层结构板、整体式和组装式采光罩等,主要用于工业厂房,民用建筑,农业温室,大型公用建筑的天窗、屋顶及围扩墙面采光等。

(4)门窗装饰材料。属于此类材料制品有门窗断面复合材料拉挤型材、平板、浮雕板、复合板等,一般窗框型材用树脂玻璃钢。复合材料门窗防水、隔热、耐化学腐蚀,用于工业及民用建筑。装饰板用作墙裙、吊顶、大型浮雕等。

(5)其他。复合材料在建筑中的其他用途还很多,如各种家具、马路上的窨井盖、公园和运动场的座椅、海滨浴场的活动更衣室、公园的仿古凉亭等。

2.5.6　文体用品领域

树脂基复合材料由于具有高比强度和比刚度,因而文体用品也是其最大的应用市场之一。复合材料体育用品种类很多:水上体育用品,如复合材料皮艇、赛艇、滑艇、帆船、帆板、冲浪板等;球类运动器材有网球拍、羽毛球拍及垒球棒、篮球架的篮板等;冰雪运动中有复合材料滑雪板、滑雪杖、雪撬、冰球棒等;跳高运动用的撑杆、射箭运动的弓和箭等也都选用复合材料代替传统的竹、木及金属材料。实践证明,很多体育用品改用复合材料制造后,其使用性能大大改善,运动员创造出更好成绩。

在娱乐设施中,玻璃钢已大量用于游乐车、游乐船、水上滑梯、速滑车、碰碰车、儿童滑梯等产品。这些产品充分发挥了玻璃钢质量轻、强度高、耐水、耐磨、耐撞、色泽鲜艳、产品美观及制造方便等特点。目前国内各大公园及各游乐场的娱乐设施,都已基本上用玻璃钢代替了传统材料。

树脂基复合材料钓鱼竿是娱乐器材中的大宗产品,它主要分为玻璃钢钓鱼竿和碳纤维复合材料钓鱼竿两类。其最大特点是强度高、质量轻、可收缩、携带方便、造型美观等。在乐器制造方面,高性能复合材料得到推广应用,这是因为碳纤维-环氧复合材料具有比模量高、弯曲刚度大、耐疲劳性好和不受环境温湿度影响等特点。用复合材料制造的扬声器、小提琴和电吉它,其音响效果均优于传统木质纸盒和云杉木产品质量。复合材料在乐器方面的用量占总产量的比例不大,但它在提高乐器质量方面,仍不失为一种有发展前途的方向。

2.5.7 其他领域

玻璃纤维复合材料具有良好的电绝缘性能,可用于制成各种开关装置、电缆输送管道、高频绝缘子、印刷电路板和雷达绝缘罩等。此外树脂复合材料还用于医疗卫生领域,如制造医疗卫生器械、人造骨骼和关节等。

传统的复合材料制造技术自动化程度低,复合材料制件的质量不稳定,分散性大,可靠性差,生产成本居高不下,无法生产大型和复杂的复合材料制件。飞机结构尺寸的不断增加使大尺寸复合材料制件的制造工艺变得极为重要。近年来,出现了各种各样的自动化程度较高的制造技术,如纤维铺放、树脂膜转移成型/渗透成型、电子束固化等技术。随之研制并得以工业化应用的先进、高效、低成本专用设备也层出不穷,如三维编织机、全自动铺带设备和丝束铺放设备等。这些高效自动化设备显著提高了复合材料的生产效率和制件内部质量,降低了成本,使复合材料性能最优化和低成本并存成为可能。

2.6 本章小结

作为复合材料的基体,聚合物材料具有诸多性能优势,例如聚合物材料可以溶液、熔体或小分子单体等液态形式,在较低压力和温度下浸渍增强体,易于实现材料的复合;密度较低,利于实现复合材料的轻量化;模量低,有利于应力传递至增强体;韧性高,所制备复合材料的抗冲击性能和抗疲劳性能好;耐化学性能好,可以用于某些具有腐蚀性的环境。以上几项使得聚合物基复合材料具有制备简单、综合性能优异、成本低廉等特点。

然而,聚合物的力学性能较差,使得复合材料在垂直于纤维方向上的力学指标不高;其耐温性能差,在紫外线、辐照、原子氧等的作用下易老化,无法应用于某些恶劣环境中。

聚合物由相对分子质量较大的大分子组成。大分子的化学组成、构型、构象、构造以及分子间的作用力决定了聚合物材料的各项物理和化学性能。通过对大分子的化学设计,人们合成了大量性能各异的聚合物材料。

复合材料中常用的聚合物基体主要有热固性聚合物和热塑性聚合物两大类。热固性聚合物在力学性能和耐热性方面较有优势,然而,高度交联的分子结构在提高聚合物某些性能的同时也可能造成材料韧性下降,因而热固性聚合物的增韧是需要重视的课题。热塑性聚合物可重复使用,且复合材料制备周期短、韧性高,因而越来越受到人们的重视。如今,力学性能优异、使用温度较高的热塑性聚合物得到了极大的发展。表2-3给出了常用聚合物基体材料的各项性能,以供读者参考。

表 2-3　常用聚合物基体材料的性能

性能 基体材料	抗拉强度 MPa	拉伸模量 GPa	密度 g·cm^{-3}	常规工作温度上限 ℃	热膨胀系数 $10^{-6}℃^{-1}$
不饱和聚酯树脂	50~90	3.0~4.0	1.1~1.4	80~180	50~100
环氧树脂	50~105	2.5~4.0	1.2~1.3	90~220	50~100
酚醛树脂	50~55		1.3	150~175	10
聚酰亚胺(PMR-15)	55	3.2	1.3	316	
聚丙烯	31~41	1.0~1.4	0.9		175
聚酰胺(尼龙-66)	95	1.5~2.5	1.1		90
聚碳酸酯		2.2~2.5	1.2		
热塑性聚酰亚胺(PEI)	105	3	1.27	170	62
聚醚醚酮	90	3.6	1.32	250	47
聚苯硫醚	75	3.4	1.34	200~240	55

习　　题

1. 试述聚合物结构的复杂性。
2. 依据分子链形状的不同,聚合物可以分为几类? 每类聚合物的性能有何特点?
3. 聚合物的玻璃温度(T_g)、黏流温度(T_f)、熔融温度(T_m)分别有哪些物理意义?
4. 聚合物的力学行为有哪些特点? 温度和时间对其有哪些影响?
5. 热塑性聚合物和热固性聚合物在分子结构和性能特点上各有哪些特点?

第3章 金属材料的结构与性能

3.1 概　　述

　　金属材料包括纯金属和合金,因后者一般具有更理想的力学性能,故在承载结构方面所用的金属材料几乎都是后者。金属材料普遍具有高的热导率、电导率、延展率、强度、刚度和韧性,而密度通常较大。与聚合物材料相比,金属材料可应用于更高的温度和更恶劣的工作环境中,但与陶瓷材料相比,随温度升高,金属材料的力学性能下降严重。通过与其他材料复合,金属材料可以获得更好的比强度、比模量和更高的使用温度上限。

3.2 金属材料的微观结构

　　本节将从金属材料的微观结构入手,介绍金属材料的物理性能、力学性能及其影响因素,以及金属材料传统的强韧化方法。

3.2.1 晶体结构

　　除通过特殊工艺制备的金属玻璃(非晶态金属材料)外,金属材料均为晶体。金属晶体中,原子之间通过金属键结合。由于金属键不具有方向性,因而金属原子堆积得较为致密。表3-1给出了金属材料最常见的三种晶体结构类型及其相关参数。

表3-1　金属材料常见的晶体结构

晶体结构	堆积密度	每个晶格中的原子数	滑移系及其数量	常见材料
体心立方(BCC)	0.68	2	密排面{111},密排方向<110>;12个	铁、钴、钨、铬、钒
面心立方(FCC)	0.74	4	密排面{112}或{110}或{123},密排方向<111>;12~48个	铁、镍、铜、铝、金
密排六方(HCP)	0.74	6	密排面{0001}或{1010}和{1011},密排方向<1120>;3或6个	钛、钴、锌、镁、锆

3.2.2 晶体缺陷

　　完美的晶体结构是不存在的。金属晶体中含有多种晶体缺陷,各类缺陷及其相互作用对金属材料的众多性能都存在着显著影响,这是研究金属材料时需要特别关注的。

　　依据其空间尺度,可以将晶体缺陷分为点缺陷、线缺陷和面缺陷三类。

点缺陷是一类 0 维缺陷,包括空位、取代原子和间隙原子。当晶体点阵某一本该存在原子的节点处出现了空缺时,晶体即出现空位;取代原子是指占据了某一点阵节点的异类原子;填充了晶格空隙处的原子被称为间隙原子。

点缺陷一方面造成了晶格畸变,使晶体内能增加;另一方面,点缺陷也提高了晶体的混乱程度,造成了晶体熵的增大。因此,在一定温度下,晶体中的点缺陷存在着一个平衡浓度,称其为热力学平衡浓度。通过淬火、塑性变形、辐照等方法可以在晶体中引入过饱和点缺陷,调节金属材料的性能。例如,钢中的淬火马氏体实际上是存在着过饱和碳间隙原子的铁素体。由于过饱和间隙原子及其与位错的相互作用,淬火马氏体具有较高的硬度和屈服强度。

线缺陷是一类 1 维缺陷,常被称为位错,其对晶体的生长、固态相变、塑性变形和力学行为、扩散及其他物理、化学性能均存在重要影响。位错理论是现代材料科学的基础。

位错实际上是由晶体的滑移面上,以滑移区域和未滑移区域的交界线(称为位错线)为中心,周围几个至几百个原子直径范围内,脱离晶体平衡位置的原子构成的。位错的运动是晶体塑性变形的重要机制之一。如图 3-1 所示,位错运动时,不需滑移面上所有的原子同时移动,而只需要位错线附近的原子运动较短的距离(小于一个原子间距),即可实现晶体的滑移。这是晶体的实际剪切强度远低于理论值的重要原因。

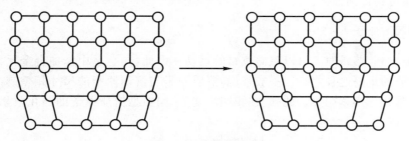

图 3-1 位错的运动

金属晶体中位错的运动使得金属具有良好的塑性。同时,位错之间、位错与其他晶体缺陷的相互作用在金属材料的力学性能和金属材料的强化方面扮演着重要角色,金属晶体中的各种缺陷并不是彼此孤立的,而是在以下几方面相互影响:

(1)位错与点缺陷的相互作用。刃型位错除了沿着位错面滑移外,还可以垂直于位错面攀移,即刃形位错可通过点缺陷的扩散实现半原子面的伸长或缩短。

点缺陷的存在会引起晶体的点阵畸变,在点缺陷周围形成应力场,点缺陷的应力场会与位错周围的应力场相互作用,在温度和时间允许的条件下,使得点缺陷向位错附近运动,从而降低体系的畸变能。聚集在位错附近的溶质原子被称为柯垂尔气团,有阻碍位错运动的作用。

(2)位错之间的相互作用。晶体中的多条位错在运动时,可能相互交割,位错的交割将产生割阶、扭折、不动位错和扩展位错等。它们中有些将成为位错源,在切应力的作用下不断地产生新的位错;有些将对位错的运动起到阻碍作用。

(3)位错与晶界的相互作用。由于晶界两侧的原子排列方式不同,某一侧的位错沿其滑移面运动至晶界时,无法穿越晶界到达另一晶粒。因此,晶界是位错运动的障碍。晶界处常常发生位错的塞积;由于位错塞积的前端有应力集中效应,可能引起相邻晶粒的屈服或在晶界处产生微裂隙。

面缺陷是一类 2 维缺陷,包括亚晶界、晶界和孪晶界等。

3.3 金属材料力学性能的影响因素

3.3.1 位错

人们发现,经历过冷加工变形的金属具有更高的屈服强度,即抵抗变形的能力增强。这一现象与金属晶体内部位错密度的增加有关。研究表明,晶体的剪切流变应力与位错密度的 1/2 次方存在正比关系,即

$$\tau = \tau_0 + \alpha G b \sqrt{\rho}$$

式中,τ 为剪切流变应力;τ_0 为晶体中位错运动不受其他障碍物作用时的剪切流变应力;G 为剪切模量;b 为伯格斯矢量;ρ 为位错密度;α 为一常数,通常接近 0.5。

当对金属材料进行冷加工时,随着变形量的增加,材料中的位错密度逐渐增大,形成相互缠结的位错网络,位错的运动受到阻碍,需要施加更大的力来使材料发生塑性变形。因此,冷加工会使金属材料得到强化。

3.3.2 固溶原子

前面已经提到,溶质原子可以阻碍位错的运动。因此,向金属中添加合金元素,形成固溶体,是强化金属的重要途径之一。一般来说,溶质原子与溶剂原子的尺寸相差越大、溶质原子的浓度越高,强化作用越明显。此外,在相同浓度下,间隙型溶质原子的强化效果一般优于置换型溶质原子。

3.3.3 第二相

当金属中弥散着较强的第二相颗粒时,位错运动至颗粒处时,要么绕过颗粒(奥罗万机制),要么将颗粒切断从而通过(切断机制),这些都使得位错运动的阻力增加。因此,第二相颗粒对于金属材料具有强化作用。当第二相颗粒是外加引入时,这种强化机制称为弥散强化;当第二相颗粒是过饱和固溶体时效析出时,称为时效强化或沉淀强化。

3.3.4 晶粒尺寸

对于多晶金属材料,其屈服强度与晶粒尺寸之间存在以下关系:

$$\tau = \tau_0 + k d^{-\frac{1}{2}}$$

此关系被称为 Hall - Petch 关系。其中,τ 为多晶材料的屈服强度;τ_0 为单个晶粒的屈服强度;k 为 Hall - Petch 系数;d 为平均晶粒尺寸。3.2.2 节提到,晶界是位错运动的障碍之一,在相同的体积下,平均晶粒尺寸越小,晶界便越多,因而材料的屈服强度也越高。需要指出的是,Hall - Petch 关系具有一定的适用范围。当晶粒尺寸很小,尤其晶粒为纳米晶时,Hall - Petch 关系不再成立。

不同于其他强化方法,晶粒细化不仅可以提高金属材料的强度,同时还可以改善材料的塑性和韧性。这是因为,晶粒细小的材料内含有的晶粒数量较多,塑性变形可以分散到更多的晶

粒内,避免了局部应力集中导致的微裂纹出现和扩展,使得材料在断裂前可以发生更多的塑性变形和吸收更多的能量。

值得注意的是,细晶强化只适用于低温和中温环境中。当温度较高时,晶界阻碍位错运动的作用下降,同时,晶界作为一种晶体缺陷在高温下不稳定,这使得多晶材料的力学性能在高温下急剧下降。因此,应用于高温下的金属材料,如航空发动机的涡轮叶片,多采用定向生长的柱状晶甚至是单晶结构。

3.4　复合材料中常用的金属材料

3.4.1　镁合金

镁是一种轻质金属,其密度只有 1.74 g/cm^3。镁合金具有质量轻、比强度和比模量较高,减震能力好,易于加工等优点,可以在某些场合替代铝合金,在航空工业中被大量应用于各类框架、壁板、壳体、发动机机匣等部件。

和钛的 α 相一样,镁的晶体结构为密排六方型,因而低温塑性较差,难以进行冷加工。但当温度升高至 150～225 ℃时,镁的塑性得到改善,适于热加工变形。

镁的化学活性较强,易发生腐蚀,在空气中能够形成保护性的氧化膜,但这种氧化膜很脆,且不够致密,因而在加工和使用镁及其合金过程中应注意防护。

镁合金的强化原则与铝合金类似,都是通过固溶和时效热处理,实现沉淀强化的。因此,在选取合金元素时,需要所选元素在镁中具有较高的固溶度,且固溶度随温度的变化较大,同时能在热处理时析出强化效果显著的第二相。

目前,镁合金主要有 Mg－Al－Zn 系、Mg－Zn－Zr 系、Mg－RE－Zr 系和 Mg－RE－Mn 系(RE 代表稀土元素)三类。前两类为高强镁合金,含稀土元素的第三类为耐热镁合金。

Mg－Al－Zn 系和 Mg－Zn－Zr 系镁合金的主要合金元素分别为 Al 和 Zn,它们均与 Mg 以共晶方式凝固,能够形成起强化作用的第二相($Mg_{17}Al_{12}$ 和 MgZn)。Zr 在合金中为辅助元素,与 Mg 以包晶方式凝固。凝固过程中,合金首先结晶出 α－Zr,它与 Mg 有着相同类型的晶体结构,能作为非自发晶核,使合金的组织细化。此外,Zr 还有固溶强化和净化合金的作用。

Mg－RE－Zr 系和 Mg－RE－Mn 系合金属于耐热镁合金,可以在 150～250 ℃ 的温度下(前述两类高强镁合金的工作温度一般不超过 150 ℃)工作,其抗氧化性也较好。稀土元素的加入提高了镁合金的凝固温度;含稀土元素的 α 固溶体和化合物的热稳定性都较高,这是含稀土元素的镁合金耐热性能好的主要原因。镁合金中常用的稀土元素有 Nd,Ce,La 等,其中 Nd 的综合效果最好,在高温和常温下对镁合金都有较好的强化效应。

3.4.2　铝合金

铝合金具有较低的密度,良好的耐腐蚀性和优秀的力学性能,在航空航天领域和汽车工业具有广泛应用,本节将介绍铝合金的分类及其热处理,以及几类重要铝合金的成分和性能热点。

铝合金中常见的合金元素包括 Mg,Si,Cu,Zn,Mn,Li,Sc 等,铝基二元合金一般按照共晶相图结晶。根据合金成分和加工工艺的不同,可以将铝合金分为变形铝合金和铸造铝合金两类。如图 3-2 所示,当合金成分在范围 1 内时,加热至共晶温度的铝合金由 α 单相构成,具有良好的塑性,适于压力加工,故称为变形铝合金。合金成分在范围 3 内的变形铝合金在室温范围内仍只含 α 相,而成分在范围 4 内的合金在冷却过程中可以析出 β 相,故能够通过固溶+时效的热处理方法实现铝合金的沉淀强化。因此,两者分别称为不可热处理强化的铝合金和可热处理强化的铝合金。成分在范围 2 内的铝合金为铸造铝合金,它们具有良好的铸造性能,适合制备形状复杂的构件。

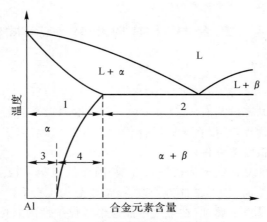

图 3-2 铝基合金共晶相图
1—变形铝合金; 2—铸造铝合金; 3—不可热处理强化的铝合金; 4—可热处理强化的铝合金

铝合金有多种商业型牌号可供选择:可热处理强化的铝合金有 Al-Cu-Mg(美国 2000 系,我国 LY 系)、Al-Mg-Si(美国 6000 系,我国 LD 系)和 Al-Zn-Mg(美国 7000 系,我国 LC 系)合金,这些合金被广泛应用于航空和其他结构件中。不可热处理强化的铝合金有 Al-Mg 和 Al-Mn 合金,此类铝合金的力学性能无法满足航空领域的要求,但常用于车辆中。铸造型铝合金有 Al-Si,Al-Cu 和 Al-Mg 合金,其中 Al-Cu 合金的铸造性能不如另外两者,但具有更好的塑性。

Al-Li 合金具有密度低和模量高的优点,是一类重要的可热处理强化的铝合金。通过合适的热处理,Al-Li 合金可以析出与 α 相共格的有序相 $\delta'-Al_3Li$,从而提高材料的屈服强度。Al-Li 二元合金的塑性和韧性较差,常常通过加入其他合金元素加以改善。例如,Al-Li-Cu-Mg 合金(美国 8090 系)具有良好的强度、塑性和韧性。Al-Li 合金的缺点是易氧化,且不易与 SiC 复合。

一般可热处理强化的铝合金的使用温度不能超过 150 ℃;温度更高时,合金中的第二相颗粒急剧长大,合金的力学性能下降严重。为此,人们研发了耐高温铝合金,如 Al-Fe-V-Si 和 Al-Sc 合金,将铝合金的使用温度提高到了 315 ℃。

3.4.3 钛合金

钛合金的密度为 4.3~5.1 g/cm³,模量为 80~130 GPa,它具有较高的比强度和比模量。钛的高熔点(1 672 ℃)使得钛合金的高温力学性能良好。此外,钛合金具有优秀的耐腐蚀性和高温抗氧化性。这些使得钛合金成为一种重要的航空材料,大量应用于涡轮和压气机叶片、机身等部位。钛合金具有众多牌号,表 3-2 给出了复合材料中常用钛合金的成分及性能。

表 3 - 2　复合材料常用钛合金的成分及性能

牌号		TA3	TA7		TB1	TC4		
	中国	TA3	TA7		TB1	TC4		
	美国	Ti75A	Ti - 5Al - 2.5Sn		Ti - 13V - 11Cr - 3Al	Ti - 6Al - 4V		
合金类型		α	β		β	α+β		
机械性能	室温 状态	退火	退火		退火	退火		
	室温 抗拉强度/MPa	550	830		860	900		
	室温 延伸率/%	15	10		15	15		
	高温 ℃	315	315	427	316	316	427	538
	高温 抗拉强度/MPa	254	580	530	760	660	610	480
	高温 延伸率/(%)	38	15	15	20	17	18	27

在 550 ℃下,空气中钛表面能够形成一层致密的氧化膜,具有良好抗氧化性。当温度高于 550 ℃时,氧原子能够迅速扩散进内部,造成基体氧化。这是钛合金无法应用于更高温度的重要原因之一。

杂质原子对于钛的性能具有显著影响。O,H,N,C 等尺寸较小的原子可以与钛形成间隙固溶体。间隙原子的溶入可以提高合金的硬度和强度,但会使其塑性和韧性下降,当含量较高时还会生成脆性相,对材料的性能极其不利。因此,在工业纯钛和钛合金中,一般需要严格限制间隙原子的含量。Si,Fe 等原子可以与钛形成置换固溶体。置换原子对于钛合金性能,尤其是塑性和韧性的影响不如间隙原子显著,常作为合金元素加入钛合金中。

纯钛具有 α(晶体结构为密排六方)和 β(晶体结构为体心立方)两相。当温度高于 885 ℃时,β 相为热力学稳定相;当温度低于 885 时,α 相为稳定相。由于密排六方晶体的滑移系数量(见表 3 - 1)较少,而体心六方晶体的滑移面较多,因而 α 相的塑性不佳,β 相则具有良好的塑性。因此,钛合金一般无法进行冷变形,钛合金的锻造等压力加工需要在较高的温度或近 β 相区(或 β 相区)进行。

合金元素的加入将影响两相的稳定性,改变 β→α 的相变温度及合金的相组成。例如,Al,O,N 等元素将提高 β→α 的相变温度,为 α 相稳定剂;而 Fe,V,Cr,Mg 等则为 β 相稳定剂。通过改变钛合金的成分,可以得到相组成为 α 相、α+β 相或 β 相的三类钛合金,分别称之为 α 合金、α-β 合金和 β 合金。图 3 - 3 展示了各类合金的成分和性能特点。

三类合金中,α 合金一般具有较高的熔点、相变温度和再结晶温度,因而具有更好的高温性能,是热强钛合金的发展方向。然而,由于 α 相晶体结构的固有性质,α 合金的塑性、低温韧性和锻造性较差,通过降低间隙原子的含量可以弥补这些缺点。例如,间隙原子含量极低的 Ti - 5Al - 2.5Sn 合金具有足够的塑性和低温韧性,在低温环境下有着广泛应用。α 合金一般都含有较多 Al 元素,因而抗氧化性好。单相的 α 合金无法通过热处理强化,但其对热处理不敏感的特性也赋予了其良好的焊接性。有些 α 合金含有微量的 β 相稳定剂,组织中会有少量的残余 β 相,但这类合金更多地表现出 α 合金而非 α-β 合金的特性,称为近 α 合金。

α-β合金含有较多β相稳定剂,比近α合金含有更多的β相。α-β合金可以通过固溶处理加时效的热处理方法实现强化。固溶处理是将合金在较高温度下保温一段时间,使合金位于α+β两相区。然后对合金进行急冷,使β相完全或部分保留。随后的时效则是在480~650 ℃保温,使β相析出α相,最终获得细密的α相和β相混合组织。通过热处理强化,合金的强度可以比退火态提高30%~50%。

β合金含有大量β相稳定剂,淬透性好,固溶处理后β相可以得到完全的保留。β相单相组织的强度较低,塑性和韧性良好,因而冷加工性能和锻造性能优异,是一类工艺性良好的钛合金。β合金易于强化,固溶处理后,通过在450~650 ℃温度下时效热处理,可以析出弥散分布的细小α相颗粒,使合金得到强化,时效后的β合金强度可以与α-β合金相当,甚至优于后者。而在同等强度水平下,β合金的断裂韧性高于α-β合金。由于上述工艺和性能方面的优点,β合金成为国内外研究和应用的热点。β合金的缺点是密度高,热稳定性差。

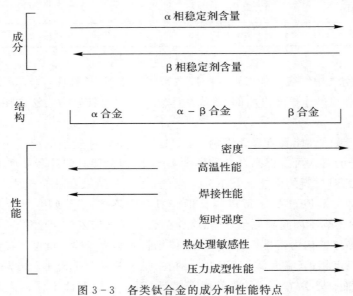

图 3-3　各类钛合金的成分和性能特点

3.4.4　高温合金

高温合金又被称为超合金(supperalloy),通常是以 Fe,Co,Ni 等Ⅷ族元素为基,能够在高温、复杂应力、氧化性气氛等苛刻环境下服役的一种合金,其高温强度高,抗疲劳性、韧性和塑性好,并具有良好的抗氧化性和抗腐蚀性,综合性能优异。高温合金的合金化程度高,一般为单一奥氏体组织,在服役温度下具有良好的组织稳定性和性能可靠性。

自 20 世纪二三十年代以来,高温合金在几十年内取得了迅猛的发展,经历了快速的升级换代,综合性能迅速提升,承温能力每年约增长 10 ℃。图 3-4 给出了世界高温合金的发展趋势和我国主要合金的研制进展。这种发展的动力直接来自现代工业中燃气涡轮发动机,特别是航空涡轮发动机的应用需求。高温合金是现代航空、舰船燃气轮机、涡轮和火箭发动机的重要材料,在先进航空发动机中,其用量可达 40%~60%,当之无愧地被称为燃气涡轮的心脏。

目前,高温合金面临着其他潜在高温材料的挑战,然而,这些竞争对手均存在着难以克服的缺点,如金属间化合物的室温韧性和高温强度较低,难熔金属的密度高且抗氧化性差,陶瓷材料的脆性大等。因此,高温合金仍具有不可取代的地位。

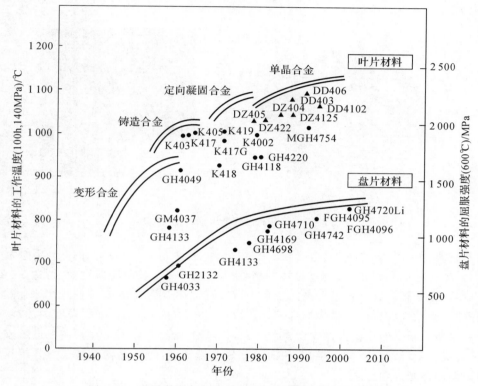

图 3-4　世界高温合金的发展趋势和我国主要合金的研制

高温合金中的合金元素有 20 多种,根据它们在合金中的作用,可以分为以下 6 类:

(1)形成面心立方奥氏体基体的元素:Fe,Co,Ni,Mn。它们构成了奥氏体 γ 基体。

(2)表面稳定元素:Cr,Al,Ti,Ta 等。它们可以提高合金的抗氧化和抗热腐蚀能力。

(3)固溶强化元素:W,Mo,Cr,Nb,Ta,Al 等。它们可以固溶于 γ 基体。

(4)金属间化合物强化元素:Al,Ti,Nb,Ta,Hf,W。这些元素参与形成金属间化合物 Ni_3Al,Ni_3Nb,Ni_3Ti 等。

(5)碳化物、硼化物强化元素:C,B,Cr,W,Mo,V,Nb,Ta,Hf,Zr,N 等。它们形成初生和次生的碳化物、硼化物。

(6)晶界强化元素:B,Ce,Y,Zr,Hf 等。这些元素以间隙原子或第二相的形式强化晶界。

高温合金的典型组织为奥氏体基体 γ 和弥散分布于其中的强化相 γ'(它可以是金属间化合物或碳化物、硼化物等)。强化相的类型、结构、大小、数量和分布情况直接影响高温合金的性能。图 3-5(a)(b)分别给出了镍基高温合金的原子力显微照片和扫描电子显微镜照片。可以看出,大量强化相分布于基体晶粒内,其形状有方形、圆柱形、三角形等。

按照基体的类型,高温合金可以分为铁基高温合金、镍基高温合金和钴基高温合金。其中镍基高温合金发展最快,应用也最广,铁基高温合金次之。

铁基高温合金以 Fe 为主,含有大量的 Ni,Cr 及其他元素,也被称为 Fe-Ni-Cr 基合金。

铁基高温合金成分较为简单,成本低,具有良好的中温性能(600~800 ℃),主要用于制造多种航空发动机燃烧室火焰筒和涡轮盘等。铁基高温合金的高温强度和抗氧化性不足,无法应用于更高温度。

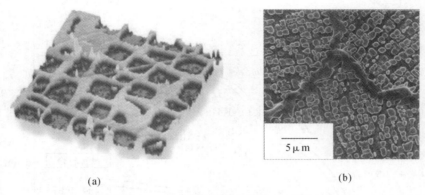

(a)　　　　　　　　　　　　　　　　(b)

图 3-5　镍基高温合金组织的显微照片

镍基高温合金以 Ni 为主,其含量在 50% 以上,一般含有 10%~25% 的 Cr,又称为 Ni-Cr 基合金,γ′含量达 65% 以上,且与 γ 基体共格,组织稳定性高,可在较高温度(可达 1 200 ℃ 以上)下工作。镍基高温合金在整个高温合金领域占有特殊重要的地位,广泛地用来制造航空发动机、各种工业燃气涡轮机的最热端部件。若以 1 500 MPa-100 h 持久强度为标准,目前镍基高温合金所能承受的最高温度大于 1 100 ℃,铁基合金则小于 850 ℃。在先进航空发动机上,镍基高温合金已占总重的一半,不仅涡轮叶片及燃烧室,而且涡轮盘甚至后几级压气机叶片也开始使用镍基高温合金。

随着燃气轮机和航空发动机的发展,涡轮入口温度不断提高,涡轮叶片用镍基高温合金的使用温度也不断增加,经历了从早期变形高温合金和等轴晶铸造高温合金到近期定向凝固柱晶高温合金和单晶高温合金的发展历程。

(1)镍基变形高温合金。此类高温合金大多含有 15%~20% 的 Cr,与 Ni 形成 Ni-Cr 基体。Cr 对基体有固溶强化的作用,同时还形成以 Cr_2O_3 为主的氧化膜,是合金具备良好的抗氧化和抗热腐蚀性能。除 Cr 外,Co,Mo,W 等也是常用的固溶强化元素。固溶强化不足以满足涡轮叶片在复杂应力下工作的需要,因而此类合金还必须加入 Al 和 Ti 进行 γ′相沉淀强化。最后,为进一步提高合金的蠕变和持久强度,还加入 B,Zr 等进行晶界强化。

(2)镍基等轴晶铸造高温合金。为了提高使用温度和强度,高温合金的合金化程度越来越高,热加工成型越来越困难;另外,采用冷却技术的空心叶片具有复杂的内部型腔。这些都决定了高温合金必须使用精密铸造工艺制造。

与变形高温合金相比,镍基等轴晶铸造高温合金的成分具有四个特点:第一,碳含量较高,这可以提高合金的铸造流动性。第二,大多数合金使用了 W 和 Zr,分别用于固溶强化和晶界强化。第三,Co 和 Cr 元素的含量总体上降低,而 Al+Ti+W+Mo 的含量增加,提高了组织稳定性和高温强度。第四,难熔金属元素 Hf 被引入到一些合金中,以提高合金的中温塑性。

(3)镍基定向凝固柱晶高温合金。20 世纪 60 年代初期,人们发现高温合金的中温性能尤其是中温塑性较差,涡轮叶片在工作中出现无预兆的断裂。研究发现,这是由于晶界中杂质较多,晶界成为易产生裂纹的区域。为了限制晶界对于合金性能的不利影响,人们发展了定向凝固技术,即控制合金的结晶方向平行于主应力轴,基本消除垂直于应力轴的横向晶界。从此高温合金的发展进入了新的时期。

第二代镍基定向凝固柱晶高温合金倾向于用更强的 γ 相形成元素取代常规的 Ti;加入了 3％的稀土元素,稀土元素主要溶入 γ 相,对基体进行固溶强化和有序强化,还可以溶入 γ′ 相,既增加了 γ′ 相的含量又提高了 γ′ 相的强度。第二代镍基定向凝固柱晶高温合金的强度达到了第一代单晶高温合金的水平。

(4)镍基单晶高温合金。在定向凝固柱晶高温合金中,纵向晶界仍然是影响高温性能的主要原因。为了消除合金中的晶界,人们于 20 世纪 80 年代先后发展了选晶法和籽晶法这两种制备单晶合金的方法,从此镍基单晶高温合金开始崭露头角。目前,单晶高温合金已经发展到了第 5 代,几乎所有的先进航空发动机都已采用了单晶合金涡轮叶片。

表 3-3 给出了我国部分典型的涡轮叶片用镍基高温合金的牌号及其性能。

表 3-3　我国部分典型的涡轮叶片用镍基高温合金的牌号及其性能

合金类型	合金牌号	温度/ ℃	持久强度极限 σ_{1000}/MPa
变形高温合金	GH4033	800	100
	GH4037		152
	GH4049		340
	GH4118	850	235
等轴晶铸造高温合金	K405	900	221
	K406	850	195
	K418		176
	K438	900	147
定向凝固柱晶高温合金	DZ404		274
	DZ422	850	392
	DZ438G	900	220
	DZ4125	850	394
单晶高温合金	DD402	850	428
	DD403		394
	DD408	900	220

钴基高温合金主要成分为 Co,其含量为 45％～60％,Ni,Cr 等元素加入其中以提高其耐热性,因而也称为 Co-Ni-Cr 合金。这类合金在 730～1 100 ℃下具有一定的高温强度、良好的抗热腐蚀和抗氧化能力。然而,钴基高温合金冷轧硬化现象严重,加工困难,且钴元素在全球资源稀缺,因而应用较少。钴基高温合金主要用于制造航空发动机、工业燃气轮机和舰船燃气轮机的导向叶片、喷嘴导叶及柴油机喷嘴等。

3.4.5 金属间化合物

金属间化合物是由两种或两种以上金属元素组成的化合物。在相图中,金属间化合物与长程有序固溶体都位于中间,但不同于后者,金属间化合物的晶体结构不同于其任一组元的晶体结构。金属间化合物的形成是由于组元中不同金属原子间的结合力强于同种原子,使得某类原子被其他原子包围,形成规则排列的晶体结构。依据晶体结构的形成规律,金属间化合物可以分为正常价化合物、电子化合物、间隙化合物及拓扑密堆相。

某些金属间化合物具有特殊的功能、性质,在储氢、超导、形状记忆合金等领域具有发展前景。在力学性能方面,由于其特殊的键合特性,金属间化合物具有介于高温合金和陶瓷之间的性质,即与高温合金相比,金属间化合物具有较低的密度、更高的熔点和高温强度以及耐蠕变性能,而其韧性优于陶瓷。金属间化合物在室温下一般硬而脆,因而在过去一般只作为合金中的强化相,很少单独作为结构材料使用。因此,一直以来,对金属间化合物的研究重点是研发具有良好的高温力学性能,同时具备足够的室温韧性和塑性的材料。

在过去的几十年中,人们对耐高温结构金属间化合物做了大量研究,某些构件已经获得了实际应用。在各类金属间化合物中,Ti - Al 系因其优良的综合性能获得了大量的关注,本节将重点介绍这类金属间化合物。

Ti - Al 合金中,室温下稳定的金属间化合物有 $Ti_3Al(\alpha_2)$,$TiAl(\gamma)$,Al_2Ti 和 Al_3Ti 四种,图 3 - 6 给出了 α_2 相与 γ 相的晶体结构。在多种 Ti - Al 系金属间化合物合金体系中,以 γ - TiAl 为主相,含有一定量的 Ti_3Al 相的合金(称为 γ - TiAl 基合金)所受到的关注最多。其原因如下:

γ - TiAl 基合金具有低密度($3.9\sim4.2$ g·cm^{-3})、高比强、高比模、良好的抗氧化性和阻燃性、良好的结构稳定性和抗蠕变性能以及足够的室温塑性,被认为是性能优越的高温结构材料。此外,γ - TiAl 基合金工艺性能良好,可以通过传统设备和传统工艺(铸造、锻造、机械加工等)进行加工制造。

当前,γ - TiAl 基合金中最为前沿的第三代合金(如 TNM,TNB 等)的成分组成为

$$Ti - (42\sim48)Al - (0\sim10)X - (0\sim3)Y - (0\sim1)Z - (0\sim0.5)RE$$

其中,X=Cr,Mn,Nb,Ta;Y=Mo,W,Hf,Zr;Z=C,B,Si;RE 代表稀土元素。

合金元素的加入除了起到固溶强化的作用外,还将改变 Ti - Al 二元相图中各相区的边界(见图 3 - 7),对于合金的凝固过程、组织稳定性和热处理工艺都有着重要影响。高熔点的过渡族金属元素和稀土元素有利于提高合金的高温力学性能;C,B,Si 等固溶度较小的合金元素还有可能析出碳化物、硼化物和硅化物等强化相,起到沉淀强化的作用,同时有利于提高合金的抗蠕变性能。

图 3 - 7 中的两条竖直虚线展示了 γ - TiAl 基合金的两种凝固过程。可见,γ - TiAl 基合金室温下的相组成为 $\gamma + \alpha_2$;为了提高合金的锻造性能,第三代 γ - TiAl 基合金中含有较多的强 β 相稳定剂。因此,室温下合金中可能存在一定量残余的 β 相;此外,合金中还可能存在细小的、弥散分布的碳化物、硼化物和硅化物等强化相。合金的凝固过程对最终的组织结构和性能具有重要影响。如图 3 - 7 所示,当 Al 含量较高时,合金则经历一个包晶凝固过程,即 L→L+β→α→…由于包晶反应的固有特性,以第二种方式凝固的合金往往存在较严重的偏析,且织构明显。因此,在设计合金成分时,应避免合金以此种方式凝固。当 Al 含量较低时,合金

的凝固过程为 L→L＋β→β→……当温度降至 $T_α$ 温度以下时,合金发生 α→(α＋γ)相变。相变起始于六方结构的 α 相的堆垛层错,这种层错满足了面心立方结构的 γ 相晶体结构的堆积方式。随后,满足热力学平衡条件的 γ 相进一步通过原子扩散实现晶粒长大。该相变和随后的共晶相变将最终产生(α₂＋γ)双相片层组织(见图 3－8)。

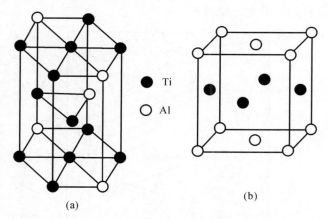

(a)

图 3－6　Ti₃Al 与 TiAl 的晶体结构示意图
(a)α₂ 相;　(b)γ 相

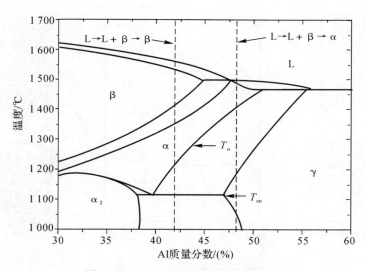

图 3－7　Ti－Al 二元相图的部分区域

控制片层组织是 γ－TiAl 基合金性能调节的重要环节。由 Hall－Patch 公式可推知

$$\sigma_y = \sigma_0 + k_d d^{-1/2} + k_\lambda \lambda^{-1/2}$$

其中,σ_y 为多晶片层组织合金的屈服强度;σ_0 为 γ 相的本征屈服强度;d 与 λ 分别为晶粒尺寸和片层厚度;k_d 和 k_λ 则为两个系数。由上式可见,细化晶粒和减小片层厚度是强化合金的方法之一。

γ－TiAl 基合金的组织可以通过热机械加工和随后的热处理加以调节。如图 3－9 所示,将合金在不同温度下保温后退火将可能得到 4 种不同的组织结构:在相图中的 α 单相区保温后退火将得到全片层组织；而在 α＋γ 双相区保温后退火，随着保温温度的降低，初生 γ 相含量将逐渐升高，依次得到近片层组织、双态组织和近 γ 组织。通常情况下，全片层组织和近片层组织的断裂韧性与抗蠕变性能良好，但塑性(尤其是室温塑性)较差；而双态组织和近 γ 组织的断裂韧性与抗蠕变性能较差，室温塑性则优于前两者。在使用 γ‑TiAl 基合金时，应根据应用环境和性能要求，对材料的组织进行控制和优化。

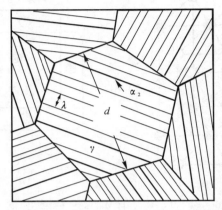

图 3‑8 γ‑TiAl 基合金中的(α₂＋γ)双相片层组织

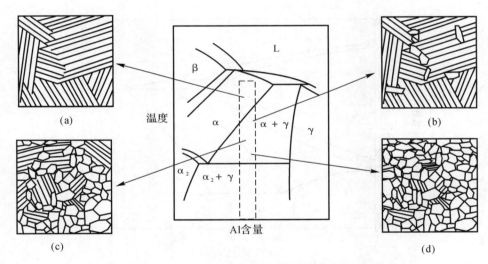

图 3‑9 γ‑TiAl 基合金的几种典型组织结构
(a)全片层组织； (b)近片层组织； (c)双态组织； (d)近 γ 组织

3.5 金属基复合材料的应用

与传统金属材料相比，金属基复合材料具有较高的比强度、比刚度和耐磨性；与树脂基复合材料相比，金属基复合材料具有良好的导电、导热性和耐高温性能，连接性好；与陶瓷基复合材料相比，金属基复合材料具有高韧性、高冲击性等。基于上述优异性能，金属基复合材料首先在航空航天和空间技术领域得到应用。经过近些年的发展,其在汽车工业、电子、能源、体育器材等领域的应用也明显发展,目前在汽车和航空航天领域的应用最为广泛。

3.5.1　航空航天领域

在航空航天领域,材料性能比价格更为重要。这些领域是高性能复合材料最重要的应用领域。这些领域要求材料具有低密度、合适的热膨胀系数和导热系数以及高的强度和刚度。

采用低密度、高强度材料,降低飞行器结构件质量是飞行器发展的永恒追求。连续纤维增强铝基复合材料较好地满足了低密度、高强度的要求。NASA 采用硼纤维增强铝基复合材料($50\%B_f/6061Al$)制作航天飞行器轨道段中段(货舱段)机身结构的加强桁架管形支柱是金属基复合材料在航天器上的首次应用(见图 3-10)。整个机身架构共有 300 件带钛套环和端接头的 B_f/Al 复合材料管形支柱。这一结构与使用铝合金的方案相比减重达 45%。

图 3-10　硼纤维增强铝基复合材料($50\%B_f/6061Al$)在航天飞行器轨道段中段的应用

沥青基碳纤维(P100)增强铝基复合材料(P100/6061Al)具有质量轻、弹性模量高、热膨胀系数小等优点,被成功应用于哈勃太空望远镜的高增益天线悬架,如图 3-11 所示。这种悬架长达 3.6 m,具有很好的刚度和很低的膨胀系数,能够在太空运行中使天线保持正确位置。同时这种复合材料具有良好的导电性,具有很好的波导功能。

(a)　　　　　　　　　　　(b)

图 3-11　沥青基碳纤维(P100)增强铝基复合材料(P100/6061Al)在哈勃太空
望远镜的高增益天线悬架的应用

美国 ACMA 公司与亚利桑那大学光学研究中心合作,采用 SiC 颗粒增强铝基复合材料研制出超轻量化空间望远镜(包括结构件与反射镜)。该望远镜的直径 0.3 m,整个望远镜仅重 4.54 kg。ACMC 公司采用粉末冶金法制造的 SiC 颗粒增强铝基复合材料还用在了激光反射镜、卫星太阳能反射镜、空间遥感器中扫描用高速摆镜等上。

航空工业对飞机安全系数及使用寿命有极高的要求,尤其是商用飞机更是如此。金属基复合材料在航空领域的应用滞后于基在航天领域的应用。洛克希德-马丁公司最早将 25% SiC$_p$/6061Al 复合材料应用于飞机电子设备支架,其比刚度比替代的 7075 铝合金提高约 65%,有效减小了支架在飞机扭转和旋转下的变形。经过近些年的发展,以 SiC 颗粒增强铝合金复合材料为代表的金属基复合材料已用于飞机主承载结构件。

在军用飞机领域,美国已将粉末冶金法制备的 SiC 颗粒增强铝基复合材料(SiC$_p$/Al)用于 F-16 战斗机的腹鳍(见图 3-12),代替原来的铝合金蒙皮,刚度提高 50%,寿命由原来的数百小时提高到设计的全寿命——8 000 h。使用这种铝基复合材料腹鳍,可大幅度减少检修次数,全寿命节约 2 600 万美元。SiC$_p$/Al 复合材料还用于 F-16 战斗机燃油检查口盖,刚度提高 40%,承载能力提高 28%。F-18"大黄蜂"战斗机上采用 SiC$_p$/Al 复合材料作为液压制动器缸体,与替代的铝青铜材料相比,质量减轻,线性膨胀系数降低,疲劳极限提高了一倍。连续纤维增强复合材料具有高的比强度、比刚度和抗裂纹能力,在军用飞机上同样有所应用。SiC 单丝增强钛基复合材料在 F-16 战斗机的 F119 发动机喷口致动器控制上,取代了原来较重的 Inconel 718 合金制动器的连接件和不锈钢活塞。

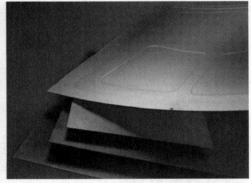

图 3-12　SiC 颗粒增强铝基复合材料(SiC$_p$/Al)在 F-16 战斗机的腹鳍的应用

20 世纪 90 年代末,金属基复合材料在商用客机上获得正式应用。图 3-13 所示为 Pratt & Whitney 采用 DWA 公司生产的挤压态 SiC 颗粒增强铝基复合材料制作的发动机中风扇出口导流叶片(用于波音 777),取代原来的树脂基复合材料(石墨纤维/环氧树脂),显著提高了耐冲击性(冰雹、飞鸟等外物撞击)、抗冲蚀性(沙子、雨水等),成本下降 1/3 以上。

直升机旋翼系统连接用模锻件(桨毂夹及轴套)是金属基复合材料的另一个应用。旋翼轴套需要承受旋翼旋转引起的离心力,需要满足对疲劳寿命、抗磨损性能、刚度、比强度等性能的要求。英国航天金属基复合材料公司采用高能球磨粉末冶金法制备的 SiC 颗粒增强铝基复合材料制备的直升机旋翼系统连接用模锻件,已成功用于欧直公司的 N4 及 EC-120 直升机(见图 3-14)。与传统铝合金相比,构件的刚度提高约 30%,疲劳强度提高 50%～70%;与钛合金相比,构件减重约 25%,成本降低。

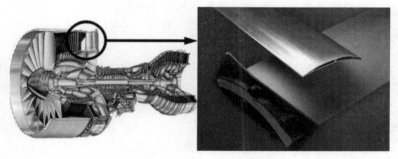

图 3-13　金属基复合材料在 Pratt & Whitney 发动机中风扇出口导流叶片的应用

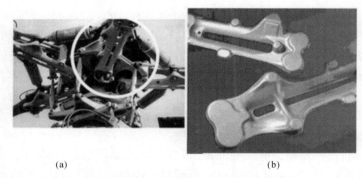

(a)　　　　　　　　　　　　(b)

图 3-14　采用 SiC 颗粒增强铝基复合材料制造的零件

(a)直升机旋翼系统;　(b)铝基复合材料铸造件

　　另外,导弹也是金属基复合材料的一个重要应用领域。随着对导弹性能要求的提升,传统铝合金材料的强度和耐温性能已不能满足要求,而钢、钛合金等材料密度大、质量大,同样不能满足要求。铝基复合材料同时具备高强度、高刚度、耐较高温度、低密度等优点,可用于制备弹体、尾翼、弹翼、导引头组件、光学组件、推进器组件、制动器组件等导弹零部件,在导弹中有重要应用。英国国防评估研究局与马特拉 BAE 动力公司研究了铝基复合材料在导弹零部件中的应用,部分研究结果见表 3-4。

表 3-4　铝基复合材料在导弹零部件中应用的研究结果

导弹零部件	材料			减重比例/(%)
	传统材料	新材料		
		名称	制备方法	
前弹体	钢	20%SiC_p/Al - Si - Mg	粉末冶金	94
弹翼	铝	20%SiC_p/Al - Cu - Mg	粉末冶金	15
尾部套管	铝	20%SiC_p/Al - Si	铸造	112
组合尾翼和轴	铝/钢	SiC_p/Al		93
控制圆筒	铝	C_f/Al		167

除了铝基复合材料,铜合金(Nb,Ta,Cr 等)基复合材料具有高导热和高强度特点,在火箭推力室高热流部位等对热导和强度要求很高的领域得到应用。

3.5.2 汽车工业领域

汽车工业是金属基复合材料最重要的民用领域之一。由于民用领域对成本的控制极为重要,连续纤维增强金属基复合材料及一些成本偏高的非连续增强金属基复合材料在这一领域的应用受到极大限制。目前应用的主要是颗粒和短纤维增强的铝基、镁基、钛合金基复合材料。铝合金、镁合金等是传统的轻质材料,在汽车工业具有广泛的应用,而金属基复合材料具有更好的耐磨、抗腐蚀和耐热性,且强度、刚度更高,很好地满足了汽车行业的轻量化要求。

金属基复合材料在汽车工业最早的应用是日本丰田汽车公司研制的 Al_2O_3 短纤维局部增强铝基复合材料活塞,替代原有的镍铸铁镶圈后,耐磨性提高,减重 5%~10%,导热率提高了 3 倍,疲劳寿命显著提高。SiC 颗粒增强铝基复合材料在汽车发动机活塞中也有应用,主要是应用在方程式赛车上。与传统铝合金相比,SiC_p/Al 复合材料具有更低的热膨胀系数,可以降低活塞与汽缸壁的间隙,提高发动机性能。金属基复合材料在发动机应用的另一个例子是采用混杂增强铝基复合材料作为气缸衬套(见图 3-15)。这种复合材料基体是 Al-Si 合金,其中加入 12% 的 Al_2O_3 颗粒以提高耐磨性,加入 9% 的炭黑以提高润滑性。与原来铸铁材料相比,制冷效果得到提升,减重达 50%。此外,铝基复合材料在汽车驱动轴、连杆等构件也得到了广泛应用。汽车传动轴的转速由曲轴的长度、直径及材料刚性决定。汽车工作时,对传动轴的动力学稳定性和抗扭曲能力有很高的要求,发生动力学不稳定的临界转速取决于传动轴的比模量,采用 20% Al_2O_3 颗粒增强铝基复合材料($Al_2O_{3p}/6061Al$)制造的汽车驱动轴的比模量比传统钢制材料提高了 36%,临界转速也得到明显提高。再如采用 20% SiC 颗粒增强铝基复合材料($SiC_p/2080Al$)制备的连杆减重达 57%。

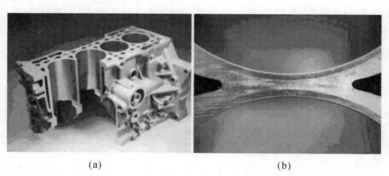

(a)   (b)

图 3-15　混杂增强铝基复合材料在汽车发动机中的应用

(a)发动机组;　(b)气缸衬套放大图

汽车的制动盘等耐磨件是金属基复合材料的另一个重要应用领域。相对于传统铸铁制动盘,金属基复合材料具有质量轻、热导率高、摩擦因数高等优点,可使制动件减重达 50%~60%,缩短制动距离。同时由于热导率的提高,在制动过程中产生的大量热量能够更快地传导出去,从而降低制动温升,提高制动稳定性。SiC 颗粒增强铝基复合材料是高性能汽车刹车盘的理想材料,1995 年,美国 Lanxide 公司研制的 SiC 颗粒增强 Al-Si 合金复合材料制动片,质量仅为 2.7 kg,最高工作温度可达 500 ℃(见图 3-16)。但相对于铸铁刹车盘,该制动片成本相对较高,目前主要用于高性能跑车上。另外利用离心铸造工艺制备的选区增强铝基复合材料,在提高刹车性能的同时,不含 SiC 颗粒的金属基体部分具有很好的加工性能,有利于产品生产制备。

图 3 - 16　SiC$_p$/Al 复合材料制动盘

3.5.3　微电子行业领域

微电子技术的飞速发展对电子封装材料的要求越来越高,热膨胀系数、热导率和密度是发展现代电子封装材料的三大基本因素,而传统封装材料很难同时兼顾。金属基复合材料可以将金属基体优良的导热性和增强体材料低膨胀系数的特点很好地结合,通过改变增强相体积分数,可以获得具有良好热导率、同时热膨胀系数可调的复合材料。目前电子封装用金属基复合材料的基体主要是 Al,Cu,Mg 及其合金,这是由其良好的导热、导电及优良的综合性能决定的。

金属基复合材料作为电子封装材料的应用,最先引起人们注意并大力发展的是 SiC 颗粒增强铝基复合材料。SiC 具有良好的物理性能,热膨胀系数为 4.0×10^{-6}/K,而且热导率很高,几乎与 Al 相当,可满足散热的需求。SiC$_p$/Al 复合材料一个早期的典型应用是使用 40% SiC 颗粒增强的 Al 基复合材料取代可伐合金(Ni - Co - Fe 合金),在质量减轻、成本降低的基础上,热导率还有所提升。图 3 - 17 所示为一些使用 SiC$_p$/Al 复合材料封装的微处理器及光电子器件。

目前,利用 SiC$_p$/Al 复合材料作为印刷电路板芯板已用于 F - 22 战斗机的圆孔自动驾驶仪、发电元件、飞行员头部上方显示器、电子技术测量阵列等关键电子系统上,以替代包铜的钼及包铜的锻钢,减重 70%。其作为电子封装材料,用于火星“探路者”和“卡西尼”火星探测器等航天器上及全球通信卫星系统上。

定向排布的碳纤维增强铝基复合材料在纤维排布方向具有很高的热导率,同时碳纤维的引入可以有效减轻质量。这类复合材料在高热导需求领域具有很高的应用价值,例如先进集成电路封装以及电子器件基板等。

金属基复合材料具有其独特的性能优势,是现代微电子元器件的理想封装材料,正随着电子封装技术的发展而迅速发展,具有很好的应用前景。

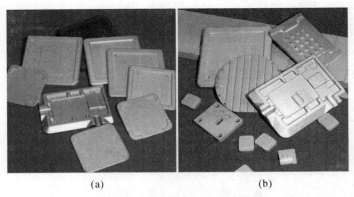

(a)   (b)

图 3-17 用 SiC_p/Al 复合材料封装的微处理器及光电子器件

(a)微处理器; (b)光电子器件

3.5.4 其他领域

陶瓷颗粒增强轻金属(铝、钛等)基复合材料把金属良好的韧性、延展性、易成形等优点与陶瓷高硬度、耐蚀性结合在一起,具有良好的抗冲击能力,在装甲材料领域具有重要的应用,如 SiC/Al_2O_3 颗粒增强铝基复合材料。

SiC/Al_2O_3 颗粒增强铝基复合材料具有质量轻、刚度好、耐疲劳等特性,在运动器械得到应用。例如 Specialized Bicycle Co. 公司已将 $10\%Al_2O_3$ 增强铝基复合材料作为自行车框架用于山地自行车上。

充分利用陶瓷颗粒的耐磨特性,瑞士研究人员制备了体积分数达 70% 的 B_4C 纳米颗粒增强 Au 基复合材料用于腕表表壳(见图 3-18)。该材料具有优良的耐划伤能力,同时兼具金属金的亮泽。

图 3-18 B_4C/Au 复合材料腕表表壳

3.6 本章小结

金属材料在人类社会的发展历程中发挥着重要的作用,从青铜、钢铁到如今的各类高性能金属及合金,金属材料经历了漫长的发展,也获得了深入的研究。与聚合物材料相比,金属材料具有更高的使用温度,因而具有更广的应用领域。此外,高强度、高模量、高韧性、良好的加工性能赋予了金属材料极高的应用价值。

　　然而,金属材料较高的密度不利于降低结构质量,并且其使用温度需要进一步提高。发展金属基复合材料是解决以上问题的重要途径。金属基复合材料作为结构材料不但具有一系列与其基体金属或合金相似的特点,而且在比强度、比模量及耐高温性能方面甚至超过其基体金属及合金。

　　在基体材料的选择上,镁合金、铝合金、钛合金等轻质高强的材料具有良好的综合性能,人们在合金化和组织结构的优化等方面对其进行了大量研究。金属间化合物具有更高的使用温度和良好的强韧化前景,越来越受到人们的重视,但其脆性问题仍然是需要解决的难点。表3-5给出了几类金属基体的各项性能,以供读者参考。

　　近年的研究已表明,最佳的结构合金未必是基体合金的最佳选择。大量的研究表明,环境效应、界面反应和相稳定性强烈地影响复合材料的行为,这些因素与各组元的物理性能、化学性质、温度和时间密切相关。因此,基体的选择与开发应当作为金属基复合材料研究的重要内容。

表 3-5　常见金属基体的性能

金属材料	密度 $g \cdot cm^{-3}$	抗拉强度 MPa	拉伸模量 GPa	使用温度上限 ℃	热膨胀系数 $10^{-6} \cdot K^{-1}$	热导率 $W \cdot m^{-1} \cdot K^{-1}$
铝合金	2.70～2.92	310～580	70～88	150～315	23.2～23.6	78.5～121
镁合金	1.78～1.89	157～310	40～45	150～250	20.9～26.8	117～193
钛合金	4.40～4.83	411～1225	110～123	500～600	8.0～9.5	6.3～9.2
γ-TiAl 金属间化合物	3.7～4.3	440～700	160～180	750～900		

习　　题

1. 金属材料有哪些晶体缺陷? 它们是如何影响金属材料性能的?
2. 简述 Hall-Patch 关系式,并说明晶粒尺寸对金属材料性能的影响规律。
3. 铝合金可以分为几类? 它们分别有哪些特点?
4. 合金元素和组织成分是如何影响钛合金的使用性能和可加工性的?
5. 为了平衡强度和韧性,应如何控制 γ-TiAl 基合金的显微组织?

第 4 章　陶瓷材料的结构与性能

4.1　概　　述

　　陶瓷通常是由一种或更多种金属元素与非金属元素(如 O,C,N 等)组成的化合物。某些单质材料,如碳和硼等,因为具有与陶瓷相近的性能特点,在分类上有时也被归为陶瓷材料。

　　陶瓷具有低密度、高模量、高硬度、耐腐蚀、耐高温等优点,但固有的脆性和低的损伤容限极大地制约了其应用。然而,陶瓷优良的性能,尤其是耐高温性能使得其在众多领域中有着不可取代的地位,这是驱使人们对陶瓷进行强韧化改性的重要动力。

4.2　陶瓷材料的微观结构

　　绝大多数陶瓷的键合类型以共价键或离子键为主。离子键和共价键是两类结合力极强的键合形式,这是陶瓷材料高熔点、高硬度和高模量的主要原因。

　　金属材料中,位错的滑移是金属良好塑性的重要来源。然而,在陶瓷材料中,原子间强烈的键合使得位错的运动极为困难。此外,陶瓷晶体中原子的滑移还要满足电荷平衡(离子晶体中)或键合的方向性(共价晶体中),这些因素使得陶瓷中的滑移系数量十分有限。因此,陶瓷材料的损伤容限和韧性很低,塑性差,在断裂前往往只发生极小的塑性变形甚至不发生塑性变形,呈现脆断模式。

　　陶瓷晶体往往是原子堆积紧密的立方或六方结构。同一种陶瓷通常具有多种晶体结构,不同同素异构体间的力学性能和热物理性能可能存在较大差异。因此,陶瓷在不同环境下(如温度、压强)的相变可能对材料产生重要影响。非晶态陶瓷也称为玻璃,通常为硅酸盐。与非晶态聚合物相似,玻璃由熔融状态冷却时不结晶,原子呈长程无序状态。此外,一些由特殊工艺(如化学气相沉积、聚合物转化陶瓷等)制备的 Si_3N_4,$SiCN$ 等非氧化无陶瓷也可以为非晶态,并可以在较高温度下保持非晶结构。

　　玻璃陶瓷也称为微晶玻璃,是一类特殊的陶瓷材料。通过对玻璃进行特殊的热处理工艺,严格控制材料的析晶过程,可以得到玻璃基体中弥散分布着微小晶粒(尺寸小于 $1\ \mu m$)的微观结构,其中结晶相的体积分数可达 $95\%\sim98\%$。玻璃陶瓷具有优良的热机械性能、化学稳定性、绝缘性,且热膨胀系数在较大范围内可调,是一类重要的无机材料。

4.3　陶瓷材料的力学性能

　　总的来看,高硬度、高模量、高的抗压强度和低的断裂韧性是陶瓷材料力学性能的基本特点。陶瓷材料的脆性是人们最为关注的特点之一,为此,本节将介绍脆性断裂理论中最被广泛接受的 Griffith 理论,并结合此理论探讨陶瓷材料的一些力学行为特点。

4.3.1　Griffith 理论

如果将材料强度看作破坏材料中原子间的结合力所需的外力大小,那么由第一性原理可以推导出材料的理论强度 σ_{th},即

$$\sigma_{th} = \left(\frac{E\gamma}{a_0}\right)^{1/2}$$

其中,E 为弹性模量;γ 为表面能;a_0 为无应力状态下原子平衡间距。由上式可知,大部分无机材料的理论强度可达 $10 \sim 15$ GPa。然而,除了部分晶须和极细的纤维外,材料的实际强度与理论强度间存在数量级上的差距。

为了解释这种差距,Griffith 提出了著名的 Griffith 微裂纹理论。Griffith 认为,实际的材料中总是存在众多的裂纹或其他缺陷,当材料受到外力时,缺陷附近会产生应力集中现象。应力集中区域的实际应力值远大于其他区域,当应力达到一定程度时,裂纹便开始扩展,最终导致材料断裂。

对于裂纹失稳扩展的条件,Griffith 是从能量的角度来考虑的。裂纹扩展会导致材料内部能量的变化,有

$$\Delta u = -\Delta u_e + \Delta u_s$$

其中,Δu_e 是裂纹扩展而导致的原先裂纹周围区域弹性应变能的释放所引起的体系单位体积内弹性势能的降低,而 Δu_s 则是裂纹扩展后新产生表面所引起的单位体积内表面能的增加。

经过推导,可以得到 Δu 的表达式,即

$$\Delta u = \frac{-\sigma^2}{E}\pi c^2 + 4c\gamma$$

其中 c 为裂纹长度的一半。对 Δu 求关于 c 的一阶导,令导数等于 0,则可得到裂纹扩展的临界断裂应力及相应的临界裂纹长度,即

$$\sigma_c = \sqrt{\frac{2E\gamma}{\pi c}}$$

与

$$c* = \frac{2E\gamma}{\pi \sigma^2}$$

当 $\sigma > \sigma_c$ 或 $c > c*$ 时,裂纹即会扩展。

对于典型的陶瓷材料,E 约为 300 GPa,γ 约为 2 J/m^2。若材料中存在长度 $2c = 10$ μm 的裂纹,则临界断裂应力 σ_c 仅约为 280 MPa;若欲使材料的断裂应力达到 600 MPa,则材料中的临界裂纹长度 $2c*$ 仅能为 2 μm。

对于金属和非晶态聚合物这些延性材料,裂纹扩展的过程中不光有新生表面带来的体系表面能的增加,同时塑性变形也会消耗塑性功 γ_p,故以上两式中的 γ 应当替换为($\gamma + \gamma_p$)。对于高强度金属,γ_p 一般远大于 γ($\gamma_p \approx 10^3\gamma$)。若 E 同样为 300 GPa 的高强度钢,$\gamma_p = 10^3\gamma = 2\ 000$ J/m^2,则在同样的临界断裂应力 $\sigma_c \approx 280$ MPa 的条件下,可允许的最大裂纹长度 $2c$ 达 9 mm,比陶瓷材料允许的裂纹尺寸大了 3 个数量级。可见,陶瓷材料在存在微观裂纹的情况下即会发生低应力断裂,而塑性较好的金属材料在存在宏观裂纹时才会发生此种破坏。

4.3.2　陶瓷材料的断裂韧性

由以上讨论可知,陶瓷材料的断裂不是受某一单独因素控制,而是由 σ_c 与 $c*$ 共同决定

的。为此,定义应力场强度因子 $K = Y\sigma\sqrt{\pi c}$。其中 Y 为一系数,与裂纹位置和方向及加载状态有关。对于陶瓷材料,常用裂纹发生张开型扩展而导致材料断裂时的临界应力场强度因子 $K_{IC} = Y\sigma_c\sqrt{\pi a_c}$ 来衡量材料的断裂韧性。

4.3.3 陶瓷材料强度的可靠性

同一批多晶金属材料,在微观组织一致的情况下,强度值的分散性是很小的,且与试样尺寸关联不大。然而,陶瓷材料的强度却有着明显的统计性,不同试样所测得的强度值往往分散性较大。因此,陶瓷强度的可靠性是使用陶瓷材料时所必须考虑的问题。

陶瓷的强度与其临界裂纹尺寸密切相关,即

$$\sigma_c = \frac{K_{IC}}{Y\sqrt{\pi a_c}}$$

可见,在脆性材料中,裂纹等缺陷的存在导致了材料强度的下降,并且,缺陷的尺寸、形状、在材料中分布等都具有统计分散性,这就导致了同一批陶瓷材料强度的分散性。同时,随着试样尺寸的增加,材料中出现大尺寸缺陷的可能性也随之增加,因而材料的强度一般与尺寸呈负相关。

陶瓷材料强度的可靠性可以通过强度的统计分布来衡量,对于各向同性的陶瓷材料,经典的统计断裂强度理论有 Weibull 理论、Batdorf 缺陷密度与方位理论、Evans 单元强度理论等,感兴趣的读者可参考书后参考文献[7]。

4.3.4 陶瓷材料的抗弯强度

由于陶瓷材料的脆性很大,在进行拉伸试验时,试样的断裂容易发生在夹持部位,同时试验还受到夹具与试样轴心不一致带来的附加弯矩的影响,很难获得陶瓷材料可靠的拉伸强度。因此,陶瓷材料的断裂强度通常用抗弯强度来表征。三点弯曲试验和四点弯曲试验是常用的抗弯强度测试方法。图 4-1 展示了两种试验的加载方式。

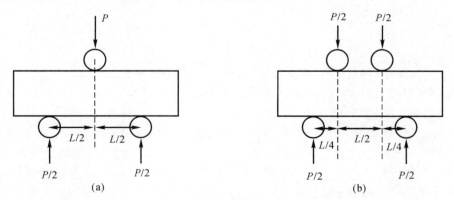

图 4-1 陶瓷材料的弯曲试验示意图
(a)三点弯曲; (b)四点弯曲

由于在四点弯曲试验中,承受最大拉应力的区域面积与三点弯试验中相比更大,因而所得的测试强度更低,更为保守。

4.3.5　陶瓷材料的抗压强度

　　尽管陶瓷材料在拉伸载荷下十分脆弱,但它却拥有良好的抗压性能,这种差异与两种载荷方式下材料中的应力性质及裂纹的萌生和扩展方式有关。图 4-2 展示了陶瓷材料在拉伸和压缩试验下典型的应力-应变行为。如图 4-2 所示,拉伸时,试样的应力-应变曲线与压缩时的曲线重合,试样经历较小的弹性变形即发生断裂,而压缩断裂强度和断裂伸长率则远大于拉伸载荷下的相应值(通常,陶瓷的抗压强度可达抗拉强度的 9 倍左右)。在压缩载荷下,裂纹的扩展路径与加载方向大致同向,当裂纹扩展至材料表面时,试样会发生剥落,造成应力-应变曲线后半段的波动。

　　陶瓷材料的热稳定性和抗蠕变性良好,具有很高的使用温度上限。典型的镍基高温合金的使用温度上限为 1 100 ℃左右,而某些陶瓷则可以在 1 500 ℃下使用。

　　抗热震性是陶瓷材料在高温下使用时需要考虑的问题。由于陶瓷材料固有的脆性,热冲击是材料发生破坏的重要原因之一。

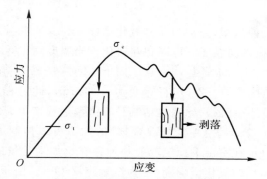

图 4-2　陶瓷材料的拉伸和压缩应力-应变曲线示意图

注:注意压缩试验中试样的裂纹扩展方向及剥落现象

4.4　复合材料中常用的陶瓷基体

4.4.1　氧化物陶瓷

　　绝大多数氧化物陶瓷在氧化性气氛中具有良好的稳定性,因而氧化物陶瓷基复合材料适于工作在高温下的大气环境中。然而,氧化物陶瓷的热膨胀系数通常较高(多数在 $6\times10^{-6}\sim10\times10^{-6}$ K^{-1} 的范围内),与常见的增强体存在较大的热失配,对复合材料的许多性能造成不利影响。

　　1. 氧化铝

　　氧化铝(Al_2O_3)陶瓷具有高硬度、高模量、高强度和电绝缘性良好的性质,成本较低,是一类应用广泛的氧化物陶瓷。氧化铝存在多种晶型,常见的有 γ,δ,θ 和 α 等。其中,α 晶型为高温下稳定的六方结构,其他晶型在高温下均向 α 晶型转变。

　　氧化铝的烧结温度通常为 1 400～1 800 ℃,适量烧结助剂(CaO,SiO₂ 等)的加入可以在烧结温度下形成低熔点的液相,起到促进烧结的作用。MgO,ZrO_2,Y_2O_3 等助剂的加入可以抑制氧化铝晶粒的长大。一般来说,纯度高、晶粒细小的氧化铝陶瓷强度、硬度和刚度与同类产品相比较高。

2. 莫来石

莫来石(mullite)是一种硅铝酸盐矿物,是 $SiO_2-Al_2O_3$ 体系在常压下唯一稳定存在的晶态化合物。一般认为莫来石的化学计量式为 $3Al_2O_3 \cdot 2SiO_2$,然而,莫来石的成分并不是固定的,其中 Al_2O_3 的质量分数可以在 $71.8\%\sim78\%$ 范围内波动。

莫来石特殊的结构赋予了其优异的性能。莫来石的强度和断裂韧性高,且在一定温度范围内,随温度升高强度和韧性不降反升。其在 1 300 ℃下的强度是室温时的 1.7 倍。在氧化性气氛中,其组织结构稳定,无多晶转变,具有良好的抗蠕变性能和耐酸碱腐蚀性。此外,它还具有点绝缘性能好、介电常数低等优点。

3. 氧化锆

氧化锆(ZrO_2)的熔点极高,但纯的氧化锆由于不利的多晶转变基本无实用价值,通常需进行稳定化处理。

常压下氧化锆具有三种晶型,分别为立方氧化锆($c-ZrO_2$)、四方氧化锆($t-ZrO_2$)和单斜氧化锆($m-ZrO_2$),它们在不同温度下可以相互转化。当温度高于 2 300 ℃时,氧化锆为立方晶型;当温度低于 2 300 ℃时,将发生 $c-ZrO_2$ 向 $t-ZrO_2$ 的转变;随着温度的继续下降,在 1 100~1 200 ℃的温度范围内,$t-ZrO_2$ 将转变为 $m-ZrO_2$,此过程伴随着很大的体积膨胀($3\%\sim5\%$)和剪切应变($7\%\sim8\%$),导致烧结制品在降温过程产生裂纹甚至碎裂。

适当的稳定剂(MgO,CaO,Y_2O_3 及其混合物)的加入可以抑制上述两种相变,使高温下稳定的 $c-ZrO_2$ 和 $t-ZrO_2$ 在室温下稳定或亚稳地存在。加入足量的稳定剂时,可以得到室温下相组成全部为 $c-ZrO_2$ 的氧化锆陶瓷(称为全稳定 ZrO_2)。由于在温度变化时不经历相变,因而这种氧化锆可用于高温下。全稳定 ZrO_2 的缺点是强度和韧性偏低,热膨胀系数高。

稳定剂的量不足时,将得到部分稳定 ZrO_2,其相组成为 $c-ZrO_2+t-ZrO_2$ 和少量的 $m-ZrO_2$。部分稳定 ZrO_2 具有应力诱导相变增韧机制,即当裂纹扩展至 $t-ZrO_2$ 所在的区域时,裂纹尖端的张应力将诱导处于亚稳状态的 $t-ZrO_2$ 发生相变,转变为 $m-ZrO_2$。此相变将吸收裂纹尖端的弹性能,减缓裂纹的扩展。同时,相变带来的体积膨胀会对基体产生压应力,使裂纹趋向于闭合。以上机制赋予了部分稳定 ZrO_2 良好的断裂韧性和抗热震性。

4.4.2 玻璃陶瓷

通过外加晶核剂或表面诱导等方法,对玻璃进行热处理,在材料内部形成晶核,并使晶核长大而得到的晶体与玻璃共存的均匀多晶多相材料(见图 4-3),即玻璃陶瓷。玻璃陶瓷由晶体(体积分数可达 $95\%\sim98\%$,晶粒尺寸一般小于 1 μm)和少量玻璃组成,其性质由晶相与玻璃相的种类、含量及其分布共同决定。玻璃陶瓷兼具了玻璃和陶瓷的特点,又具备了其他多种优异性能,是一种独特的材料。

从热力学角度来看,玻璃处于一种亚稳态,具有转化为晶体的倾向;从动力学角度看,玻璃熔体极高的黏度阻碍了晶核的形成和晶粒的生长,使其难于转化为晶体。玻璃陶瓷正是人们利用玻璃在热力学和动力学方面的特点得到的特殊材料。

由玻璃晶化而得到致密陶瓷材料的研究最早可追溯到 18 世纪法国学者 Reamur 的探索,

但直到 20 世纪 50 年代,美国 Corning 公司玻璃化学家 Stookey 才在一次实验意外中得到了玻璃陶瓷材料。此后,由于其各种优异的性能,玻璃陶瓷获得了世界各地研究者们的极大关注,多种体系的玻璃陶瓷得到了开发和应用。

玻璃陶瓷从诞生至今,其发展历程大致可以分为三个阶段。第一阶段是从 20 世纪 50 年代末期至 70 年代中期,研究的重点是低热膨胀系数的玻璃陶瓷,并获得了透明玻璃陶瓷,$Li_2O - Al_2O_3 - SiO_2$ 系玻璃陶瓷是这一时期的典型代表。第二个阶段是从 20 世纪 70 年代中期到 80 年代中期,开发了具有高强度、高韧性并且可以像金属一样进行切削加工的玻璃陶瓷,如片状氟金云母型的玻璃陶瓷,已应用于航天飞机构件、微波窗口等方面。第三个阶段是从 20 世纪 80 年代中期至今,对更复杂成分与结构以及多相玻璃陶瓷进行了研究,探索了玻璃陶瓷在核工业、超导材料、生物材料等方面的应用,并开发了玻璃陶瓷的新型制备工艺,如烧结法、溶胶-凝胶法等。

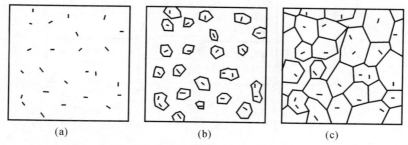

图 4-3　玻璃陶瓷的晶化过程:晶核形成、晶粒长大与最终的显微组织
(a)晶核形成;　(b)晶粒长大;　(c)玻璃陶瓷

玻璃陶瓷的结构和性能在很大程度上取决于其组成。从成分来看,玻璃陶瓷主要包括硅酸盐玻璃陶瓷、铝硅酸盐玻璃陶瓷、氟硅酸盐玻璃陶瓷和磷酸盐玻璃陶瓷四类。

1. 硅酸盐玻璃陶瓷

硅酸盐玻璃陶瓷主要由碱金属及碱土金属的磷酸盐构成,研究最早的锂硅酸盐($Si_2O - Li_2O$)玻璃陶瓷和矿渣微晶玻璃即属于此类。

锂硅酸盐玻璃陶瓷是 Stookey 最初研究的玻璃陶瓷,它为玻璃陶瓷的大规模开发和其他体系玻璃陶瓷的研究奠定了基础。图 4-4 给出了 $Li_2O - Si_2O$ 体系部分成分范围的二元相图。其中,$Li_2Si_2O_5$ 为锂硅酸盐玻璃陶瓷的主晶相,其熔点约 1 033 ℃,在 939 ℃ 附近会经历晶型转变。Stookey 对成分近 $Li_2Si_2O_5$ 化学计量比的玻璃陶瓷的研究发现,此类微晶玻璃不仅成型工艺简单,而且具有良好的力学性能和电性能。其抗弯强度为 100~300 MPa,断裂韧性可达 2~3 MPa,电阻率高达 3×10^9 Ω·cm,在 1 MHz 频率和 25 ℃ 温度下的介电损耗仅为 0.002。以上特性非常适合应用于电气工程中。除了近化学计量比的 $Si_2O - Li_2O$ 系玻璃陶瓷,其他成分的 $Si_2O - Li_2O$ 系玻璃陶瓷也得到了大量研究。通过调整 Si_2O 与 Li_2O 之比,并向体系中加入 ZrO_2,Al_2O_3,P_2O_5 等组分,可以得到结构更复杂、性能更多样的玻璃陶瓷。

矿渣玻璃陶瓷中的主要晶相为硅灰石($CaSiO_3$)和透辉石($CaMg(SiO_3)_2$),采用工业废渣为原料制备微晶玻璃,不仅产品性能优异、成本低廉,而且具有良好的环境效益,得到了研究者们的极大重视。

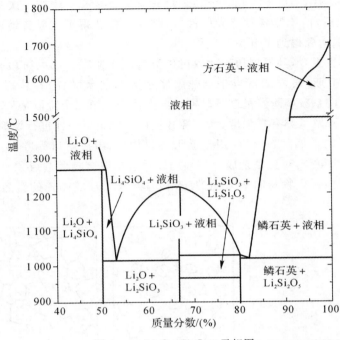

图 4 - 4　$Li_2O - Si_2O$ 二元相图

2. 铝硅酸盐玻璃陶瓷

（1）$Li_2O - Al_2O_3 - SiO_2$（LAS）系玻璃陶瓷。LAS 玻璃陶瓷是一种研究深入且应用最为广泛的玻璃陶瓷，具有许多特殊性质，如在很宽的温度范围内热膨胀系数很小甚至接近于 0，良好的透明性或半透明性等。图 4 - 5 给出了 LAS 系统的三元相图，可以看出，该体系有一个较宽的固溶范围。LAS 玻璃陶瓷中的主要晶相为 β-石英固溶体（$(Li_2, R)O - Al_2O_3 - nSiO_2$，其中 R 代表 Mg 或 Zn，$n = 2 \sim 10$）和 β-锂辉石固溶体（$Li_2O - Al_2O_3 - nSiO_2$，$n = 4 \sim 10$）。随着固溶体中 SiO_2 含量的变化，β-锂辉石固溶体的热膨胀系数具有可调性，在较大的温度范围内可以很低或很高（见图 4 - 6）。

LAS 玻璃陶瓷由于其特殊的热膨胀性质，良好的力学性能、光学性能和介电性能，在天文镜片、透波天线罩等领域获得了应用。

（2）$MgO - Al_2O_3 - SiO_2$（MAS）系玻璃陶瓷。MAS 系玻璃陶瓷中析出的主晶相为董青石（$2MgO \cdot 2Al_2O_3 \cdot 5SiO_2$）。董青石的热膨胀系数具有各向异性：随温度升高，其晶体沿 c 轴方向膨胀而沿 a 轴方向收缩，因而多晶体的热膨胀系数可以很小甚至为 0。MAS 系玻璃陶瓷具有良好的热稳定性和抗热震性、力学性能（弯曲强度可达 $200 \sim 300$ MPa）及高频电性能，因而是一种优秀的高温透波材料。

（3）$NaO - Al_2O_3 - SiO_2$（NAS）系玻璃陶瓷。此类玻璃陶瓷较容易通过在材料表面引入压应力的方式实现强化，因而得到了大量研究。在 NAS 玻璃陶瓷的材料表面引入压应力的方法有表面施釉法和离子交换法两种。NAS 玻璃陶瓷的热膨胀系数较高（约 100×10^{-7} K^{-1}），表面施釉法即通过高温下在材料表面制备一层热膨胀系数较小的涂层，当材料冷却至室温时，涂层带有压应力而材料内部则存在拉应力；离子交换法是将玻璃陶瓷放入高温钾盐中进行盐浴,使得材料表面的部分钠离子被钾离子取代,从而在表面引入压应力。

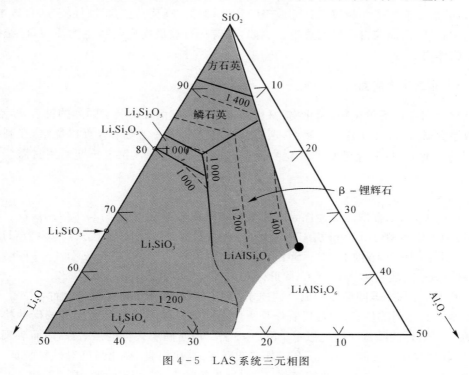

图 4 - 5　LAS 系统三元相图

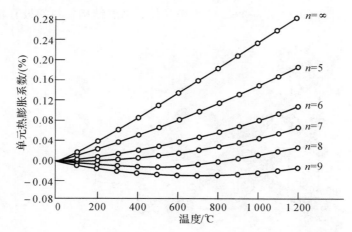

图 4 - 6　$Li_2O - Al_2O_3 - nSiO_2$ β -锂辉石固溶体的热膨胀特性

　　(4)氟硅酸盐玻璃陶瓷。此类玻璃陶瓷可分为片状氟金云母晶体型和链状氟硅酸盐晶体型两种。片状氟金云母晶体易沿着(001)晶面解理,当此晶体在玻璃陶瓷中非取向地均匀分布时,对裂纹有偏转作用,使材料的破环被限制在局部,因而片状氟金云母晶体玻璃陶瓷可以使用普通刀具进行加工。链状氟硅酸盐晶体可以析出氟钾钠钙镁闪石晶体($KNaGaMg_5Si_8O_{22}F_2$),当此晶体沉淀在方石英、云母及残余玻璃相中形成网状结构时,可以极大地扩大裂纹的扩展路径,赋予材料较高的断裂韧性(3.2 MPa · $m^{1/2}$)和抗弯强度

(150 MPa)。

(5)磷酸盐玻璃陶瓷。相较于其他玻璃陶瓷,磷酸盐玻璃陶瓷的耐蚀性较差,且成本高,但具有生物相容性,因而获得了极大重视。例如,氟磷灰石玻璃陶瓷具备生物活性,已经被成功地植入生物体内。

4.4.3 非氧化物陶瓷

非氧化物陶瓷包括碳化物、硼化物、氮化物陶瓷等。它们往往具有强烈的键合,熔点极高,原子扩散系数低,高温性能良好。然而,这些性质也使得非氧化物陶瓷难以烧结,在制备工艺上较为复杂。此外,抗氧化性是非氧化物陶瓷在高温、氧化性气氛下长期使用时需要考虑的问题。

1. 碳化硅

碳化硅(SiC)是综合性能最为优异的非氧化物陶瓷之一,在复合材料中应用广泛。迄今为止,已报道的 SiC 多型(polytype)有 200 多种。这些多型又可以分为立方(C)、六方(H)、菱形(R)等类。其中闪锌矿结构的 3C - SiC 是结构最为简单的一种(结构见图 4 - 7),空间群为 F43m。3C - SiC 一般又称为 β - SiC,除此之外的其他 SiC 都统称为 α - SiC。

β - SiC 晶胞由硅-碳四面体构成。硅原子在晶格中占据 8 个顶点和 6 个面心位置,碳原子则占据 4 个四面体间隙位置,它可以看作是由面心立方的硅晶格和面心立方的碳晶格错位嵌套而成的。β - SiC 的晶体结构类似于金刚石,Si - C 原子间属共价键强结合,因而表现出很高的硬度(其硬度仅次于金刚石)。β - SiC 具有低密度、高比模量、高比强度等优异特征,具有较好的热稳定性(2 373 K 左右开始转变为 α - SiC,没有熔点,在一标准大气压①下,3 000 K 以上气化)以及耐腐蚀性,因而可以认为 β - SiC 陶瓷是作为高温结构材料的最有希望的材料之一。

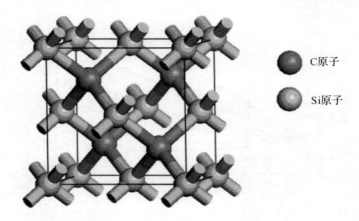

C原子

Si原子

图 4 - 7   3C - SiC 的晶体结构

六方(2H,4H,6H,8H 等)和菱形 SiC 多型(15R,21R 等)的空间群分别为 P63mc 和 R3m。图 4 - 8 所示为部分六方(见图 4 - 8(a)～(c))和菱形 SiC(见图 4 - 8(d))多型的晶格结构示意图。由晶格结构可知,六方和菱形 SiC 多型的 c 轴即[0001]方向对应于 3C - SiC 的

---

①   一标准大气压(1 atm)=101.325 kPa。

[111]方向。

　　由于 SiC 具有高硬度,它最初在工业上被用作研磨和切割材料。随着半导体产业的发展,SiC 材料所具有的宽带隙、高临界击穿电场、高热导率、高载流子饱和漂移速度等特点逐渐被人们所认识。其在高温、高频、大功率、光电子及抗辐射等方面具有巨大的应用潜力。

　　除了在半导体产业中的应用,SiC 因为在高温下具有稳定的化学、物理性能,并且能在表层氧化后形成一层致密的 SiO_2 薄膜来阻止氧化的进一步进行,因而被认为是一种很重要的高温热结构材料。

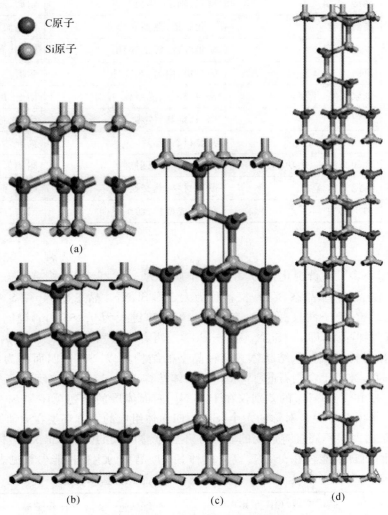

C原子
Si原子

(a)

(b)　　　　　　(c)　　　　　(d)

图 4 - 8　部分六方多型的晶格结构和菱形 SiC
(a)2H ;　(b) 4H ;　(c) 6H;　(d) 15R - SiC

　　在 20 世纪后半叶,随着陶瓷基复合材料技术的兴起,连续纤维增韧的 SiC 基复合材料既具有 SiC 陶瓷材料的轻质、抗高温氧化等优点,又克服了 SiC 陶瓷本身韧性不足的缺点,因而得到了快速发展和广泛应用。SiC 陶瓷基复合材料已经或将要应用到包括燃气涡轮发动机和冲压发动机的热端部件、航天飞机鼻锥、大型核聚变反应堆的环形内壁,以及先进刹车片在内的很多领域。

综上所述,SiC 作为一种重要的半导体和热结构材料在工业领域得到广泛应用,见表 4-1。

表 4-1　SiC 陶瓷在各个领域的应用

应用领域	使用环境	用途	主要优点
石油工业	高温、高压、研磨	喷嘴、轴承、密封、阀片	耐磨
化学工业	强酸、强碱	密封、轴承、热交换器	耐磨、耐蚀、气密
	高温氧化	气化管道、热偶套管	耐高温腐蚀
机械工业	发动机	轮机叶片、转子、喷嘴	耐磨、高强、抗热震
	研磨	喷砂嘴、内衬、泵零件	耐磨
轻工业	纸浆废液、纸浆	密封、轴承、成型板	耐磨、耐蚀
	高温	棚板、窑具、传热	耐热、传热快
	大功率散热	封装材料、基片	高导热、高绝缘
核工业、激光	含硼高温水、大功率	密封、轴套、反射屏	耐辐射、高强、稳定
冶金工业	高温气体	耐火材料、热交换器	耐热、耐蚀、耐氧化
其他	加工成型	拉丝、成型模、纺织导向	耐磨、耐蚀

2.氮化硅

氮化硅(Si_3N_4)是共价键化合物,相对分子质量为 140.28。Si_3N_4 有晶态和非晶态之分,常见的 Si_3N_4 为晶态,非晶态 Si_3N_4 又被称为无定形 Si_3N_4。晶态 Si_3N_4 中 Si—N 之间主要以共价键的形式结合,离子性只占 30%,键角为 109°28′,键长为 0.163 nm,键能为 439 kJ/mol。晶态 Si_3N_4 有两种晶型,即 α-Si_3N_4 和 β-Si_3N_4,两者均属六方晶系。α-Si_3N_4 是颗粒状结晶体,β-Si_3N_4 是棒状或针状结晶体。两种晶型的结构均以[SiN_4]四面体为结构单元,Si 原子在四面体中心,类似于金刚石的[C-C_4]四面体结构单元,这种结构使得 Si_3N_4 具有很高的硬度。α-Si_3N_4 和 β-Si_3N_4 的差别仅在于[SiN_4]四面体层的排列顺序和 Si-N 层的堆积方式。β-Si_3N_4 是由几乎完全对称的六个[SiN_4]四面体组成的六方环层在 c 轴方向上重叠而成的,α-Si_3N_4 是由两层不同且有形变的非六方环层重叠而成的。α-Si_3N_4 结构内部的应变比 β-Si_3N_4 大,因而自由能较 β-Si_3N_4 高。两种 Si_3N_4 晶型的主要性能参数见表 4-2。

表 4-2　α-Si_3N_4 与 β-Si_3N_4 的基本参数

晶型	晶格常数/(10^{-10} m)		单位晶包分子数	计算密度 g·cm^{-3}	显微硬度 GPa
	a	c			
α-Si_3N_4	7.748±0.001	5.617±0.001	4	3.184	10~16
β-Si_3N_4	7.608±0.001	2.910±0.001	2	3.187	29.50~32.65

一般认为 α-Si_3N_4 属低温稳定晶型,β-Si_3N_4 属高温稳定晶型。将高纯硅粉在 1 200~

1 300 ℃下氮化,可得到白色或灰白色的 $\alpha - Si_3N_4$,而在 1 450 ℃左右氮化时,可得到颜色较深的 $\beta - Si_3N_4$。$\alpha - Si_3N_4$ 是硅粉在氮化过程中由于特殊的动力学原因而形成的亚稳定晶相。在 1 400～1 800 ℃下加热时,$\alpha - Si_3N_4$ 晶体会发生重构,转变为 $\beta - Si_3N_4$,而且这种相变是不可逆的。两种晶型除了在结构上对称性的高低存在差别外,并没有高低温之分。只不过 $\alpha - Si_3N_4$ 的对称性较低,动力学上更容易形成,$\beta - Si_3N_4$ 在高温上是热力学稳定的。在高温有液相存在的情况下,一般在 1 400 ℃左右,可通过溶解-沉淀来实现 $\alpha - Si_3N_4$ 向 $\beta - Si_3N_4$ 的转变。但随着认识的进一步深入,这种相变已不能简单地用高低温来解释:①采用低于相变温度的反应烧结制备 Si_3N_4 时,可同时出现 $\alpha - Si_3N_4$ 和 $\beta - Si_3N_4$;②在气相反应中,1 350～1 450 ℃下也可直接得到 $\beta - Si_3N_4$;③一些工艺条件及某些杂质的存在更有利于 $\alpha - Si_3N_4$ 向 $\beta - Si_3N_4$ 的转变,如通过添加稀土氧化物来制备自增韧 $\beta - Si_3N_4$ 陶瓷。

Si_3N_4 陶瓷具有非常优异的性能。它是一种高温难熔化合物,在常压下无固定熔点,在 1 900 ℃左右开始分解。热膨胀系数小($(2.5～3.6) \times 10^{-6}$/℃,仅次于 SiO_2),具有优良的抗热震性能;室温和高温强度都很高(热压 Si_3N_4 陶瓷室温强度甚至可达 1 500 MPa,即使在 1 200 ℃,强度变化也不明显);抗高温蠕变能力强,在空气中的软化点在 1 400 ℃以上;断裂韧性值也较高($3～9$ MPa·$m^{1/2}$),因此抗冲击性能较好;硬度高,HV 为 18～21 GPa,HRA 为 91～93,仅次于金刚石、立方 BN 和 B_4C 等少数几种超硬材料,在 1 500 ℃高温下测出 Si_3N_4 的硬度(HV)仍在 980 MPa 以上;摩擦因数较小(约为 0.1),在自配对情况下,滑动摩擦因数仅为 0.02～0.07,具有自润滑性,与加油的金属表面相似,即使在高温条件下,摩擦因数也变化不大;化学稳定性和耐腐蚀性好,能够耐很多强酸强碱的腐蚀和熔融金属的侵蚀,还具有不被铝液润湿的特性;此外,Si_3N_4 陶瓷还具有优良的抗辐射特性和生物相容性。这些优良特性使得 Si_3N_4 陶瓷能够在高强、高温、高速、强腐蚀介质等恶劣环境中具有特殊的使用价值,目前它已广泛应用于各行各业。在冶金工业方面用作铸造皿、蒸发皿、燃烧舟、坩埚和热电偶保护管等;在化工方面可用作各种耐蚀耐磨零件,如球阀、泵体、密封环、过滤器、热交换器部件、触媒载体、燃烧舟、蒸发皿等;在军事工业方面用于制造承受高温或温度剧变的电绝缘体、装甲车辆、导弹尾喷管、原子反应堆中的支撑件和隔离件、核裂变材料和中子吸收器的载体、火箭喷嘴和喉衬以及其他高温结构部件等;在生物医学领域,Si_3N_4 陶瓷还可用作人工骨和人工关节等体内植入材料。

Si_3N_4 具有很好的透微波介电性能,介电常数较低,且随温度的升高变化很小;电绝缘性能非常好,可与氧化铝陶瓷相媲美。结合有利的高温力学性能和环境性能,Si_3N_4 被认为是高温透波材料最具竞争力的候选之一。

3. 氮化硼

氮化硼(BN)具有耐高温、抗热震、自润滑、介电性能良好等优良性质,在热防护材料、高温透波材料等领域具有很大的应用前景。

BN 与单质碳的晶体结构相似,有类石墨结构的六方晶型(h-BN)和类金刚石结构的立方晶型(c-BN)两种常见的晶体结构。

c-BN 一般是由 h-BN 经高温、高压制成的,是一种超硬材料,主要用于切割刀具和颗粒增强体。

h-BN 具有层状结构,强度和模量较低,它与 Si_3N_4,Al_2O_3 等其他陶瓷复合得到的复相陶瓷具有良好的抗热震性能和可加工性。由于 h-BN 的力学性能较差,高温抗氧化性不佳且不耐雨蚀,因而很少单独作为基体材料使用,但与其他材料共同使用可以改善复合材料的某些性质。

4. MAX 相陶瓷

三元过渡族金属氮化物或碳化物的概念由 Nowotny 等在 20 世纪 60 年代提出。2000年,Barsoun 在一片综述性文章中将这类材料统称为"$M_{n+1}AX_n$"相,简称 MAX 相。其中 M 代表过渡族金属元素,A 代表主族元素,X 代表 C 或 N(见图 4-9)。MAX 相作为一种新型陶瓷材料,其种类众多,迄今已发现 70 余种。总的来说,它们兼容了陶瓷和金属的诸多优点,包括低密度、高模量、高抗损伤容限、高电导/热导率和良好的抗高温氧化性能,引起了研究者的广泛关注。

MAX 相属于六方晶系,空间群为 P63/mmc,其晶体结构由 $M_{n+1}X_n$ 层与密堆 A 族原子面交替堆叠而成,具有典型的层状特征。根据 n 数值的不同,可以将 MAX 分为 211 相、312 相、413 相等,它们的晶体结构如图 4-10 所示。

MAX 相的层状晶体结构使其微观形貌也具有一定层状特征。如图 4-11 所示,MAX 相 Ti_3SiC_2 的晶体生长呈现各向异性,即沿基面方向择优生长,呈明显的板条状,变形晶粒间存在分层和扭结带。

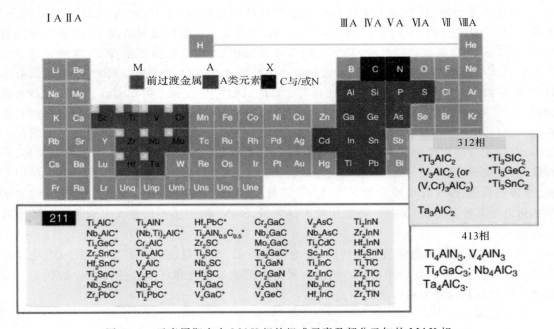

图 4-9 元素周期表中 MAX 相的组成元素及部分已知的 MAX 相

MAX 相陶瓷的化学键合也很特殊:M-X 原子间以强的共价键和离子键结合,使得材料具有较高的强度和弹性模量;M-A 原子间则以金属键结合,使得材料容易沿[0001]方向滑移变形,从而表现出一定的显微塑性。从能带结构看,MAX 相的价带和导带在费米面处有交叠,从而使其具有类似于金属的导电性;能带结构具有各向异性,说明材料的电性能具有各向异性。

MAX 相的这种键合特点使得 A 原子较为容易挣脱 MX 片层的束缚。这种特性也被加以利用。例如,利用金属原子的快速扩散可以实现 MAX 相陶瓷的连接;将金属原子取出后得到的纳米 MX 片层(MX 烯)具有特殊的电磁学性能,有望在吸波、电极材料等领域得到应用。

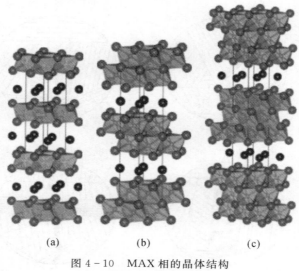

(a)　　　　　　　(b)　　　　　　　(c)

图 4 - 10　MAX 相的晶体结构

(a)211 相;　(b)312 相;　(c)413 相

同一般的陶瓷相比,MAX 相陶瓷的硬度较低,具有良好的可加工性,可以用高速钢刀具直接对其进行机械加工。独特的层状结构使得 MAX 晶粒在外力作用下会发生滑移、扭曲、断裂以至形成扭结带,使得裂纹在沿着 MAX 晶粒扩展过程中易发生偏转、桥连、分叉,从而大量消耗断裂能,抑制裂纹扩展(见图 4 - 11)并限制受损区域的扩大。因此,MAX 相陶瓷材料具有良好的韧性。

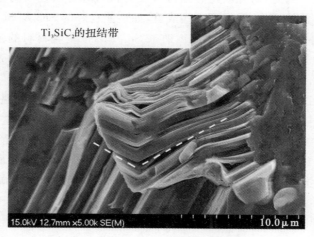

图 4 - 11　MAX 相(Ti_3SiC_2)的微观形貌扫面电镜照片

因为具有优异的力学性能,尤其是高韧性,MAX 被用于与其他陶瓷或陶瓷基复合材料复合。例如,采用反应熔体渗透法制备的 Ti_3SiC_2 改性 C/C - SiC,高损伤容限 Ti_3SiC_2 的生成势必会提高基体的损伤容限,同时 Ti_3SiC_2 的微观变形能够丰富基体内部的增韧机制(见图

4-12),提高基体抵抗裂纹扩展的能力。因此,对于 C/C-SiC-Ti₃SiC₂ 而言,Ti₃SiC₂ 的引入能够提高基体的损伤容限和抵抗裂纹扩展的能力,从而制备高性能的复合材料。

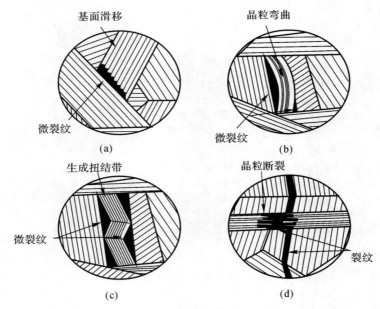

图 4-12   MAX 相的增韧机制

5. Si-B-C-N 陶瓷

SiC,Si₃N₄ 这一类硅基陶瓷材料具有较高的抗氧化性、高温强度、化学稳定性和抗蠕变等性能,作为高温结构陶瓷材料倍受青睐。但 Si₃N₄ 在 1 400 ℃发生热分解,SiC 在 1 600 ℃氧化时性能也发生退化。因此,研究新型高温材料及对材料进行改性成为迫切需求。研究人员在这方面做了很多有益的工作,取得了一些成就,如性能良好的 SiC 及 Si₃N₄ 纤维的研究和开发,使纤维增强复合材料的性能不断改善。纳米 SiC/Si₃N₄ 复合材料的强度和韧性比单组分材料提高了 2～5 倍,且高温性能也获得了较大的改进。近年来,由有机先驱体制备非晶态共价键陶瓷材料成为研究的热点。利用有机先驱体在低温(<1 000 ℃)制备出的 SiCN 及 Si-B-C-N 材料,在较高的温度仍保持非晶态。在将近 2 000 ℃的高温时,两种材料最后完全析晶,变成纳米结构的 SiC,Si₃N₄ 和 BN 等。SiCN 及 Si-B-C-N 这种高温非晶态性质,制成的纤维具有非常光滑的表面,这对纤维增强复合材料来说是非常重要的。合成的 SiCN 纤维比 SiC 及 Si₃N₄ 纤维的耐热性和力学性能显著提高,特别是含 B 的 SiCN 纤维表面光滑,表现出极好的高温性能。根据目前的研究,SiBCN 纤维完全能满足 1 600 ℃以上的使用要求,显示了良好的前景。此外,SiCN 及 Si-B-C-N 结构中含有较多的 Si—C,Si—N,C—N 等共价键,很显然,它们将比 SiC 和 Si₃N₄ 具有更高的高温性能,如抗氧化性、热稳定性等。

先驱体制备的 Si-B-C-N 陶瓷在 1 400 ℃以下一般为非晶态。随着温度升高,陶瓷会发生析晶,析晶产物由于 Si,B,C 和 N 四种元素的配比不同而有所变化,但基本形式为纳米级的 SiC 和 Si₃N₄ 分布在螺旋层状的 BNC 中(见图 4-13)。

影响 Si-B-C-N 陶瓷性能的因素主要有以下几方面:

(1)B 的含量对于 Si-B-C-N 陶瓷高温析晶和分解有着重要的作用。B 元素的加入可

以有效抑制 Si_3N_4 的析晶和分解,并促进纳米 SiC 的形成。对于不同组成的 Si－B－C－N 陶瓷,当 B 的质量分数<3%和>16%~18%时,对陶瓷的热分解作用不大。当与主链中 Si 相连的为 H 时,B 的摩尔分数应大于 5.7%,而当相连的为 CH_3 时,B 的摩尔分数要达到 9%。这可能是由 Si－H 同 Si－CH_3 相比,聚体中的 n_{Si}∶n_C 比例不同,以及 Si－CH_3 在热作用下容易断裂造成的。

(2)N 的含量对陶瓷的高温性能有很大影响。规律为 N 含量高的 Si－B－C－N 陶瓷的分解温度往往是比较低的。这是由于 N 含量高,N 可以和 Si 形成 Si_3N_4,而 Si_3N_4 在高温下可以和 C 发生反应(在 1 484 ℃,N_2 压力为 1 atm),或分解为 Si 元素和 N_2(在 1 841 ℃,N_2 压力为 1 atm)。

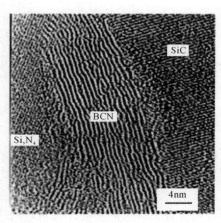

图 4-13　Si－B－C－N 的显微结构

$$Si_3N_4 + 3C \longrightarrow 3SiC + 2N_2 \uparrow$$
$$Si_3N_4 \longrightarrow 3Si + 2N_2 \uparrow$$

在 Si－B－C－N 陶瓷中,Si_3N_4 的含量取决于 Si－B－N 的比例,而这又受到先驱体成分组成的影响。

(3)螺旋层状的 BNC 的形成对 Si－B－C－N 陶瓷的高温稳定性起到了决定性的作用。首先螺旋层状的 BNC 对于 N 元素的扩散起到了阻碍作用,增加了 N_2 的内压,这将造成上述两个反应的反应温度提高。其次,螺旋层状的 BCN 的形成降低了 C 的活性,在一定程度上阻碍了反应的进行,并且,从室温到 1 800 ℃,Si－B－C－N陶瓷中 Si 的扩散率要比 $Si_{2.6}C_{4.1}N_{3.3}$ 小一个数量级。

由于存在纳米级的 SiC,C,BNC 等吸波剂,Si－B－C－N 陶瓷不仅具有良好的力学性能、热稳定性、环境性能,而且还是一种性能优越的高温吸波材料。采用 PIP 制备的 $SiC_f/SiBCN$ 复合材料在 X 波段和 Ku 波段表现出一定的吸波性能(见图 4－14),具有作为高温结构隐身材料的应用前景。

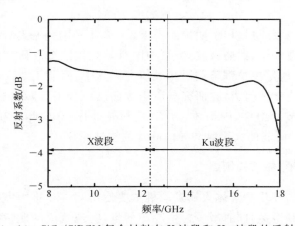

图 4-14　$SiC_f/SiBCN$ 复合材料在 X 波段和 Ku 波段的反射系数

4.5 陶瓷基复合材料的应用

陶瓷基复合材料具有低密度、耐高温、高比强、高比模、抗氧化、抗蠕变、对裂纹不敏感、不发生灾难性损坏等特点,是一种新型热结构材料,其应用覆盖了尖端军用和新兴民用等多个领域,成为 1 650 ℃以下长寿命(数百至上千小时)、2 000 ℃以下有限寿命(数十分钟至数小时)和 2 800 ℃以下瞬时寿命(数十秒至数分钟)的热结构/功能材料。目前,连续纤维增韧碳化硅陶瓷基复合材料(CMC-SiC)技术最成熟、应用最广,可应用于高推重比航空发动机、高性能航天发动机、空天飞行器热防护系统、飞机/高速列车等刹车制动系统、核能电站、燃气电站和深空探测器等领域。

4.5.1 航空发动机领域

在航空发动机上,以 SiC_f/SiC 为主的 CMC-SiC 材料主要用于热端部件,如喷管、燃烧室、涡轮和叶片等,可提高工作温度的潜力 350~500 ℃,结构减重达 30%~70%,成为发展高推重比航空发动机的关键热结构材料之一。CMC-SiC 材料已在多种军用和民用型号发动机的中等载荷静止件上演示验证成功,被验证的材料部件有燃烧室、涡轮外环和矢量喷管的调节片等。

航空发动机的技术需求对陶瓷基复合材料的发展起着决定性作用。欧洲动力协会(SEP)、法国 Bordeaux 大学、德国 Karslure 大学、美国橡树岭国家实验室早在 20 世纪 70 年代便率先开展了 C/SiC 复合材料的研究工作。用 C/SiC 复合材料制作的喷嘴已用于幻影 2000 战斗机的 M55 发动机和狂风战斗机的 M88 航空发动机上。20 世纪 90 年代法国 Snecma 公司研发出 CERASEP 系列的 SiC/SiC 复合材料,并将该材料成功应用于 M-88 型发动机的喷管调节片上,这标志着 SiC/SiC 复合材料在航空方面的应用已经开始,升级版的燃烧室衬套等发动机组件的制备和应用已经完成。2015 年,GE 航空公司通过 F414 涡扇发动机验证机的旋转低压涡轮叶片成功试验了世界上首个非静子组件的轻质陶瓷基复合材料部件,同时在 GEnx 发动机地面试验中对陶瓷基复合材料制成的燃烧室和高压涡轮部件进行测试,推进了这一技术的成熟。

我国对陶瓷基复合材料也提出了明确的需求,20 余年来陶瓷基复合材料在我国也取得了快速发展,其中西北工业大学、国防科技大学、中国科学院沈阳金属研究所和航天科技集团公司第四研究院第四十三所等单位都开展了相关研究。其中,西北工业大学超高温结构复合材料重点实验室经过近 20 年的努力,在研究与应用方面已跻身于国际先进行列,部分产品已定型使用,包括密封片调节片组件、内锥体、火焰筒、涡轮外环、导向叶片和涡轮转子等。图 4-15 所示为西北工业大学研制的火焰筒和导向叶片的构件照片。

4.5.2 航天热防护/热结构领域

在航天发动机领域,高比冲液体火箭发动机主要使用 C/SiC 推力室和喷管。它们可显著减重,提高推力室压力和寿命,同时减少再生冷却剂量,实现轨道动能拦截系统的小型化和轻量化。固体火箭发动机主要使用 C/SiC 作为气流通道的喉栓和喉阀,解决可控固体轨控发动机喉道零烧蚀的难题,提高动能拦截系统的变轨能力和机动性。在冲压发动机方面,C/SiC 可用于亚燃冲压发动机的燃烧室和喷管喉衬,提高抗氧化烧蚀性能和发动机工作寿命,保证飞行器长航程,目前它已进入应用阶段。对于超燃冲压发动机,C/SiC 可用于支板和镶嵌面板。

图 4-15　西北工业大学研制的火焰筒和导向叶片

　　在航天领域,当飞行器进入大气层后,由于摩擦产生的大量热量,导致飞行器受到严重的烧蚀。为了减小飞行器的这种烧蚀,需要一个有效的防热体系。热防护系统包括航天飞机和导弹的鼻锥、导翼、机翼和盖板等。在高超声速飞行器热防护系统方面,随着高超声速飞行器的快速发展,热防护系统从"防热-结构"分离向"防热/结构一体化"的方向发展,由单一陶瓷防热向陶瓷复合材料结构或金属盖板式结构发展。陶瓷基复合材料是制作抗烧蚀表面隔热板的较佳候选材料之一。使用 C/SiC 作大面积热防护系统,比金属热防护系统(TPS)减重 50%,并可通过高温延寿设计提高安全性,减少发射准备程序,减少维护,提高使用寿命和降低成本。目前,欧洲正集中研究载人飞船及可重复使用的飞行器的可简单装配的热结构及热保护材料,C/SiC 复合材料是其研究的一个重要材料体系,并已达到很高的生产水平。波音公司通过测试热保护系统大平板隔热装置,也证实了 C/SiC 复合材料具有优异的热机械疲劳特性。

　　20 世纪 80 年代末 90 年代初,欧美国家已研制成功一系列 C/SiC,SiC/SiC 液体发动机燃烧室、推力室和喷管扩张段。例如,在 Ariane HM7(LOX/LH2 推进剂)发动机上,使用 SEPCARBINOX 3D C/SiC 复合材料(Novoltex texture)喷管扩张段。与常用的金属铌(密度为9 g/cm³)相应部件相比,该喷管不仅结构简单(单壁结构),且减重约 75%。美国 Hyper-Therm HTC 公司在 NASA 的支持下制备了主动冷却的液体火箭发动机复合材料整体推力室。法国 SEP 公司用 SiC/SiC 复合材料制成的 SCD-SEP 火箭试验发动机已经通过点火试车。

　　目前,国内研制的 CMC-SiC 材料在液体火箭发动机上已获得成功应用。国防科技大学研制的 C/SiC 复合材料推力室于 2004 年成功通过室压 3 MPa、燃气温度达 3 000 K 的液体火箭发动机热试车考核。西北工业大学超高温结构复合材料重点实验室研制了相关组件,包括燃烧室、喉衬、喷嘴、火焰筒和 TPS 防热瓦等。图 4-16 所示为西北工业大学研制的航天用 TPS 防热瓦和冲压发动机火焰筒。

4.5.3　核反应堆领域

　　在核电领域,SiC/SiC 复合材料具有伪塑性断裂行为、低的氚渗透率和好的辐照稳定性,被认为是很有前景的聚变堆候选材料。SiC/SiC 复合材料在聚变堆中的应用主要是包层的第一壁、流道插件以及偏滤器等部件。包层是聚变堆中最重要的部件,主要起能量转换、增殖中子以及屏蔽的作用。第一壁(First Wall)是包容等离子体区和真空区的部件,直接面向等离子体。SiC/SiC 复合材料作为第一壁/包层结构材料,必须有良好的室温和高温力学性能,良好的抗辐照损伤性能,能承受高表面热负荷。选用 SiC/SiC 复合材料作为结构材料的包层概念设计有自冷锂铅包层(SCLL)和氦冷陶瓷包层(HCCB)。前者包括欧盟的 PPCS – D 和 TAURO(见图 4 – 17),美国的 ARIES – I 和 ARIES – AT,后者包括日本的 DREAM(见图 4 – 18)和 A – SSTR2。用 SiC/SiC 复合材料制造 FCI 的包层概念设计主要有双冷锂铅包层(DCLL),包括中国的 FDS – Ⅱ(见图 4 – 19),欧盟的 PPCS – C,美国的 ARIES – ST 和 ARIES – AT等。偏滤器是聚变堆中的一个高热流部件,其主要作用是使等离子体与产生杂质的源分开及排除聚变反应产生的氦灰。欧盟的 PPCS – D,TAURO,美国的 ARIES – AT 以及日本的 DREAM 偏滤器设计中曾采用了 SiC/SiC 复合材料作为结构材料。目前 SiC/SiC 复合材料在核反应堆领域的应用均处于研究和研制阶段。图 4 – 20 所示为西北工业大学研制的核用核燃料包套管。

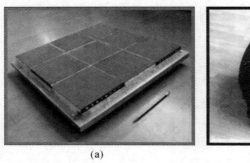

(a)   (b)

图 4 – 16 西北工业大学研制的航天用 TPS 防热瓦和冲压发动机火焰筒

(a)TPS 防热瓦; (b)冲压发动机火焰筒

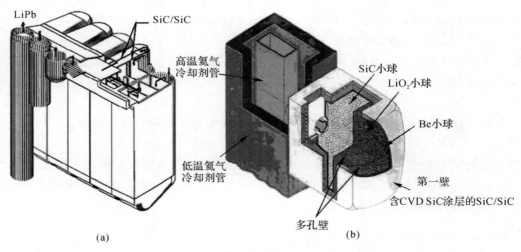

(a)   (b)

图 4 – 17 SiC/SiC 复合材料在第一壁/包层结构材料中的应用

(a)TAURO 包层外模块; (b)DREAM 包层

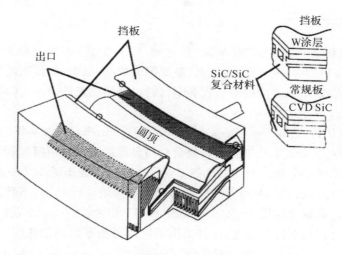

图 4 - 18　SiC/SiC 复合材料在 DREAM 偏滤器中的应用

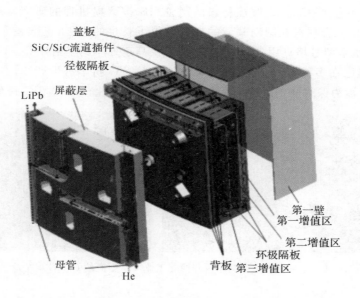

图 4 - 19　SiC/SiC 复合材料在 FDS-Ⅱ 偏滤器中的应用

图 4 - 20　西北工业大学研制的核用核燃料包套管

4.5.4 刹车系统

在刹车制动系统方面,C/SiC 刹车盘(俗称碳/陶刹车盘)作为一种新型的刹车材料,与 C/C 相比,具有制备周期短、成本低、强度高、静摩擦因数高、湿态/盐雾下动静摩擦因数基本不衰减等显著优点,是继 C/C 之后的新一代刹车材料。可用在先进战斗机、高速列车、赛车和跑车等的刹车系统上。

美国的 Aircraft Braking Systems Corporation,Goodrich,Honewell 和 OAI 四大公司对 C/SiC 刹车材料进行了研究。C/SiC 陶瓷复合材料显著提高了使用温度和减少刹车系统的体积,大大提高了刹车的安全性。美、德、日等工业发达国家正逐步展开其理论和应用研究,如德国斯图加特大学和德国航天研究所等单位的研究人员开始进行 C/C-SiC 复合材料应用于摩擦领域的研究,并已研制出应用于 Porsche(保时捷)轿车中的 C/C-SiC 刹车盘。在这种刹车盘中,刹车片表面之间具有冷却通道,这种结构可以改善刹车盘的散热性,大幅度提高刹车系统的使用寿命。

国内对作为制动材料的 C/C-SiC 复合材料的研究起步较晚,直到 21 世纪初期中南大学和西北工业大学才开始 C/C-SiC 摩擦材料的制备和摩擦磨损机理的研究。近年来,中南大学研制的 C/C-SiC 复合材料在制动领域的应用取得了长足的进展,正准备应用于某型号直升机旋翼用刹车片、某型号坦克用刹车盘和闸片,以及高速列车刹车闸片等。西北工业大学研制的 C/SiC 刹车盘已在多种机型上应用,同时已建成 C/SiC 刹车盘生产线,具有批量生产的能力。图 4-21 所示为保时捷用碳陶刹车盘和西北工业大学生产的 C/SiC 刹车盘。

图 4-21 保时捷用碳陶刹车盘和西北工业大学生产的 C/SiC 刹车盘

4.5.5 轻质结构

未来空间光学系统要求在较宽的电磁波段范围内有很好的成像质量,其电磁波段范围包括紫外、可见光、红外,甚至延伸到 X 射线、γ 射线。要在如此宽广的电磁波范围内工作,只有采用全反射光学系统才能满足应用要求。在反射式光学系统中反射镜是关键部件,除了满足光学应用要求外,还要求其质量轻。在空间领域,C/SiC 用于超轻结构反射镜框架和镜面衬底,具有质量轻、强度高、膨胀系数小和抗环境辐射等优点,可有效解决大型太空反射镜结构轻量化和尺寸稳定性的难题。与前两代反射镜材料(微晶玻璃和铍合金)相比,它是一种轻质高强的工程材料,具有以下优点:可降低发射成本,提高飞行器的飞行性能;热稳定性好,能在很宽的温度范围(4~700 K)内工作,具有高的热导率和低的膨胀系数,且具有各向同性;由于用

C/SiC 制造的反射镜面有很高的理论密度和低的表面粗糙度,因而镜面具有电磁波的衍射极限分辨率和较低的散射率;反射镜制备工艺相对简单,成本低。

对 SiC 光学反射镜的研究大约始于 20 世纪 70 年代,到目前为止,SiC 基复合材料已经用于制造超轻反射镜、微波屏蔽反射镜等光学结构部件。德国 Donier 公司(Donier Satellite Systems,DSS)制备的 C/SiC 复合材料反射镜作为空间望远镜主镜,直径达 630 mm,质量仅为 4 kg。目前可制作最大尺寸达 3 m 的大型反射镜,可望用作美国下一代空间望远镜(NGST)的反射镜。西北工业大学超高温结构复合材料重点实验室研制的轻质卫星镜筒已经得到应用。图4-22所示为西北工业大学研制的轻质卫星镜筒。

图 4-22 西北工业大学研制的轻质卫星镜筒

4.6 本章小结

作为人类最早使用的材料之一,陶瓷是一类既古老的技艺,又是一项年轻的科学。由于组元原子间极强的共价键结合,陶瓷材料具有高强度、高模量、耐腐蚀、耐高温等特性,这些赋予了其应用于特殊恶劣环境的资本,然而,其内在的脆性极大地限制了其作为结构材料的应用。因此,强韧化是陶瓷材料实现工程化应用的前提。陶瓷基复合材料,尤其是连续纤维增强陶瓷基复合材料,从根本上克服了陶瓷的脆性,已成为科学和工程界研究的重点。

陶瓷基体在陶瓷基复合材料中承担着保护增强体、传递应力、实现功能等作用,基体的高性能是提高复合材料综合性能的保障。玻璃陶瓷、氧化铝、莫来石、氧化锆等氧化物陶瓷在抗氧化、耐腐蚀等方面表现优异,然而其高温性能却远远不及非氧化物陶瓷。在非氧化物陶瓷中,SiC,Si_3N_4,BN 等具有良好的综合性能。一些新兴陶瓷也吸引着人们的探索:MAX 相集成了金属材料与陶瓷材料的优点,其良好的韧性与特殊的电性能有望赋予陶瓷基复合材料强韧化和某些功能性;Si-B-C-N 多元陶瓷新颖的显微结构使得其具有极优的耐高温性、环境性能和电磁吸收特性,在高温吸波材料方面具有极大的应用前景。表 4-3 给出了常见陶瓷基体的各类性能,以供读者参考。

表 4-3 常见陶瓷基体的各类性能

陶瓷材料	熔点 ℃	密度 g·cm^{-3}	强度 MPa	模量 GPa	热导率 W·m^{-1}·K^{-1}	热膨胀系数 10^{-6}℃$^{-1}$
Al$_2$O$_3$	2 060	3.95	200~310	380	~38	8.5
莫来石	1 934	3.1	250	300	~10	5
PSZ	2 300	6.05	500	200	~1.5	10
SiC	2 300~2 500	3.2	310	414	4.8	80
Si$_3$N$_4$		3.2	350~580	304	2.9	30
h-BN		2.27	100	300~400	16.8~50	0.6~10.5

习 题

1. 限制陶瓷材料工程应用的因素有哪些?

2. 气孔率是如何影响陶瓷材料的模量、强度、断裂韧性等性能的?

3. 为何氧化锆陶瓷需要稳定后才能使用? 如何利用氧化锆陶瓷的相变对陶瓷材料进行增韧?

4. 非氧化物陶瓷与氧化物陶瓷在性能上有哪些异同?

5. 玻璃陶瓷主要有哪几种体系? 各有何性能特点和应用?

第5章 碳材料的结构与性能

5.1 概　　述

碳原子间可以通过键合,形成链状、支链状和环状等结构,这是碳原子的一大特性之一。与其他同类原子间的键合强度相比,碳—碳之间的键合强度很高(C—C 单键的键能为 348 kJ/mol),这意味着碳材料在结构承载方面存在着天然优势。

碳存在着金刚石、石墨、富勒烯等几类同素异构体。金刚石中的每个碳原子与周围四个碳原子通过 sp^3 杂化形成强烈的共价键结合,具有立方或六方的晶体结构。金刚石具有良好的耐化学腐蚀性,是已知的硬度最高的物质,在切割刀具中被广泛应用;从远红外区到深紫外区的范围内具有极高的透明度,电绝缘性良好;室温下具有已知物质中最高的热导率;同时,还是一种性能优越的宽禁带半导体。石墨是常温常压下热力学状态最为稳定的碳同素异构体,其结构和性能将在 5.2.2 小节介绍。富勒烯是碳原子间以六元环和五元环的形式连接形成的空心球形分子。依据分子中碳原子的数目,富勒烯有 C_{60},C_{70},C_{100} 等类型。富勒烯分子的平均直径为 1.1 nm,是一类 0 维材料。无缺陷的富勒烯是绝缘的,但掺杂其他元素可以成为半导体或导体。目前,富勒烯主要通过电弧放电技术制备。

近年来,碳纳米线、纳米管、石墨烯等低维碳材料因其优异的结构和功能、性能引发了研究热潮,也为人们更深入地认识纳米效应、材料的结构-性能关系等基础问题提供了一个视角。

当某个碳原子与其他原子成键结合时,碳原子中的电子可以处于不同种类的杂化轨道中,如 sp^3,sp^2 或 sp 等。碳原子电子轨道的多种杂化方式赋予了碳原子间及碳原子与其他原子间众多的键合方式,形成了种类繁多的有机分子和无机碳材料。图 5-1 所示为碳原子电子的多种成键方式所形成的不同有机分子,以及这些有机分子的结构经拓展而形成的无机碳材料家族。

依据键合方式的不同,无机碳材料可以分为金刚石、石墨、富勒烯和卡拜四类碳家族,图 5-2 给出了这四类碳材料的晶体结构特征。

5.2 碳材料的微观结构

5.2.1 金刚石

在金刚石晶体中,碳原子的电子均处于 sp^3 杂化轨道,每个原子与相邻的四个原子形成正四面体,四面体相互连接成为长程有序的 3 维结构。由于金刚石晶体中碳原子间的键合均为极强的纯共价键,因而具有极高的硬度(是自然界中硬度最高的物质)和良好的绝缘性。研究发现,金刚石具有立方晶型和六方晶型两种同素异构体(见图 5-3);考虑两个碳原子四面体,它们通过 A,B 两个原子相互连接,当由三个碳原子组成的基平面相对 A,B 两个原子的连线具有 60°的相位差时,金刚石为立方晶体结构;当沿 A,B 两个原子的连线方向看两个基平面相互重合时,金刚石具有六方晶体结构。绝大多数金刚石为立方结构。六方金刚石最初在陨石坑中被发现,已探明其为陨石中的石墨在撞击地球时在高温高压下形成金刚石结构,而又保留了石墨的六方晶格。此外,六方金刚石也可以通过 CVD 法合成。模拟研究表明,六方金刚石具有更高的硬度,其在<100>面上的硬度比立方金刚石大 58%。

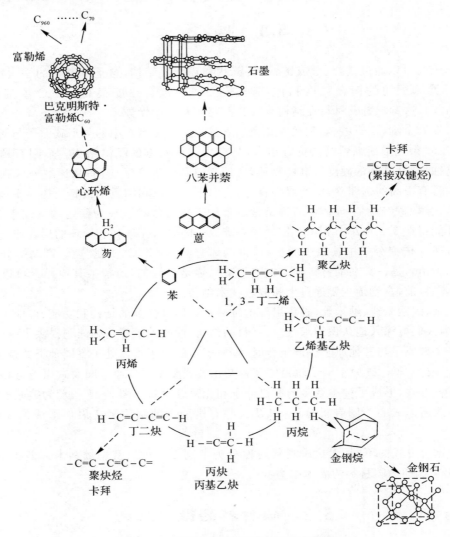

图 5-1　碳原子的轨道杂化与碳材料家族

当碳四面体的基平面间具有无序的旋转关系时,碳原子便不再具有长程有序结构,而形成一种无定形的碳材料,称为类金刚石碳(Diamond Like Carbon,DLC)。类金刚石碳是一类薄膜材料,其中碳原子间大部分以 sp^3 形式成键,因而它像金刚石一样具有优良的机械性能、耐磨损性能和红外特性。由于类金刚石碳中碳四面体无序排列,因而部分碳原子无法与其他碳原子成键,这些碳原子可以与其他原子(如 H 原子)结合。

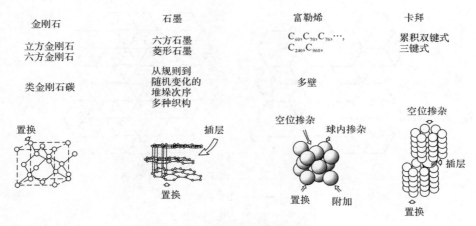

图 5-2　碳材料家族的结构特征

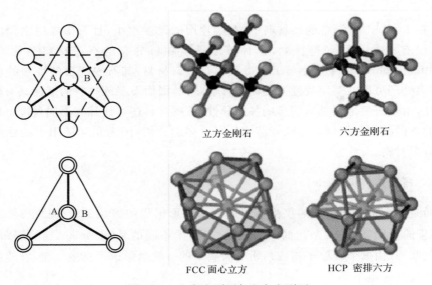

图 5-3　立方金刚石与六方金刚石

5.2.2　石墨

石墨中的碳原子以 sp^2 杂化的方式成键。石墨晶体中,每个碳原子与周围三个碳原子通过 sp^2 杂化形成强的共价键,构成六角网络结构的 2 维碳原子层(称为石墨烯层),相邻的石墨烯层间通过碳原子剩余的未参与杂化的 p 轨道电子形成 π 键,堆叠成为层状的 3 维晶体结构。石墨烯层内的碳原子间距为 0.142 nm,键合较强;石墨烯层间距为 0.335 nm,键合弱,与范德华力相当。故石墨具有明显的各向异性,沿片层方向的强度、电导率、热导率远高于垂直于片层方向的。

依据石墨烯层的堆叠顺序不同,石墨晶体有六方(堆叠顺序为 ABAB⋯)和棱方(堆积顺序为 ABCABC⋯)两种晶型(如图 5-4)。其中六方晶型最为常见,棱方晶型常与六方晶型共存,在 2 500 ℃ 下热处理可转化为六方晶型。

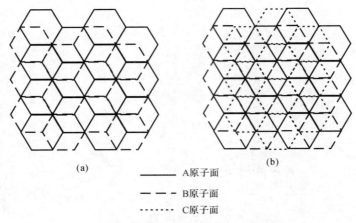

——— A原子面

— — — B原子面

·········· C原子面

图 5-4　石墨晶体中原子面的两种堆叠测序

(a)ABAB；　(b)ABCABC

通常,在 1 300 ℃下制备的碳材料中,石墨片层的尺度很小,且石墨烯层之间的堆叠是混乱无规的,仅有少数片层平行排列,这种碳原子层随机分布的石墨材料被称为乱层石墨(turbostratic graphite)。不同制备工艺得到的石墨族材料,其石墨片层的堆叠的规整性各不相同,高温热处理可以在一定程度上提高这种规整性,因而石墨族材料的结构具有较宽的分布范围。此外,由于石墨烯层具有明显的各向异性,石墨材料还可能具有不同尺度下的织构。对石墨材料的显微结构与织构将在 5.3 节中进行更多的介绍,因为实际应用中的绝大多数碳材料均属于石墨材料。

5.2.3　富勒烯(Fullerene)

富勒烯是一类碳原子组成的仅由五边形和六边形组成的笼状分子(见图 5-5)。在富勒烯材料中,碳原子同样以 sp^2 杂化的形式成键,与石墨不同的是,部分 sp^2 键的键角发生扭转,以构成碳五圆环(由 5 个碳原子构成),所有碳剩余的 p 轨道形成了离域 π 键,在笼的外表面和内部都存在离域 π 电子。

从数学上讲,富勒烯的分子式通式为 C_{2n},$2n$ 表示碳原子数($n \geq 10$)。其中五边形固定为 12 个,6 边形为 $(n-10)$ 个,且遵循著名的 IPR 规则(孤立五边形规则),即在富勒烯分子中,当五边形均被六边形隔开时,稳定性最强;当 2 个五边形共用 1 个边时,稳定性次之;3 个五边形共用一个顶点的富勒烯稳定性最差。这是因为相邻五边形将存在巨大的键角扭转的张力和能量损耗。

富勒烯族材料具有丰富的结构:从分子大小看,目前已发现的富勒烯笼状分子的大小可从几十个碳原子到几百个碳原子不等。当碳原子数量相等时,富勒烯中五边形与六边形的不同排列组合可以形成构型迥异、形状不一的异构体。例如,当富勒烯中六边形构成的管壁将两端的五边形隔开时,即形成单壁碳纳米管(Single Wall Nanotubes,SWNTs)。此外,富勒烯中的空腔可以容纳其他原子、分子或原子团簇等形成内嵌富勒烯,通过化学反应对富勒烯进行表面修饰可以得到外接富勒烯。这些都可以对富勒烯的结构和性能进行调控,极大地扩展了富勒烯的研究和应用范围。

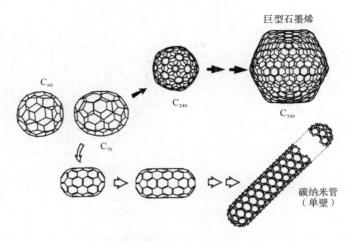

图 5 - 5　富勒烯族碳材料(富勒烯与碳纳米管)

目前,制备富勒烯主要是利用电弧放电使石墨气化,其产物为一系列不同结构的富勒烯,因而产量低并且分离困难,给研究和应用带来了阻碍。对富勒烯的形成机理至今尚无统一的观点,主要存在两种:一是认为此过程中先形成较小的富勒烯,然后产物通过增加 C_2 单元不断长大;另一种观点则恰好相反,认为先形成较大的富勒烯,然后通过移除 C_2 单元逐渐缩小。

自富勒烯被发现以来,其独特的结构和性质就引起了人们极大的关注。研究表明,富勒烯的硬度比钻石还高,韧度及延展性比钢强百倍,导电性比铜强,另外它还具有超导、磁学、光学等特性,在激光、超导、电化学、医学等领域具有巨大的应用前景。

5.2.4　卡拜(Carbyne)

卡拜是碳的一类同素异构体,具有 1 维线型结构,于 1968 年在自然界中发现。卡拜分子中碳原子通过 sp 杂化的方式成键,碳原子相互连接成原子长链结构,卡拜分子间 π 电子云彼此作用形成分子晶体。

客观地讲,目前人们对卡拜的结构和性质尚无系统的认识,由于测试样品的不足及尺寸较小,许多研究还都建立在理论模型的基础之上。目前已经确认,依据化学键的种类不同,卡拜可以分为两类(见图 5 - 1):与聚炔烃(polyene)中键型类似的单键与三键交替出现的卡拜-α、与聚累积烯(cumulene)中键型类似的双键型卡拜-β。

在理想的卡拜模型中,卡拜分子为直链结构,众多直链分子侧向连接,形成卡拜晶体(见图 5 - 6(a))。然而,这种结构是不稳定的,易于分解,于是人们提出了扭折键结构(见图 5 - 6(b))和含异种原子或端基的结构(见图 5 - 6(c))设想,它们侧向连接就可以形成稳定结构。

人们通过第一性原理建模等方法预测了卡拜的各种性质。一般来说,卡拜比其他碳材料具有更高的拉伸强度,是石墨烯和碳纳米管拉伸强度的 2 倍,可以作为一种超高强度的纤维;应该具有新奇的磁性;可能实现常温超导;在具有扭折结构的卡拜中,已经证实存在沿 1 维碳链传播的"孤子",以孤子作为信息载体,有望设计由 1 维碳链构成的分子计算机。总之,卡拜是当前碳材料中研究最不明朗的领域之一,其制备、结构和性质方面还有很多难题有待解决。卡拜的研究前景是诱人的,它必将引起国内外化学界更多的关注。

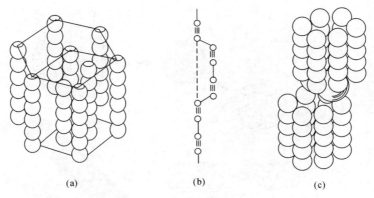

(a)　　　　　　　(b)　　　　　　　(c)

图 5 - 6　卡拜的结构模型

5.3　碳材料的性能演变

5.3.1　碳化

碳化是指含碳有机物(先驱体)在一定温度下发生分解反应,分子中的氢、氧、氮、硫等原子以气体的形式溢出,最终得到碳材料的过程。碳化可以在气态、液态或固态下发生。

先驱体不同时,碳化的反应条件、反应机理以及产物的结构与性能均不尽相同。因此,碳材料的制备应当依据对性能的要求和生产成本等综合考量,选择合适的先驱体及制备工艺。对不同类型先驱体的碳化过程及产物结构与性能会在 5.4 节进行更为详细的介绍。

5.3.2　石墨化

碳材料的石墨化是其微观结构由乱层向理想石墨晶体结构转化的过程,伴随着这一过程,六角网平面间的层间距减小、表观微晶尺寸 L_a 和 L_c 增加。碳材料的石墨化进程由石墨化处理温度和保温时间控制。在石墨化过程中,体系从外界吸收能量,实现由乱层结构向石墨晶体结构的有序转化,与此同时,原子的热运动也将导致局部的无序化。在一定温度下,这种有序-无序转化达到热力学平衡,石墨化进程即告终止。达到这种平衡状态所需要的时间受材料种类、石墨化温度等因素影响。

1. 石墨化度的测试

目前研究表征碳材料石墨化的方法较多,最主要的有射线衍射法(XRD)、透射电子显微镜法以及激光拉曼法等。

(1)XRD 法。随着自动记录式射线衍射仪的普及,XRD 成为测量碳材料结构参数的常规手段。在碳素研究历史上,富兰克林第一个用无定形碳向石墨晶体转化的机理做出了解释,提出了以富兰克林值来表征石墨化度。而目前广泛采用的石墨化度参数,主要是 1958 年由梅林和迈克提出的数学模型。它被广泛应用于各种碳材料碳纤维、石墨、炭黑和 C/C 复合材料等的结构分析和表征。

(2)透射电子显微镜法。透射电镜的分辨率为 1～2 nm,放大倍数为几万到几十万倍,特别是高分辨透射电镜,可以清楚地拍摄或观察物质的微观结构图像,是研究碳材料微观结构和晶体结构的重要手段。TEM 可以观察到明场像、暗场像、晶格像和电子衍射像等四种图像。对于碳材料来说,常用衍射线产生的晶格像来研究其微观结构,并获取结构参数。

(3)拉曼光谱法。碳材料的光谱在一级光谱范围内(1 000～2 000 cm^{-1})主要有两个特征谱线。一个峰大约在 1 580 cm^{-1}处,称作 G 峰,是天然石墨所固有的,是理想石墨晶格面内 C—C 键的伸缩振动,振动模式为 E$_{2g}$。另一个峰大约在 1 360 cm^{-1}处,称作 d 峰,是由石墨晶格缺陷、边缘无序排列和低对称碳结构等引起的,属于石墨基面的 A$_{1g}$振动模式。两峰的积分强度比率 R 与网平面上微晶的平均尺寸或无缺陷区域成反比关系。该比值被认为是评价碳材料石墨化度的较好参数之一。碳材料的平均层间距愈小,R 值愈小,石墨化程度愈高。

此外,还有其他表征方法,如电阻率法、热导率法、真比重法、石墨酸定法、霍耳系数法以及磁化率法等。

2.石墨化度的影响因素

(1)组元。按照原料体系不同,碳纤维可分为丙烯腈基碳纤维、沥青基碳纤维和人造丝基碳纤维。此外,还有气相生长碳纤维等。一般来说,基碳纤维较沥青基碳纤维难石墨化,但通过热牵伸等方式处理也可获得高石墨化、高模量的碳纤维。中间相沥青基碳纤维较普通级沥青基碳纤维容易石墨化,且其可石墨化性能受其前驱体的影响。气相生长碳纤维容易石墨化。

基体碳依据其制备工艺不同可归类为热解碳、沥青碳和树脂碳。影响基体碳可石墨化性能的因素是复杂的。首先是基体碳的种类。通常,沥青碳较容易石墨化,树脂碳如酚醛树脂碳较难石墨化,热解碳的石墨化难易程度与其结构类型有关。在气相沉积热解碳中一般存在三种基本结构类型,即粗糙层结构、光滑层结构及各向同性结构。其中,粗糙层最容易石墨化,光滑层次之,各向同性层最难石墨化。

(2)应力石墨化。碳纤维在进行高温石墨化热处理的过程中,石墨和碳的蒸气压较高,在这种高温条件下碳纤维表面的碳可能蒸发,使其质量减少,并使纤维表面产生不均匀的缺陷,从而降低其强度。如果在一定压力下进行石墨化,则可得到强度较高的石墨纤维。同时,在复合材料碳化时先驱体树脂体积收缩,碳纤维体积膨胀,两者热膨胀的不匹配使碳纤维和基体碳界面产生局部热应力。在这种热应力作用下,树脂碳层状结构取向排列且层间距减小,在石墨化处理过程中生成较为完善的石墨结构。

(3)高压石墨化。在高压下有可能比通常石墨化所必要的温度更低时进行石墨化,或者使难石墨化碳石墨化。在压力下热处理,硬碳可转变为石墨。高压石墨化的机理类似于应力石墨化,可视外加压力等同于加热产生的热应力。

(4)催化石墨化。催化石墨化是一种由非晶态向晶态转变的固相反应。这种转变阻力很大,容易形成亚稳态使石墨化难以进行。通过添加某种金属、金属化合物或非金属及其化合物并进行高温热处理,有可能在比通常石墨化所必要的温度更低时进行石墨化。

5.4　复合材料中常用的碳材料基体

5.4.1　热解碳/热解石墨

热解碳是气相碳氢化合物(被称为先驱体)在高温下裂解脱氢的沉积产物。常用的先驱体有甲烷、丙烯、乙炔和乙醇等。现在以甲烷为例进行说明。裂解脱氢的基本反应式为

$$CH_4 \longrightarrow C + 2H_2$$

实际上,热解碳的沉积是一个非常复杂的过程,包含众多中间过程和产物。

热解碳因其优异的热稳定性、良好的摩擦磨损性能和特殊的力学性能,在核反应堆防护材料、刹车材料和高温结构材料方面有着广泛的应用。

热解碳的微结构有着较宽的分布范围,一般依据其在偏光显微镜下的形貌特征和消光角 A_e 的大小将热解碳分为四种典型结构(见图 5-7),即各向同性层(ISO, $A_e < 4°$)、暗层(DL, $4° \leqslant A_e < 12°$)、光滑层(SL, $12° \leqslant A_e < 18°$)和粗糙层(RL, $A_e \geqslant 18°$)。其中,暗层为处于各向同性层与光滑层之间的过渡结构。

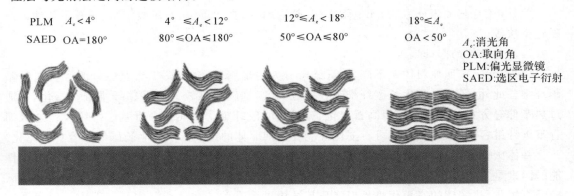

图 5-7 热解碳的基体择优取向与其消光角的关系

消光角与热解碳片层的取向程度有关。取向程度越高,热解碳对偏振光的双反射越强,从而消光角也越大。因而消光角可以作为热解碳取向程度的衡量。实际研究也发现,基体材料为粗糙层结构热解碳的复合材料具有更高的力学性能。

石墨化度是在碳材料发现一对叠层顺序为 ABAB… 且层间距为 0.335 nm 的石墨烯层的概率 P_1。对于绝对的乱层石墨, $P_1 = 0$;对于完美石墨晶体, $P_1 = 1$。所有碳材料均可通过 $2\,800\ °C$ 的高温热处理获得其 P_1 的最大值 P_{1max}。随着 P_1 的增大,碳材料中石墨晶体的尺寸增大,石墨烯的片层间距减小。热解碳的初始微结构对于最终的石墨化度有重要影响。RL 热解碳为可石墨化碳, $P_{1max} = 0.8$;SL 热解碳可部分石墨化, $P_{1max} = 0.2 \sim 0.7$。ISO 热解碳则不可石墨化, $P_{1max} = 0$。

广义的热解碳是煤、沥青、烃类等物质经过高温裂解得到的碳材料的总称,包括炭黑、玻璃碳和热解碳等。

5.4.2 树脂碳

树脂碳一般由碳基热固性聚合物经碳化得到。由于热固性聚合物具有高度交联的三维网络分子结构,在高温碳化时不会熔融,而是始终保持固态,其分子结构决定着产物的形貌和微观结构。因此,树脂碳由尺寸十分微小的结构单元组成,其结构单元的排列基本呈各向同性,不可石墨化。

在复合材料中,因碳化及高温热处理过程受到纤维的影响,因而树脂碳基体会呈现出不同的结构与性能。Hishiyama 等最先报道了碳/碳复合材料中树脂碳基体发生石墨化的现象,并把原因归结为碳化过程中界面处的收缩应力导致树脂碳发生应力石墨化。随后人们对复合材料中树脂碳的石墨化及微结构演变进行了大量研究。

　　在复合材料中,纤维束内的基体树脂碳在 2 000 ℃下即开始产生石墨结构,石墨片层沿纤维轴向取向,而束间基体则维持各向同性的结构。Rellick 等将这种石墨化归结为纤维预制体中的树脂在裂解碳化中体积收缩受限而产生的不同方向上的应力,如图 5-8 所示。这些应力具体包括:①沿纤维轴向的拉应力;②沿纤维纵向的压应力;③沿纤维环向的压应力。

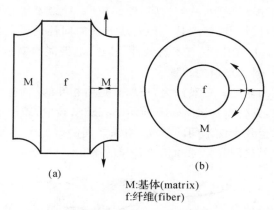

M:基体(matrix)
f:纤维(fiber)

图 5-8　单向纤维复合材料中,基体在碳化过程的应力状态

　　相比于单向复合材料,2 维、3 维及多维复合材料中的基体在碳化时所受的收缩应力受到不同方向的限制,因而树脂碳基体的石墨化度较低。此外,树脂中的填料,如石墨粉和焦炭粉等同样对基体的石墨化具有影响,它们会破坏石墨片层沿纤维轴向的取向。

5.4.3　沥青碳

　　与热固性树脂不同,沥青在裂解过程中会发生液相裂解,中间相(mesophase)的形成决定了沥青碳的显微结构。

　　中间相由沥青在加热过程产生的碟状或棒状液晶分子构成,液晶分子在层内具有较高的强度和刚度,但可以在层间产生剪切流动,因而倾向于平行于其所在的表面排列。中间相的流动会产生向错,即液晶分子取向在空间中的不连续现象,中间相裂解时,这些向错结构保存下来,塑造了沥青碳的显微结构。向错不属于缺陷,也无法通过高温处理消除,它们显著影响沥青碳的石墨化、力学性能和热性能等。

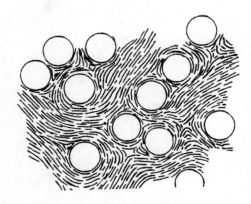

图 5-9　沥青碳基体在复合材料中的取向

　　在复合材料纤维预制体的孔隙中,中间相的液晶分子倾向于平行于纤维表面取向排列,因而沥青碳会形成基平面平行于纤维轴向,包裹在纤维表面,厚度达几微米的壳层。其结构示意图如图 5-9 所示。在碳化或石墨化后的降温过程中,较大的体积收缩通常会造成基体裂纹和基体与纤维的界面脱黏。

在沥青中添加其他组分可以明显改变沥青碳的结构与性能。例如,向沥青中加入酚醛树脂、PFA 等热固性聚合物和 PET 等热塑性聚合物可以使沥青碳的组织细化,脱氢或氧化性物质可以使沥青得到不可石墨化的产物,硫的加入则可消除壳层结构。

5.4.4 玻璃碳

玻璃碳是某些树脂(如酚醛树脂、呋喃树脂、糠醇树脂、纤维素等)固化后通过特殊方式裂解碳化得到的一类特殊碳材料。玻璃碳是一种宏观上各向同性的微晶材料,内部含有大量微孔(孔隙率约为 40%),但无开气孔,具有不透气性,其热、电性能与其他碳材料类似,而在机械性能上接近玻璃,兼具碳材料和玻璃的特性。

玻璃碳的微观结构较为复杂。一般认为,玻璃碳是由相互缠结、连接的纽带状类石墨片层叠层形成的三维网状结构,其模型如图 5-10 所示。在玻璃碳中,碳原子按照单层或乱层石墨结构排列成尺寸在几纳米至几十纳米间的微晶,微晶之间的碳原子键发生扭曲、折叠,形成类似高分子的三维结构。微晶之间是尺寸和构象各异的微孔。

图 5-10 玻璃碳的结构模型

由于其不含开气孔的特性,加上碳材料本身的化学惰性,玻璃碳特别适合应用在恶劣的环境中,如化学器皿、坩埚和腐蚀性气体等。此外,玻璃碳具有高导电、高导热、耐烧蚀和生物相容性良好等优点,被广泛应用于电子、冶金、核工业和生物医学等领域。

5.5　碳/碳复合材料的应用

碳/碳(C/C)复合材料是新材料领域中重点研究和开发的一种新型超高温材料,它具有密度小、模量高、比强度大、热膨胀系数低、耐高温、耐热冲击、耐腐蚀、吸震性好和摩擦性好等一系列优异性能。由于其优越的抗烧蚀性能,C/C 复合材料在航天工业已成功地得到应用;由于其优异的摩擦性能和高温性能,C/C 复合材料取代粉末制造的飞机刹车盘成为飞机摩擦材料的第四个里程碑,占据了飞机刹车市场的主导地位;由于其无可比拟的超高温性能,各国研究人员又把注意力集中于将该材料作为高温长时间使用的热结构材料方面,尤其是如何使之用于新一代高性能航空发动机的热端部件。

5.5.1　高速制动领域

高速、大型飞行器的发展不仅需要航空发动机技术的进步,也需要新型轻质、长寿命、耐高温的刹车材料的发展。C/C 复合材料一个主要的应用领域便是高性能刹车片(见图 5 - 11)。20 世纪 70 年代中期,英国 Dunlop 航空公司的 C/C 复合材料飞机刹车片首次在"协和号"超声速飞机上试飞成功。随后 C/C 刹车盘就广泛用于高速军用飞机和大型民用客机刹车片。"B-1"轰炸机采用 C/C 刹车片后,质量由 1 406 kg 降至 725 kg,减重达 680 kg。经过 20 世纪七八十年代的孕育成长,到 90 年代 C/C 复合材料刹车片已逐渐成熟,形成一定规模市场,用碳刹车代替钢刹车已是大势所趋。C/C 复合材料刹车片具有一系列显著的优点,主要包括:①质量轻。C/C 复合材料料的密度约为 1.80 g/cm³,而钢则为 7.8 g/cm³,同样体积的 C/C 刹车片仅为钢刹车片质量的 23%。②寿命长。C/C 复合材料刹车片的使用寿命约为钢制动器的 5 倍。如以着陆次数计,钢制动器的使用寿命为 150~200 次,而 C/C 复合材料刹车片的使用寿命则为 1 000 次左右。Dunlop 航空部就使用钢制动器和 C/C 复合材料刹车片进行过比较,表明 C/C 复合材料刹车盘虽然成本较钢制动器高 5 倍,但由于使用寿命增长 5 倍,因而操作成本没有增加,而使用 C/C 复合材料刹车盘后还有减轻质量,增加有效载荷,节约燃料消耗等一系列的优点。③性能好。C/C 复合材料刹车片与钢相比具有高温强度好、导热性好等优点。由于 C/C 复合材料热导率比钢高,因而 C/C 制动器比钢制动器散热快,前者的散热率比后者高 30%左右,这对停飞时间较短的民航客机来讲是极为重要的。C/C 复合材料的一个非常重要的特性是力学性能与热物理性能随温度提高而得到改进,无论抗拉性能、抗压性能、抗弯性能都随温度升高而提高,而热导率、比热等也随温度提高而增加。而金属材料,无论是钢、铁、钛等,随温度提高力学性能都明显下降。④可超载使用。C/C 复合材料刹车盘的优点不仅在于质量轻、寿命长、性能好和节省费用,另一个重要特点是在紧急情况下,C/C 复合材料刹车盘可以超载使用。1981 年 8 月一架"协和号"客机从纽约肯尼迪机场起飞,但飞机一个轮胎因外物破坏而出现故障,起飞滑行时,这个轮胎旁边的一个轮胎亦告失灵,飞机只得利用余下的 6 个制动器,被迫在 164 n mile/h(1 n mile＝1.852 km)速度下紧急制动,而且成功地刹车停住,事发时每个制动器至少达到 1 650 ℃高温。事后检验发现,钛制转矩管已有部分出现熔化,而 C/C 复合材料制动器还是经受住了这个考验,避免了一场事故的发生。C/C 复合材料料制动器能抵受大能量的另一个证明是 Dunlop 航空部对麦克唐纳道格拉斯公司 AV - 8B 的 C/C 制动器进行测试时所得到的数据。通常设计中断起飞的载荷约为 2.5×10^6 J/kg,

为确定 C/C 制动器的极限能力,试验能量不断提高,在 3.5×10^6 J/kg 的水平下,C/C 复合材料制动器仍能成功地中断起飞,充分显示出 C/C 制动器超载运转的能力。而钢制动器在超载中断起飞急速刹车后,各制动盘有熔合到一起的倾向,甚至会失去制动器的作用。

图 5-11 C/C 复合材料飞机刹车盘(空客 A320)

5.5.2 固体火箭发动机领域

固体火箭发动机(SRM)工作环境异常恶劣,对发动机喷管、喉衬等关键部位要求极高。固体火箭喷管由于要承受高达 3 500 ℃ 的燃气温度,5~15 MPa 的压力,且液、固体粒子冲刷,高温燃气的化学腐蚀,因而工作环境极为严酷。由于没有冷却系统,燃气的高温必须由其自身承担,特别是喉衬部分的工作环境最为恶劣,且要求其尺寸不能因烧蚀冲刷而变化。否则,喉径变大,压力随之下降,而压力下降,推力则下降,这是不允许的。20 世纪 50 年代,第一代喷管多采用高强石墨作为喉衬。20 世纪 60 年代,以“民兵”导弹作为代表的喷管多采用钨渗铜、渗银材料作为喉衬。由于 C/C 喉衬密度低,为 1.75~1.90 g/cm³,是钨渗铜喉衬的 1/10~1/8,且可根据不同的要求进行设计,其断裂因子为石墨的 10~20 倍,膨胀系数小,在 2 000~2 400 ℃ 仅为 4×10^{-6}~5×10^{-6} ℃$^{-1}$,热导率可根据密度调节,可耐 3 800~4 000 ℃ 的高温,抗 H_2,CO,CO_2 等气体的腐蚀,在星角装药的发动机中喉衬烧蚀均匀,无腐蚀台阶、凹坑,因此从事固体火箭发动机研制生产的国家从 20 世纪 70 年代初陆续采用了 C/C 喉衬,由此使发动机的冲质比、可靠性大幅度提高。C/C 喉衬材料自 1963 年开始研制出来,其应用已经历了三代,目前正在进行第四代 C/C 喉衬材料的预先研究。在航天上各级 SRM、地-地战略导弹SRM、潜-地战略导弹 SRM、先进战术导弹 SRM、运载火箭大型助推器等五个系列的所有SRM 中,几乎全部采用 3D/4D C/C 喉衬材料。

喷管扩散段的主要功能是控制燃气的膨胀,并且将最佳推力传送给发动机。它不仅要求承受高温燃气的强力冲刷、高温腐蚀,且同时是承载件。由于减重的要求,壁厚较小,最厚处为8~15 mm,出口处仅为 1.5~4.0 mm,我国 1989 年点火成功的 C/C 喷管出口壁厚最薄处仅0.9 mm。C/C 扩散段到 20 世纪 90 年代在先进导弹固体火箭发动机上的应用已相当广泛,可使第二级火箭减重达 35%,第三级火箭减重达 35%~60%,是实现高冲质比喷管的关键技术。美国、俄罗斯、法国、德国等国家相继在战略导弹、卫星远地点发动机、惯性顶级发动机上使用了 C/C 扩散段。美国是最早研究 C/C 扩散段的国家,20 世纪 70 年代 AVC0 公司在空军资助下,纤维材料公司在海军地面武器中心资助下开始了研究。FMI,GE 和联合碳化物公司也先后投入了力量研究,到了 20 世纪 70 年代,SEP/CSD 全复合材料发动机点火成功,标志着 C/C 喷管迈出了第一步。到了 1979 年 SEP/CSD 延伸喷管在美国加州爱德华空军基地高空模拟试车点火成功。1981 年经美国国务院批准 SEP/CSD 第三次合作,研制装有 4D 喉衬,出口厚度仅 1.5 mm 延伸锥喷管,于 1982 年底点火成功。图 5-12 所示为采用碳/碳复合材料制造的固体火箭发动机喷管。

图 5-12 碳/碳复合材料固体火箭发动机喷管

5.5.3 航天飞行器热防护领域

C/C 复合材料可用作航天飞机的高温耐烧蚀材料和高温结构材料,如当航天飞机重返(再入)大气层时,机头温度高达 1 463 ℃,机翼前缘温度也高达上千度。这些部位不仅要具有良好耐热性能,同时需要具有良好的抗热震性能以抵抗航天飞机由外太空(-160 ℃)进入大气层时的剧烈温度变化。这些苛刻的耐热部位普遍采用 C/C 复合材料,如美国的航天飞机、国家空天飞机(NASP)等机翼前缘和机头锥都采用了 C/C 复合材料,日本 HOPE 航天飞机、法国海尔斯(Hermes)航天飞机、俄国暴风雪号航天飞机、德国桑格尔(Sanger)空天飞机、俄国图-2000 空天飞机的机翼和机头锥也采用了 C/C 复合材料。

返回式航天器在完成轨道飞行任务后,都将用返回舱携带着有效载荷重返地面。返回舱以接近第一宇宙速度或者更大速度进入大气层后,虽然可以利用大气层的阻力来达到减速的目的,然而返回舱的动能却因为减速而转换为非常严重的气动热。当返回舱以极高的速度穿越大气层飞行时,由于它对前方气体的压缩与周围空气的压缩,其大部分动能会以激波及尾流涡旋的形式耗散于大气中,剩下的一部分动能则转变成空气的热能,这种热能以边界层对流加热和激波辐射两种形式加热返回舱。返回舱返回大气层时,飞行速度约为 28Ma,外界空气静止温度约为 31 560 K,但这时由于气体很稀薄,实际的加热量不大,气动加热最严重的时刻飞行速度为 24～10Ma,相应飞行高度为 40～70 km,此时外界静止空气温度至少在 5 250 K 以上。返回舱将被数千度乃至数万度的气流所包围,如果不对返回舱作适当的防护,整个返回舱将会如同流星一样被烧为灰烬。飞行器热防护的方式分为热容防热、辐射防热和烧蚀防热三种,其中烧蚀防热是用于温度最高区域的常用方式。烧蚀防热的基本原理:烧蚀防热材料在再入热环境中发生烧蚀时,会发生一系列的物理化学反应,其反应为吸热过程,在此过程中,材料质量损耗,吸收了热量,烧蚀防热要求烧蚀防热材料具有较高的烧蚀热。C/C 复合材料作为目前常用烧蚀防热材料中烧蚀热最高的材料,发生烧蚀反应时可以有效吸收气动热,降低飞行器表面温度。

陶瓷基复合材料同样是一种理想的热防护材料,二者具体的应用部位有所不同。目前航天飞行器的热防护方案:最高温度区包括机头锥帽、机翼前缘、小机翼、升降副翼和机身襟翼,均采用 C/C 或者 C/SiC 薄壳热结构;在较高温区即机身机翼下表面和机身前部上表面采用C/SiC 盖板加隔热层结构,也曾考虑用陶瓷(或高温合金)防热瓦或 TABI 隔热毡;在较低温区采用新型陶瓷柔性外部隔热毡(FEI)或钛合金多层壁结构。表 5-1 列出了各国航天(空天)飞机在不同温度区域所采用的热防护系统。

表 5-1 国外航天(空天)飞机防热系统结构

国家	航天(空天)飞机型号	不同温区的 TPS 方案		
		高温区	中温区	低温区
美国	哥伦比亚	C/C	陶瓷瓦(HRSI 和 LRSI)	柔性隔热毡(FRSI)
	第二代航天飞机	C/C	高温合金蜂窝加隔热层	钛合金多层壁
	X-30	带主动冷却 C/C	陶瓷基复合材料,C/C	碳化硅纤维增强钛铝
	X-33	C/C	Inconel617 金属面板防热系统	
	X-43	C/C,W	陶瓷瓦	钴铬镍耐热合金
英国	Hotol	C/C 热结构	高温合金瓦加隔热毡	钛合金多层壁
德国	Sanger	C/C 热结构	高温合金瓦	钛合金多层壁
日本	Hope	C/C	ACC 面板或高温合金蜂窝结构	钛合金多层壁
法国	Hermes	C/C 或 C/SiC	陶瓷瓦	柔性隔热毡

除了航天飞机,C/C 复合材料作为热防护材料在弹道导弹头锥部位同样取得了成功的应用。由 C/C 复合材料制作的导弹弹头的头锥,一方面可经受导弹再入时高温环境的考验,另一方面使命中精度提高。美国的民兵Ⅲ,MX,SICBM,三叉戟Ⅱ,SDI,卫兵等导弹的头锥部件均采用了 C/C 复合材料。

5.5.4 工业制造领域

碳材料在非氧化环境下具有非常好的高温稳定性,碳纤维的引入在保留了碳材料独特性能的基础上极大提高了其力学性能,使得 C/C 复合材料在高温工业制造领域有非常重要的应用。

石墨材料与熔融玻璃润湿性差,并且 C/C 复合材料具有很好的抗热震性能,C/C 复合材料在玻璃制造行业可用作热端部件。作为熔融玻璃的传送滑道(见图 5-13),无须冷却系统和表面处理,且表面熔融玻璃残留少,可有效提高使用寿命。

石墨模具是用于材料压力烧结的常用模具,为保证安全,石墨模具壁厚较厚。用 C/C 复合材料制造的烧结模具显著减小了模具尺寸,提高了模具温度均匀性,且可以承受更高压力,提高了模具使用寿命。

　　石墨加热体在非氧化环境下温度可达 3 000 ℃,是高温加热炉的常用加热元件。由于石墨脆性大,石墨加热体易损坏,且难以加工复杂形状。C/C复合材料取代纯石墨加热体,提供灵活的加工特性,可加工复杂形状,有效减小加热体体积,提供炉体更大的加热空间。此外它还可用于真空炉中的结构性支撑构件。

　　C/C复合材料机械紧固件(见图 5 - 14)在高温、化学腐蚀环境下机械性能远远优于传统合金紧固件,在工业中有很好地应用前景。

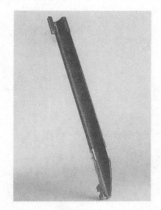

图 5 - 13　C/C复合材料熔融玻璃传送滑道　　　图 5 - 14　C/C复合材料高温紧固件

5.5.5　生物医学领域

　　碳材料是生物相容性最好的材料之一,可与血液、软组织、骨骼等很好地相容,已广泛地用于制备心脏瓣膜等人工植入体,也可以用来修复人体的腱和韧带。C/C复合材料提供了良好的强度及韧性,同时具有耐疲劳、抗冲击特性,在骨骼修复及骨骼替代方面有独特的优势。C/C复合材料在生物体内稳定、不被腐蚀,不会像医用金属材料由于生理环境的腐蚀而造成金属离子向周围组织扩散及植入材料自身性质的退变。同时,C/C复合材料具有良好生物力学相容性,与人骨的弹性模量接近,可减弱由假体应力遮挡作用引起的骨吸收等并发症。目前 C/C 复合材料在临床上已有骨盘、骨夹板和骨针的应用,人工心脏瓣膜、中耳修复材料也有研究报道,人工齿根已取得了很好的临床应用效果。

5.5.6　其他领域

　　C/C复合材料因其密度低、摩擦性能优异、热膨胀率低,从而有利于控制活塞与汽缸之间的空隙,有望应用于内燃发动机活塞;由于其高导率和良好的尺寸稳定性,可制造卫星通信抛物面无线电天线反射器;由于 C/C复合材料质量轻、刚度好、不易破断等特性,在高尔夫球杆、自行车等文体用品方面得到了广泛应用。

5.6　本 章 小 结

　　碳原子特殊的成键方式赋予了碳材料家族多种同素异构体和丰富的显微结构类型。碳材料门类众多,传统的焦炭、石墨、金刚石等材料在科学和工程领域应用广阔,C/C复合材料、富勒烯、碳纳米管、卡拜等新结构亦是当今研究的热点。在高温结构材料、超硬材料、功能材料、量子科学等领域均能看到碳材料的身影。

在结构复合材料中,碳材料多以石墨族的形式出现,例如碳纤维、热解碳等。由于 sp^2 成键方式的各向异性,石墨的纤维结构和性能具有很宽的分布,不同制备工艺得到的石墨族碳材料的结构和性能迥异,石墨化能力也不同。应当依据复合材料的性能要求,综合考虑生产成本来选择碳材料及其制备工艺。

习　题

1. 碳材料有哪些同素异构体?它们各有何性能特点?
2. 请简述碳化的基本过程,并说明每个过程中材料的结构特点。
3. 石墨化的方法有那几种?
4. 热解碳可以分为哪几类?每一类的结构及性能有何特点?
5. 玻璃碳的制备工艺有哪些?试述它的性能及应用。

第6章 强韧相的结构与性能

6.1 概　　述

增强体、界面和基体的复合赋予了复合材料单一组元所不具备的优异性能。从力学角度来讲，增强体是主要承载单元，对复合材料的强度、模量等力学性能影响重大。界面是复合材料设计的关键，适当的界面结合强度对于载荷的传递及界面脱黏、裂纹偏转、纤维桥接等增韧机制的发挥起决定作用。

因此，增强体和界面层是复合材料中的强韧相，本章将介绍这两者的基本概念及复合材料中常用的强韧相。

6.2 颗　　粒

颗粒是指三个维度上的尺度均较小，且长径比接近于1的材料。在复合材料中，颗粒作为分散相，常用于改善一些对结构不敏感的性能，如模量、密度、热导率和硬度等。而对于结构敏感的性能，如强度和韧性，颗粒的改善效果不大。

对于聚合物材料，颗粒的加入可以提高其硬度和热稳定性。金属材料中，颗粒主要起提高硬度、屈服强度和耐磨性的作用。也可通过以下两种效应提高材料的强度：首先，当颗粒的长径比大于1时，可以起到一定的承载的作用；其次，金属材料中使用的颗粒一般具有比基体更低的热导率，材料从较高的制备温度下冷却时，由于热失配引发的热应力会造成颗粒周围的基体中出现位错，起到强化材料的作用。某些情况下，颗粒的加入可以改善陶瓷材料的韧性，例如氧化锆增韧氧化铝复相陶瓷。表6-1给出了复合材料中常用的颗粒材料。

颗粒材料的纯度对不同类型基体的复合材料的性能影响是不同的。聚合物基体对于颗粒材料的纯度要求不高，因而多采用天然矿物破碎后得到的颗粒。而在金属基复合材料中，颗粒的纯度则尤为重要。在较高的制备温度下，颗粒中的杂质会扩散到合金成分中，改变基体材料性能，并且对界面结合也会产生影响。金属基复合材料在使用铸造成型时，常选用氧化物颗粒，因为其一般与金属间的反应活性较低。非氧化颗粒（如 SiC）增强金属基复合材料在采用铸造工艺时，往往需要对颗粒进行表面处理。

颗粒尺寸对于复合材料的性能同样存在显著影响。一般来说，细小的颗粒对于复合材料的屈服强度、断裂强度、模量、疲劳强度等具有更好的改善效果。颗粒过于粗大时，复合材料的塑性和加工性能将严重下降。然而，颗粒过于细小，尤其是达到纳米级时易于团聚。需要特别关注颗粒的分散性。

表 6-1　复合材料中常用的颗粒材料

基体类型	颗粒材料
聚合物	$CaCO_3$,TiO_2,融石英,石墨
金属	SiC,B_4C,TiC,WC,Al_2O_3
陶瓷	SiC,Si_3N_4,TiC,ZrO_2

6.3　晶　　须

　　晶须是一种细长的单晶短纤维,通常直径为数十纳米至数微米,长径比为数十至数百。因其具有单晶结构,且缺陷极少,因而强度很高,接近材料的理论强度,是一类性能优异的增强体;有些晶须还具有一些特殊的物理性能,可以赋予复合材料某种或多种功能特性。

　　晶须主要包括有机化合物晶须、金属晶须和陶瓷晶须三大类。其中,陶瓷晶须的强度、模量、热稳定性一般优于其他两类,最具应用价值,是晶须研究的重点。

6.3.1　晶须生长机理

　　作为一种特殊的细长单晶结构,晶须的制备和生长过程有其复杂性和特殊性。晶须的生长机理有多种,其中最为常见的是气-液-固(VLS)、液-固(LS)和气-固(VS)三种。

　　1. VLS 机制

　　VLS 机制是多数高性能陶瓷晶须在生长时所遵循的机制。VLS 中,V 代表先驱体气源(Vapour Feed Gases),L 代表液相催化剂(Liquid Catalyst),S 代表固相晶须(Solid Crystalline Whisker)。液相催化剂的存在是 VLS 机制的标志性特征,其作用是作为气体原料与固相产物之间的媒介,形成含固相产物组分原子的熔体,为反应提供物质基础。催化剂必须对产物的组元具有亲和力,多数陶瓷晶须和碳纳米管常用的催化剂有铁和过渡族金属等。

　　图 6-1 给出了 VLS 机制下的晶须生长示意图。在生长温度下,固相催化剂熔融形成小液滴,先驱体中的晶须组分原子附着于其上并达到过饱和,过饱和熔体将析出固相晶须,并将催化剂液滴抬升。由于液滴始终位于固相晶须的顶端,且晶须的生长发生在液相催化剂与固相晶须的界面间,因而晶须将不断地沿长度方向生长,最终形成细长的单晶结构,顶端的球状形态被保留下来。

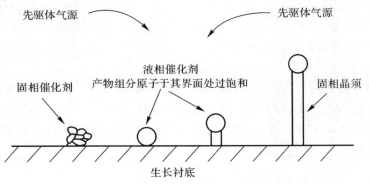

图 6-1　VLS 机制下的晶须生长过程示意图

2. LS 机制

LS 是一种发生在溶液中(如水热合成法)的晶体生长机制。溶液系统中的晶体生长,宏观上看是固-液界面向溶液推进的过程;微观上看是晶体的组分原子向晶格扩散、有序排列的过程,一般包括溶液中介质达到过饱和、晶体形核和晶体生长三个阶段。

晶须的形成是晶体中的螺形位错延伸的结果。在晶体生长的过程中,由于各种原因,晶体中存在着一定数量的螺形位错,晶体生长界面上的螺形位错露头可以作为晶体生长的台阶源。晶体沿螺形位错不断生长,最终形成晶须结构。

3. VS 机制

VS 机制是一种气相生长机制,反应组分通过气态传输,发生形核和晶体生长。与 LS 机制类似,VS 机制中,位错(尤其是螺形位错)对晶须的生长同样起到重要作用。

6.3.2　复合材料中的常用晶须

1. 碳化硅晶须

SiC 晶须具有高强度、高模量、高硬度、耐磨损、耐高温和化学稳定性好等优点,被誉为"晶须之王",得到了广泛的研究,并已进入实用化阶段。SiC 晶须的晶型有 α 和 β 两种,其中后者的性能更为优异。

SiC 晶须的制备主要有气相反应法和固相反应法两种。固相反应法成本较低,工艺易于控制,适合工业化生产,其中碳热还原反应法是目前的主要生产方法。其原料为 SiO_2 微粉(或石英砂、高岭土)和石墨粉,利用碳热还原反应:

$$SiO_2 + C \longrightarrow SiC + CO$$

得到 SiC 晶须,晶须的生长遵循 VLS 机制。

2. 硼酸铝晶须

硼酸铝晶须是一种高性能而低成本的晶须,有 $9Al_2O_3 \cdot 2B_2O_3$ 和 $2Al_2O_3 \cdot B_2O_3$ 两种。相对其他晶须而言,硼酸铝晶须具有很高的性能价格比,这是它能够得以广泛应用的原因。它具有高的弹性模量、良好的机械强度、耐热性、耐化学药品性、耐酸性、电绝缘性、中子吸收性能和与金属共价性,它不仅应用作绝热、耐热和耐腐材料,也可用作热塑性树脂、热固性树脂、水泥、陶瓷和金属的补强剂。

硼酸铝晶须的合成方法有熔融法、气相法、内部助溶剂法、外部助溶剂法、水热法等,其中外部助溶剂法反应温度低,能耗低,收率高,适合工业化生产。硼酸铝晶须就其组成看,氧化铝的成分占据大部分,因而其共价性高,与铝及其合金有较好的相容性,是铝基复合材料良好的增强相。其在战车装甲、飞机雷达、导弹和火箭排气管、宇宙飞船、飞机机翼、切削工具、压缩机叶片、高焊接强度有机聚合物、电子部件、轴承、热阻材料、铁电陶瓷、高频线路板、轻质陶瓷、催化剂载体以及抗氧化电导粉末等领域有广泛应用。

3. 莫来石晶须

莫来石是一种链状硅酸盐矿物,多见于陶瓷砖及各种高温砖中,是优质耐火材料。它具有优良的耐高温特性,熔点在 2 000 ℃以上,最高使用温度为 1 500 ℃～1 700 ℃,有强的耐腐蚀性,用作金属增强材料时,其最大优点是不会与金属产生化学作用。鉴于以上特点,莫来石晶须可用作超高温绝热材料而用于锻造加热炉、均热炉等工业用高温炉以及电子元件烧成炉等中。此外，它还可用作密封材料、填充材料以及纤维强化金属的增强材料。

莫来石晶须的合成，较常采用的方法是将有机铝三烷基铝化合物与水进行聚合反应，制成黏稠的聚合物溶液，将其用通常的干式纺丝法制得有机铝化合物纤维，再于 1 000 ℃烧成。

4. 碳（石墨）晶须

碳（石墨）晶须是由气相烃类化合物在 350~2 000 ℃下裂解生成的短碳纤维，其直径为数十纳米至数十微米，长度可达数十毫米。由于是在气相下沉积生长而成，所以其致密度要高于其他碳纤维，缺陷也较少，此外，它还具有长径比大、易于石墨化等优点，因而在力学性能、导电性、导热性、热稳定性等方面的表现更为优异。目前，碳（石墨）晶须主要用作增加电导率的添加剂、降低热膨胀系数的填料以及提高力学性能的增强体等。

5. 碳纳米管

自从 1991 年被发现以来，碳纳米管（Carbon Nanotubes，CNTs）因具有高长径比、高比表面积、低密度、优异的力学性能、电性能和热性能等优良特性在全球范围内引起了科学界及工程界的极大兴趣。大量的研究工作显示，将 CNTs 与聚合物、金属、陶瓷进行复合，仅需少量的 CNTs，材料的力学性能和多种物理性能即可获得极大提升。

CNTs 是石墨烯层通过卷曲形成的直径为纳米级的中空圆柱结构。根据 CNTs 中石墨烯层的层数，可以将 CNTs 分为单壁碳纳米管（Single-Walled carbon NanoTubes，SWNTs）和多壁碳纳米管（Multi-Walled carbon NanoTubes，MWNT）两类（见图 6-2）。SWNTs 由单层石墨烯构成，直径为 0.4~3 nm，纳米管的两端由富勒烯半球封端。MWNTs 由 2~50 层石墨烯构成，各层石墨烯层卷曲为层间距为 0.34 nm 的同心圆柱。

石墨烯层在卷曲为圆柱结构时，边界上悬空键的结合是随机的，这使得碳纳米管原子的排列在管轴方向具有一定的螺旋性。研究表明，SWNTs 的几何结构强烈地影响其电性能。随着 SWNTs 的螺旋程度和直径的变化，其电性能可从金属性过渡到半导体性。

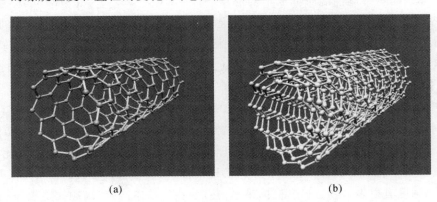

(a)   (b)

图 6-2　两种碳纳米管

(a)单壁碳纳米管；　(b)多壁碳纳米管

目前，常见的碳纳米管制备方法有电弧放电法、激光蒸发法和化学气相沉积（CVD）法三种。

电弧放电和激光蒸发法分别利用电弧和激光的能量，将固态石墨升华为气态，气态碳源随后在温度较低的衬底凝聚,形成碳纳米管。这两种方法中,SWNTs 的生长均需要使用催化剂,常用的有 Fe,Co,Ni 及其合金等。

传统的电弧放电工艺中,存在电场分布不均衡、电流不稳定的缺点,影响了 CNTs 产品的质量。为此,人们引入了等离子旋转电弧放电技术,即在放电过程中,石墨阳极以高达 10^4 r/min 的转速转动。转动使得放电更加均匀,产生的等离子更稳定。此外,离心力还将对等离子沿径向加速。CNTs 的生长速率可通过改变电极转速来调节。

激光蒸发法的优点在于激光高的能量密度、稳定持续的能量输出和易于控制的工艺参数。然而,这种工艺的成本较高且产量低。

CVD 法是将气态先驱体在高温下裂解,在衬底上沉积生成 CNTs 的方法。CVD 工艺具有良好的灵活性和适应性,可以用来生长颗粒、薄膜、涂层形态的 CNTs。沉积温度对 CNTs 的结构具有重要影响:在较低温度下(600~900 ℃),往往得到 MWNTs;而较高的沉积温度(900~1 200 ℃)下则可以得到 SWNTs。与其他两种工艺相比,CVD 得到的 CNTs 缺陷较多。

石墨烯层中的 sp^2C—C 键是固体材料中最强的原子键之一。因此,从理论上分析,石墨烯层与其长度方向完全平行的 CNTs 应当具有极高的模量和强度。测试结果表明,电弧放电法制备的 MWNTs 的弹性模量在 0.4~3.7 TPa 之间,平均值为 1.8 TPa,弯曲强度为 14 GPa;SWNTs 的弹性模量在 0.35~1.25 TPa 之间。其密度仅为钢的 1/7,因而碳纳米管具有极高的比强度和比模量。西北工业大学直接利用超长定向 CNTs 阵列本身具有的极高强度和韧性,将含有定向 CNTs 阵列的基片作为预制体进行逐层化学气相沉积(CVD)制备形成块体陶瓷。在 CNTs 纳米表面上形成了尺度小、面积大、分布广、结合强的界面,表现出增强体细化和基体细化协同强韧化的小尺度多界面强韧化新模式。剥离出的单根定向 CNTs/SiC 迷你复合材料的弯曲模量和强度分别为(234±18.9) GPa 和(20±6.4) GPa。SEM 微结构表明每根 CNT 周围均匀沉积有 SiC 基体;TEM 透射电镜结果表明 CNTs 保存完好,与基体结合均匀致密,SiC 基体无裂纹为非晶态;断裂时 CNTs 拔出现象明显(见图 6-3),且呈"针尖"状。制备的定向 CNTs/SiC 几乎没有基体裂纹,具有极其优异的抗氧化性能。CNTs 气凝胶制备的树脂复合材料电导率提高了 10^{15} 倍。

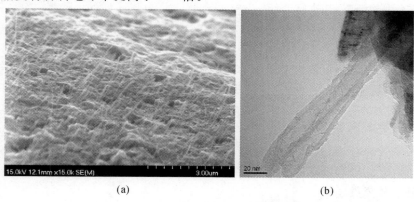

(a)　　　　　　　　　　　　　　(b)

图 6-3　断裂时 CNTs 拔出现象

(a)CNTs/SiC 的 SEM 断口形貌;　(b)单根拔出 CNT 的 TEM 形貌

由于石墨烯层内相邻碳原子的 π 电子轨道相互重叠,因而 CNTs 的面内电导率极高,而层间电阻率则相对较低。据报道,单根 CNT 的室温电导率在 $10^{-6} \sim 10^{-4}$ $\Omega \cdot cm$ 量级,是已知的导电性最好的纳米管/线。此外,前文已提到,CNTs 的电性能与其石墨烯层的卷曲方式有关,可介于金属性和半导体性之间。因其优良的电性能和超高的比表面积,CNTs 在超级电容器、超级电池等方面具有良好的应用前景。

CNTs 具有极佳的场发射性能。在电极材料与 CNTs 间加载一定的电势,CNTs 即可从端部发射电子,这种特性在场发射显示技术领域具有很大潜力。

6.4　纤　　维

纤维通常是指长径比大于 1 000 且具有一定强度和韧性的纤细物质。纤维在复合材料中扮演着非常重要的角色,是最为常见的增强体材料。纤维的种类众多,有多种不同的分类方法,具体如下:

(1)纤维按性能可分为高性能纤维和普通纤维。根据美国空军材料试验所(AMFL)和航空航天局(NASA)的规定,比强度(拉伸强度/密度)、比模量(弹性模量/密度)分别大于 6.5×10^6 cm,6.5×10^8 cm 的纤维称为高性能纤维,其增强的复合材料称为先进复合材料。高性能纤维是一种战略资源,常为出口管制商品。

(2)纤维按长度可分为短纤维和连续长纤维。短纤维连续长度一般为数十毫米,排列无方向性,性能一般比长纤维低。长纤维的连续长度超过百米,力学性能好但制备成本高。另外,长纤维还可进一步分为单丝和束丝。所谓单丝是指每束纤维只由 1 根较粗($95 \sim 140$ μm)的纤维组成,如硼纤维、化学气相沉积制备的碳化硅纤维等;而束丝的每束纤维则由 $500 \sim 12\,000$ 甚至更多根直径较小($5.6 \sim 14$ μm)的细纤维组成,如碳纤维、氧化铝纤维和转化法制备的碳化硅纤维等。

(3)纤维按组成则可分为无机纤维和有机纤维。无机纤维主要有玻璃纤维、碳纤维、碳化硅纤维、氧化铝纤维及其他碳化物、氧化物及氮化物陶瓷纤维。有机纤维主要有芳纶纤维(又称芳酰胺、凯夫拉或 Kevlar)、聚苯并噁唑纤维(PBO)等刚性分子链纤维及聚乙烯纤维(UHMW-PE)、聚乙烯醇纤维等柔性分子链纤维。

本节将按纤维组成对其进行介绍。

6.4.1　玻璃纤维

玻璃纤维是复合材料中最早工业化的纤维,也是目前使用量最大的纤维。玻璃纤维因其价格低、不燃、耐热、电绝缘、拉伸强度高、化学稳定性好等优良特性而被广泛应用。玻璃纤维的主要成分为 SiO_2,不同的玻璃纤维还会含有 Al_2O_3,B_2O_3,CaO,Na_2O,MaO 等氧化物。玻璃纤维的微观结构和普通玻璃相同,均为基于 SiO_2 的长程无序三维网络结构,如图 6-4 所示。它是以玻璃为原料,经过熔融纺丝制备而成的。直径在 $0.5 \sim 30$ μm,直径越小,纤维性能越好。这里主要介绍玻璃纤维的分类和性能。

1.玻璃纤维的分类

玻璃纤维的种类繁多,除通用的分类方法外,还有自己独有的分类方法,即主要是按化学成分和纤维性能分类。

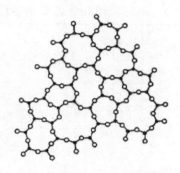

图 6-4 玻璃纤维长程无序结构示意图

(1)按玻璃纤维的化学成分可分为无碱玻璃纤维、中碱玻璃纤维和高碱玻璃纤维。

1)无碱玻璃纤维是指化学成分中碱金属氧化物含量小于 0.5%(国外指小于 1%)的硼铝硅酸盐玻璃纤维,简称 E-玻璃纤维。其主要特点是电绝缘性能、耐热性和力学性能优异。国内外大都使用这种玻璃纤维作为复合材料的原材料,该玻璃纤维的主要性能见表 6-2。

表 6-2 无碱玻璃纤维的主要性能参数

直径/μm	密度/(g·cm³)	单丝拉伸强度/GPa	弹性模量/GPa	伸长率/(%)	泊松比	软化温度/℃	体积电阻率/(Ω·m)
12	2.57	3.12	73	约 2.0	0.21	845	1.2×10^{13}

2)中碱玻璃纤维是指化学成分中碱金属氧化物含量为 2%～6%的钙硅酸盐玻璃纤维,称为 C-玻璃纤维。其特点是耐酸性好,原料易得,价格便宜,但电绝缘性和力学性能较差,机械强度约为无碱玻璃纤维的 75%。

3)高碱玻璃纤维是指化学成分中碱金属氧化物含量为 11.5%～12.5%(或更高)的钠钙硅酸盐玻璃纤维,称为 A-玻璃纤维。其特点是价格低廉,耐酸性好,但耐湿性差,耐老化性差,力学性能也较差。因此,高碱玻璃纤维几乎不再被应用于复合材料的增强材料。

(2)商业玻璃纤维一般按纤维性能分类,主要分为以下几种:

1)普通玻璃纤维,包括无碱玻璃纤维(E),有碱玻璃纤维(A)。

2)高强玻璃纤维(S),该玻璃纤维比 E 玻璃纤维拉伸强度约高 35%,弹性模量高 10%～20%,高温下仍能保持良好的强度和疲劳性能。

3)高模量玻璃纤维(M),该玻璃纤维相对密度较大,比强度不高,但由它制备的玻璃钢制品有较高的强度和模量,可应用于航空航天领域。

4)耐酸玻璃纤维(C),该玻璃纤维耐酸腐蚀性能好,适用于耐腐蚀件和蓄电池套管等。

5)其他玻璃纤维,如耐碱玻璃纤维(Z 或 AR),低介电玻璃纤维(D)和耐辐射玻璃纤维(L)等。

上述部分型号的玻璃纤维还可以进一步分类,在此不再一一介绍。上述部分纤维的化学组成列入表 6-3 中。

表 6 - 3   国外玻璃纤维主要化学组成

成分(质量分数)/(%) 牌号	SiO_2	Al_2O_3	B_2O_3	CaO	Na_2O	MgO	其他
E	52~56	12~16	5~13	16~25	0~2	0.6	0~1.5%TiO_2
A	72	0.6~1.5		10	14.2	2.5	0.7%SO_3
S	65	25				10	
M	53.7			12.9		9.0	2%ZrO_2,8%BeO_2, 8%TiO_2,3CeO_2
C	65	4	6	14	8	3	
Z 或 AR	71					11	16%ZrO_2,2%TiO_2

2.影响玻璃纤维性能影响的因素

从玻璃纤维的组成可以看出,不同型号的玻璃纤维成分差别较大,这就导致不同玻璃纤维的性能(如力学性能、热膨胀系数,软化温度等)差别较大。因此,当提到玻璃纤维的性能时,一般要说明是哪种玻璃纤维。下面主要介绍影响玻璃纤维力学性能的因素。

(1)玻璃纤维的强度和玻璃的化学组成关系密切。一般而言,含碱量(碱金属氧化物,如Na_2O,K_2O)越高,玻璃纤维的强度越低。因而无碱玻璃纤维强度高于中碱玻璃纤维,而高碱玻璃纤维强度更低。需要说明的是,纤维强度对其化学成分的依赖关系只有当纤维表面缺陷减小到一定程度时才会表现出来。纤维表面缺陷越小,该依赖关系就越明显;而当纤维表面有微裂纹时,各种玻璃纤维的强度便无明显差别。

(2)纤维尺寸影响着纤维的强度。其他条件相同时,玻璃纤维的拉伸强度随纤维直径变细而增加,随纤维长度增加而显著降低。表 6-4 和 6-5 分别给出了玻璃纤维的拉伸强度与纤维直径和长度的关系。"微裂纹理论"可对该现象进行解释:随着纤维尺寸的减小,纤维中微裂纹的数量和大小就会相应地减小,纤维强度就会相应增加。

表 6 - 4   玻璃纤维的拉伸强度和纤维直径(长度约为 5 μm)的关系

纤维直径/μm	4.2	6.6	9.7	15.2	19.1	50.8	160
拉伸强度/GPa	3.5	2.33	1.67	1.3	0.94	0.56	0.18

表 6 - 5   玻璃纤维的拉伸强度和纤维长度(直径约为 13 μm)的关系

纤维长度/μm	5	20	90	1 560
拉伸强度/GPa	1.5	1.2	0.86	0.72

(3)环境因素也可对玻璃纤维的性能产生影响。这主要取决于纤维对大气水分的化学稳定性。若玻璃纤维对水分稳定性好,如无碱玻璃纤维,则纤维对环境因素就不敏感,在存储过程中,纤维强度基本保持不变。而高碱玻璃纤维因含较多的 Na_2O 而对环境较为敏感,在存储过程中,纤维强度会逐渐降低,称该现象为纤维的老化。

（4）此外,纤维疲劳和制备工艺都会对纤维性能产生影响。疲劳现象在材料中是普遍存在的,玻璃纤维的疲劳是指纤维强度会随服役时间的延长而降低。其原因是水分的吸附作用。在服役中,水分会吸附并渗入纤维微裂纹中,在外力作用下加速裂纹扩展。玻璃纤维的成型方法和成型条件对强度也有较大影响,如玻璃硬化速度越快,最终得到的玻璃纤维强度就越高。

3. 特种玻璃纤维

由于玻璃纤维综合性能好,价格低廉,因而其发展也从未停止。除通过改变玻璃纤维成分（如添加某些氧化物）或改变制备工艺来提高玻璃纤维的力学性能外,还有为满足某种需要,开发出特殊用途的玻璃纤维,将这些玻璃纤维统称为特种玻璃纤维。现在对部分特种纤维进行简单介绍。

（1）空心玻璃纤维和异形截面玻璃纤维。这两种玻璃是采用特殊的玻璃纤维成型技术,从而改变纤维形状并具有特殊用途的纤维。空心玻璃纤维的主要特点是质量轻,刚度好,介电常数低,隔热性能好。其主要用途是减轻纤维和复合材料的质量,增加刚度和抗压强度。空心玻璃纤维的主要技术指标是空心度和空心率。前者是指单根纤维的空心直径与纤维直径的比值;后者是指用多孔空心漏嘴的漏板拉出一束纤维,其中空心纤维和总纤维的比值。异形截面玻璃纤维是改变纤维的圆柱形状,制成三角形、椭圆形等形状,以增加与树脂基体的黏合力,进而提高复合材料的强度和刚度的一种纤维。

（2）耐辐射绝缘玻璃纤维。该玻璃纤维由 SiO_2,Al_2O_3,CaO,MaO 组成,是具有抗中子俘获面积小、半衰期短、绝缘电阻高和力学性能好的一种特种玻璃纤维。在高剂量 γ 射线和快中子的辐照下,它仍能保持高且稳定的电阻,常被用作高温强辐照条件下的绝缘材料。

（3）高硅氧玻璃纤维和石英玻璃纤维。两者的主要特点是耐高温、尺寸稳定、化学稳定性好、抗热震性能好。它们的主要区别在于 SiO_2 含量不同,前者 SiO_2 含量一般为 96%～99%,后者的 SiO_2 含量更高。因此,后者的力学性能更好,耐温性也更为优异,最高安全使用温度为 1 100～1 200 ℃。两者增强的复合材料主要用于飞行器的防热构件。

（4）氮氧玻璃纤维。该玻璃纤维主要是用氮原子取代玻璃中的部分氧原子,提高了原子间的结合力,因而可提高纤维强度、弹性模量和耐热性等。

其他特种玻璃纤维还有低介电玻璃纤维、半导体玻璃纤维等。随着玻璃纤维制造工业的发展,玻璃纤维还将进一步发展,特种玻璃纤维的种类也将逐渐增多。

6.4.2 碳纤维

碳纤维的出现最早可追溯到 19 世纪英国人瑟夫·斯旺（J. Swan）制备的碳灯丝,而美国科学家爱迪生则将碳丝作为白炽灯灯丝进一步实用化。钨灯丝取代碳丝后的一段时间,碳纤维的发展一度停滞。直到 20 世纪 50 年代,航空航天事业的发展对结构材料提出新的要求,碳纤维才因其比强度高、模量高、热导率高等一系列优异性能开始快速发展。目前,碳纤维已应用到航空航天、军事、体育、汽车等工业的各个领域,其中高性能的碳纤维更是得到各个国家的重视,被列为国家战略资源。

已商业化的碳纤维种类较多,常见的分类方式是按力学性能或按制造碳纤维先驱体来分。

（1）按力学性能划分,碳纤维可分为高性能碳纤维和通用型碳纤维。本节主要介绍高性能碳纤维。高性能碳纤维又可分为高强型（HT）、超高强型（UHT）、高模量型（HM）、超高模量型（UHM）,其主要力学性能范围见表 6－6。

表 6-6 高性能碳纤维类型和主要力学性能

性能	HT	UHT	HM	UHM
弹性模量/GPa	>200~250	200~350	300~400	>400
拉伸强度/GPa	2.0~2.75	>2.76	>1.70	>1.70
碳含量/(%)	94.5	96.5	99.0	99.8

(2)按制造碳纤维的先驱体分类,主要有聚丙烯腈(PAN)碳纤维、沥青(Pitch)基碳纤维、人造丝(黏胶基纤维)。本节将按此分类方法对碳纤维进行介绍。

1.PAN 碳纤维

PAN 是目前生产碳纤维的第一大原料,PAN 碳纤维约占碳纤维总量的 80%。PAN 碳纤维的主要特点:可编织性好;密度小,质量轻;模量高,强度高;耐疲劳,寿命长;自润滑,耐磨损;线膨胀系数小,尺寸稳定;热导率高,导热性好;导电,非磁性;吸能减震;X 射线穿透性好;生物相容性好。PAN 碳纤维这一系列性能和功能,可以满足各种条件下的使用要求,使其成为广泛应用的复合材料增强材料。

目前,日本东丽公司是 PAN 碳纤维最大的生产厂家,其生产的 PAN 碳纤维性能也代表了当今世界最高水平,其主要牌号和性能见表 6-7。其中 T 系列主要为高强度纤维,M 系列主要为高模量纤维。

表 6-7 日本东丽公司生产的 PAN 碳纤维牌号及其性能

牌号	单束根数	拉伸强度/GPa	弹性模量/GPa	断裂伸长率/(%)	细度/tex*	密度/(g·cm^{-3})
T300	1 000	3.53	230	1.5	66	1.76
	3 000				198	
	6 000				396	
	12 000				800	
T400HB	3 000	4.41	250	1.8	198	1.80
	6 000				396	
T700SC	12 000	4.90	230	2.1	800	1.80
	24 000				1 650	
T800SC	24 000	5.88	294	2.0	1 030	1.8
T800HB	6 000	5.49	294	1.9	223	1.81
	12 000				445	
T830HB	6 000	5.34	294	1.8	223	1.81
T1000GB	12 000	6.37	294	2.2	485	1.80
T1100GC	12 000	6.6	324	2.0	495	1.79
	24 000				990	

续 表

牌号	单束根数	拉伸强度/GPa	弹性模量/GPa	断裂伸长率/(%)	细度/tex*	密度/(g·cm⁻³)
M30SC	18 000	5.49	294	1.9	760	1.73
M35JB	6 000	4.51	343	1.3	225	1.75
	12 000	4.70		1.4	450	
M40JB	6 000	4.40	377	1.2	225	1.77
	12 000	4.40			450	
M46JB	6 000	4.20	436	1	223	1.84
	12 000	4.02		0.9	445	
M50JB	6 000	4.12	475	0.9	216	1.88
M55JB	6 000	4.02	540	0.8	218	1.91
M60JB	3 000	3.82	588	0.7	103	1.93
	6 000				206	

注:* tex 为纤维细度(纤度),单位为 g/1 000 m,即长度为 1 000 m 纱线的质量克数。

除日本东丽公司外,日本东邦、三菱,美国 Hexcel 等公司也是重要的碳纤维研发、生产厂家。我国的 PAN 碳纤维起步于 20 世纪 60 年代,但发展相对缓慢,近些年与上述国家的差距有所减小。目前,国内商业化的碳纤维性能和东丽公司 T800 系列相当,T1100 系列的碳纤维尚未在国内商业化。表 6-8 给出了国内商业碳纤维的代表型号及其性能。

表 6-8　国内商业碳纤维的代表型号及其性能

牌号	单束根数	拉伸强度/GPa	弹性模量/GPa	断裂伸长率/(%)	细度/tex	密度/(g·cm⁻³)
T800 级	6 000	5.60	290	1.9	223	1.81
	12 000				445	
M40 级	6 000	4.40	370	1.2	225	1.77
M35 级	6 000	4.70	340	1.4	225	1.75

虽然上述 PAN 碳纤维的性能有所不同,但制造工艺大同小异,现在就介绍 PAN 碳纤维的制造过程。

PAN 碳纤维的制造过程主要包括 PAN 原丝制备、PAN 原丝预氧化、碳化和石墨化等。一般还需对纤维表面进行处理,以提高纤维作为增强体和基体的结合强度。PAN 碳纤维的制造流程及纤维化学结构和成分变化如图 6-5 所示。

(1)PAN 原丝的制备。PAN 原丝的性能直接影响最终碳纤维的性能,原丝制备主要包括两个步骤,即丙烯腈的聚合和聚丙烯腈的纺丝。按聚合和纺丝工艺,该过程可分为一步法和两步法。一步法是指聚合时所用溶剂既可以溶解单体(丙烯腈)又可以溶解聚合后的聚合物(聚丙烯腈),聚合后的溶液可以直接用来纺丝,聚合和纺丝可以用一条生产线完成。这样的溶剂有二甲基甲酰胺、二甲基乙酰胺、二甲基亚砜、硫氰酸钠、氯化锌和硝酸等。两步法是指聚合时所用的溶剂仅能溶解单体(丙烯腈),不能溶解聚合后的聚合物(聚丙烯腈)。因此,聚合和纺丝要分开进行。这样的溶剂一般含有水,聚合后的聚合物需进行分离、干燥,再溶入溶剂中制成纺丝液进行纺丝。

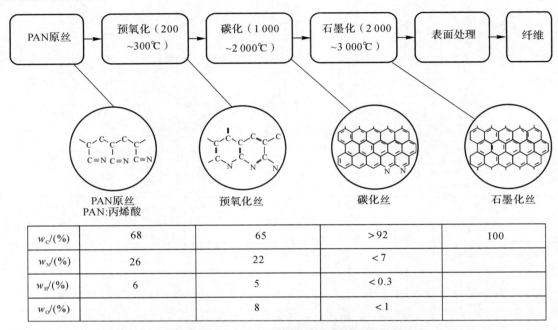

$w_C/(\%)$	68	65	>92	100
$w_N/(\%)$	26	22	<7	
$w_H/(\%)$	6	5	<0.3	
$w_O/(\%)$		8	<1	

图 6-5 PAN 碳纤维的制造流程图及纤维化学结构和成分变化

纺丝工艺一般可分为三种方法,即干法纺丝、湿法纺丝和干湿法纺丝。干法纺丝简称干纺,干纺时从喷丝头毛细孔中压出的纺丝液细流进入纺丝甬道。通过甬道中热空气流的作用,原液细流中的溶剂快速挥发,挥发出来的溶剂蒸气被热空气流带走。原液在逐渐脱去溶剂的同时发生固化,并在卷绕张力的作用下伸长变细而形成初生纤维。干法纺丝只能采用能挥发的有机溶剂。由于在成型后溶剂残留量较多,在预氧化和碳化时容易产生并丝等问题,从而影响碳纤维的强度,故一般均采用湿法纺丝(湿纺)。与干纺不同,湿纺时从喷丝头毛细孔压出的纺丝液进入凝固浴。纺丝液细流与凝固液在凝固浴中发生传质、传热、相平衡移动等过程,最终凝固成丝。由于受溶剂和凝固剂双扩散速度和凝固浴的流体阻力等限制,湿法纺丝的速度相对较慢。干湿法纺丝又称干喷湿纺法,其与湿纺不同之处在于从喷丝孔挤出的纺丝原液进入凝固浴之前先经过一段空气层。研究者认为干湿法纺丝可在空气中形成一层致密的薄层,以阻止大孔洞的形成,得到的纤维结构较为均匀,内部缺陷少,力学性能有所提高。此外,干湿法纺丝可以进行高倍的喷丝头拉伸,纺丝速度较高。因此,干湿法纺丝是纺丝工艺发展的方向。

对于湿法纺丝或干湿法纺丝,从凝固浴出来的凝固丝中还会含有一定量的溶剂,这对纤维的后续加工不利。因此,需将溶剂洗去,这个过程称为水洗。水洗后纤维中的溶剂残留量要求在 0.01% 以下。此外,为了得到高强、高模量的原丝,还需对凝固丝进行拉伸处理。拉伸可以使纤维结构致密化,但是过高的拉伸倍数会使丝条产生损伤及黏并。上述两个工艺顺序可以互换,也可同时进行,即水洗工艺可以在水浴拉伸前或拉伸后进行,也可以在水浴拉伸的同时进行水洗。干湿法纺丝工艺流程如图 6-6 所示。

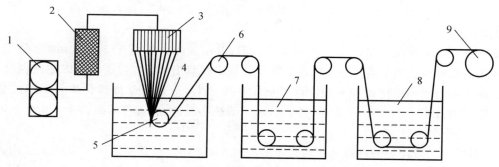

图 6-6　聚丙烯腈干湿法纺丝工艺示意图

1—计量泵；　2—过滤装置；　3—喷丝头；　4—凝固浴；　5—导丝钩；
6—导丝辊；　7—水洗浴；　8—拉伸浴；　9—缠绕辊

（2）PAN 纤维预氧化。PAN 纤维预氧化又称为"稳定"，其主要过程是 PAN 原丝在空气中氧化一段时间。氧化温度一般为 180～300 ℃（最好低于 279 ℃），且需在一定张力下进行，防止纤维在预氧化的过程中发生收缩。若预氧化时纤维处于自由应力状态，则其将收缩约 25％。

预氧化的目的是使塑性 PAN 线性大分子链转化为非塑性耐热梯形结构，使其在碳化时（温度约为 400～1 500 ℃）不熔不燃、保持纤维形态，热力学处于稳定状态，最后转化为具有乱层石墨结构的碳纤维。这也是该工艺过程被称为"稳定"的主要原因。预氧化的化学反应如图 6-7 所示。

图 6-7　PAN 纤维预氧化过程中的化学变化

影响预氧化的工艺参数主要有氧化温度、氧化时间、升温速率和氧化气氛等。一般而言适当提高氧化温度可以缩短氧化时间，而具体氧化温度和氧化时间还需通过实践来确定。升温速率较高（大于 5 ℃/min）会使纤维产生较大的收缩，因而预氧化时升温速率一般为 1～3 ℃/min。此外，在酸性气氛下（SO_2，HCl 等）进行氧化，能提高氧化速率和预氧化程度。这是由于预氧化过程会生成 NH_3，酸性气氛能中和生成的 NH_3，使反应向所要的方向进行。

预氧化后纤维的氧含量控制在 8％～12％，若高于 12％则会恶化后续纤维质量，低于 8％则会降低碳化过程中碳的产率。预氧化后纤维的密度由 1.17 g/cm³ 变为 1.40 g/cm³，颜色由白变黄，再变成红棕色，最终氧化为黑色。

预氧化后的纤维称为预氧化丝，这是一种中间产品，可直接进入市场，也可经深加工制成多种产品。

（3）碳化。PAN 原丝在预氧化后还需进行碳化处理，以将纤维转化为乱层石墨结构。碳化过程一般是将预氧化丝在 400～1 500 ℃下通入保护气氛（氮气）进行处理。在此过程中，纤维较小的梯形结构单元会进一步进行交联、缩聚,并伴随着热解,同时释放出大量小分子副产物,如 H_2O,NH_3,CO,CO_2,氢氰化物等,最终纤维失重约为 50%,碳含量则将大于 90%,密度达到 1.70 g/cm³。

碳化过程中需控制升温速率。在 600 ℃ 以前,升温速率一般低于 5 ℃/min,避免挥发物挥发较快而在纤维表面形成孔洞。600 ℃ 以后纤维中只含有 C 和 N,这时可以适当提高升温速率。在实际生产中碳化过程一般在两个碳化炉中进行,分别为低温碳化炉和高温碳化炉。前者温度一般低于 1 000 ℃,但保温时间较长,一般按小时计;后者温度则高于 1 000 ℃,但保温较短,一般按分钟计。

(4)石墨化。碳化后的纤维结构为无定形的乱层石墨结构,其强度不足以满足使用要求。因此,需对碳化后的纤维进行石墨化,使其转变为三维石墨结构。石墨化的主要目的是为了获得高模量的石墨纤维或高强高模的碳纤维。

石墨化处理温度在 1 500~3 000 ℃ 之间,处理时间约为数秒到数十秒。碳纤维的模量一般随石墨化温度的提高而增大,但温度越高对设备材料的要求就越苛刻,成本就会急剧增加。工业石墨化炉的使用温度一般在 2 500 ℃ 以上。可通过添加催化剂来降低石墨化温度。为防止金属类物质的引入加快高温下碳的氧化速率,催化剂一般多采用非金属及其化合物,特别是硼及其化合物。实践表明,石墨化过程中引入硼,在产品的弹性模量相同时可使石墨化温度降低 250~300 ℃。

石墨化过程时间虽短,但高温耗能大、高温设备使用寿命短,这是其价格较高的主要原因。

2. 沥青基碳纤维

沥青作为制备碳纤维的原料起源于 20 世纪 60 年代,现已发展为仅次于 PAN 的第二大碳纤维原料。沥青种类较多,主要可分为各向同性和各向异性沥青。前者制得的碳纤维性能较差,称之为通用级制品,主要用于性能要求不高的碳制品或复合材料。后者制备的碳纤维性能较好,可用于制造高性能碳纤维。由于沥青初始碳含量比 PAN 高,故其碳的产率较高。在性能上,沥青基碳纤维的弹性模量、导热和导电性能较好,还具有负的热膨胀系数,但其加工性能和压缩强度不如 PAN 碳纤维。

沥青基碳纤维的制备过程和 PAN 基碳纤维类似,也是经过纺丝、预氧化、碳化和石墨化等。在沥青纺丝过程中,一般为熔融纺丝,这与 PAN 纺丝有所不同。预氧化过程有时也称为不熔化处理,其目的是使沥青在碳化时保持纤维形状,不会软化熔融。预氧化可采用气相氧化或液相氧化,氧化条件随原料的不同而有所差别。由于一般沥青还需前期加工处理,因而沥青基碳纤维的价格较 PAN 基碳纤维高。

目前,日本和美国在沥青基碳纤维领域处于领先地位,其生产的碳纤维性能也代表了国际先进水平。表 6-9 给出了日本石墨纤维公司生产的沥青基碳纤维的主要性能。图 6-9 即为 PAN 基 T300 碳纤维的表面和截面形貌。

表 6-9　日本石墨纤维公司的沥青基碳纤维牌号及性能

牌号	单束根数/K*	拉伸强度/GPa	弹性模量/GPa	断裂伸长率/(%)	直径/μm	密度/(g·cm⁻³)
YSH－70A	1, 3, 6, 12	3.63	720	0.5	7	2.14
YSH－60A	1, 3, 6, 12	3.83	630	0.6	7	2.12
YSH－50A	1, 3, 6	3.83	520	0.7	7	2.10

续 表

牌号	单束根数/K*	拉伸强度/GPa	弹性模量/GPa	断裂伸长率/(%)	直径/μm	密度/(g·cm⁻³)
YS‑90A	3，6	3.53	880	0.3	7	2.18
YS‑80A	3，6	3.63	785	0.5	7	2.17
XN‑90	6	3.43	860	0.4	10	2.19
XN‑80	6，12	3.43	780	0.5	10	2.17
XN‑60	6，12	3.43	620	0.6	10	2.12
XN‑15	3	2.40	155	1.5	10	1.85
XN‑10	3	1.70	110	1.6	10	1.70
XN‑05	3	1.10	54	2.0	10	1.65

注：K* 表示 1 000 根。

　　表中前三个牌号系列为高性能碳纤维，最后一个系列的牌号为通用级碳纤维。前者主要用于对刚度要求高的复合材料构件，而后者主要用于低成本构件。

　　国内已掌握了通用级的沥青基碳纤维连续化生产技术，但产品性能与日本同类产品还有所差距，而在高性能沥青基碳纤维方面差距更为明显，国内还停留在实验室研究规模。

　　3. 黏胶基碳纤维

　　黏胶基碳纤维是三种碳纤维产量中最小的一个，占比不足世界碳纤维总产量的 1%。因此，其发展不如前两者迅速。但从目前情况来看，黏胶基碳纤维仍不会消失，在碳纤维领域中还会占有一席之地。

　　黏胶基碳纤维的制造过程主要包括黏胶原丝的制备、洗涤、催化处理、预氧化、碳化和石墨化等。黏胶纤维是由纤维素原料如木材、棉籽绒或甘蔗渣等提取纤维素（称为浆泊）经 $NaOH$、CS_2 等处理纯化后，溶解在稀 $NaOH$ 溶液中，再通过湿法纺丝成型和处理后得到的。洗涤包括水洗和酸洗，目的是除去黏胶纤维表面的油剂，有利于下一步的催化处理。催化处理是生产黏胶基碳纤维的核心技术，其目的是提高后续碳化时的碳收率。由于碳化和石墨化温度不同，可得到黏胶基碳纤维和黏胶基石墨纤维。前者碳含量不超过 95%，后者碳含量大于99%。石墨纤维的结晶度、热导率、抗氧化性、比热和润滑性等性能均较碳纤维有较大提高。黏胶基碳纤维的性能见表 6‑10。

表 6‑10　黏胶基碳纤维的性能

纤维种类	拉伸强度/GPa	弹性模量/GPa	断裂伸长率/(%)	直径/μm	密度/(g·cm⁻³)
黏胶基碳纤维	0.4～0.6	25～35	1.5～2.0	5～7	1.4
黏胶基石墨纤维	0.6～0.8	60～80	1.0～1.5	5～7	1.5～1.8

　　黏胶基碳纤维的主要生产国是美国和俄罗斯。我国的黏胶基碳纤维的研究起步于 20 世纪 80 年代，目前已建立了部分生产线，但研究水平和纤维性能均远落后于美国和俄罗斯。

　　4. 碳纤维的结构与性能

　　碳纤维的结构取决于原丝结构和碳化工艺。但不管采取哪种原丝，高模量碳纤维的碳分子平面总是沿着纤维轴向方向。用 X 射线、电子衍射及电子显微研究表明,真实的碳纤维结构并不是理想的石墨点阵结构,而是多层结构。现在以 T300 碳纤维为例进行说明,其结构如图 6－8 所示。纤维截面结构可分为核芯区、环形区、块体区、孔洞区和表层区。核芯区和块体区结构类似,均为褶皱的乱层石墨分布,片层沿纤维轴向取向排列。环形区结构尚未有明确结论,有研究者认为该区域是纤维内部晶化程度最好、密度最高的部分。孔洞区的石墨微晶层平面沿纤维轴向排列的有序程度较差,且分布不连续,该区域厚度约为 500 nm。而在纤维表层区,石墨微晶程度变好,层间排列紧密,该区域厚度为 200～300 nm。

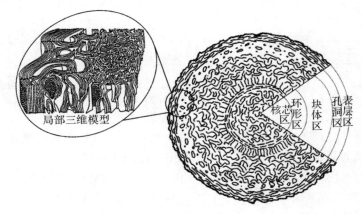

图 6－8　T300 碳纤维结构示意图

　　碳纤维的表面结构也与原丝及工艺有关。一般而言,PAN 基纤维和黏胶基碳纤维表面较为粗糙,沥青基碳纤维表面较光滑。对于 PAN 基碳纤维,其表面均有沿纤维轴向排列的沟纹,但不同型号的纤维沟纹深浅不同。沟纹的存在可一定程度提高纤维强度。碳纤维的截面一般为圆形或近似圆形,若出现其他不规则的形状,一般情况可能导致纤维性能下降。但有研究人员获得异形截面的碳纤维,其性能比圆形截面的碳纤维还有所提高。目前还没有商业性的异形截面碳纤维。图 6－9 即为 PAN 基 T300 碳纤维的表面和截面形貌。

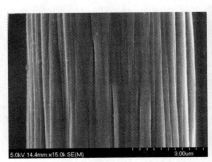

图 6－9　T300 碳纤维表面形貌和截面形貌

　　碳纤维的结构决定着其性能,目前所获得碳纤维的力学性能较理论值还有差距。依据 C—C 键键能及密度计算的单晶石墨强度和模量分别为 180 GPa 和 1 020 GPa,目前商业化的沥青基碳纤维 YS－90A 的弹性模量为 880 GPa,约为理论值的 86.3％;而 T1100 系列纤维的拉伸强度仅为 6.6 GPa,还不到理论值的 4％。纤维中的缺陷如结构不均匀、微孔、杂质等是造成这一差距的主要原因。这些缺陷主要来源于原丝和碳化过程。进一步使碳纤维直径细化、均质化和减少纤维表面缺陷是提高碳纤维强度的基本途径。

碳纤维的物理性能如热膨胀系数、热导和电阻等也存在着各向异性。碳纤维的热膨胀系数在平行于纤维的方向一般为负值,而在垂直于纤维的方向为正值。平行于纤维方向的热导率更高,两个方向的热导率均随温度的升高而降低。碳纤维的各种性能参数随纤维型号的不同而不同。

碳纤维的化学性能与碳类似,除能被强氧化剂氧化外,对一般酸、碱呈惰性。在空气中,高于 400 ℃时碳纤维即出现明显的氧化,氧化速率随温度的升高而加快。这也是碳纤维在高温应用时面临的主要问题。在惰性气氛下,碳纤维的耐热性较为优异,在高于 1 500 ℃时性能才开始下降。此外,碳纤维还具有耐低温、耐油、抗辐射、吸收有毒气体及减速中子等许多优良特性。

5. 碳纤维的应用与发展

由于碳纤维的性能优异,其应用也非常广泛。但碳纤维一般不直接应用,大都是加工成中间产物或者复合材料使用。高性能碳纤维的主要应用领域为航空航天、汽车、体育和医疗等,通用级碳纤维主要用于土木建筑等领域。

由于碳纤维复合材料比强度高,因而航空航天成为高性能碳纤维的首要应用领域。其制备的复合材料主要分为作为低温结构件的树脂基复合材料和作为高温防护材料的 C/C 复合材料。前者主要用作飞机机翼、尾翼及直升机桨叶等。目前,复合材料占整机的比重已成为衡量战斗机先进程度的重要指标。而对于高超声速飞行器,较快的飞行速度会引起强烈的气动热,使其头锥表面温度超过 2 000 ℃。在这样苛刻的服役环境中,C/C 复合材料成为热防护材料的不二选择。

碳纤维在航空航天领域获得应用后,逐步推广到其他应用领域。目前,世界碳纤维总量的 1/3 用来制造体育娱乐器材,如高档羽毛球拍、网球拍、钓鱼竿、高尔夫球棒、赛车等。在汽车领域,碳纤维复合材料可使汽车轻量化,显著提高汽车整体性能并节约燃料。在医疗领域,碳纤维具有良好的生物相容性,可作为生物体植入人体。研究还表明,碳纤维具有诱发组织再生功能,能促进新生组织再生并在碳纤维周围形成。在建筑领域,碳纤维复合材料因具有高比强、高比模、耐腐蚀、阻燃等性能而被制成新型建材,减轻了建筑的结构质量。

碳纤维较广的应用领域使其存在巨大的商业利益,进一步推进着碳纤维的发展。目前的主要发展方向有以下两个:

(1)发展高性能、廉价的碳纤维。这也是每个碳纤维制造公司的主要研究目标。由于先进复合材料对碳纤维有更高的性能要求,T300 级碳纤维会逐步被更高性能的碳纤维取代。为降低生产成本,生产大丝束碳纤维是一种可行的方案。从东丽公司的产品列表中也可以看出,24K 的较大丝束碳纤维已经商业化。大丝束碳纤维的性能和小丝束碳纤维性能相当,而价格却可以降低 30%～40%。因此,大丝束碳纤维是未来发展的一个方向。

(2)研究和发展特殊用途的碳纤维。不同的应用领域,对复合材料有不同的要求。未来将针对不同领域发展出特殊用途的碳纤维。例如,在电子领域,需要高热导率的材料,这就需要研究出高热导率的碳纤维。而在热防护领域,需要碳纤维的热膨胀系数和基体的接近,这便需要不同热膨胀系数的碳纤维。当然,这种特殊用途的碳纤维在一般用途较广或者非常重要的条件下才会有进一步发展。

6.4.3 陶瓷纤维

陶瓷纤维具有独特的优良特性,因而在航空、航天和核能等领域有着广泛的应用。陶瓷纤维主要有硅系陶瓷纤维、氧化物陶瓷纤维及硼系陶瓷纤维。硅系陶瓷纤维主要包括 SiC 和 S_3N_4 纤维,常用的氧化物陶瓷纤维为 Al_2O_3 纤维,而硼系纤维主要为 B 纤维和 BN 纤维。

1. SiC 纤维

SiC 纤维是以碳和硅为主要成分的一种陶瓷纤维。这种纤维具有高比强、高比模、抗高温氧化和耐烧蚀等性能,由其制备的复合材料在航空、航天、汽车等领域有着重要应用。除陶瓷纤维通用的优点外,SiC 纤维还具有优异的抗辐照性能。碳化硅纤维增韧碳化硅陶瓷(SiC/SiC)复合材料已成为最新一代的核反应堆包壳材料。

商业化 SiC 纤维的生产方法主要有先驱体法和化学气相沉积法。先驱体法是利用有机硅聚合物——聚碳硅烷(PCS)作为先驱体纺丝,再经过低温交联处理和高温裂解转化为 SiC 陶瓷纤维。该方法首先由日本学者矢岛(Yajima)在 1975 年提出,并最先由日本碳公司进行了商业化生产。该公司商业化生产的 SiC 纤维已发展了三代,其牌号和主要性能见表 6-11。

表 6-11　日本碳公司生产的 SiC 纤维牌号和主要性能

性能参数	Nicalon(第一代)	Hi-Nicalon(第二代)	Hi-Nicalon-S(第三代)
密度/(g·cm⁻³)	2.55	2.74	3.10
直径/μm	14	14	12
单束根数	500	500	500
拉伸强度/GPa	3.00	2.80	2.60
拉伸模量/GPa	220	270	420
伸长率/(%)	1.4	1.0	0.6
氧含量/(%)	12	1.0	0.8

用先驱体法制备的 SiC 纤维表面光滑,且截面更接近于圆形,其形貌如图 6-10 所示。在化学成分上,先驱体制备的 SiC 纤维一般是富 C 的,且含有 O,因而其密度低于 SiC 的理论密度。SiC 纤维在发展的过程中主要是降低了纤维中的氧含量,这是因为 O 在 1 300 ℃以上会与 C 或 Si 反应,生成 CO 和 SiO,从而降低 SiC 的耐高温性能。第一代 SiC 纤维的耐温性约为 1 100 ℃;而通过逐步降低氧含量,第二代 SiC 纤维的耐温性约为 1 300 ℃;第三代 SiC 纤维处于 1 800 ℃氩气气氛中 12 h,其强度保持率仍可达 66%。

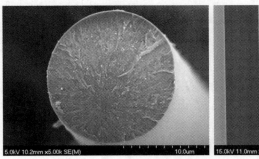

图 6-10　Hi-NicalonSiC 纤维断口形貌和表面形貌

除日本碳公司外,日本宇部兴产公司也是用先驱体制造 SiC 纤维的主要厂家。国内的国防科技大学和厦门大学是较早研究 SiC 纤维的单位,目前已取得可喜进展,但在生产能力和产品性能方面与世界先进水平还有相当大的差距。

用化学气相沉积(CVD)法制备的 SiC 纤维是一种复合纤维。其主要工艺过程是以芯体为载体,有机硅化合物(CH_3SiCl_3,CH_3SiHCl_2,$(CH_3)_2SiCl_2$ 或 $Si(CH_3)_4$ 等)在一定温度和压力下,通过氢气气流稀释,在芯丝表面反应,裂解为 SiC 陶瓷并沉积在芯丝表面。目前用 CVD 法制造的商业化 SiC 纤维的芯体有钨芯和碳芯。前者由 Gareis 等于 1961 年首先发明,后者由美国 AVCO 公司发明并商业化。钨芯 SiC 纤维的特点是在 350 ℃ 以上具有优良的热稳定性,适用于高温使用;沉积时,SiC 和 W 发生化学反应,增加了纤维自身的界面复杂性;由于 W 的密度较大导致纤维密度较大。碳芯 SiC 纤维的特点是制造成本低且密度较小;沉积过程中,SiC 和 C 没有有害反应;在高温时不存在金属蠕变,性能更稳定。用 CVD 法生产的 SiC 纤维的典型性能见表 6-12。

表 6-12　CVD 法生产的 SiC 纤维的典型性能

性能	SiC(W 芯)		SiC(C 芯)		国产(W 芯)
密度/(g·cm^{-3})	3.46	3.46	3.10	3.0	3.4
纤维直径/μm	102	142	102	142	100±3
拉伸强度/GPa	3.35	3.33~3.46	2.41	3.40	3.70
拉伸模量/GPa	434~448	422~448	351~365	400	400
表面涂层	富碳	富碳和 TiB		SiC	富碳

由于存在芯体,用 CVD 法制造的 SiC 纤维的直径较大,为 100~150 μm。从 SiC 纤维的截面来看,其中心为碳纤维或钨丝,向外依次是热解石墨、SiC 层及表层。SiC 层根据沉积区域的不同还可以继续分层,而表层的设计是为了降低纤维的脆性。从表 6-12 中还可以看出,与先驱体法生产的 SiC 纤维相比,用 CVD 法生产的 SiC 纤维具有很高的拉伸强度和拉伸模量。此外,由于该方法不会引入 O,因而具有突出的高温性能和抗蠕变性能。图 6-11 所示为 W 芯 SiC 纤维增强金属钛复合材料。纤维表面黑色的部分为一层碳涂层,这有利于纤维和基体更好地结合。

用 CVD 法生产 SiC 纤维的公司主要是美国的 Textron 公司特种材料部(原 AVCO 公司)和英国 BP 公司等。国内对 CVD 法生产 SiC 纤维的研究起源于 20 世纪 70 年代,目前已具备一定的生产能力。

由于 SiC 纤维具有耐高温、耐腐蚀、耐辐射等性能,所以其成为了一种理想的耐热和耐辐射材料,其制备的复合材料也在相关领域得到了应用。目前阻碍其进一步推广应用的主要问题是成本太高,降低成本是今后 SiC 纤维的发展方向之一。此外,进一步提高 SiC

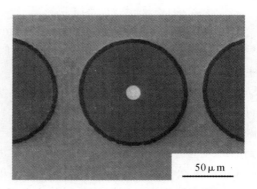

50 μm

图 6-11　W 芯 SiC 纤维增强金属钛
复合材料微观形貌

纤维的力学性能和耐温性能是其发展的另一个方向。

向 SiC 纤维中添加金属元素是提高其力学性能和耐温性能的可行方案。常见的添加元素有 Ti,Al 等,并已实现工业生产。改性的 SiC 纤维一般采用先驱体法生产。

对于含 Ti 的 SiC 纤维,其生产方法主要是先将含 Ti 有机物和含 Si 有机物合成含 Ti 的先驱体,再通过纺丝、不熔化及高温烧成等工艺得到含 Ti 的 SiC 纤维。该方法可通过控制两种有机物的不同比例来获得不同 Ti 含量的 SiC 纤维,也可以引入其他元素,如锆、钒等。金属元素的加入不仅可以提高 SiC 纤维高温力学性能,还可以改善 SiC 纤维和金属的复合性能。日本的宇部兴产公司已经将含锆 SiC 纤维商业化。国内的国防科技大学也已经制得具有良好力学性能的含钛 SiC 纤维。

为进一步提高 SiC 纤维的耐高温性能,宇部兴产公司又通过聚碳硅烷和乙酰丙酮铝在 N_2,300 ℃下反应,使硅和铝在溶液中交联合成聚铝碳硅烷(PACS),再经过熔融纺丝、不熔化及高温烧结,制备出了近化学计量比的多晶 Si - Al - C 纤维,商品牌号为 Tyranno SA。该型号的 SiC 纤维表现出优异的耐高温性能,在惰性气氛下可耐 2 200 ℃的高温,在 1 000 ℃的空气中保温 100 h 后强度和模量均未下降,在 1 300 ℃的空气中保温 100 h 后强度可达初始强度的 55%,蠕变性能得到改善。国内在这方面也有系统的研究,但还未实现大规模商业化生产。

除上述添加元素外,国内外学者制备出含其他元素,如 Fe,Co,Ni,B 等,及异形截面的 SiC 纤维,以获得满足其他特殊需求的性能。

常见 SiC 纤维的性能对比见表 6 - 13。

表 6 - 13　常见 SiC 纤维的性能对比

	商标	生厂商	平均直径 μm	室温强度 GPa	室温弹性模量 GPa
第一代	Nicalon 200	Nippon Carbon	14	3	200
第二代	Hi - Nicalon	Nippon Carbon	12	2.8	270
第三代	Tyranno - SA3	UBE Industries	7.5	2.9	375
	Sylramic	COI Ceramics	10	3.2	400
	Sylramic iBN	COI Ceramics	10	3.5	400
	Hi - Nicalon Type S	Nippon Carbon	12	2.5	400

2. Si_3N_4 纤维

Si_3N_4 纤维不仅具有很多和 SiC 纤维相似的力学性能,还具有良好的绝缘性和介电性能,其主要应用于防热功能材料的制备。

目前,尚未有商业化 Si_3N_4 纤维的生产,大多对 Si_3N_4 纤维的研制都停留在实验室阶段。现行制备 Si_3N_4 纤维的方法主要是先驱体法,即采用聚硅氮烷、聚碳硅氮烷等有机先驱体,经熔融纺丝、不熔化处理和高温处理得到 Si_3N_4 纤维。不同方法和工艺获得的先驱体不同,最终得到的纤维也会有所差异。研制 Si_3N_4 纤维的主要国家有美国、日本和法国等。其中,美国的 Dow Corning 公司是最早研制 Si_3N_4 纤维的单位。国内的国防科技大学、厦门大学也对 Si_3N_4 纤维的制备有所研究。不同的研制单位采用不同的工艺路线合成不同的先驱体,最终制得的纤维性能也有所差别。Si_3N_4 纤维的主要研究单位和制得的纤维性能见表 6 - 14。

表 6 – 14　Si_3N_4 纤维的主要研究单位和纤维性能

研制单位	化学组成(质量分数)/(%)				直径 μm	密度 g·cm⁻³	拉伸强度 GPa	弹性模量 GPa
	Si	N	C	O				
东亚燃料	59.8	37.1	0.4	2.7	10	2.39	2.5	300
DowCorning	59.0	28.0	10.0	3.0	10～20	2.32	3.1	260
Rhone-Poulene	56	22	15	8	15	2.40	1.80	220
国防科技大学	53	22	15	10	15	2.30	1.5～1.8	140～165

为提高 Si_3N_4 纤维的耐高温性能和介电性能,学者们还通过各种方法向 Si_3N_4 纤维中引入 B 元素。此外,还有人研究新的 Si_3N_4 纤维制备方法,但基本都停留在实验室阶段,离商业化应用还有很长的路要走。

3. Al_2O_3 纤维

Al_2O_3(包括莫来石,$3Al_2O_3·2SiO_2$)纤维是以 $\alpha-Al_2O_3$ 为主要成分,并含有部分 SiO_2,B_2O_3,MgO 或 Zr_2O_3 的多晶陶瓷纤维。一般将 Al_2O_3 含量大于 70% 的纤维称为氧化铝纤维,将 Al_2O_3 含量低于 70% 的纤维称为硅酸铝纤维。前者性能较好,常用来制备高性能耐热复合材料。

Al_2O_3 纤维的突出特点是具有耐高温氧化性,可在空气中长时间应用在高于 1 400 ℃的高温环境,这是前述几种纤维所不能达到的。此外,Al_2O_3 纤维的原料易得,不需专门合成,生产过程简单。由于不需惰性气体保护,故其生产设备也要求不高。因此,与其他耐高温陶瓷纤维相比,Al_2O_3 纤维成本较低,有较高的性价比。

目前,商业化生产连续 Al_2O_3 纤维的厂家主要有美国 Du Pont 公司(FP,PRD - 166 系列)、3M 公司(Nextel 系列)、英国 ICI 公司(Saffil 系列)和日本 Sumitomo 公司(Altel 系列)。国内尚未实现连续 Al_2O_3 纤维的商业化生产。各公司的代表牌号和主要性能见表 6 - 15。

表 6 – 15　商业化 Al_2O_3 纤维的主要牌号和性能

厂家	牌号	化学组成(质量分数)/(%)			直径 μm	密度 g·cm⁻³	拉伸强度 GPa	弹性模量 GPa
		$\alpha-Al_2O_3$	SiO_2	其他				
3M	Nextel312	62.5	24.5	13 B_2O_3	10～12	2.70	1.7	150
	Nextel440	70	28	2 B_2O_3	10～12	3.05	2.0	190
	Nextel550	73	27		10～12	3.03	2.0	193
	Nextel720	85	15		10～12	3.40	2.1	260
	Nextel610	>99	<0.3		10～12	3.90	3.1	380
Du Pont	FP	>99			15～25	3.95	1.4～2.1	350～390
	PRD166	80		20 ZrO	15～25	4.2	2.2～2.4	385～420
Sumitomo	Altel	85	15		9～17	3.2～3.3	1.8～2.6	210～250

续 表

厂家	牌号	化学组成(质量分数)/(%)			直径 μm	密度 $g \cdot cm^{-3}$	拉伸强度 GPa	弹性模量 GPa
		$\alpha - Al_2O_3$	SiO_2	其他				
ICI	Saffil	99			3	3.3	2.0	300
		95	5		3	2.8	1.0	100

可以看出,不同厂家生产的 Al_2O_3 纤维性能有所不同。这除了与纤维成分有关外,还与纤维的制备方法有关。目前,Al_2O_3 纤维的制备主法有以下几种:

(1)溶胶-凝胶法。该方法首先由美国 3M 公司开发并商业化。其主要过程是,将金属铝的无机盐或醇盐溶于有机溶剂如乙醇、酮等中,配成溶液并使其分散均匀,在一定条件下发生水解、聚合反应后得到一定浓度的溶胶,再经过浓缩处理使其黏度达到纺丝要求,成为可纺凝胶,最后经过纺丝、干燥后加张力烧结,可得到微晶聚集态 Al_2O_3 纤维。

该方法的主要优点:因为原料在溶剂中易混合均匀,故制品的均匀度高,尤其是多组分的制品,其均匀程度可达分子或原子水平;溶剂在处理过程中易除去原料中的杂质,制品的纯度高;烧结温度低,比传统烧结方法低约 $400\sim500$ ℃;可制得直径较小的 Al_2O_3 纤维,纤维力学性能高。

溶胶-凝胶法比较适合于混合多晶 Al_2O_3 纤维的制备,此外还适于向 Al_2O_3 纤维中添加其他元素,以改性纤维性能。

(2)淤浆法。淤浆法又称为泥浆法,由于其最先由美国杜邦公司发明并进行商业化生产,有时还称为杜邦法。该方法主要工艺过程:将 $\alpha - Al_2O_3$ 粉与黏结剂(如 $Al(OH)_2Cl \cdot 2H_2O$)、纺丝添加物(如 $MgCl_2 \cdot 6H_2O$)、分散剂、烧结助剂等制成具有一定黏度的浆料,再在一定条件下进行干纺成纤,干燥后烧结即得到 Al_2O_3 纤维。在该工艺中,干燥是很重要的步骤,需选择合适的升温速率。这是由于干纺后的纤维所含水分和其他挥发物较多,气体挥发时体积收缩过快容易导致纤维断裂。烧结过程中需选择较快的升温速率和较短的保温时间,一般升温速率不低于 100 ℃/min,高温烧结时间为数秒钟,以防止 $\alpha - Al_2O_3$ 晶粒长大而降低纤维性能。

淤浆法可获得很高纯度和致密的 Al_2O_3 纤维,但其表面易有缺陷,还需要在纤维表面制备一层 SiO_2 涂层。

(3)拉晶法。拉晶法又称定向凝固法,是一种制造单晶的方法。其主要工艺过程:将钼制细管放入 Al_2O_3 熔池中,熔液因毛细现象升至钼管顶部,在钼管顶部放置一个 $\alpha - Al_2O_3$ 晶核,缓慢向上提拉便可得到单晶的 Al_2O_3 纤维。

由该方法制备的 Al_2O_3 纤维纯度高,密度大,室温力学性能好。但该方法耗能高,制备的 Al_2O_3 纤维高温性能下降较快,在 1200 ℃时强度仅为室温时的 $1/3$,且纤维长度受到生长方法的限制。

(4)先驱体法。用先驱体法制备 Al_2O_3 纤维最先由日本住友化学公司采用,因而有时也称该方法为住友法。其制备过程和先驱体制备 SiC 纤维过程类似,即将有机铝化合物(聚铝氧烷,可由聚铝烷水解制得)等溶于有机溶剂中,经浓缩处理成先驱体纺丝液。采用干法纺丝得到聚铝氧烷先驱丝,再分别在 600 ℃和 1000 ℃热处理,即可得到连续 Al_2O_3 纤维。

该方法可在较低温度下制得连续的长 Al_2O_3 纤维,但由于高温处理后仍残留少量纺丝液,因而纤维强度一般较低。

连续 Al_2O_3 纤维一般用上述方法可以制得,而 Al_2O_3 短纤维主要通过熔喷法和离心甩丝法得到。熔喷法主要用来生产硅酸铝纤维。该方法是将一定比例的 Al_2O_3 和 SiO_2 放入电炉中熔融,然后用压缩空气或高温水蒸气将熔体喷吹成细纤维,冷却后便得到 Al_2O_3 短纤维。离心甩丝法是将高温 Al_2O_3 熔体流入高速旋转的离心辊上,甩成短纤维。由于 Al_2O_3 熔点较高,一般不直接将 Al_2O_3 熔融甩丝,而是将铝盐水溶液和纺丝性能好的聚乙烯醇混合成纺丝液,再采用高速气流喷吹纺丝。这样得到的短纤维还需进行高温处理才能最终得到 Al_2O_3 短纤维。国内外 Al_2O_3 短纤维的生产均已经商业化,主要用于绝热耐火材料。

Al_2O_3 长纤维可以制成纤维毯、纤维板、纤维布和绳索等各种形状,用作高温隔热材料。如应用于高温热处理炉的衬里,不仅可以减轻炉体的质量,还有显著的节能作用;应用于航天器的隔热板衬垫,可防止航天器返回大气层时的气动热进入防热罩内。Al_2O_3 纤维与金属或陶瓷基体的润湿性良好,界面反应小,可作为金属基或陶瓷基复合材料的增强体,减小复合材料的密度、热膨胀系数,提高其力学力学性能、硬度和耐磨性能。因此,Al_2O_3 纤维增强的金属基复合材料可应用于高负荷的机械零件、高温高速旋转零件及轻量化要求的高功能构件,如汽车活塞零部件和直升机的传动装置。Al_2O_3 纤维还具有良好的耐化学腐蚀性能,可用于制备耐腐蚀性好的复合材料,用于各种耐腐蚀领域,如焚烧电子废料的设备和汽车废气设备等。此外,空心 Al_2O_3 纤维具有很高的比表面积,可作为功能材料使用。有学者采用相转化/高温烧结技术制备出疏水性多孔氧化铝空心纤维膜,可用于海水淡化领域,其脱盐率可达 99.5%。

高性能的 Al_2O_3 纤维虽然原材料价格低,但其制备过程能耗高,且纤维长度受到设备限制。为进一步提高 Al_2O_3 纤维的力学性能和高温性能,可向 Al_2O_3 纤维中添加 Y_2O_3,ZrO_2 等第二相,使 α-Al_2O_3 相变点滞后,并抑制其晶粒长大。Al_2O_3-Y_2O_3 或 Al_2O_3-ZrO_2 共晶纤维由于没有晶界和晶粒长大,强度和蠕变性能优良,可作为高温结构材料和复合材料增强体。另外,若制备方法不同,Al_2O_3 纤维的物理性能也不同。因此,进一步研究新的氧化铝纤维制备工艺,采用更加低廉的原材料以降低成本,这也是今后 Al_2O_3 纤维的发展方向。

4. B 纤维

B 纤维最先于 1956 年被美国 TEI 公司制得,并在 1966 年航天工业中获得应用。其主要特点是弹性模量高、直径大、压缩强度高($6.9\ GPa$,约为其拉伸强度的 2 倍),但成本较高。美国是 B 纤维及其复合材料的主要研究与生产国家。

B 纤维的生产方法和 SiC 纤维类似,也是需要钨丝或碳纤维做芯体,然后在上面通过化学气相沉积得到 B 纤维。当以钨丝做芯体时,沉积 B 之前需对钨丝用 NaOH 进行表面清洗及减小直径处理,钨丝的直径一般为 $13\ \mu m$。沉积原料一般为 BCl_3 和 H_2,在沉积室发生反应 $2BCl_3+3H_2 \rightarrow 2B+6HCl$,反应产物 B 逐渐在钨丝上沉积,最终得到 B 纤维。在沉积过程中,B 会与 W 反应,生成 δ-WB,W_2B_5,WB_4 等硼化物。由于该阶段沉积速率较快时会在钨丝上形成晶状斑点,降低 B 纤维强度,可将沉积分为两个阶段。第一阶段沉积温度较低(约为 $1\ 120\sim1\ 200\ ℃$),沉积速率较慢,B 沉积量较少;第二阶段沉积温度较高(约为 $1\ 200\sim 1\ 300\ ℃$),沉积速率加快,B 沉积量较多。

当以碳纤维为芯体时,沉积前需在纤维表面制备一层裂解石墨(一般也是通过化学气相沉积的方法),然后再在碳纤维表面沉积硼。由于 B 在沉积温度下不与碳纤维反应,因而可以提高沉积温度,以加快沉积速率。实际上,碳芯的 B 纤维沉积速率高于钨芯的 B 纤维沉积速率的 40%,这使前者成本更低。表 6 - 16 给出了不同芯体的 B 纤维的部分性能。

表 6 - 16　不同芯体 B 纤维的部分性能

性能	钨芯			碳芯		
直径/μm	102	142	203	102	142	203
密度/(g·cm^{-3})	2.57	2.57	2.57	2.29	2.29	2.29
拉伸强度/GPa	3.24~3.51	3.24~3.51	3.30~3.50	3.10	3.17	3.24
弹性模量/GPa	378~400	378~400	378~400	345~358	345~358	345~365

可以看出,钨芯 B 纤维特点是弹性模量高、密度大、强度较高。碳芯 B 纤维的特点是密度小,成本较低。

除以 BCl$_3$ 为硼源外,还可以将 B 的有机金属化合物(如三乙基硼)或硼烷系化合物(如 B$_2$H$_6$,B$_5$H$_4$ 等)作为硼源,将其进行高温分解,使硼沉积到底丝上。该方法沉积温度较低(小于 600 ℃),因而可选用其他金属丝,如铝丝作为底丝,但使用温度和性能也会随之降低。

由于硼纤维的制备成本较高,导致其应用范围受限,主要用作对质量和刚度要求高的航空、航天结构件。此外,与碳纤维相比,B 纤维的密度高,纤维直径大,质硬,不能编织。因此,在树脂基复合材料领域,B 纤维已经逐渐被碳纤维取代。B 纤维的耐温性较差,超过 500 ℃,拉伸强度大幅降低,在 650 ℃下几乎无强度,主要作为金属基(如铝、钛等)复合材料的增强体。用 B 纤维增强金属基复合材料时,还需在纤维表面制备一层涂层,如 B$_4$C,SiC 等。这是由于 B 纤维在高于 650 ℃时会与金属反应,降低纤维强度。

5. BN 纤维

BN 主要有六方、菱方、立方等结构。而 BN 纤维则为六元氮化硼环结构,这与石墨的层状晶体结构类似。因此,BN 具有突出的抗氧化性和耐热性,其在空气中,氧化开始温度为 850 ℃;而在惰性气氛下最高可使用到 2 000 ℃,此时晶粒尺寸和失重没有明显变化。此外,BN 纤维还具有耐化学腐蚀、介电性能优良、电绝缘性好、导热性好、可吸收中子等优良特性。BN 纤维目前已在导弹微波窗,通信卫星电池隔膜,防中子、原子及宇宙射线的防护服等领域获得应用。此外,BN 纤维还具有良好的润滑性,是一种理想的润滑材料。但由于其力学性能较差,限制了其部分应用。

BN 纤维的研究最早起源于美国金刚砂公司的超热材料研究所,目前制备方法主要有化学气相沉积法和 B$_2$O$_3$ 纤维转化法两种。化学气相沉积法是以硼烷、氨、三氯化硼等为原料,在一定温度和压力下于钨丝上发生化学反应得到钨芯的 BN 复合纤维。B$_2$O$_3$ 纤维转化法是先将 B$_2$O$_3$ 熔融纺丝成 B$_2$O$_3$ 纤维,再将 B$_2$O$_3$ 纤维在 800 ℃氨蒸气中进行氨化处理,该阶段发生的反应为 B$_2$O$_3$ + 2NH$_3$ → 2BN + 3H$_2$O,得到的纤维还需在 2 000 ℃,N$_2$ 气氛下热牵引烧结才成为最终产品。B$_2$O$_3$ 纤维转化法存在着较多问题,如 B$_2$O$_3$ 极易吸潮,吸潮引入的氧会导致 BN 纤维表面形成大量缺陷,从而严重影响 BN 纤维的性能;B$_2$O$_3$ 纤维中心的 B$_2$O$_3$ 不容易氮化,最终影响纤维性能。但该方法是工业化生产 BN 纤维的主要方法。典型 BN 纤维的性能见表 6 - 17。

表 6 - 17　典型 BN 纤维的性能

BN 纤维类型	直径/μm	拉伸强度/GPa	弹性模量/GPa	密度/(g·cm^{-3})
定长型	4～6	350～500	28～84	1.4～1.9
连续型	5.19	302	35.7	1.8
高强高模型	6	830～1 400	210	1.8～1.9
国产定长型	4～6	350～500	20～38	1.4～1.8

可以看出,BN 纤维的力学性能相对较差,其制备复合材料时一般作为补强材料。除上述两种方法外,制备 BN 纤维的方法还有先驱体转化法,该方法较大程度地克服了 B_2O_3 纤维转化法的不足,但目前尚停留在实验室阶段,还未工业化生产。

6.4.4　有机纤维

有机纤维是指纤维材质为有机物的纤维,主要包括涤纶、腈纶、丙纶、锦纶等普通纤维及芳纶、超高相对分子质量聚乙烯(UHMW - PE)、聚苯并二噁唑(PBO)等高性能有机纤维。本节主要介绍以上几种高性能有机纤维。

1. 芳纶纤维

芳纶纤维是我国对聚芳酰胺纤维的称呼,为芳香族酰胺纤维的总称。为区别于普通脂肪族聚酰胺纤维(尼龙),美国政府通商委员会将芳香族聚酰胺定义为,一种人工合成的长链聚酰胺纤维,其中至少 85％ 的酰胺键(—CO—NH—)直接与两个苯环基团连接。正是分子链中引入了刚性苯环结构,芳纶纤维才有优异的热性能和力学性能,进而成为用途广泛的高性能有机纤维,其主要用于增强树脂基复合材料。

芳纶纤维最先由美国杜邦公司于 20 世纪 60 年代实现产业化。此后,各国均围绕进一步提高纤维性能、改善工艺技术和生产效率开展研究,以适应市场对芳纶纤维的要求。目前,主要生产芳纶纤维的国家有美国、俄罗斯、荷兰、日本和中国。各个国家生产的芳纶纤维结构不同,最具有代表性的为聚对苯二甲酰对苯二胺(对位芳纶)纤维,商品牌号有美国杜邦的 Kevlar(凯夫拉)、荷兰阿克苏诺贝乐公司的 Twaron(Twaron 生产公司已卖给日本帝人公司)、日本帝人的 Technora 纤维;聚间苯二甲酰间苯二胺(间位芳纶)纤维,商品牌号有杜邦的 Nomex、日本帝人的 Teijinconex。不同厂家或不同结构的芳纶纤维生产方法会有所差异,但都可以归为两步,即高聚物的制备和纺丝。下面以对位芳纶为例介绍芳纶纤维的生产方法。

首先是高聚物的制备。对位芳纶的高聚物为聚对苯二甲酰对苯二胺(PPTA),其制备方法主要有界面缩聚法和低温溶液缩聚法。前者是将聚合的两种单体分别溶解在两个不相溶的溶剂中,通过单体的扩散在两相界面处发生聚合反应,聚合物就在界面处沉淀析出。后者是将两种单体溶在极性溶剂中发生缩聚反应,这种方法可在室温下进行,以避免副反应的发生,可得到高相对分子质量的聚合物。除此之外,还有固相缩聚法、气相缩聚法等缩聚方法,但应用都不多。

然后是聚合物的纺丝。由于 PPTA 为刚性链高分子,不能用熔融纺丝。其纺丝工艺和 PAN 原丝的纺丝工艺类似,也包括干法纺丝,湿法纺丝和干喷湿纺。目前较常用的为干喷湿纺。由于 PPTA 只在少数强酸,如浓硫酸、氯磺酸、氟代醋酸等中,才能溶解制成适宜的纺丝液,考虑到浓硫酸溶解性能适中、挥发性低,因而工业化生产时常以浓硫酸作为溶剂。PPTA在浓硫酸中溶解时,溶液的黏度先上升后降低。存在一个临界值,当聚合物的质量分数超过该临界值时,溶液黏度下降,出现液晶的特征。因此,干喷湿纺也称液晶干喷湿纺。纺丝后的原丝再经水洗、干燥、500 ℃以上热处理即可得到芳纶纤维。

上述生产方法类似 PAN 原丝制备两步法,但该方法纺丝过程相对复杂。为缩短工艺流程、简化工艺,已经有人探索出一步法制备芳纶纤维,大大提高了生产效率。

在生产过程中,单体的配比会影响聚合物的相对分子质量,进而影响纤维最终性能。因此,在生产过程中,要精心选择单体的配比,且要对单体的纯度进行监控,防止单体在存贮或使用过程中纯度发生变化后对聚合产生不利影响。此外,溶液的选择、缩聚温度等也会影响聚合物的相对分子质量,甚至聚合物的结构。下面简要介绍芳纶纤维的结构。

对位芳纶的结构式为

间位芳纶的结构式为

分子链优先沿纤维轴向分布。不过,对整个纤维的微观结构目前却没有统一的认识。较有代表性的模型为片晶状原纤维结构模型和皮芯层有序微区结构模型。前者认为芳纶纤维的基本结构单元为沿纤维方向规则排列的片状结晶结构,片晶垂直于纤维轴,其厚度刚好为聚合物分子链的长度,如图 6-12(a)所示。后者认为每根纤维均具有可分的皮-芯特征,皮层和芯层具有不同的结构和性能,如图 6-12(b)所示。

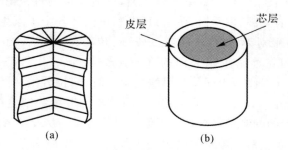

图 6-12 芳纶纤维的结构模型示意图

上述模型描述了芳纶纤维的主要结构特征,这些结构特征决定了芳纶纤维的优异性能。芳纶纤维的拉伸强度可超过 3 GPa,弹性模量可达 170 GPa 以上。而 PPTA 纤维的理论强度为 30 GPa,理论模量为 182 GPa。可见,芳纶纤维的强度还有很大的提升空间,这主要取决于高分子的相对分子质量、取向度、结晶度及缺陷分布等。目前,世界主要国家生产的芳纶纤维牌号及其性能列于表 6-18 中。

表 6-18　世界各国生产的芳纶纤维牌号及性能

牌号	生产厂家	直径 μm	密度 g·cm⁻³	拉伸强度 GPa	拉伸模量 GPa	断裂伸长率 (%)	长时使用温度 ℃
Kevlar29	美国杜邦	12	1.44	3.6	83	3.6	149~177
Kevlar49	美国杜邦	12	1.44	3.6	124	2.4	149~177
Twaron	日本帝人	12	1.44~1.45	2.4~3.6	60~120	2.2~4.4	≤200
Technora	日本帝人	12	1.39	3.4	74	4.5	≤200
Armos	俄罗斯	14~17	1.43	4.2~4.8	140	3.0~4.0	≤200
芳纶1414	中国	12	1.44	3.0	64~127	2.5~3.7	≤204

目前,杜邦又发展出新一代芳纶纤维产品——Kevlar 29 AP 和 Kevlar 49 AP,其强度和模量都有了进一步提高。提高强度和模量的方法主要是细化纤维、提高相对分子质量,以此为目标探索新的聚合、纺丝工艺。除提高强度和模量外,芳纶纤维的发展方向还有提高耐热老化性能、提高纤维与树脂的黏合力与压缩强度及纤维着色研究等。

从芳纶纤维性能可以看出,芳纶纤维具有低密度、高强度、耐热等优良特性。此外,芳纶纤维还具有不燃、尺寸稳定、耐化学腐蚀(主要是耐有机溶剂)及良好的抗疲劳性等特点。芳纶纤维的这些特点使其得到了越来越广泛的应用。

在航空航天领域,芳纶纤维使用量仅次于碳纤维,由其制备的复合材料被制成各种整流罩、舱门、方向舵、行李架、座椅、宇宙飞船驾驶舱等各种构件,为航空航天器减轻了质量,提高了经济效益。

在其他军事领域,由芳纶纤维具有良好的冲击吸收能,可应用于飞机、坦克、装甲车、舰艇的防弹构件,由其制备的头盔及防弹衣,防弹性能好且质量轻,大大提高了人们的舒适程度。

在民用领域,由芳纶纤维制成的绳索具有突出优点,其强度可比钢绳索高50%,但质量却只有刚绳索的1/5,这对于深海作业的电缆具有十分重要的意义。此外,芳纶纤维在传送带、轮胎、土木工程、体育用品、密封材料、特种纸产品、光缆、弹性管线和脐带管、防割产品等领域都具有重要应用。

芳纶纤维的耐紫外线和耐强酸强碱性能较差,在应用于露天场合时,一般要在纤维表面涂覆一层保护材料,如聚乙烯树脂等。

2. UHMW-PE 纤维

UHMW-PE 纤维原料为相对分子质量在100万以上的超高相对分子质量的线型聚乙烯,目前工业生产中常用相对分子质量大于300万的聚乙烯树脂(约为普通聚乙烯树脂的相对分子质量的10~60倍,因而称为超高相对分子质量聚乙烯)。UHMW-PE 纤维是继芳纶纤维后又一类具有高度取向伸直链结构的纤维,又称其为伸直链聚乙烯(ECPE)纤维。又因为该纤维具有较高的强度和模量,也称其为高强高模聚乙烯纤维。

UHMW-PE 纤维最先由荷兰帝斯曼(DSM)公司于1979年采用冻胶纺丝法获得,该公司将此方法申请了专利并于1990首次建立了 UHMW-PE 纤维生产线。随后美国联信(Allied,1999年与美国 Honeywell 公司合并,合并后仍称 Honeywell)、日本东洋纺(TOYOBO)等公司先后将 UHMW-PE 纤维商业化生产。国内 UHMW-PE 纤维的研发始于 20 世纪 80 年代,目前也已实现商业化生产。各个国家或公司生产的 UHMW-PE 纤维的牌号与性能见表 6-19。

表 6-19 各个国家或公司生产的 UHMW-PE 纤维的牌号与性能

生产厂家	牌号	密度/(g·cm⁻³)	拉伸强度/GPa	拉伸模量/GPa	断裂伸长率/(%)
DSM (荷兰)	DyneemaSK65	0.97	3.0	93.6	3.6
	DyneemaSK76	0.97	3.6	115	3.8
Honeywell (美国)	Spectra900	0.97	2.5	119.5	3.5
	Spectra1000	0.97	3.0	170.7	2.7
TOYOBO (日本)	DyneemaSK60	0.97	2.6	79	3.0~5.0
	DyneemaSK71	0.97	3.5	123	3.0~5.0
中国某厂家		0.97	3.2~3.5	120~140	3.0

可以看出,UHMW-PE 纤维具有较高的拉伸强度和弹性模量,且密度较低,是目前密度最小的高性能纤维。因而,相对于其他纤维,UHMW-PE 纤维具有较高的比强度和比模量。其比强度是芳纶纤维的 1.35 倍,是碳纤维的 1.5 倍,比模量是芳纶纤维的 2.5 倍。随着 UHMW-PE 纤维的发展,其拉伸强度已经超过了 4 GPa。UHMW-PE 纤维优异的性能与其结构及制备方法有关。

UHMW-PE 是一种线性聚乙烯,通常分子链上无支链。此外,有研究表明,聚合物链的分子末端是形成纤维结构缺陷的主要原因,即分子链末端越多,结构缺陷越多,纤维性能就会越差。因此,对于同样质量的聚合物,相对分子质量增大,分子链末端缺陷减小,纤维强度增加。而 UHMW-PE 相对分子质量较大,故其分子链末端缺陷少,纤维的强度较高。

UHMW-PE 纤维可采用凝胶纺丝工艺和超倍拉伸技术制得。纺丝前,需选用合适的溶剂来溶解,制备出流动性和可纺性较好的纺丝液。这是因为 UHMW-PE 在没有溶剂存在的条件下,即使温度高于熔点数十摄氏度,仍然没流动性,无法加工成型。溶剂可选用十氢萘、矿物油、石蜡油或煤油等。纺丝时采用干喷纺丝工艺,即纺丝液从喷丝孔喷出以后,先进入一段几厘米的空气层,再进入凝固浴冷却成凝胶丝条。凝胶丝条内有大量溶剂和微孔残留,若想得到高性能的 UHMW-PE 纤维,还需对凝胶丝条进行超倍拉伸。

超倍拉伸是指将凝胶原丝拉伸至原来长度的几十倍,甚至数百倍。超倍拉伸可使原有折叠链结晶解体,成为伸直链结晶,纤维转变为无定形区均匀分散在连续的伸直链结晶基质中的结构,从而发挥出纤维高强高模的优异特性。一般而言,拉伸倍率越高,纤维的力学性能越好。

UHMW-PE 纤维除具有优异的力学性能外,还具有原料价廉,良好的耐光性、耐化学腐蚀、抗冲击、耐疲劳及良好的介电性能等优点,这决定了其广泛的应用。

UHMW-PE 纤维耐磨性能优异,是普通聚乙烯的数十倍以上,比碳钢、黄铜还耐磨数倍,居塑料之首。同时,UHMW-PE 纤维还具有优异的耐疲劳性能。因此,UHMW-PE 纤维可以制成各种高强绳索。又由于其密度低于海水、耐化学腐蚀、耐紫外线,故可制成海洋环境用的绳缆,其不会沉入水面,广泛用于拖、渡船等。由其制备的树脂基复合材料也可用于远程帆船等领域。

UHMW-PE 纤维具有优良的吸收冲击能量的能力。其密度较小,因而比吸收能较大。相比而言,UHMW-PE 纤维复合材料的比吸收能是 E-玻璃纤维复合材料的 2 倍,是芳纶纤维和碳纤维复合材料的 3 倍。此外,其还具有良好的纤维加工性。因此,UHMW-PE 纤维在防弹头盔、警用盾牌、防弹运钞车、防弹衣、坦克装甲、耐切割服等领域具有重要用途。

UHMW-PE 纤维反射雷达波数较少,其增强的复合材料的介电常数和介电损耗值低,对电磁波的透射率高于玻璃纤维复合材料,较适合于制造雷达罩、光纤电缆加强芯等构件。

UHMW-PE 纤维的主要缺点是耐温性较差。一般聚乙烯的熔点为 134 ℃,高度取向的 UHMW-PE 纤维熔点一般在 150 ℃左右。在温度低于 100 ℃时,UHMW-PE 纤维的强度高于芳纶纤维,而高于 100 ℃时则低于芳纶纤维。但 UHMW-PE 纤维在低温时强度和模量有所提高,有研究表明其在 −30 ℃时,强度可提高 30%。因此,UHMW-PE 纤维主要在常温和低温下使用,一般使用温度不超过 100 ℃。此外,UHMW-PE 纤维的表面能低,不易与树脂基体黏结,作为增强材料时,还需对纤维表面处理,以提高纤维与基体的黏合性。

3.PBO 纤维

芳纶纤维由于分子链存在易氧化、易水解的酰胺键,环境稳定性差。为提高纤维环境稳定性和耐温性,人们又开发出新一代高性能纤维——PBO 纤维。PBO 纤维属于有机杂环类纤维,其组成聚合物为溶致液晶高分子,其结构为

PBO 纤维独特的共轭结构及液晶性质使 PBO 纤维具有高强度、高模量、耐高温及高环境稳定性等优良特性。PBO 纤维的这种优良特性使其成为综合性能最佳的有机纤维。商业 PBO 纤维的性能见表 6-20。

表 6-20　商业 PBO 纤维的性能

牌号	生产公司	密度 g·cm⁻³	拉伸强度 GPa	拉伸模量 GPa	断裂伸长率 (%)	分解温度 ℃	最高使用温度 ℃
PBO-AS	日本东洋纺	1.54	5.8	180	3.5	650	350
PBO-HM	日本东洋纺	1.56	5.8	270	2.5	650	350

除日本东洋纺公司外,美国杜邦、荷兰阿克苏等公司也具有生产 PBO 纤维的能力。各个公司制备 PBO 纤维的途径有所不同,但均可划分为以下几个过程:高纯度 PBO 专用单体的合成、PBO 的聚合、液晶干喷湿纺纺丝及高温张力后处理。

PBO 纤维的专用单体为 4,6-二氨基间苯二酚,其结构式为

由于其结构中含有两个氨基和羟基,性质活泼易氧化(尤其在潮湿状态下)。因此,制备 PBO 单体制备时通常是其相应的盐,如 4,6-二氨基间苯二酚盐酸盐,其结构式为

$$HO \quad OH$$
$$ClH_3N \quad NH_3Cl$$

PBO 的聚合一般采用 4,6-二氨基间苯二酚盐酸盐和不同的第二单体在多聚磷酸(PPA)或甲基磺酸(MSA)的介质中进行溶液缩聚反应。由于对苯二甲酰氯在 PPA 中的溶解度较大,因而选用对苯二甲酰氯作为第二单体可加快聚合反应速率。该方法则称为对苯二甲酰氯法,反应式如下:

$$HO \quad OH \quad + \quad nClC \quad CCl \quad \xrightarrow[PPA/MSA]{PPA}$$
$$ClH_3N \quad NH_3Cl$$

得到的 PBO 不能进行熔融纺丝,这是因为 PBO 的熔点高于其分解温度。因此,PBO 纤维一般采用液晶相浓溶液的干喷湿纺法进行纺丝。类似于其他有机纤维,纺丝后的原丝还需进行洗涤、干燥、热处理等工序才能得到高强高模的 PBO 纤维。

PBO 纤维除具有高强高模、耐高温等特性外,还具有良好的光电性能、尺寸稳定性、耐化学稳定性等许多优良特性。因此,PBO 纤维在航空航天、防弹抗冲击、结构隐身、体育器材、耐热防护、高强绳索等领域都具有重要应用。

PBO 纤维的主要缺点是压缩性能差,表面能低。因此,一般在 PBO 制成复合材料之前,还需要对其进行表面处理,以提高纤维与树脂基体的黏合力。

6.5 界面层材料

界面层是复合材料中连接基体和增强体的重要组成部分。界面层材料主要是指复合材料中需单独制备的,用于作界面层的材料。由于其厚度较薄,一般为纳米或亚微米级,因而称其为低维材料。界面层占整个复合材料的体积比不到 10%,但它却是决定复合材料力学性能、抗环境侵蚀性能的关键因素之一。因此,了解界面层材料及其性能对界面层设计有重要作用。

对于聚合物基复合材料,界面层材料主要是用来增强基体和增强体的结合力。不同类型的聚合物基体和增强体需选用不同类型的界面层材料。对于金属基复合材料,界面层主要用来防止增强体和基体的过度反应,不同的复合体系也需选用不同的界面层。这将在第 9 章中做详细介绍。对于陶瓷基复合材料,界面层材料主要选用层间结合力较弱的材料,以提高复合材料韧性。不同类型的基体和增强体的界面层材料具有较高的统一性,因而本节主要介绍用于陶瓷基复合材料的弱界面层材料。

具有层状晶体结构的材料层间结合力较弱,当裂纹扩展至材料的层面时,可使裂纹发生分叉,改变裂纹扩展方向,起到明显的增韧效果。因此,这种材料是较为理想的界面层材料。具有层状晶体结构的材料主要有石墨结构的热解碳(PyC)和六方 BN。部分氧化物如层状硅酸盐、可解离的六方铝酸盐等也具有层状结构,此外,还有一些非层状弱结合的氧化物界面层。下面分别对其进行介绍。

6.5.1 PyC 和 BN 界面层

为防止基体和增强体发生化学反应,非氧化物复合材料的界面层只能使用非氧化物。目前,研究最多的是 PyC 和 BN 界面。由于氧化物工作温度较低,PyC 和 BN 在工作温度下和氧化物还是热化学稳定的,界面层不会与氧化物增强体或基体发生强烈反应。因此,PyC 和 BN 也是氧化物/非氧化物和非氧化物/氧化物复合材料理想的界面层。

PyC 界面层是典型的具有层状晶体结构的界面层材料。它在提高复合材料力学性能方面具有无可比拟的优势,但 PyC 界面层的抗氧化性能较差。在空气中,高于 400 ℃ 时,PyC 便开始氧化,并随着温度升高而急剧加快。实际应用时,若存在基体的保护,PyC 界面层仍可使用到较高的温度。六方 BN 具有与石墨类似的晶体结构,相对于 PyC 界面层具有较高的抗氧化性能、较高的层间结合强度、较低的电导率和介电常数。BN 氧化后生成玻璃的 B_2O_3,可填充在基体或界面层中的裂纹及界面处的间隙,阻止外界气体对增强体进一步侵蚀。因此,BN 界面层可提高陶瓷基复合材料的抗氧化能力,并且 BN 的晶化程度越高,复合材料的抗氧化性能越强。由于六方 BN 具有与石墨类似的层状结构,因而 BN 也能提高复合材料韧性。但 BN 的层间结合强度比 PyC 高,故 BN 界面的复合材料强度较高,韧性较低。一般而言,PyC 界面层的最佳厚度为 100~300 nm,BN 界面层的最佳厚度为 300~500 nm。

为提高复合材料的韧性和抗氧化性,还可以采用复合界面层。复合界面层可使裂纹在界面上发生多次桥接、偏转和脱黏,从而提高裂纹扩展阻力。常用的复合界面层有 BN/PyC/BN,BN/PyC/Si_3N_4,SiC/PyC/SiC 及 BN/SiC 等。若两层界面层多次重复复合,则可表示为 $(BN/SiC)_n$,n 表示重复次数。

上述非氧化界面层一般采用化学气相渗透/沉积(CVI/CVD)的方法制备。通过调节沉积温度、压力和时间等参数,可实现在纳米尺度对界面层的厚度进行控制,也可以通过更换先驱体,实现不同界面层或复合界面层的制备。

PyC 界面层通常采用碳氢化合物如甲烷(CH_4)、丙烯(C_3H_6)、乙炔(C_2H_2)等在高温下(1 000 ℃ 左右)裂解来沉积。由于先驱体分子体积较小,扩散较快,因而 PyC 在纤维束和预制体中沉积都有良好的均匀性。沉积温度、沉积气氛、沉积压力、气流量等因素都对 PyC 界面层有着重要影响。沉积温度过高或气氛选择不合理会使界面层变得粗糙。粗糙的 PyC 界面层不仅不能实现界面弱结合,还会对纤维造成损伤,从而大大降低复合材料的性能。H_2 可使界面层更光滑,而金属镍和氯化物则使界面层更粗糙。

BN 界面层的制备过程与 CVD 制备 BN 纤维的过程类似,采用 BCl_3 和 NH_3 在 800~1 200 ℃,3~5 kPa 压力下反应得到,一般采用氮气作为载气。由于先驱体分子较大,因而 BN 在纤维束和预制体中沉积时均匀度不同,前者较为均匀。另外,沉积温度和压力升高也会降低界面层的均匀度。因此,沉积时可适当降低温度和压力,以提高 BN 界面层的均匀性。

复合界面层可采用交替沉积工艺或共沉积工艺制备。前者更容易实现,这是因为不同先驱体沉积条件有所不同,实现共沉积比较困难。

6.5.2　氧化物界面层

目前研究最多的氧化物复合材料界面层是既抗氧化又具有类似 PyC 或 BN 层状结构的氧化物界面层。这样的界面层主要有云母、尖晶石和钙钛矿三类。云母类层状氧化物包括硅酸钾云母($KMg_{2.5}Si_4O_{10}F_2$)和氟石金云母($KMg_3AlSi_3O_{10}F_2$)等,主要问题是易与当前可用纤维和基体发生化学反应。尖晶石类层状氧化物主要成分为镁铝氧化物,与氧化铝是相容的。钙钛矿类层状氧化物作为界面层的研究较晚,主要包括铌酸钙钾($KCa_2Nb_3O_{10}$)和钛酸铷钡

$(BaNd_2Ti_3O_{10})$。

高表面能或表面惰性氧化物与增强体或基体或两者之间都存在弱界面,这种高能界面称为非层状弱结合氧化物界面。典型的高能氧化物有稀土磷酸盐($M+PO_4$,M代表某种稀土元素)和难熔金属盐(ABO_4,A,B分别代表某种难熔金属)。

制备氧化物界面层时存在主要的问题是如何获得精确的化学计量比。CVD技术虽然可以制备连续、致密且均匀的界面层,但该方法却很难控制界面层的化学计量比。溶胶-凝胶技术则允许精确控制界面层的化学计量比,但传统溶胶-凝胶技术难以制备连续、致密且均匀的界面层。因此,氧化物界面层制备时通常是以溶胶-凝胶为基础的改进方法,如不混合溶胶-凝胶界面层技术、杂凝聚技术等。

6.5.3 非层状界面层

非层状界面层一般是氧化物/氧化物复合材料界面层。这类界面又可分为两类:第一类是为阻止纤维和基体直接接触发生热化学反应的界面涂层,主要有氧化钛、氧化锡、氧化锆、钛酸锆、钛酸锡锆等,这类界面的主要问题是脱黏强度较高、界面易分解等;第二类是高表面能的氧化物与增强相或基体存在的弱界面,这种高表面能氧化物主要是稀土磷酸盐和难溶金属盐,这种界面层存在的主要问题是如何获得化学计量比的界面层,非化学计量比的稀土磷酸盐或难熔金属盐会严重降低复合材料强度。

上述界面层都是连续界面层,而在部分氧化物/氧化物复合材料,还存在不连续的界面层。如向基体中掺杂活性组元,活性组元会在界面处富集,若富集的组元可降低复合材料界面强度,则可提高复合材料韧性。这种界面为非连续的界面层。此外,在多孔氧化物陶瓷中,也存在非连续的界面层。非连续的界面层应用较少,不如连续界面层的研究广泛。

6.6 本章小结

复合材料通常由增强体、界面/界面层和基体组成,其中增强体和界面层是材料强韧化的关键。

相比于块体材料,晶须、纤维、颗粒等材料中,缺陷尺寸受限,因而材料的力学性能优异,作为增强体可提高材料的力学性能。高性能的增强体一般制备技术复杂。制备工艺仍然是材料研究的重点和难点。此外,某些新型材料,如碳纳米管、碳纤维、碳化硅纤维、氮化硅纤维等,还具有电磁、热、光电等功能,是实现材料结构功能一体化的重要途径。

为了传递应力,实现裂纹偏转、纤维拔出、纤维桥接等增韧机制,合理的界面结合强度是必要的,界面层材料是调控界面结合的途径。此外,它还可以阻止基体与增强体之间的不良反应。界面层材料多选用层间剥离力较低的层状材料或较弱的多孔材料,应与复合材料中的其他组元具有良好的相容性。

习 题

1. 相比于块体材料,低维材料有哪些特点?

2. 颗粒对材料的力学性能有哪些影响?不同种类的颗粒,其影响机制如何?

3.试述晶须的生长机理。

4.纳米管有哪些优异的性能？其具有哪些方面的应用？

5.玻璃纤维的主要性能特点是什么？其主要应用领域有哪些？

6.碳纤维的主要结构是什么？简述碳纤维的分类及其相应的制备流程。

7.陶瓷纤维的主要性能特点是什么？和碳纤维及玻璃纤维相比,陶瓷纤维有什么优缺点？

8.有机纤维有什么性能特点？简述 3 种常用高性能有机纤维的组成及优缺点。

9.界面层材料有哪两种结构？常见的界面层材料有哪些？各有什么优缺点？

10.简述树脂基复合材料、金属基复合材料及陶瓷基复合材料的主要性能特点和相应的应用环境。

第7章 复合材料的复合效应

7.1 概　述

复合材料应具有协同相长的特性,即材料复合后的目标性能优于每个单独组分所表现的性能。而这与材料的复合效应和结构密不可分。复合效应是指不同性质材料的相互作用,也称为耦合作用,是复合材料特有的效应。虽然各类复合材料增强体和基体形态、分布和性能各异,但它们的复合规律类似。根据材料的复合规律,可以有效地进行新的复合材料设计。

复合材料的复合效应包括尺寸效应、界面效应、尺度效应和结构效应。本章就对其进行逐一介绍。

7.2　尺　寸　效　应

经验表明,材料的力学性能和其尺寸相关,如材料的强度、断裂韧性、弹性模量等不是一个常数,通常会随着材料的尺寸变化(一般是数量级的)而变化,表现出尺寸效应现象。关于尺寸效应的现象有很多理论解释,本节主要对其中的三大理论做简要介绍。

7.2.1　尺寸效应与性能

尺寸效应在不同的材料上有不同的体现。对于块体材料,这表现在晶粒尺寸对材料性能的影响上,晶粒尺寸降低有利于材料力学性能的提高。对于复合材料而言,从前述对纤维、晶须、纳米管等增强体的介绍也可以看出,随着增强体尺寸的减小,其强度逐渐增大。此处以石墨为例进行说明。块体、纤维、晶须和纳米管的性能见表 7-1。

表 7-1　不同尺寸石墨的力学性能对比

石墨	块体	纤维(T300)	晶须	纳米管
尺寸	厘米	微米	亚微米	纳米
拉伸强度/GPa	0.015	3.5	21	30~50
弹性模量/GPa	8~15	230	1 000	1 800

从表中可以看出,石墨有显著的尺寸效应,从厘米级到纳米级,材料性能有着飞速提升。除上述两种力学性能外,材料的韧性和抗疲劳性能也随着材料尺寸的减小而提高。例如,碳纤维的断裂延伸率一般不高于 2.2%,而碳纳米管在应变约为 18% 时才会断裂。可见,尽管碳纳米管的拉伸强度极高,但其脆性却远比碳纤维的低。又如,当尺寸减小到晶须时,材料便没有显著的疲劳效应,对其进行任何操作,如研磨、切割等都不会降低其强度。

此外,材料尺寸的变化也会造成其表面物理化学性能的变化,如表面积、表面能等。该变化能造成界面应力的改变,进而影响复合材料的性能。

对于纤维增强复合材料,在纤维体积分数相同的条件下,纤维直径越小,其比表面积越大,其与基体的接触面积也就越大,从而复合材料强度提高。由于纳米管具有较高的韧性,故将其加入到脆性聚合物中后,在提高聚合物强度的同时又可显著提高聚合物的韧性。

对于颗粒增强复合材料,以氧化铝颗粒增强铝基复合材料为例。当氧化铝粒径不同时,复合材料的强度会发生改变。图 7-1 所示为研究学者给出的 $w=10\%$(w 表示质量分数)氧化铝增强铝基复合材料的应力-应变曲线。可以看出,在微米级,当氧化铝粒径减小,复合材料的强度和韧性都有所提高。

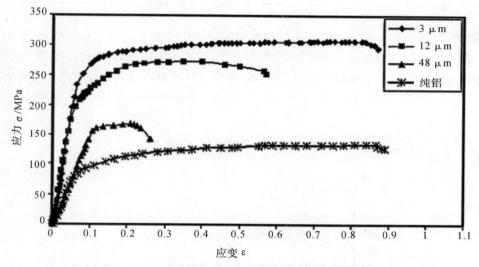

图 7-1　氧化铝粒径对复合材料应力-应变曲线的影响

但当氧化铝粒径进一步减小到纳米级时,复合材料的强度和韧性则会发生新的变化。这表现为相对纯铝,复合材料的强度提升不大,但韧性有较大提高。这是由于纳米级别的颗粒会出现一些新的特征,影响材料的增强机制,进而影响复合材料的强度和韧性。

7.2.2　尺寸效应理论

研究者对尺寸效应的解释主要有三大理论,分别是以 Weibull 为代表的统计尺寸效应理论,以 Bažant 为代表的能量释放引起的尺寸效应理论和以 Carpinteri 为代表的分形尺寸效应理论。下面就对这三者进行简要介绍。

Weibull 理论为统计尺寸效应理论,是强度尺寸效应的经典解释。该理论以最弱链模型为基础,认为材料的强度取决于其最弱链的强度,即当某点的应力超过该点的缺陷强度时,材料就会发生破坏。显然,材料尺寸越大,遇到某个低强度材料单元的概率越大,其破坏的概率就越大,最终导致其破坏时强度降低。下面只给出材料在均匀应力状态下的破坏概率和任意体积为 V 的材料的强度值公式的简化结果,不给出推导过程。

$$P_f(\sigma,V)=1-\exp\left[-\frac{V}{V_0}\left(\frac{\sigma}{\sigma_0}\right)^m\right] \tag{7-1}$$

$$\bar{\sigma} = \bar{\sigma_0} \left(\frac{V_0}{V} \right)^{1/m} \tag{7-2}$$

式(7-1)中,$P_f(\sigma,V)$ 为体积为 V 的材料,在应力 σ 作用下破坏的概率;V_0 为样本体积;σ_0 为样本强度;m 表示材料的均质度,其值越大,表明材料就越均匀。

式(7-2)中,$\bar{\sigma}$ 为体积为 V 的材料的平均强度;$\bar{\sigma_0}$ 为体积为 V_0 的材料的平均强度;m 表示材料的均质度。一般而言,材料脆性越大,其 m 值越小。部分材料的 m 值见表 7-2。

表 7-2　不同材料的均质度

材料	纤维	玻璃	砂岩	混凝土	石墨	铸铁
m 值	1~2	2.3	7.5	7~12	12	38

根据式(7-1),在 $m=10$,$V/V_0=2$,破坏概率 $P_f(\sigma,V)$ 随应力变化情况如图 7-2 所示。从图中可以看出,破坏概率会随着应力的增大而增大,当 $\sigma \to \infty$ 时,$P_f \to 1$。这种趋势与实际情况相符。此外,还可以根据概率统计理论,由式(7-2)预测出材料破坏时的平均应力值。

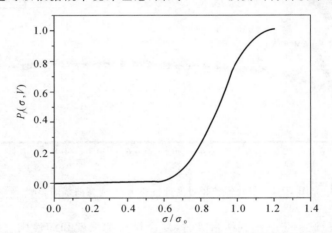

图 7-2　$m=10$,$V/V_0=2$ 时的 Weibull 分布破坏概率分布情况

从式(7-1)、式(7-2)和图 7-2 中可以看出,材料的强度和其尺寸相关。在极限情况下,当 $V \to 0$ 时,$\bar{\sigma} \to \infty$。此处的无穷大可以理解为材料的理论强度,即当材料尺寸越小时,其强度越接近理论值。

Weibull 统计尺寸效应理论形式简单,同时有一定精度,在脆性材料中得到了广泛的应用。但有时还需进行部分修正才能达到想要的精度。Bažant 强度尺寸效应理论则从断裂力学的角度对尺寸效应进行了解释,其认为在达到最大载荷前,材料内部的一个大裂纹或一个包含有微裂纹的断裂过程区发生稳定的增长,产生了应力重分布和贮存能量的释放,从而产生了尺寸效应。Carpinteri 则认为尺寸效应产生的根本原因是在不同尺度下,裂纹在分形特性上的差异。这三种理论是对尺寸效应的定量描述,都有自己的局限性,且它们均主要针对脆性材料或准脆性材料。但现有理论比较统一的定性描述为,材料内部存在热力学缺陷是材料实际强度低于理论强度的主要原因。而材料尺寸的减小则会造成其内部热力学缺陷减少,进而提高组元的强度。因此,材料尺寸越小,实际强度与理论强度越接近。不同尺寸效应理论仅是定量描述过程不同。此外,尺寸效应在陶瓷材料中表现最为明显,在聚合物中表现最不明显。这是因为聚合物分子链较长,热力学缺陷相对较小,因而尺寸效应表现不明显。而对于陶瓷材料,其热力学缺陷相对分子尺寸较大,材料强度对热力学缺陷更为敏感。陶瓷材料尺寸越小,其强度越高,但可靠性也会降低(即强度分散性较大)。

7.3　界　面　效　应

将在没有外力作用下,物理、化学性质完全相同、成分相同的均匀物质的聚集态称为相。不同相之间会有明确的物理界面。该物理界面不是几何意义上的面,而是具有一定厚度的区域。由于界面原子能量不同于界面两侧原子能量,因而该区域具有不同于相邻两相的特殊性质。一般将固相或液相与气相的界面称为表面。复合材料的界面是指基体与增强体之间化学成分有显著变化、构成彼此结合、能起载荷传递作用的微小区域。界面相则是复合材料中组元材料之间具有一定尺度、在结构和原组元材料上有明显差别的新相。

复合材料界面在物理结构上呈层状或带状,厚度一般是不均匀的,其厚度约在数纳米至数微米之间。虽然界面较小,但其仍有自己独特的结构和性质,且不同于基体和增强体中的任何一相。复合材料界面在化学成分上也较为复杂,可以是基体和增强体相互扩散的产物,也可以是基体和增强相的化学反应物,还可以是单独制备的一层物质,其化学组成也会完全不同于基体和反应物。此外,界面还可能含有增强体涂层元素和环境带来的杂质元素等。复合材料界面是复合材料中极为重要的结构,其结构和性能直接影响复合材料的性能。因此,深入研究界面性质,进而对其进行控制,是获得高性能复合材料的关键。

7.3.1　界面结合

了解复合材料的界面结合机理,是研究界面性质的基础。不同类型的复合材料,其界面结合机理有所不同,进而造成界面性能存在较大区别。但不论哪种界面结合,都可根据界面是否发生化学反应而分为物理结合和化学结合。下面对这二者分别予以介绍。

1. 物理结合

界面上不发生化学反应的结合称为物理结合,主要有润湿现象、机械作用、静电作用和溶解作用等。

(1) 界面浸润理论。在此,首先介绍润湿现象。润湿是液体与固体接触时所产生的一种表面现象,主要研究的是液体对固体表面的亲和情况。如果一滴液滴在固体表面上,则可形成如图 7-3 所示情况。其中 θ 是液体表面张力(将在第 9 章做进一步介绍,由于液-气界面张力与之差别较小,故可代用)σ_{g-l} 和液-固张力 σ_{l-s} 间的夹角,称为接触角。σ_{g-s} 为固-气张力。通常将 θ 作为润湿与否的依据。当 $\theta = 0°$ 时,称为完全润湿;当 $\theta < 90°$ 时,称为润湿;当 $\theta > 90°$ 时,称为不润湿;当 $\theta = 180°$ 时,则称为完全不润湿,液体在固体表面呈球状。

根据润湿现象,Zsiman 于 1963 年提出界面浸润理论。其主要论点是增强体被液体聚合物良好浸润是极其重要的,浸润不良会在界面上产生空隙,易使应力集中而导致复合材料开裂。如果完全浸润,则基体与增强体间的黏结强度将大于基体的内聚强度,增强体可以起到良好的增强效果。润湿理论认为聚合物与增强体的结合属于机械黏结和润湿吸附。前者是一种机械镶嵌现象,在基体和增强体间充分润湿的基础上,通过机械镶嵌黏结;后者则是主要通过范德华力的作用实现黏结。

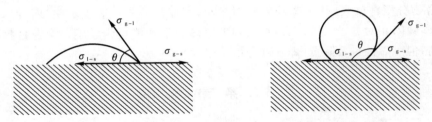

图 7-3　液体在固体表面上气、液、固三相界面上的张力平衡示意图

Zsiman 还提出基体与增强体产生良好结合的两个条件,即:

1)液体黏度要尽量低。这是因为当液体较黏稠时,不能充分流入增强体表面小的孔穴,造成界面的机械结合强度降低,从而导致复合材料性能下降;

2)σ_{g-s} 要略大于 σ_{g-l},即液态聚合物的表面张力必须低于增强体的表面张力,有利于提高基体与增强体的润湿吸附,提高界面结合强度,进而提高复合材料的性能。

润湿理论解释了增强体表面粗化、表面积增加有利于提高与基体聚合物界面结合力的现象。但单纯以基体和增强体的润湿性好坏来判定两者之间的黏结强度是不全面的。一方面,这仅从热力学角度判断能否润湿,没有考虑动力学因素。前者说明了两个表面结合的内在因素,表示了结合的可能性,但没有时间的概念。后者则能说明实际应用中产生界面结合的外部因素,如温度、压力等的影响。这也是影响界面结合强度的因素。另一方面,润湿理论不能解释在增强体表面加入偶联剂后降低了聚合物都纤维的浸润能力,但却使复合材料界面黏结强度提高的现象。因此,偶联剂在复合材料界面上的偶联效果还存在更本质的原因。

(2)机械作用。两个表面接触时,将会由于表面粗糙不平而发生机械互锁,如图 7-4 所示。大部分材料表面是粗糙不平的,具有一定的粗糙度。当增强体和基体接触后发生相对运动或具有运动趋势时,两者会产生摩擦力,从而实现界面力学传递的作用。该理论解释了部分复合材料中增强体表面越粗糙,界面结合强度越高的现象。但对于聚合物基复合材料,当增强体表面粗糙度较大时,其表面就会存在较多小孔穴,而黏稠的聚合物是无法浸润这些小孔穴的。这不仅可能会造成界面脱黏的缺陷,也可能会造成应力集中,不利于复合材料强度的提高。

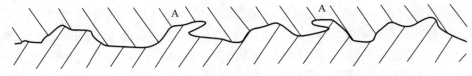

图 7-4　界面物理结合的机械互锁示意图

对于复合材料的机械结合界面,在增强体和基体不润湿时,同样可以实现界面结合,但结合效果会有所降低。

(3)静电作用。机械作用虽然能很好地解释部分复合材料中增强体表面越粗糙,界面结合强度越高的现象,但却不能解释当两个表面特别光滑时,界面结合强度却增大的现象。因此,又有学者提出静电作用理论。即当复合材料不同组分带有不同电荷时,将发生静电吸引,如图 7-5 所示。但这只在原子尺度量级内才有效。

(4)溶解作用。对于金属基复合材料,存在增强体和基体不发生反应,但可以相互溶解的现象。此类界面一般为溶解浸润结合。界面层为原组成物质犬牙交错的溶解扩散界面层,基体的合金元素和杂质可能在界面富集或贫化。该类界面的结合和基体与增强体的润湿性能有关。聚合物基复合材料中的润湿理论在此也同样适用。但一般金属纤维表面会存在一层氧化膜,阻碍液态金属对纤维的浸润。此时就需要在使用前将纤维表面的氧化膜破坏,提高基体和增强体的润湿性能,使其接触角小于 90°。这类复合材料有 C/Ni,W(表面镀 Cr)/Cu,W/Nb,合金共晶/同一合金等。

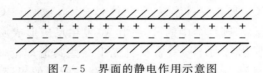

图 7-5　界面的静电作用示意图

2. 化学结合

部分复合材料的增强体和基体可能存在化学反应,或者是纤维涂层和基体发生化学反应,从而形成界面的化学结合。化学结合主要有化学键理论和反应界面结合两种。

(1)化学键理论。化学键理论是提出最早,也是应用最广泛的界面结合理论。该理论主要针对聚合物基复合材料,即基体聚合物表面的活性官能团与增强体表面的官能团能起化学反应,形成牢固的化学键的结合。界面的结合力是主价键力的作用。偶联剂正是实现这种化学键合的桥梁。在偶联剂分子机构中,有两部分性质不同的官能团。一部分官能团能和基体反应形成化学键,而另一部分则与增强体反应形成化学键。基体和增强体通过偶联剂两端形成的化学键牢固结合,如图 7-6 所示。

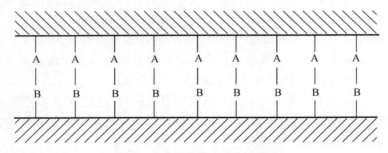

图 7-6　界面化学键结合示意图

化学键理论很好地解释了偶联剂在复合材料中的作用,同时对偶联剂的选择有指导意义。但该理论不能解释有的处理剂官能团不能与聚合物或增强体反应却仍有良好的处理效果。如当碳纤维经过某些柔性聚合物涂层处理后,复合材料力学性能得到改善,但这些柔性聚合物涂层,既不具有与碳纤维反应的官能团,也不具有与聚合物反应的官能团。

(2)反应界面结合。对于基体和增强体可以发生化学反应的复合材料,增强体和基体会反应生成新的化合物。此类界面为反应结合。这类结合在金属基复合材料中较为常见。界面层为基体和增强体的反应层,厚度一般是亚微米级。界面反应层往往不是单一的化合物,而是由多种化合物组成的。这是由于基体与增强相在不同温度下会有不同的生成物。在金属基复合材料制备和冷却过程中,由于温度变化就会生成不同的生成物,例如对于 B/Al 复合材料,增强体和基体的生成物就有 AlB_2,AlB_{10},AlB_{12} 等三种;对于 SiC/Ti 复合材料,Ti 与 SiC 反应则

会生成 TiC，Ti_5Si_3，$TiSi_2$ 以及更复杂的化合物。

物理和化学结合的界面并没有明显的界限，同种物质在不同条件下可以构成不同类型的界面。在实际应用中，界面的结合方式也往往不会是单纯的一种。例如，对于硼纤维增强铝基复合材料（B/Al），用固态扩散黏结法复合，控制工艺参数，形成物理结合界面后在 500 ℃ 下热处理，则在原来物理结合的界面上可检测到有 AlB_2 生成，说明界面结合类型发生了转变。此外，基体成分也是影响界面结合类型的因素之一。金属基体采用不用的合金成分，则可能会有不同的界面类型。如 W/Cu 复合材料体系，若基体是纯 Cu 或 Cu - Cr 合金，则形成物理结合界面；若基体是 Cu - Ti 合金，则合金中的 Ti 将和 W 发生反应形成反应结合界面。

除上述理论外，还有学者针对不同复合材料提出一些其他理论，如变形层理论、物理吸附等，或者是几种理论的某种结合，但它们都不能完全解释所有的界面现象。由此看来，界面作用是一个复杂的过程。对于不同的复合材料体系，界面作用不尽相同，影响因素也较为复杂。因此，对于不同复合材料中的界面作用，不能单纯以一种物理化学过程来解释，必须针对不同的复合材料体系综合分析，才能得到比较符合实验结果的理论。

7.3.2 复合材料的界面效应

界面效应是复合材料的特征，是单一材料没有的特性，对复合材料的性能有着重要的影响。界面效应与界面两侧组分材料的浸润性、相容性及扩散性等因素相关，也与界面的物理化学性质、形态和结合状态有关。总的来讲，复合材料的界面效应主要有传递效应、阻断效应、不连续效应、散射和吸收效应以及诱导效应。

（1）传递效应。复合材料所受外力一般直接作用到基体上。界面的传递效应主要是指其将复合材料所受外力由基体传递到增强体上，起到基体和增强体的桥梁作用。C/SiC 复合材料，一般采用热解碳（PyC）作为界面层。界面相的存在可以改变纤维与基体之间的凹凸-凸凹交互啮合状况，进而改变应力传递效果。在滑移过程中界面相厚度的增加可以削弱啮合的强度，进而改变整个复合材料强度，其作用原理如图 7-7 所示。

（2）阻断效应。适当结合强度的界面可以阻止裂纹扩展，或改变裂纹扩散路径，减缓应力集中，以此增大裂纹扩展所需能量，提高材料强度。图 7-8 所示为颗粒增强和纤维增强复合材料中，界面对裂纹的阻断效应示意图。

（3）不连续效应。在界面上产生物理性能的不连续性和界面摩擦的现象，如抗电性、电感应性、磁性、耐热性和磁场尺寸稳定性等，称为不连续效应。对 SiC/PyC/硼硅酸盐玻璃复合材料中，PyC 界面相的热膨胀系数（CTE）和两侧材料的 CTE 存在差异，即 CTE 是不连续的。界面的 CTE 大小对基体的残余热应力影响较小，而对界面及纤维的残余热应力有较大影响。图 7-9 所示为界面相 CTE 对界面对 PyC 中切向（Circumferential）、轴向（Axial）和径向（Radial）残余应力的影响。

（4）散射和吸收效应。波动（光波、声波、热弹性波和冲击波等）在界面上产生散射和吸收，从而使材料拥有透光性、隔热性、隔声性、耐机械波冲击和耐热冲击等性能。具有 BN 界面相的 Nicalon/SiC 复合材料在氧化环境下，BN 界面可在大于 450 ℃ 的温度下氧化生成液态的 B_2O_3。液态 B_2O_3 可阻止内部的界面相和纤维进一步氧化，从而使 Nicalon/SiC 复合材料高温强度可以保持到 1 100 ℃。以 PyC 作为界面相的陶瓷基复合材料，由于碳在氧化性环境下具有较高的化学活性，500 ℃ 时就很容易氧化生成气体氧化物，严重影响了纤维/基体之间的结合,进而影响了复合材料的力学性能。因此该类复合材料具有力学性能对中等温度(大约500～1 000 ℃)和对连续外力下氧化环境较为敏感的弱点。

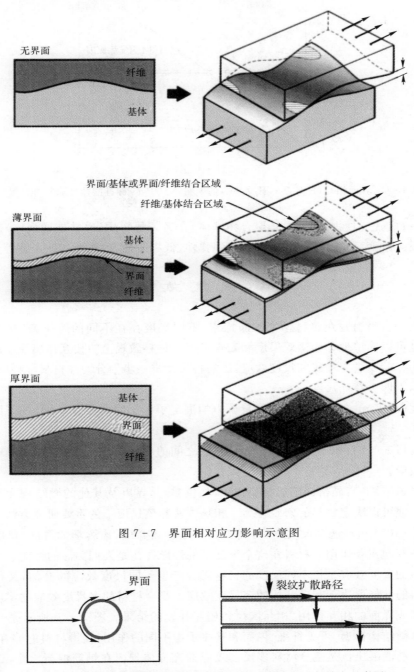

图 7-7　界面相对应力影响示意图

图 7-8　颗粒和纤维增强复合材料中界面对裂纹的阻断效应示意图

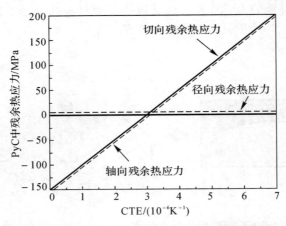

图 7-9　界面相 CTE 对 PyC 残余应力的影响(SiC/PyC/硼硅酸盐玻璃复合材料)

(5)诱导效应。一种物质(通常是聚合物基体)在另一种物质(通常是增强体)表面结构的诱导作用下发生改变,由此产生一些现象,如强弹性、低膨胀性、耐热性和冲击性等。

7.4　尺　度　效　应

空间尺度一直吸引着众多科学家不断探索,不同尺度存在不同的规律,又存在一定的联系。空间尺度可以简单地分为微观尺度和宏观尺度。材料微观上的相互作用规律决定了材料宏观上的行为。若要进一步研究尺度效应,还需将尺度进一步划分。在材料学科中,可将空间尺度划分为以下四个特征尺度:

原子尺度(10^{-9} m):电子是主导者,量子力学决定了电子间的相互作用,是该尺度下的主要研究方法。

微观尺度(10^{-6} m):原子担任主要角色,它们之间的相互作用由经典原子势描述,包括它们之间键的效应。

介观尺度(10^{-4} m):晶格缺陷起重要作用,如位错,晶界以及其他的微结构元。该尺度下的材料特征往往可以决定材料的宏观行为。相场方法是该尺度下的重要研究方法。

宏观尺度(10^{-2} m):这个尺度下,材料被看成是连续介质,连续场如密度、速度、温度、位移以及应力场等起主要作用。材料在这个尺度下的性能往往是人们关注的性能。

复合材料的尺度效应是指不同尺度的材料复合产生不同尺度效应的叠加,又称多尺度效应。复合材料的性能取决于其微结构的多尺度效应。复合材料的多尺度效应的实质是不同尺度材料及其形成界面的相互作用、相互依存和相互补充的结果。图 7-10 所示是 C/SiC 复合材料的多尺度微结构模型,可见纤维、界面和基体承担不同的作用,使得材料能够有效服役。

常见的钢筋混凝土也是复合材料多尺度效应的充分体现。在钢筋混凝土中,钢筋、石块、沙子、水泥和水分别代表了不同尺度的组元,改变其组元比例,可获得不同性能的钢筋混凝土,以满足不同工程的要求。例如,选用连续级配的石块和沙子有利于提高混凝土强度;钢筋的比例和性能对复合材料的拉伸强度有较大影响;水和水泥的比例(水灰比)则影响混凝土的流变性能、水泥浆凝聚结构以及其硬化后的密实度,进而决定混凝土强度、耐久性和其他一系列物理力学性能参数。

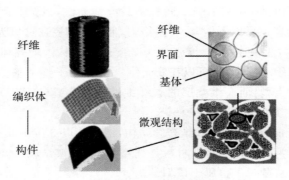

图 7 - 10　C/SiC 复合材料多尺度微结构模型

对于氧化铝增强铝基复合材料,在相同体积分数下,微米氧化铝颗粒增强铝基复合材料具有超高强度,但塑性极低;纳米氧化铝颗粒增强铝基复合材料塑性良好,但强度提升不大;而混掺微米-纳米氧化铝颗粒增强复合材料在保持超高强度的同时还具有良好的塑性,呈现出良好的综合力学性能。研究表明,纯铝的常温准静态抗压强度约为 500 MPa,塑变量为 16.33%。$Al - 15\%\mu mAl_2O_3$ 复合材料的常温准静态抗压强度可达 1 170 MPa,但塑变量仅有 4.41%;$Al - 15\%nmAl_2O_3$ 复合材料的常温准静态抗压强度仅为 850 MPa,塑变量可达 9.3%;而 $Al - 5\%\mu m - 10\%nmAl_2O_3$ 复合材料的常温准静态抗压强度达到 946 MPa,塑变量为 9.11%,表现出优异的综合性能。

7.5　结构效应

结构效应是指由不同结构设计产生的系统综合效应。复合材料的性能和复合材料的结构有很大关系。不同结构的复合材料,性能上有很大区别。各向异性的复合材料,不同方向的性能也有所不同。了解复合材料的结构有助于了解复合材料的性能特征,这也是进一步掌握复合材料结构设计的理论基础。

7.5.1　复合材料的结构类型

复合材料的性能取决于各组元特性、含量和分布情况。根据组元的分布不同,可将两种组元的复合材料的结构类型分为 0 - 3 型、1 - 3 型、2 - 2 型、2 - 3 型、3 - 3 型结构。前一数字表示增强体或功能体的维度,后一数字表示基体维度。0 维表示材料在宏观上是弥散或孤立的,在3 个维度上都是不连续的,如颗粒;1 维表示材料只在单一维度上是连续的,如纤维和晶须;2维表示材料在 2 个维度上是连续的,在第三个维度上是不连续的,如片状材料;3 维表示材料在 3 个维度上都是连续的,如具有网络体状的聚合物。几种常见的两组元复合材料结构类型如图 7 - 11 所示,现对其分别介绍如下:

0 - 3 型结构:基体在 3 维方向上均为连续相,增强体以颗粒状弥散在基体相内。这种复合材料结构较为常见,如氧化铝颗粒增强铝基复合材料、$PbTiO_3$ 型压电复合材料等。

1 - 3 型结构:基体仍为 3 维连续相,增强体则只在 1 个维度上连续。这样的复合材料有晶须或短纤维增强复合材料、连续纤维增强材料等。

2-2型结构:这类结构中,基体和增强体均为2维连续相,在3维方向上交替叠加。如ZrO_2-Al_2O_3层状陶瓷由ZrO_2和Al_2O_3陶瓷交替叠加而成,以提高陶瓷材料的强度和断裂韧性。SiC-BN层状陶瓷也可以看做2-2型结构,但BN陶瓷在这里为界面相。

2-3型结构:基体为3维连续相,增强体为2维连续结构。增强体可以以片层状随机分布或有一定取向的分布于基体中,也可以在2个维度上贯穿于整个基体。如由云母和聚合物构成的复合材料为前者类型,而2维叠层的碳纤维增韧碳化硅(C/SiC)复合材料则属于后者类型。

3-3型结构:基体和增强体均为3维连续结构,增强体以3维网状或块状分布于基体中。以纤维的3维编织结构为增强体的复合材料是典型的3-3型结构。两种聚合物分子链相互贯穿时形成的网络结构从微观上也属于该型结构。

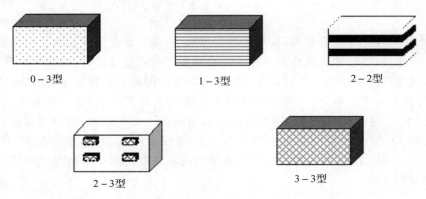

0-3型   1-3型   2-2型

2-3型   3-3型

图7-11　几种典型的复合材料结构示意图

以上是两相结构(不考虑界面相)的复合材料的结构类型。当有两种相时,结构则可以有10种类型(0-0,0-1,0-2,0-3,1-1,1-2,1-3,2-2,2-3,3-3)。实际应用中的复合材料还可能有三种或三种以上的相组成。随着组成相的增加,复合材料的结构类型也会随之增加。假设复合材料有n种相,则其结构类型总数C_n可用下式求得:

$$C_n = \frac{(n+3)!}{n!\ 3!}$$

7.5.2　复合材料的结构效应

对于1-3,2-3,2-2和3-3型等类型的复合材料,增强体的几何取向对复合材料性能产生显著影响。对于1-3构型(单向连续纤维增强)的复合材料,在增强体轴向和径向,复合材料的性能如力学、导热等有着明显的差异。对于2-2或2-3型结构的复合材料,在增强体的平面方向和垂直平面的方向性能截然不同。这将在后续复合材料力学性能介绍中有明显的体现。

对于0-3型(颗粒增强或增韧)等类型的复合材料,颗粒形状不同可能造成复合材料的性能差异。但由于此时基体仍为连续相,故若不考虑界面的影响,复合材料的性质仍取决于基体的性质。对于1-3或2-3型结构的复合材料,由于增强体为1维或2维连续相,若其性质和基体有较大差异,则增强体可能会对复合材料的性能起支配作用。

对于多孔陶瓷基复合材料,气孔率、孔径大小及分布也会对复合材料性能产生较大影响。

这是因为块体材料的强度和模量会随气孔率的升高而降低,而陶瓷基复合材料强度又主要取决于基体和增强体的模量匹配,其最终结果是基体气孔率影响整个复合材料强度。

此外,对于某些功能材料,其不同的结构会导致物理性能有所不同。可根据需要排布功能体方向,实现复合材料某个方向上的功能。如,磁性复合材料中,磁轴在外加磁场下的取向,将显著导致磁性复合材料的各向异性。因此,在进行复合材料设计时,必须考虑复合材料的结构效应。

7.6 本 章 小 结

结构复合材料的复合效应主要是尺寸效应、界面效应、尺度效应和结构效应。缺陷会降低材料强度,材料尺度越小,其缺陷概率越低,这是材料具有尺寸效应的原因。而界面效应、尺度效应和结构效应是不同性质材料的相互作用或耦合,是从力学上理解复合材料的基础。其中,界面效应是复合材料的典型特征,对复合材料的性能起着重要的作用,但对很多复合材料界面的结合机理尚未有统一的认识。尺度效应是不同尺度的材料相互耦合,不同尺度的材料起到不同的作用,从而复合材料有优异的性能。结构效应是由不同结构设计产生的系统综合效应。

习   题

1.复合材料有哪几种复合效应?简述各个复合效应对复合材料性能的影响。

2.材料产生尺寸效应的原因是什么?

3.聚合物基复合材料的界面结合机理有哪些理论(至少 3 种)?金属基复合材料的界面结合机理是什么?

4.复合材料结构有哪几种?并用简图示意。

第8章　复合材料的界面相容性

8.1　概　　述

复合材料的界面相容性是指在制备、加工和使用过程中,复合材料各组元之间的相互配合程度。这主要包括两大部分——物理相容性和化学相容性。前者主要是指在应力作用下和温度变化时,材料性能和材料参数之间的关系。这又可以分为力学相容性和热物理相容性。力学相容性主要是指复合材料基体应有足够的强度和韧性,可以将外部载荷均匀地传递到增强体上,而不会产生明显的不连续现象。热物理相容性则主要是指基体和增强体在温度变化时相互配合的程度。本章主要介绍物理相容性的热物理相容性问题。复合材料的化学相容性相对较为复杂,其中最重要的问题是基体与增强体的化学反应,本章也将对其进行简要介绍。

8.2　复合材料的物理相容性

一般而言,复合材料的制备温度和服役温度都有所差别,而基体和增强体的热膨胀系数也会有所不同。因此,复合材料在服役时便会产生热应力,这将对复合材料性能产生一定的影响。

8.2.1　复合材料热应力的产生

无论复合材料界面是以何种方式结合的,复合材料总是在一定温度下制备的,而在该温度下,复合材料各组元是热膨胀匹配的。然而,复合材料一般在高于或低于制备温度下服役。纤维和基体便会因热膨胀系数的不同而产生热失配,进而产生界面热应力。界面热应力又分为径向热应力、轴向热应力和环向热应力。其中,径向热应力是由纤维径向与基体热失配引起的,轴向热应力是由纤维轴向与基体热失配引起的,环向热应力则是由纤维环向与基体热失配产生的。轴向热应力较大时可能造成基体屈服或开裂,径向热应力和环向热应力则可能使界面脱黏。图8-1所示为由于热应力导致的界面脱黏和基体开裂的微观形貌。下面主要介绍轴向热应力。

一般而言,高模量、高强度纤维的热膨胀系数小于基体的热膨胀系数。图8-2简单示意了纤维径向热应力产生的过程。图8-2(a)所示为制备温度下,基体和纤维的热匹配状态。当复合材料服役温度低于其制备温度时,基体收缩程度大于纤维轴向收缩程度,如图8-2(b)所示。此时,纤维受压应力,基体受拉应力。而当复合材料服役温度高于其制备温度时,基体扩张程度则会小于纤维轴向伸长程度,如图8-2(c)所示。此时,纤维受拉应力,基体受压应力。

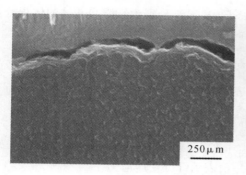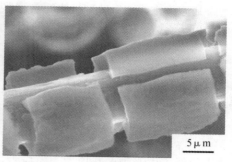

图 8-1　由热应力导致的界面脱黏和基体开裂

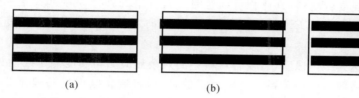

图 8-2　复合材料界面轴向热应力产生的过程示意图

(a)制备温度下的复合材料示意图；　(b)服役温度低于制备温度时复合材料示意图；

(c)服役温度高于制备温度时复合材料示意图

为便于对界面轴向应力进行定量分析，可采用双柱体模型，如图 8-3 所示，并做如下假设：

(1)界面不发生滑移，则在界面约束下，纤维和基体因热变化导致的伸缩程度相同；

(2)纤维和基体均是理想的弹性体，纤维与基体组成理想的弹性界面，则产生热应力过程中纤维和基体均为弹性变形；

(3)纤维是不可压缩的，且其径向各向同性。

基于上述假设，基体所受轴向热应力可以视为纤维对其作用的应力，应为界面约束条件下纤维多膨胀(收缩)引发的弹性应变对应的应力。其值应为

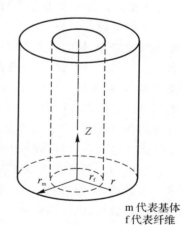

m 代表基体
f 代表纤维

图 8-3　复合材料的双柱体模型

$$\sigma_m = E_f(\varepsilon_c - \varepsilon_f) \qquad (8-1)$$

式中，σ_m 为界面轴向热应力；E_f 为纤维弹性模量；ε_c 为有界面约束时复合材料应变；ε_f 为无界面约束时纤维的应变，即自由膨胀应变。ε_f 和 ε_c 可用以下两式求得：

$$\varepsilon_f = \alpha_f(T_w - T_p) \qquad (8-2)$$

$$\varepsilon_c = \alpha_c(T_w - T_p) \qquad (8-3)$$

式中，T_w 和 T_p 分别为复合材料服役温度和制备温度；α_f 和 α_c 分别为纤维和复合材料的热膨胀系数。α_c 可由下式表示：

$$\alpha_c = \frac{E_f V_f \alpha_f + E_m V_m \alpha_m}{E_f V_f + E_m V_m} \qquad (8-4)$$

式中，E_m 为基体弹性模量；α_m 为基体的热膨胀系数；V_f，V_m 分别为纤维和基体的体积分数。则联立式（8-1）~ 式（8-4）可求得基体所受轴向热应力的表达式为

$$\sigma_m = \frac{E_m E_f V_m (T_w - T_p)(\alpha_m - \alpha_f)}{(E_f V_f + E_m V_m)} \qquad (8-5)$$

正值表示基体所受热应力为压应力，负值表示基体受拉应力。同理可求得纤维所受轴向热应力表达式为

$$\sigma_f = \frac{E_m E_f V_f (T_w - T_p)(\alpha_m - \alpha_f)}{(E_f V_f + E_m V_m)} \qquad (8-6)$$

正值表示纤维所受轴向热应力为拉应力，负值表示纤维受压应力。

由于纤维径向热膨胀系数和基体也有所差异，所以复合材料在热变化时还会产生径向热应力。对于单根纤维增强复合材料，其体积可以忽略。若纤维的弹性模量远大于基体模量的复合材料，即 $E_m \ll E_f$，则有 $E_f/(E_m + E_f) \approx 1$，则纤维径向残余热应力可用下式表达：

$$\sigma_r = E_m (T_w - T_p)(\alpha_m - \alpha_f) \qquad (8-7)$$

从残余热应力的表达式中可以看出，复合材料中的残余热应力与温度差呈线性关系，也与基体和增强体的热膨胀系数呈线性关系。需要说明的是，材料制备结束后一般需要冷却至室温。因此，计算复合材料界面热应力不仅需要考虑制备温度和服役温度的差异，还需考虑制备温度和室温的差异。有时，室温下复合材料的热失配可能比服役时还要严重，这将对复合材料的性能产生不利影响。

8.2.2　热应力对复合材料性能的影响

对于大多数的聚合物基复合材料，纤维模量远大于基体模量，热膨胀系数又较小，基体在固化时又会产生较大收缩。因此，纤维一般受压应力，基体受拉应力。这将降低复合材料的压缩性能和断裂韧性，热应力严重时还可能使复合材料产生翘曲变形，甚至纤维断裂。

对于金属基复合材料，若纤维的热膨胀系数小于基体的热膨胀系数，则复合材料从制备温度降至室温时，纤维将受压应力，基体受拉应力。这将降低复合材料的屈服强度、疲劳强度和断裂韧性等。纤维受压应力时往往不能同时有效承载，导致复合材料的实际强度低于按混合法则计算的理论强度。

对于陶瓷基复合材料，理想的状况也是承载之前增强体受拉应力，基体受压应力，以提高基体的开裂应力。但纤维的热膨胀系数可能比基体的小或与基体接近，且陶瓷基复合材料使用温度一般较高，从而造成在某一区间内热物理相容而另一温度区间热物理不相容。而基体的断裂韧性又较低，因而增强体轴向的热失配可能导致基体产生裂纹并损伤增强体。这可能造成陶瓷基复合材料的某些性能在高温下反而优于在低温下的性能。例如，对于 C/SiC 复合材料，碳纤维的轴向热膨胀系数为 $-0.14 \times 10^{-6} \sim 1.7 \times 10^{-6}/℃$，而 SiC 的热膨胀系数约为 $3.5 \times 10^{-6} \sim 6.9 \times 10^{-6}/℃$，大于碳纤维的热膨胀系数。该复合材料的制备温度约为 1 000 ℃，在低温下热失配更严重，甚至基体产生裂纹。由于环境中的氧可通过该裂纹进入复合材料内部，氧化复合材料内部的碳相，造成 C/SiC 复合材料在低温下的抗氧化性能较差。图 8-4 所示为温度对 C/SiC 复合材料在空气中失重的影响。可以看出，该材料在 600 ℃ 时失重最为严重，抗氧化性最差。

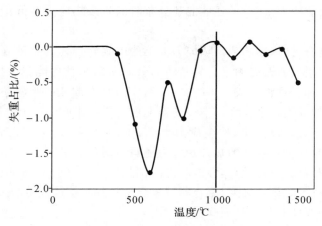

图 8 - 4　温度对 C/SiC 复合材料氧化行为的影响

8.2.3　影响复合材料残余热应力的因素

从式(8 - 5)～式(8 - 7)中可以看出,复合材料组元的热膨胀系数差、温度差及增强体体积分数等对残余热应力有较大影响。此外,基体屈服强度和韧性、增强体形状及分布也会对复合材料残余热应力产生影响。

不同增强体和基体的热膨胀系数相差较大,如 SiC 纤维增强 Al 基复合材料中,Al 基体的热膨胀系数(21.6×10^{-6}/K)是 SiC 纤维(2.3×10^{-6}/K)的 9 倍多。较小的温度变化就会导致在复合材料中产生大的残余应力。因此,在进行复合材料设计时,增强体和基体的热膨胀系数是需要考虑的重要问题,最好选用热膨胀系数接近的材料。温度变化是残余热应力产生的外部因素。即使较小的温度变化也能产生较大的残余热应力。对于金属基复合材料,可以在适当的温度进行热处理来减小残余热应力。

在其他条件相同的情况下,增强体体积分数是影响复合材料残余热应力的主要因素。增强体体积分数越高,复合材料残余热应力越大。如果纤维体积分数过高,复合材料在制备过程中界面残余应力就会过大,这将导致复合材料内部出现损伤。即使没出现损伤,大的残余应力也会显著影响复合材料的力学性能。对于金属基复合材料,随着纤维体积分数的增加,基体内的残余热应力会使复合材料拉伸和压缩时屈服强度的差值增加。对于陶瓷材料,则可能会使基体产生裂纹,产生更为不利的影响。

基体的屈服强度影响残余热应力主要与应力松弛有关。复合材料基体应力超过其屈服强度后,基体即可发生塑性变形以松弛残余热应力。显然,基体屈服强度越高,应力越难松弛,残余热应力就越大;基体屈服强度越低,应力就越容易松弛,残余热应力就较小。增强体尺寸和长径比影响残余热应力也与基体应力松弛有关。当增强体长径比较大时,位错运动容易受到阻碍,导致基体应力松弛程度减小,复合材料的残余热应力增大。

对于连续纤维增强的复合材料,残余热应力还与纤维的取向有关。不同方向的复合材料残余热应力有所不同,甚至可能出现较大差别。这主要与纤维轴向和径向热膨胀系数不同有关。例如,碳纤维的轴向热膨胀系数约为-0.14×10^{-6}～1.7×10^{-6}/℃,而径向热膨胀系数可达8.85×10^{-6}/℃。对于晶须或短纤维增强的复合材料,残余热应力还和增强体排列规则程度有关。从平均残余热应力来看,增强体混乱分布时的残余热应力略低于增强体规则分布材料的残余热应力。

对于聚合物基复合材料,影响残余热应力大小的因素除上述几个因素外还有环境湿度和时间因素。环境湿度主要通过影响聚合物基体的吸潮来影响其性能。在拉伸应力下,聚合物基体的吸潮速度会增加。这将造成基体肿胀,导致应力状态改变。吸潮还能造成聚合物基体的塑性增加,进而影响界面残余应力。空气的湿度也对界面相产生一定的影响,如改变其微结构,进一步影响残余应力。反过来,残余应力也会影响吸湿量,通常残余应力越大,吸湿量越大。另外,聚合物基复合材料界面的热残余应力还具有时间依赖性。这主要是因为聚合物基体和纤维/基体界面相具有黏弹性,其性能具有时间依赖性。随着时间延长,基体会表现出应力、应变松弛或蠕变行为。研究表明,聚合物基复合材料在制备过程中产生的残应热应力会随着常温湿热条件下的存储时间延长而降低。

由于残余热应力对材料性能有较大影响,因而有时在材料使用前需要对其残余热应力的大小进行测试。残余热应力的测量方法主要分为有损和无损测量两大类。有损测量主要有切槽法、钻孔法等;无损测量主要有 X 射线衍射法、中子衍射法、磁性法、超声法以及压痕应变法等。随着对材料研究的深入,不断有学者提出新的测量方法,如西北工业大学超高温结构复合材料重点实验室提出通过加载-卸载曲线来测量陶瓷基复合材料的残余热应力。如图 8-5 所示,将每个加载-卸载迟滞回环的割线反向延长后的交点称为"无残余热应力原点"。通过两个相似三角形($\triangle O'RG \cong \triangle FHG$)可以最终计算出材料的残余热应力。

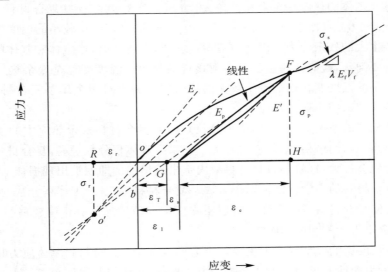

图 8-5   2D C/SiC 在循环加载-卸载下的应力-应变曲线

8.3   复合材料的化学相容性

复合材料的化学相容性主要是指基体和增强体之间的化学反应,即界面反应。复合材料都是由两种或两种以上物理、化学不同的物质组成的。不同的物质之间往往会发生反应,这将对界面造成重要的影响,严重时还可能损伤增强体,导致复合材料性能下降,此时就需要降低界面反应。另一种情况是两种物质之间不反应或反应强度太低,而又要求界面有较高的结合强度,此时就需要采取适当的办法增强界面反应。因此,了解复合材料的界面反应及其控制方法也是复合材料设计的基础。

　　不同基体和纤维的组合会发生不同的界面反应。对于聚合物基复合材料而言,由于纤维未处理前一般表面比较光滑,比表面积小,表面能也较低,呈现憎液性,所以纤维和基体难以发生界面反应。因此,本节主要介绍金属基和陶瓷基复合材料的界面反应。

　　界面反应主要取决于两方面,即热力学相容和动力学相容。热力学决定界面反应能否发生;而动力学则决定界面反应速率,这也是决定界面反应的主要因素。界面反应需要同时满足以上两个条件,缺一不可。如对于硼纤维增强铝基复合材料,动力学上 B 可以和 Al 反应,但在最佳工艺条件下,铝表面形成氧化铝保护膜,对界面反应造成动力学障碍,使得该复合材料基本没有界面反应。

8.3.1　界面反应热力学

　　决定界面反应热力学相容性的关键因素是温度,这可以通过相图得到。对于大部分金属基复合材料,相图上的主要变量为温度和两成分的相对含量。图 8-6 所示为 Al-B 二元系相图。从相图中不仅可以看出二者在何温度下反应,还可以看出反应的生成物是什么。这为界面设计时的界面化学相容性提供了一定的指导作用。对于铝基复合材料,除此之外,常见的还有 Al-SiC 相图、Al-Al$_2$O$_3$ 相图等。Al-C 系相图还没有完整的报道,仅能确定一种稳定的化合物 Al$_3$C$_4$。除 Al 基外,还有 Mg,Ti,Ni 等基体。不同的基体和增强体就会有不同的相图。因此,金属基复合材料涉及的相图种类较多,这里不再一一讨论。

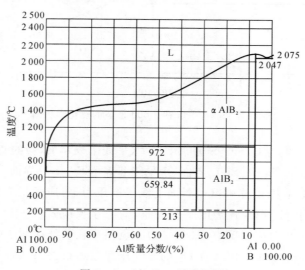

图 8-6　Al-B 二元系相图

　　对于陶瓷基复合材料,SiC-SiO$_2$ 是最常见和最典型的气相反应界面,界面反应存在气相产物 CO,而 CO 压力会对界面反应产生影响,其相图也和金属基复合材料的相图有所不同,现在对其进行简要介绍。

Si-C-O 三元系统在 2 000 K 有 SiC，SiO₂，Si，C，SiO，CO，CO₂ 等 7 个物种，它们存在以下平衡关系式：

$$C(s) \rightleftharpoons C(g) \tag{8-8}$$
$$Si(l) + C(g) \rightleftharpoons SiC(s) \tag{8-9}$$
$$Si(l) + O_2(g) \rightleftharpoons SiO_2(l) \tag{8-10}$$
$$SiC(s) + O_2(g) \rightleftharpoons SiO_2(l) + C(g) \tag{8-11}$$
$$C(g) + 1/2O_2(g) \rightleftharpoons CO(g) \tag{8-12}$$
$$SiC(s) + 1/2O_2(g) \rightleftharpoons SiO(g) + C(g) \tag{8-13}$$
$$C(g) + O_2(g) \rightleftharpoons CO_2(g) \tag{8-14}$$

对于以上反应，其独立反应数为，物种数(n)—元素数(m)$=7-3=4$。因此，只有 4 个反应是独立的，其余反应都可由所选择的 4 个独立反应的线性组合求得。由热力学计算可绘制出 Si-C-O 三元系统在 2 000 K 的热化学相图（见图 8-7）。相图中的纵坐标为 C 的蒸气压的对数，横坐标为氧气压力的对数。图中有四个区域，五个界面。现在分别对其进行说明。

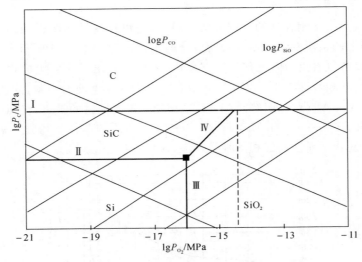

图 8-7　Si-C-O 在 2 000 K 下的热化学相图

相图中四个区域分别为 C，SiC，Si 和 SiO₂。水平线 Ⅰ 表示 C(s) 的蒸气压，对应于反应式(8-8)，其界面有 C-SiC 和 C-SiO₂ 界面；水平线 Ⅱ 表示 Si-SiC 界面上 C 的蒸气压，对应于反应式(8-9)；垂直线 Ⅲ 表示 Si-SiO₂ 界面上氧平衡压力，对应于反应式(8-10)；短斜线 Ⅳ 表示 SiC-SiO₂ 界面上 C 和 O₂ 压力的平衡关系，对应于反应式(8-11)；垂直线 Ⅴ 表示 Si-SiO₂ 界面上氧平衡压力，对应于反应式(8-10)。负斜率长斜线表示 CO 蒸气压的对数。由反应式(8-12)可知，CO 蒸气压和 C 及 O₂ 的蒸气压存在约束关系，CO 蒸气压的大小随后两者蒸气压大小的变化而变化。正斜率长斜线表示 SiO 蒸气压的对数。由反应式(8-13)可知，SiO 蒸气压和 C 及 O₂ 的蒸气压也存在约束关系，其变化也不是独立的。由式(8-14)反应可知，CO₂ 蒸气压也不是独立的，其值通过 C 及 O₂ 的蒸气压便可求出，只是斜率与 CO 不同，图中并未列出。

需要说明的是上述相图是在 2 000 K 下得出的，如果温度变化，相图中的数值就会发生变化,但其相关关系保持不变。

8.3.2　界面反应动力学

与反应动力学相关的主要问题是扩散。复合材料发生化学反应主要有两种情况,即生成固溶体和生成化合物。无论是哪种情况,反应生成物都会将反应物隔开,阻碍反应的进一步进行。若要进一步反应,必须通过扩散进行。下面对这两种情况分开讨论:

(1) 基体和增强体不生成化合物,只生成固溶体。这种情况主要针对金属基复合材料,一般不会导致复合材料性能的急剧下降,其主要的危险是增强体的溶解和消耗。若假设增强体向基体扩散,并将增强体和基体都看作相对于界面无限大物体,则增强体向基体扩散的扩散系数保持不变,且和浓度无关。根据菲克第二定律,有

$$C = C_0 \left(1 - e^{\frac{x}{2\sqrt{Dt}}} \right) \tag{8-15}$$

式中,C 表示时间 t 时,距基体和增强体接触面 x 处扩散物的浓度;C_0 为基体和增强体接触面上扩散物浓度,即扩散物在基体中的极限浓度;D 为扩散系数。扩散系数的大小和温度有关,其关系可用阿累尼乌斯公式 (Arrhenius equation) 表示:

$$D = A e^{-\frac{Q}{RT}} \tag{8-16}$$

式中,A 为常数;Q 为扩散激活能;R 为气体常数;T 为扩散温度。根据式(8-15)和式(8-16)可以计算出在一定温度下和一定时间后复合材料界面反应层的厚度。

(2) 基体和增强体之间生成化合物。基体和增强体反应生成化合物后,进一步的反应就需要增强体或基体在化合物中的扩散来进行。假设化合物层均匀,且增强体和基体化学反应的速率大于其在反应生成化合物中扩散的速率,则化学反应速率由速率较低的扩散过程控制。此时,化合物层厚度 X 和时间 t 有抛物线关系式,即

$$X^n = Kt \tag{8-17}$$

式中,n 为抛物线指数;K 为反应速率常数。反应速率常数和温度的关系仍遵循阿累尼乌斯公式。根据式(8-17)也可以计算出在一定温度下和一定时间后复合材料界面反应层的厚度。

8.4　本 章 小 结

复合材料相容性在复合材料设计、制备和服役时都有重要意义。对于金属基和陶瓷基等应用于高温的复合材料,在设计和制备时必须考虑增强体和基体可能的热膨胀系数不匹配导致的物理不相容。对于很多金属基复合材料,由于金属活性较高,还要考虑基体和增强体的化学反应。采用不同的工艺方法,可在一定程度上控制复合材料的物理和化学不相容。掌握复合材料物理、化学相容性产生的原因并对其控制,是复合材料设计者应具有的基本素质。

习　　题

1.复合材料相容性有哪几类? 分别简述其产生的原因和对复合材料性能的影响。

2.决定基体和增强体化学相容的两个因素是什么?

3.写出两种反应扩散的速率公式。

第9章 复合材料的力学特性

9.1 概　　述

在满足界面物理化学相容性后,复合材料的力学性能主要取决于界面结合强度和增强体与基体二者之间的模量匹配。复合材料的界面结合强度很大程度上决定着复合材料的力学性能。本章将从混合法则入手,结合界面力学特性和复合材料的模量匹配来介绍复合材料的力学特性。

9.2 复合材料中的混合法则

复合材料在力学性能上遵循一定的复合规律。在推导该复合规律之前做以下三个假设:

(1)复合材料宏观上是均质的,不存在内应力;

(2)各组分材料是均质的各向同性(或正交异性)的线弹性材料;

(3)各组分之间黏结牢靠,无空隙,不产生相对滑移。

此处以连续纤维增强复合材料为例说明根据上述假设,当一拉伸载荷沿平行于纤维方向作用在单向板时,有

$$\varepsilon_c = \varepsilon_m = \varepsilon_f \tag{9-1}$$

$$\sigma_c = E_c \varepsilon_c, \quad \sigma_m = E_m \varepsilon_m, \quad \sigma_f = E_f \varepsilon_f \tag{9-2}$$

式中,ε,σ 和 E 分别为应变、应力和弹性模量;下标 c,m 和 f 分别代表复合材料、基体和纤维,如 ε_m 表示为基体的应变。

假设复合材料截面积为 A,受力为 F,则有

$$F_c = F_m + F_f \tag{9-3}$$

$$\sigma_c A_c = \sigma_m A_m + \sigma_f A_f \tag{9-4}$$

设基体和纤维含量(体积分数)分别为 V_m 和 V_f,复合材料长度为 l,则有

$$V_m = \frac{A_m l}{A_c l}, \quad V_f = \frac{A_f l}{A_c l}, \quad V_f + V_m = 1 \tag{9-5}$$

结合式(9-2)、式(9-4)和式(9-5)可得

$$\sigma_c = \sigma_m V_m + \sigma_f V_f \tag{9-6}$$

$$E_c = E_m V_m + E_f V_f \tag{9-7}$$

从式(9-6)和式(9-7)中,可以看出复合材料的强度等于各组元的体积分数与其强度乘积之和,弹性模量也满足该规律。这便是复合材料中著名的混合定律或混合法则。除上述性能外,复合材料的密度、各向同性材料的泊松比也满足该规律。将上述规律统一描述如下:

$$X_c = X_f V_f + X_m V_m \tag{9-8}$$

式中,X 表示材料的某种性能;V 表示材料的体积分数;下脚标 c,f,m 分别表示复合材料、增强体和基体。从推导过程中可以看出,混合定量中的纤维或基体的体积分数是指某个方向上的体积分数,而不是整体的体积分数。

对于单向纤维增强复合材料的纵向剪切模量和横向(垂直于纤维方向)的弹性模量、泊松比等性能,复合材料的该项性能的倒数等于各组元的体积分数与其性能倒数乘积之和。其数学表达式为

$$X_c^{-1} = X_f^{-1} V_f + X_m^{-1} V_m \qquad (9-9)$$

为区别于式(9-8),分别将式(9-9)和式(9-8)称为混合定律的串联模型和并联模型。由于实际应用中复合材料一般不能完全满足假设要求,因此,需加入一个小于 1 的修正系数 k。如对于并联模型,有

$$X_c = k(X_f V_f + X_m V_m) \qquad (9-10)$$

对于不同的性能和结构,k 取不同的修正值。

9.3　复合材料的界面力学特性

复合材料的增强体和基体通过界面复合在一起。界面的特性会影响复合材料载荷的传递,进而影响复合材料的力学性能。因此,有必要了解复合材料界面的力学特征及其对复合材料力学性能的影响,从而更好地对界面进行设计和控制。本节主要讲述复合材料界面的力学特征及强度测试方法。

9.3.1　界面应力传递

复合材料界面可根据基体模量的不同分为以下两类:

(1)弹性界面。该类界面是指弹性纤维和弹性基体组成的复合材料界面。该类复合材料的应力-应变曲线特征是其变形和断裂过程可分为两个阶段:第一阶段是纤维和基体出现弹性变形;第二阶段是基体出现非弹性变形,纤维断裂,进而复合材料断裂。属于这类界面的复合材料主要有碳纤维或陶瓷纤维增强陶瓷基及玻璃纤维增强热固性聚合物等。

(2)屈服界面(滑移界面)。该类界面是指弹性纤维和塑性基体组成的复合材料界面。该类复合材料,在承载失效时,纤维的断裂应变小于基体的断裂应变;纤维表现为脆性破坏,基体表现为塑性破坏。因此,该类复合材料的应力-应变曲线的特征是变形和断裂过程可分为三个阶段:第一阶段,纤维和基体均发生弹性变形;第二阶段,随着应力的增大,基体开始发生非弹性变形,但该阶段纤维的变形仍是弹性的;第三阶段,基体发生破坏,纤维断裂,进而复合材料断裂。属于这类界面的复合材料主要有硼纤维、碳纤维或陶瓷纤维增强的金属基复合材料以及纤维增强的热塑性聚合物复合材料。

不管是弹性界面还是屈服界面,复合材料承载时,载荷一般都是直接加在基体上,然后通过界面传递到纤维上,使纤维受载。一般而言,纤维的模量要大于基体的模量。对于连续纤维增强的复合材料,其受力时遵循等应变条件,基体和纤维受力较为简单。而对于短纤维而言,受载时基体的变形量要大于纤维的变形量。图 9-1 可以简单表示复合材料受力时纤维和基体变形不均匀的现象。由于纤维和基体是紧密结合的,纤维将限制基体的过大变形,于是界面部分便产生了剪应力和剪应变,复合材料所受载荷也合理分配到纤维或增强体中。由于纤维

轴向的中间和两端部分限制基体变形的程度不同(见图 9-1),因而界面处的剪应力沿纤维轴向方向的大小也不相同。分析其应力传递和载荷分布时,最重要的理论为剪滞理论。

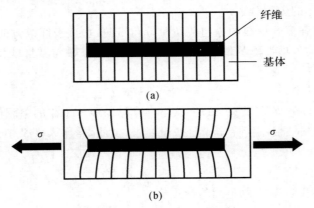

图 9-1　单根纤维在基体中受力前后变形示意图
(a)变形前;　(b)变形后

　　剪滞理论是由 Rosen 于 1965 年提出的,推导时假设界面结合良好,界面无滑移;复合材料基体和纤维泊松比相同,即无横向截面应力产生,或加载过程中不产生垂直于纤维轴向上的应力。取复合材料中一个单元(见图 9-2),讨论加载时载荷如何传递到纤维上,及纤维中应力的分布情况。单元中,纤维直径为 d,半径为 r_f,纤维长度为 l,纤维拉应力为 σ,界面剪切应力为 τ,传递到纤维上的载荷为 P_f。纤维之间的距离为 $2R$,纤维轴向坐标为 x,即从纤维一端开始沿纤维任意一点的位置。

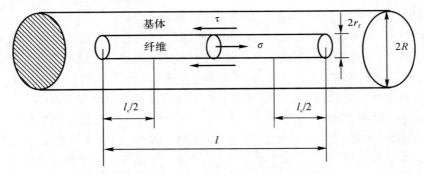

图 9-2　复合材料单元体载荷传递模型

　　设纤维不存在时,x 点的位移为 v(无约束时);纤维存在时,x 点的位移为 u(有约束时)。则有

$$\frac{\mathrm{d}P_f}{\mathrm{d}x} = B(u - v) \tag{9-11}$$

式中,B 为常数,其值取决于纤维的几何排列、基体的类型及纤维和基体的弹性模量。将式(9-11)再微分一次可得

$$\frac{\mathrm{d}^2 P_f}{\mathrm{d}x^2} = B\left(\frac{\mathrm{d}u}{\mathrm{d}x} - \frac{\mathrm{d}v}{\mathrm{d}x}\right) \tag{9-12}$$

由 $P_f = \sigma_f A_f = E_f A_f (\mathrm{d}u/\mathrm{d}x)$ 及 $\dfrac{\mathrm{d}v}{\mathrm{d}x} =$ 远离纤维的基体应变 $= e$，可得

$$\frac{\mathrm{d}P_f^2}{\mathrm{d}x^2} = B\left(\frac{P_f}{E_f \cdot A_f} - e\right) \tag{9-13}$$

式中，E_f 为纤维模量；A_f 为纤维的截面积。

求解上述微分方程，可得

$$P_f = E_f A_f e + S \cdot \sinh\beta x + T\cosh\beta x \tag{9-14}$$

式中，S，T 为常数；$\sinh$，$\cosh$ 分别为双曲正余弦函数，$\beta = \left(\dfrac{B}{A_f E_f}\right)^{1/2}$。

根据边界条件 $x = 0$ 和 $x = l$ 处，$P_f = 0$，可求得纤维所受拉力分布为

$$P_f = E_f A_f e \left[1 - \frac{\cosh\beta\left(\dfrac{l}{2} - x\right)}{\cosh\left(\beta\dfrac{l}{2}\right)}\right], \quad 0 < x < \frac{l}{2} \tag{9-15}$$

由 $P_f = \sigma_f A_f$ 可进一步求得纤维所受的拉应力分布为

$$\sigma_f = E_f e \left[1 - \frac{\cosh\beta\left(\dfrac{l}{2} - x\right)}{\cosh\left(\beta\dfrac{l}{2}\right)}\right], \quad 0 < x < \frac{l}{2} \tag{9-16}$$

这便是纤维沿 x 方向所受拉应力的表达式。该式表明，只有无限长的纤维才能变形至复合材料的应变。

下面推导纤维表面所受剪应力的表达式。复合材料界面上，剪应力应与张力保持平衡，如图 9 - 3 所示，则可得

$$\frac{\mathrm{d}P_f}{\mathrm{d}x} = -2\pi r_f \tau \tag{9-17}$$

则

$$\mathrm{d}P_f = -2\pi r_f \mathrm{d}x \cdot \tau \tag{9-18}$$

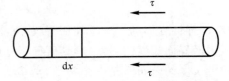

图 9 - 3　剪应力与张力平衡示意图

假设纤维为规则的圆形，则有 $A_f = \pi r_f^2$，于是有

$$P_f = \pi r_f^2 \sigma_f \tag{9-19}$$

将式(9 - 19)代入式(9 - 18)得

$$\tau = -\frac{1}{2\pi r_f}\frac{\mathrm{d}P_f}{\mathrm{d}x} = -\frac{r_f}{2}\frac{\mathrm{d}\sigma_f}{\mathrm{d}x} \tag{9-20}$$

将式(9 - 16)代入式(9 - 20)即可得到纤维表面剪应力的表达式为

$$\tau = \frac{E_f r_f e\beta}{2}\frac{\sinh\beta\left(\dfrac{l}{2} - x\right)}{\cosh\left(\beta\dfrac{l}{2}\right)} \tag{9-21}$$

根据式(9-16)和式(9-21)，将沿纤维长度方向拉应力和界面剪应力的变化示于图9-4中。

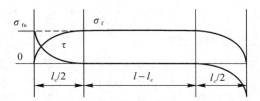

图9-4　沿纤维长度方向拉应力和界面剪应力的变化

此外，基体的屈服剪切强度 τ_y 与纤维的拉伸应力存在以下平衡关系：

$$\tau_y \cdot \pi d \frac{l}{2} = \sigma_f \frac{\pi d^2}{4} \tag{9-22}$$

于是

$$\frac{l}{d} = \frac{\sigma_f}{2\tau_y} \tag{9-23}$$

若纤维足够长，则纤维所受拉应力能达到纤维的断裂强度 σ_{fu} 为

$$\left(\frac{l}{d}\right)_c = \frac{\sigma_{fu}}{2\tau_y} \tag{9-24}$$

此时的 $\left(\frac{l}{d}\right)_c$ 称为纤维的临界长径比。若纤维直径保持不变，则称 l_c 为临界纤维长度。当 $l > l_c$ 时，纤维能够承受最大载荷，纤维首先发生断裂，然后发生拔出，复合材料断口上纤维的拔出长度约为 $l_c/2$；如果 $l < l_c$，无论复合材料受多大应力，纤维承受的载荷都达不到纤维的断裂强度，这时复合材料的破坏主要是纤维拔出，纤维断裂很少。进一步推导计算表明，如果 $l/l_c = 30$，不连续单向纤维复合材料的强度是连续单向纤维复合材料强度的98%，与连续纤维增强复合材料的力学性能很接近。因此，一般称 $l > 30l_c$ 为连续纤维，称 $l_c < l < 30l_c$ 为短切纤维，称 $l < l_c$ 为超短纤维。

以上推导是基于复合材料的弹性界面的。对于屈服界面，可假设纤维周围的基体材料是理想塑性材料，则界面剪切应力沿界面长度为一常数，其值等于基体的剪切屈服应力 τ_s。对于滑移界面，界面剪切应力沿纤维长度的分布不是一个常数，剪应力最大值也不在纤维末端，而是距离末端一段距离的某个位置。纤维中应力在末端也不等于零，说明纤维末端也传递了应力。但总体上看，其结果和弹性界面分析结果差别不大。现将不同界面特性复合材料沿纤维长度方向的应力分布示于图9-5中。

9.3.2　复合材料的失效模式

复合材料的界面结合强度决定着其失效模式。复合材料的断裂可根据断口形貌和失效机理分为三种类型，即积聚型断裂、非积聚型断裂和混合型断裂。

积聚型断裂：界面结合强度较弱，当外加载荷增加时，基体不能将载荷有效传递给纤维，整个复合材料内部出现不均匀的积聚损伤。此处损伤主要指界面脱黏、纤维断裂和拔出，若纤维损伤积聚过多，剩余截面不能承载而断裂。此时，复合材料的强度主要取决于纤维的强度。

非积聚型断裂：界面结合较强，复合材料破坏时主要集中在一个截面内，不存在纤维拔出

或纤维拔出很少,该断裂一般为脆性断裂。

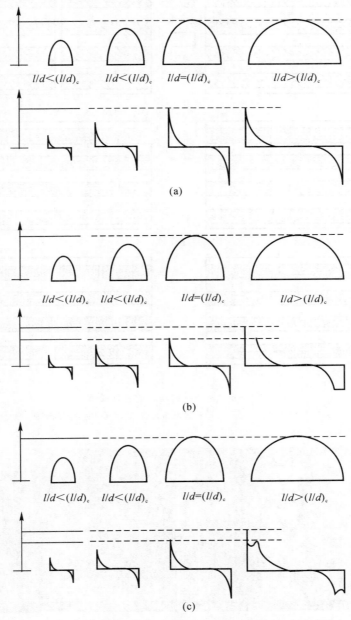

图 9-5　不同界面特性复合材料沿纤维长度方向的应力分布
(a)弹性界面；　(b)屈服界面；　(c)滑移界面

　　混合型断裂:界面结合强度适中,大多数纤维可同时有效承担载荷,复合材料破坏时大多数纤维的拔出长度适中。

　　图 9-6 所示为复合材料三种断裂类型的示意图,图 9-7 所示则是真实情况下非积聚性断裂形貌。

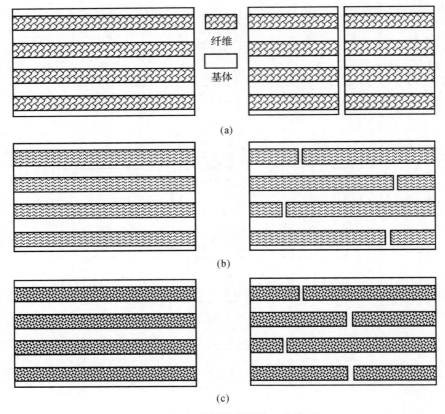

图 9 - 6　复合材料断裂的三种模型

(a)非积聚型断裂前、后；　(b)积聚型断裂前、后；　(c)混合型断裂前、后

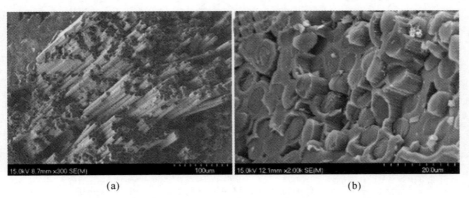

图 9 - 7　3D C/SiC 复合材料断裂形貌

(a)混合型断裂；　(b)非积聚性断裂

　　将复合材料界面结合强度简化，仅分为界面结合强、界面结合弱和界面结合适中等三种类型。引入无量纲参数 θ 来表示界面结合强度的大小，其取值范围为 $0\sim1$。当 $\theta=0$ 时，表示界面完全弱结合；当 $\theta=1$ 时，表示界面完全强结合；当 θ 介于 0 和 1 之间时，表示界面结合强度介于强、弱之间。复合材料强度与 θ 的关系如图 9 - 8 所示。

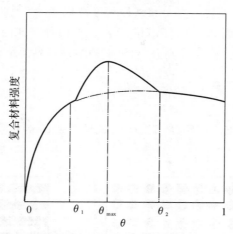

图 9 - 8　复合材料强度和界面结合强度的关系

（1）当 $0 < \theta < \theta_1$ 时，界面结合强度较弱，基体不能将载荷有效地传递给纤维，整个复合材料内部出现不均匀的积聚损伤，出现积聚型断裂。此时纤维临界长度 l_c 太大，纤维拔出长度长，强度低而韧性高。

（2）当 $\theta_2 < \theta < 1$ 时，界面结合强度较高，复合材料断裂主要集中在一个截面上，在断裂过程中不存在或很少有纤维的拔出，出现非积聚型断裂。此时纤维临界长度 l_c 太小，纤维拔出长度短，强度高而韧性低。

（3）当 $\theta_1 < \theta < \theta_2$ 时，界面结合强度适中，纤维临界长度 l_c 在一定范围内分布，纤维拔出长度适中，强度和韧性匹配性较好。当界面结合适中时，复合材料具有最大的断裂强度。复合材料断裂强度最大时对应的的界面结合强度称为 $\theta_{\max}$。

从理论上讲，由式（9-24）即 $\left(\dfrac{l}{d}\right)_c = \dfrac{\sigma_{fu}}{2\tau_y}$ 可知，当纤维直径不变时，对于界面弱结合的复合材料，其界面剪切强度 τ_y 较低，则临界纤维长度 l_c 较长，在断裂过程中表现为非积累型破坏，强度低而韧性高；而对于界面强结合的复合材料，其界面剪切强度 τ_y 较高，则临界纤维长度 l_c 较短，在断裂过程中表现为积聚型破坏，强度高而韧性低；对于界面适中结合的复合材料，临界纤维长度 l_c 在一定范围内，复合材料在断裂过程中表现为混合型破坏，强度和韧性匹配。

9.3.3　界面强度的测试方法

由于界面强度对复合材料性能有较大影响，在设计复合材料时有必要测定界面结合强度。界面结合强度的测试也因此成为复合材料领域里非常重要的问题。其主要方法可分为两大类，即宏观测试方法和微观测试方法。

1. 宏观测试方法

界面强度的宏观测试方法主要是以复合材料的宏观性能来评价纤维和基体的结合强度的。常见的宏观测试方法有三点弯曲和 Iosipescu 剪切试验等。这些方法所测试的性能对界面结合强度都比较敏感。

三点弯曲试验由于其样品制备及测试过程都比较简单，因而成为最常用的宏观测试方法。该方法根据纤维排列不同又可分为横向弯曲试验和层间剪切强度试验。

（1）横向弯曲试验。纤维排列方向和试样长度方向垂直,因此称为横向弯曲试验。纤维的排列有两种方式,分别如图9-9(a)和(b)所示。这两种方式的试验,破坏都发生在试验表面。试样受载时,界面主要受横向拉应力,故测得的结果是界面承受拉伸能力的表征。界面横向强度的计算公式为

$$\sigma = \frac{3PL_s}{2bh^2} \tag{9-25}$$

式中,P 为施加载荷;L_s 为支点间距(跨距);b 为试样宽度;h 为试样高度。

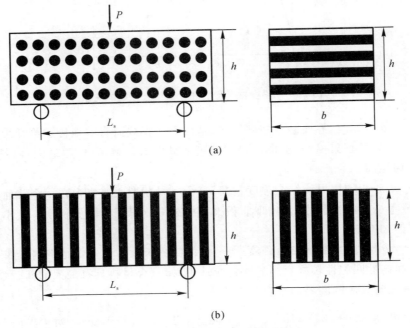

图9-9　横向支点弯曲试验示意图
(a)纤维排列方向垂直于负载方向； (b)纤维排列方向平行于负载方向

（2）层间剪切强度试验。层间剪切也称为短梁剪切。这种试验和横向弯曲试验类似,只是纤维的排列方向不同。此时,纤维排列和试样长度方向平行,如图9-10所示。试样受载时,最大剪切应力 τ 发生在试样的中间平面,其计算公式为

$$\tau = \frac{3P}{4bh} \tag{9-26}$$

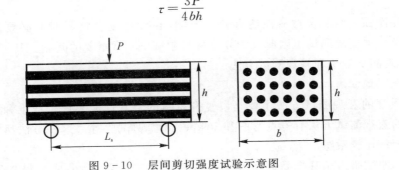

图9-10　层间剪切强度试验示意图

试样的最大张应力同样出现在试样表面,也可以用式(9-25)计算。将式(9-25)和式(9-26)相除可得张应力和剪切应力的关系式,即

$$\frac{\tau}{\sigma} = \frac{h}{2L_s} \qquad (9-27)$$

由式(9-27)可以看出,若要复合材料因为剪切应力被破坏,即使剪切应力尽量大,则需跨距 L_s 取较小值。这样试样将在剪切应力作用下,裂纹在中间层扩展延伸,并最终导致试样破坏。

需要说明的是,在层间剪切强度试验时,如果在剪切引起的破坏发生之前,发生了由于拉伸应力而导致的纤维断裂,则上述试验无效。若剪切破坏和拉伸破坏同时发生,则上述试验也同样无效。因此,在进行层间剪切强度试验后,需对断口进行仔细观察,以确定裂纹是沿着界面而不是基体扩展的。

除三点弯曲外,Iosipescu 剪切试验也是较常见的测试界面剪切性能的方法。该方法的主要优点:由于试件中有 V 形开口,在试件工作区可得到较均匀的剪应力场;加载点处无明显的应力集中;试验简单易行等。该方法的试验示意图如图 9-11 所示。

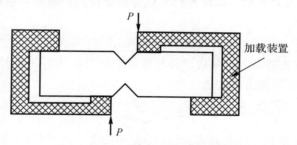

图 9-11　Iosipescu 剪切试验示意图

Iosipescu 剪切试验方法的主要缺点:工作区较小,这对于一些由粗纤维和大间距纤维构成的层合板不太适合;试件是通过其厚度边施加荷载的,一些情况下很容易在剪切破坏前发生局压破坏。

除上述两种宏观试验方法外,还有导槽剪切、圆筒扭转试验和诺尔环(NOL 环)等宏观测试方法。每种方法都有自身的优缺点和适用范围,在此不再做一一介绍。

2.微观测试方法

宏观试验中试样的破坏一般都是界面、基体甚至纤维的共同破坏,得到的强度依赖于纤维、基体的体积分数、分布及性质。复合材料中的孔隙和缺陷也对其强度有着重要影响。一般孔隙率每增加 1%,层间剪切强度便降低 7%;横向拉伸强度对孔隙和缺陷更加敏感。因此,宏观试验只能用于对复合材料界面结合强度的定性比较。若需对界面结合强度进行定量分析,还需用到微观测试的方法。

界面结合强度的微观测试方法主要有单纤维拔出试验、纤维顶出试验和临界纤维长度法等。

(1)单纤维拔出试验。该方法是将单根纤维埋入基体材料中,制成如图 9-12(a)所示的样品。对纤维轴向施加一定载荷 P,同时记录载荷-位移曲线。载荷位移曲线如图 9-12(b)所示。

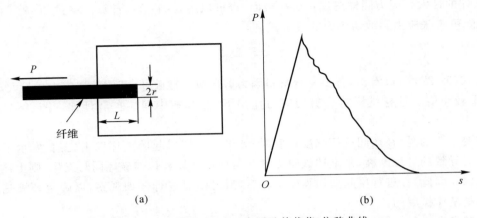

图 9 - 12　单纤维拔出示意图及其载荷-位移曲线

(a)单纤维拔出试验示意图；　(b)载荷-位移曲线示意图

用该方法可以测得界面剪切强度和界面摩擦剪切应力。假定界面剪切应力 τ 沿整个界面近似不变,则有下式成立:

$$P = 2\pi r L \tau \tag{9-28}$$

式中,P 为纤维和基体之间发生脱黏或滑移时所需的拉力;r 为纤维半径;L 为纤维被埋入的长度。由此可得到界面剪切应力的表达式为

$$\tau = \frac{P}{2\pi r L} \tag{9-29}$$

需要注意的是,在将纤维埋入基体材料时,埋入长度不能过长(不能大于临界纤维长度),否则在试验中,可能会出现纤维断裂而界面未破坏的现象。此外,实际测得的载荷-位移曲线要更为复杂。加载初期,载荷-位移并不呈严格的线性关系,其形状受多种因素的影响,如纤维直径、埋入长度、基体和纤维性质、界面结合情况以及试样的制备过程等。而达到最大负载后与摩擦力相关的曲线通常呈锯齿状。最后,由于试样制备上的限制,单纤维拔出试验一般只用于聚合物基复合材料。

(2)纤维顶出试验。该方法又称纤维压出(压脱)试验,是一种可对复合材料原位测定界面力学性能的方法。其主要过程是先将高纤维体积分数的真实复合材料沿与纤维轴向垂直的方向切成片状,将截面抛光,以消除因基体对纤维的浸润而向上延伸这部分的影响。然后选定合适形状的压头在纤维端面加压,直至界面发生滑移或脱黏。记录纤维压出过程中的载荷-位移曲线,由此可获得界面力学性能的各项参数。图 9 - 13(a)和(b)分别为该试验的示意图和典型的载荷-位移曲线图。

载荷-位移曲线可分为四个阶段:(Ⅰ)界面发生线弹性变形→(Ⅱ)界面开始脱黏,发生非线性变形,模量降低→(Ⅲ)界面全部脱黏导致载荷急剧降低→(Ⅳ)外加应力只克服界面摩擦剪应力而发生纤维推出。

与单纤维拔出试验类似,该方法测得的界面剪切强度表达式为

$$\tau = \frac{P}{2\pi r \delta} \tag{9-30}$$

式中,δ 为试样厚度。

纤维顶出试验测试对象是真实的复合材料,不仅可以反映复合材料制备工艺对材料界面性能的影响,还可以监测复合材料在使用过程(疲劳或环境因素)中界面强度的变化。相比于单纤维拔出试验,纤维顶出试验为金属基和陶瓷基复合材料提供了一种合适的,而且能快速获得界面强度的测试方法,但其不适用于低模量的韧性纤维增强的复合材料。对于脆性材料,加载过程可能会导致纤维碎裂,因而对所测试的纤维有一定要求。另外,该方法也不能准确地观察界面的破坏情景或脱黏的位置。

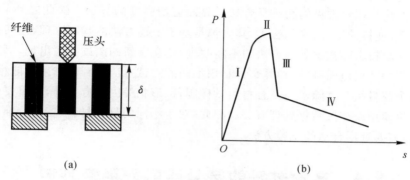

图 9 - 13　纤维顶出试验及其典型的载荷-位移曲线

(a)纤维顶出试验的装置示意图；　(b)典型的载荷-位移曲线图

(3)临界纤维长度法。该方法是依靠剪滞模型发展而来的微观力学试验方法,主要是通过测得复合材料的临界纤维长度 l_c 来间接获得界面的剪切强度。临界纤维长度 l_c 可通过单纤维拔出试验和单纤维断裂试验来测得。

单纤维拔出试验中,用不同长度的纤维嵌入基体,就可以改变纤维的长径比。经过多次试验,当从拔出刚好转为纤维断裂时,嵌入基体的纤维长度应该为 $l_c/2$。由此便测得 l_c,然后通过式(9-24)来获得界面剪切强度。

单纤维断裂试验又称为单纤维拉伸试验,其主要过程是将单根纤维伸直埋入基体材料中,制得合适形状的试样(通常为狗骨形,如图9-14所示),随后沿纤维轴向拉伸试样,由于纤维应变小于基体应变,纤维会首先断裂。只要纤维有足够长,这种断裂就会多次出现,直到余下的纤维长度小于等于 l_c 为止。观察纤维一次或多次断裂,统计纤维断裂后各段的长度,其中最长的那段纤维长度可作为临界纤维长度 l_c。试验中纤维断裂过程示意图如图9-15所示。

图 9 - 14　单纤维断裂试验狗骨形试样示意图

图 9 - 15　单纤维断裂过程示意图

　　对于透明的基体材料,断裂纤维的长度可通过光学显微镜技术获得;对于不透明的基体材料,则可用声发射(AE)法获得纤维断裂时产生的声发射信号,从而得到纤维断裂次数,进而求得纤维断裂段长度的平均值。经验表明,纤维断裂长度分布在 l_c 和 $l_c/2$ 之间,其平均断裂长度可以认为是 $0.75l_c$。最终可求得复合材料的临界纤维长度。此外,为避免基体开裂对声发射信号造成干扰,要求所选基体的断裂应变应比纤维断裂应变高 3 倍以上,并在声发射仪上设置合适的门槛值滤去噪声干扰。因此,该方法不适合测陶瓷基复合材料的界面剪切强度。

　　上述几种方法是比较常见的测试复合材料界面剪切强度的方法。除此之外,还有其他测试方法,如微低包埋拉伸法、微脱黏法等,其大都是基于上述方法的基本原理,在某些部分做出了改进。随着试验技术和数据处理方法的不断改进,还会有新的测试方法出现。另外,不同的试验方法有不同的适用范围,同一种复合材料用不同的测试方法得到的结果可能相差很大,有的甚至相差两个数量级。这除了与复合材料试样制备、形状等因素有关外,更重要的是与测试方法基于的理论模型及相关数据处理有关。因此,对于不同的复合材料,若要较准确地获得界面的结合强度,需要选用合适的试验方法。

9.4　复合材料的模量匹配和强韧机制

　　在界面结合良好的情况下,复合材料的性能还与其模量匹配有关。因此,为设计出高性能复合材料,在了解复合材料界面力学特性的同时,还需要了解纤维与基体模量匹配对复合材料力学性能的影响。

9.4.1　复合材料的模量匹配

　　复合材料的强度和刚性主要由纤维来承担。除界面强度的因素外,基体能否有效传递载荷也是纤维能否有效承担载荷的关键。因此,能否充分发挥纤维的力学性能和提高复合材料的综合性能,取决于纤维与基体的模量匹配程度。

　　由混合法则可知,复合材料的拉伸强度 σ_c 可表示为

$$\sigma_c = \sigma_f V_f + \sigma_m V_m \qquad (9-31)$$

式中,V_m,V_f 分别为基体和纤维的体积分数;σ_m,σ_f 分别为基体和纤维的拉伸强度。若纤维比基体的断裂延伸率低,如聚合物基复合材料和陶瓷纤维增强的金属基复合材料,假设复合材料受力变形过程中界面不发生滑移,则式(9-31)可变为

$$\sigma_c = \sigma_f V_f + E_m \varepsilon_f V_m = \sigma_f V_f + E_m \frac{\sigma_f}{E_f} V_m = \left(V_f + \frac{E_m}{E_f} V_m \right) \sigma_f \qquad (9-32)$$

式中,ε_f 为纤维的断裂延伸率;E_m,E_f 分别为基体和纤维的弹性模量。可见,对于纤维的断裂延伸率比基体低的复合材料,在其他条件不变(如纤维体积分数,纤维强度)的情况下,提高基体和纤维的模量比有利于提高复合材料的拉伸强度。

　　同理可推出,当纤维比基体的断裂延伸率高时,如对于陶瓷基复合材料,则式(9-31)可变为

$$\varepsilon_c = E_f \varepsilon_m V_f + \sigma_m V_m = \sigma_m V_m + E_f \frac{\sigma_m}{E_m} V_f = \left(V_m + \frac{E_f}{E_m} V_f \right) \sigma_m \qquad (9-33)$$

式中,ε_m 为纤维的断裂延伸率。可见,对于纤维的断裂延伸率比基体高的复合材料,在其他条

件不变的情况下,降低基体和纤维的模量比有利于提高复合材料的拉伸强度。

综上可以看出,纤维和基体的模量匹配影响着复合材料的强度。不仅如此,两者的模量匹配还决定着临界纤维长径比和临界纤维长度。由式(9-24)可知,$\left(\dfrac{l}{d}\right)_c = \dfrac{\sigma_{fs}}{2\tau_y}$,其中,$\sigma_{fs}$ 为纤维的断裂强度,τ_y 为基体剪切强度。由式(9-24)可进一步导出

$$\left(\frac{l}{d}\right)_c = \frac{\sigma_{fs}}{2\tau_y} = \frac{\sigma_f E_f}{2\gamma G_m} \tag{9-34}$$

式中,γ 和 G_m 分别为基体的剪切应变和剪切模量。当界面不发生滑移时有复合材料的断裂应变 $\varepsilon_c = \varepsilon_m = \varepsilon_f$,再由剪切应变和轴向应变的关系 $\gamma = \varepsilon(1+\mu)$ 及剪切模量弹性模量的关系 $G = E/2(1+\mu)$,μ 为泊松比,可得

$$\left(\frac{l}{d}\right)_c = \frac{E_f}{E_m} \tag{9-35}$$

由此可见,纤维和基体的模量比越大,复合材料的临界纤维长度就越长,越有利于提高复合材料的韧性。表 9-1 给出了不同复合材料纤维和基体的模量比及其失效模式。

表 9-1　不同复合材料纤维和基体模量比及其失效模式

复合材料体系	纤维基体模量(GPa)比	失效模式	纤维拔出程度
玻璃纤维/环氧	70/4=17.5	混合型断裂	长拔出
Kevlar 纤维/环氧	100/4=25	混合型断裂	长拔出
T300 碳纤维/环氧	230/4=57.5	积聚型断裂	长拔出
T300 碳纤维/Ti	230/100=2.3	混合型断裂	中拔出
Al_2O_3 纤维/Al	360/70=5.1	混合型断裂	中拔出
SiC 纤维/SiC	200/450=0.4	非积聚型断裂	短拔出或无拔出
T300 碳纤维/SiC	230/450=0.5	非积聚型断裂	短拔出或无拔出

对于聚合物基复合材料,纤维的模量远高于基体的模量,临界纤维长度较大。此外,在承载过程中,由于基体与纤维之间的模量和强度相差较大,界面处应力集中效应强,界面容易脱黏,纤维拔出长度大。因此,对于聚合物基复合材料,提高强度的主要途径是提高纤维和基体的界面结合强度。

对于金属基复合材料,纤维的模量与基体的模量比适中,临界纤维长度也适中。因此,在承载过程中界面应力集中效应弱,纤维拔出长度适中。因此,对于金属基复合材料,提高其强度可通过在不损伤纤维的情况下提高界面结合强度来实现。

对于陶瓷基复合材料,纤维的模量和基体的模量相当,临界纤维长度最短,界面应力集中也最弱。但由于陶瓷基体的断裂延伸率很低,基体会先于纤维断裂,其产生的裂纹也会直接穿过纤维,最终导致纤维拔出长度很短,甚至没有拔出,表现为非积聚性断裂。因此,对于陶瓷基复合材料,主要目标是提高其韧性,主要途径是通过界面控制使界面结合强度适中,以使复合材料达到强度和韧性匹配。

9.4.2　复合材料的强韧机制

对于聚合物基和金属基复合材料,材料复合的目的主要是增强。对于连续纤维、短纤维或

晶须增强的聚合物基复合材料和金属基复合材料,增强的机理主要是界面应力传递,使增强体成为主要承力相,进而提高复合材料强度的。对于颗粒增强的聚合物或金属基复合材料,增强的机理主要是阻挡、终止裂纹扩展来提高复合材料强度。

而对于陶瓷基复合材料,其复合的目的主要是增韧。其增韧机理与聚合物基及金属基复合材料有所不同,本节主要介绍陶瓷基复合材料的增韧机理。

1. 颗粒增韧陶瓷基复合材料的增韧机制

增韧颗粒和陶瓷基体的热膨胀系数不匹配而导致颗粒及周围基体内部产生的残余应力场是陶瓷得到增韧的主要根源。颗粒增韧陶瓷基复合材料的增韧机制主要包括微裂纹增韧、裂纹偏转和裂纹桥联增韧、纳米颗粒增强增韧及相变增韧。下面分别做简单介绍。

(1)微裂纹增韧。陶瓷基复合材料中的残余应力可诱发微裂纹,而增韧颗粒和陶瓷基体的热膨胀系数不匹配是产生残余应力的主要因素。由于陶瓷材料一般在高温下制备,当冷却至室温时,便会产生残余热应力。当颗粒的热膨胀系数 α_p 大于基体的热膨胀系数 α_m 时,颗粒处于拉应力状态,而基体径向处于拉伸状态、切向处于压缩状态,如图 9-16(a)所示,这种情况可能产生具有收敛性的环向微裂。此时,裂纹倾向于绕过颗粒在基体中发展,如图 9-16(b)所示,增加了裂纹扩展路径,因而增加了裂纹扩展的阻力,提高了陶瓷的韧性。

若 $\alpha_p < \alpha_m$,则颗粒处于压应力状态,而基体径向受压应力,切向处于拉应力状态,如图 9-16(c)所示,这种情况则可能产生具有发散性的径向微裂。若颗粒在某一裂纹面内,则裂纹向颗粒扩展时将首先直接达到颗粒与基体的界面。此时,如果外力不再增加,则裂纹就在此钉扎。若外加应力进一步增大,裂纹继续扩展或穿过颗粒发生穿晶断裂,如图 9-16(d)所示,或绕过颗粒,沿颗粒与基体的界面扩展,裂纹发生偏转,如图 9-16(e)所示。但因偏转程度较小,界面断裂能低于基体断裂能,这种情况下增韧的幅度也较小。

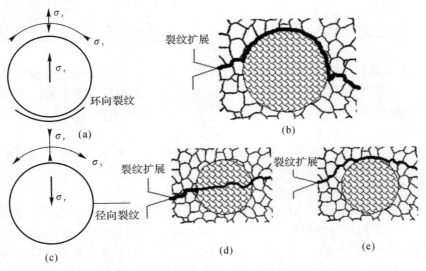

图 9-16 微裂纹增韧示意图

(2)裂纹桥联增韧。裂纹桥联增韧是指当基体出现裂纹后,第二相颗粒像"桥梁"一样牵拉两裂纹面并提供一个使裂纹面相互靠近的应力,即闭合应力,阻止裂纹进一步扩展,从而提高材料的韧性和强度。这是一种裂纹尾部效应,一般发生在裂纹尖端。裂纹桥联增韧示意图如

图 9-17 所示。裂纹在该机制下的发展过程中,可能直接穿过第二相颗粒,出现穿晶破坏,如图 9-17 中颗粒 1,也有可能绕过第二相颗粒,出现裂纹偏转,并形成摩擦桥,如图 9-17 中颗粒 2 所示。

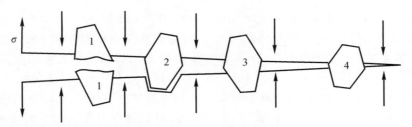

图 9-17　裂纹桥联增韧示意图

当第二相增韧颗粒为金属等延性颗粒时,其增韧机制主要为裂纹桥联增韧。由于金属具有较高的韧性和延展性,当陶瓷基体中的裂纹扩展遇到金属颗粒时,金属颗粒则会发生塑性变形,形成韧带并桥联裂纹,耗散陶瓷基体的断裂能,而当金属韧带最终断裂时,也可通过弹性振动来耗散能量,最终提高陶瓷基体的韧性。当第二相增韧颗粒为脆性材料时,则在存在残余应力或弱界面结合条件下,桥接机制才会起作用。而当第二相颗粒与基体材料的断裂韧性相近时,则需同时满足上面两个条件,颗粒才能阻碍裂纹扩展。

(3)相变增韧。相变增韧是依靠第二相颗粒的相变来提高陶瓷基体的韧性的,这主要是针对于 ZrO_2 陶瓷的相变。ZrO_2 陶瓷在温度变化时会产生如下相变:

$$ZrO_2(单斜相) \xrightleftharpoons{1\,000 \sim 1\,200\ ℃} ZrO_2(四方相) \xrightleftharpoons{2\,370\ ℃} ZrO_2(立方相)$$

ZrO_2 的单斜相($t-ZrO_2$)和四方相($m-ZrO_2$)密度不同,其转变过程中会有 3.25% 的体积变化。当由单斜相向四方相转变时,体积收缩,反之膨胀。除温度变化外,应力也可诱导亚稳态的四方相向单斜相转变。在高温制备时,ZrO_2 颗粒以四方相存在,而冷却至室温时,四方相的 ZrO_2 趋于转变为单斜相。但由于此时 ZrO_2 颗粒周围陶瓷基体的束缚,这种相变受到抑制。因此,在室温时,ZrO_2 颗粒仍以四方相存在,但处于亚稳态,有膨胀变成单斜相的自发倾向。这种倾向使 ZrO_2 颗粒处在压应力状态,同样使基体沿颗粒连线的方向受到压应力。当陶瓷受到外力作用时,其内应力可使四方相的 ZrO_2 约束解除,ZrO_2 颗粒逐渐向单斜相转变。由于这个相变会产生体积膨胀,该效应使基体产生压应变,使裂纹停止延伸,提高了裂纹扩展所需要的能量,从而提高了复合材料的断裂韧性。相变增韧的示意图如图 9-18 所示。

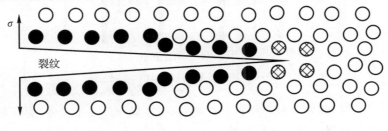

● 已相变的 ZrO_2　　○ 未相变的 ZrO_2　　⊗ 正在相变的 ZrO_2

图 9-18　相变增韧示意图

由于 ZrO_2 相变在 1 100 ℃左右,故对于高温下(大于 1 000 ℃)工作的结构陶瓷,ZrO_2 不能起到增韧效果。考虑到 Hf 与 Zr 同属ⅣB族,外围电子构型相同,HfO_2 和 ZrO_2 的晶体结构相同,相变过程和物理性质都非常类似。其相变过程如下:

$$HfO_2(单斜相) \xLeftrightarrow{1\,700\sim1\,865\,℃} HfO_2(四方相)$$

因而有学者研究 HfO_2 陶瓷的增韧过程。但由于其在中低温下的四方相难以稳定且 HfO_2 在晶型转变时的体积变化仅为 ZrO_2 体积变化的1/3,故其增韧效果不如 ZrO_2,还有待进一步研究。

(4)纳米颗粒增韧。当向陶瓷基体添加第二相纳米颗粒时,可以起到明显的增韧效果。例如,向 Al_2O_3 陶瓷中添加 $w=5\%$ 的 SiC 陶瓷颗粒时,可以明显提高 Al_2O_3 陶瓷的断裂韧性。但目前纳米颗粒增强或增韧机制尚没有共识,提出的机制主要有以下几种:

1)细化理论。该理论认为纳米颗粒的引入可以有效抑制陶瓷基体晶粒的异常长大,减小基体的微缺陷,使基体结构均匀细化,从而提高陶瓷基体的断裂韧性。

2)穿晶理论。该理论认为由于纳米颗粒和基体颗粒粒径有着数量级的差异,纳米颗粒的表面能高,烧结活性大,在复合材料烧结时,可形成将纳米颗粒包裹在基体晶粒内部的“晶内型”结构。该结构可降低主晶界作用,进而造成裂纹扩展时穿过晶粒而形成穿晶断裂,从而提高材料的断裂韧性。

3)钉扎理论。氧化物陶瓷高温强度下降的主要原因是由于晶界的滑移、孔穴的形成和扩散蠕变等。钉扎理论认为纳米颗粒可阻碍晶界滑移、孔穴形成和蠕变,产生钉扎效应,从而改善氧化物陶瓷的高温强度。

实际中的颗粒增韧陶瓷基复合材料的增韧机制往往不只是一种,而是几种机制的共同作用。而针对不同的复合材料,各个增韧的主导机制会有所不同。

2.纤维增韧陶瓷基复合材料的增韧机制

纤维增韧是陶瓷材料实现增韧的主要途径,其增韧机制和颗粒增韧有较大不同。纤维增韧的主要机制有裂纹偏转、界面脱黏、纤维拔出及纤维桥联等。此处以图 9-19 为例对纤维增韧机制进行介绍。

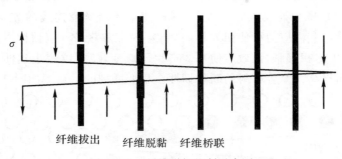

图 9-19　纤维增韧机制示意图

当裂纹在纤维增韧陶瓷基复合材料中扩展时,会在界面处发生偏转,裂纹偏转增加了裂纹扩展所需要的能量,可提高复合材料韧性。这在晶须、短纤维增韧的陶瓷基复合材料中起主要作用。该机制的增韧效果和增韧相的长径比有关,增韧相的长径比越大,裂纹偏转的增韧效果就越好。这种增韧机制对层状结构的陶瓷材料或具有层状结构界面的陶瓷材料更为重要。图

9 - 20 所示为裂纹在$(PyC - SiC)_n$界面层中扩展的路径图。

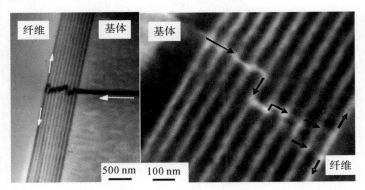

图 9 - 20　裂纹在$(PyC - SiC)_n$界面层中扩展的路径图

　　由于陶瓷基复合材料一般选用弱界面,因而当裂纹扩展至增韧相和基体结合处时,会发生纤维脱黏。纤维脱黏后产生了新的表面,从而吸收裂纹扩展的能量。虽然纤维或界面单位面积的表面能很小,但当脱黏纤维较多时,总的脱黏纤维的表面能可达到很大的值。若假设纤维脱黏能等于由于应力释放引起的纤维上的应变释放能,则每根纤维的脱黏能量 ΔQ_p 可表示为

$$\Delta Q_p = \frac{\pi d^2 \sigma_{fu}^2 l_c}{48 E_f} \qquad (9 - 36)$$

式中,d 为纤维直径;σ_{fu} 为纤维断裂强度;l_c 为临界纤维长度;E_f 为纤维弹性模量。

　　可以看出,当临界纤维长度 l_c 较大时,即复合材料界面结合较弱时,单根纤维的脱黏能较大。考虑到纤维的体积分数,则当纤维体积分数较大时,纤维总的脱黏能较大。

　　若裂纹继续扩展,纤维便发生断裂。纤维断裂会消耗一部分能量,也会使裂纹尖端应力松弛,从而减缓裂纹的扩展。纤维拔出则是指靠近裂纹尖端的纤维在外应力作用下沿着它和基体的界面滑出的现象。纤维拔出发生在脱黏之后,拔出过程需克服阻力做功,从而消耗能量,提高陶瓷基体的韧性。单根纤维拔出需做的功 ΔQ_w 等于拔出纤维时克服的阻力乘以纤维拔出的距离,可通过下式简单地表示:

$$\Delta Q_w = \frac{\pi d^2 \sigma_{fu} l_c}{16} \qquad (9 - 37)$$

　　与纤维脱黏能相比,得 $\Delta Q_p / \Delta Q_w = \sigma_{fu} / 3 E_f$。由于 $\sigma_{fu} < E_f$,因而纤维拔出能总大于纤维脱黏能,纤维拔出的增韧效果要比纤维脱黏更强,是纤维增韧陶瓷基复合材料中更重要的增韧机理。

　　此外,在裂纹尖端,还存在纤维的桥联作用。这和颗粒增韧中的桥联机制类似。尤其是对于特定位向和分布的纤维,裂纹很难偏转,只能沿着原来的扩展方向继续扩展,这种增韧机制更为重要。

　　不同增韧机制反应在拉伸应力-应变曲线上如图 9 - 21 所示。

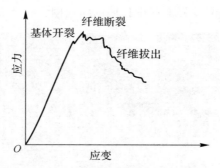

图 9-21　纤维增韧陶瓷基复合材料的应力-应变曲线

9.5　本章小结

　　复合材料通过界面将载荷从基体传递到增强体上,界面和基体能否有效传递载荷决定着复合材料的总体性能。基体模量不同导致复合材料对界面强度要求不同:聚合物基复合材料和金属基复合材料一般要求强界面,而陶瓷基复合材料则一般要求弱界面。基体模量和界面强度共同影响复合材料的失效模式。因而,若想得到理想的失效模式,必须选择适当的基体模量和界面强度。

　　不同类型的复合材料有不同的强韧机制:对于聚合物基复合材料和金属基复合材料,复合的目的主要是增强,可通过混合法则解释其增强机制;对于陶瓷基复合材料,复合的目的主要是增韧,其增韧机制为纤维脱黏和拔出。

习　　题

　　1.界面按基体模量分类,可分为哪几种? 其沿纤维方向的应力分布是怎样的?

　　2.什么是临界纤维长度? 它与什么因素有关?

　　3.纤维增强复合材料的失效模式有哪几种? 分别有什么特点? 如何设计复合材料才能使纤维有效承载?

　　4.简述几种界面强度的测试方法。

　　5.颗粒增强复合材料的强韧机制有哪些? 纤维增强复合材料的强韧机制有哪些?

第10章　复合材料的设计与工艺原理

10.1　概　　述

复合材料的多样性决定了其设计方法的多样性,其主要设计理念有"微结构-性能""材料-结构"和"跨尺度闭环设计"等。"微结构-性能"一体化设计理念是指材料的性能取决于材料的多尺度微结构,通过对材料微结构的设计,达到某种性能要求;"材料-结构"一体化设计理念是指在进行宏观的结构设计时,考虑材料的因素,从材料的多尺度微结构和宏观结构两方面进行优化设计,达到某种使用要求;"跨尺度闭环设计"理念是指根据某种使用要求,设计材料的多尺度微结构及其制备工艺,并通过考核验证或优化设计结果。

在复合材料设计完成后,制备工艺原理就是制备性能优异复合材料的基础。复合材料制备工艺方法主要有液相法、气相法和固相法。不同的工艺方法有不同的原理,本章将分别予以介绍。

10.2　复合材料的设计原理

复合材料设计过程都需包括复合材料的微观结构设计和宏观结构设计。复合材料的微观结构设计中界面设计占有重要地位,而宏观结构设计中比较重要的是预制体结构设计。因而,本章主要介绍界面设计和预制体结构设计。

10.2.1　复合材料界面设计

由第9章的内容可知,不同类型的复合材料对界面强度的要求不同。为了得到理想的复合材料,需重点对界面进行设计。不同类型的复合材料,所涉及的问题不同,其设计方法有所不同。

1.聚合物基复合材料界面设计

一般,聚合物基复合材料要求强界面结合,而一般纤维与聚合物的结合性较差。因此,聚合物基复合材料的界面设计主要是增强界面反应,提高基体与增强体的结合强度。对于不同的纤维,可采用不同的方法。

对于玻璃纤维,一般采用偶联剂涂层的方法对纤维表面进行处理。偶联剂的分子两端通常含有两种性质不同的基团:一端的基团能与纤维表面发生化学或物理作用;另一端的基团则能和聚合物发生反应,从而使纤维和基体能很好地偶联起来,获得良好的界面黏结强度,改善复合材料性能。下面以有机硅烷偶联剂为例来说明玻璃纤维表面的处理过程。

对于玻璃纤维表面的处理过程,根据发生的反应可分为以下四步:

第一步是与水作用。玻璃纤维表面吸水,生成羟基,有机硅烷水解则生成硅醇。反应如图

10-1 所示（R 表示有机基团，X 可以是卤基，也可以是—OCH_3，—OC_2H_2 等基团）。

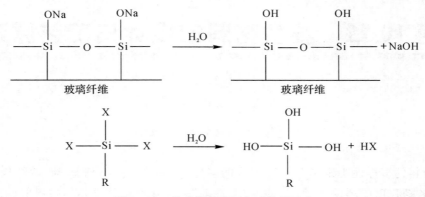

图 10-1 玻璃纤维表面与水作用反应

第二步是吸水后的玻璃纤维表面和硅醇表面生成氢键，同时硅醇分子间也会生成氢键，如图 10-2 所示。

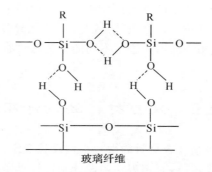

图 10-2 玻璃纤维处理过程中氢键的形成

第三步是低温干燥，硅醇之间在该阶段发生醚化反应，如图 10-3 所示。

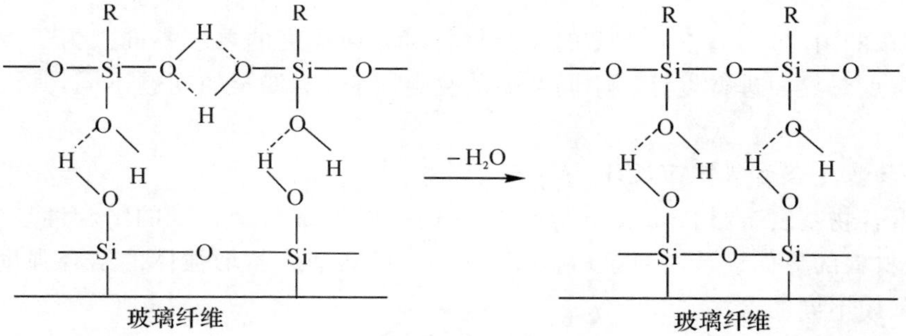

图 10-3 玻璃纤维低温干燥处理中的醚化反应

第四步是高温干燥，进一步脱水，使硅醇和玻璃纤维表面之间发生醚化反应，如图 10-4 所示。

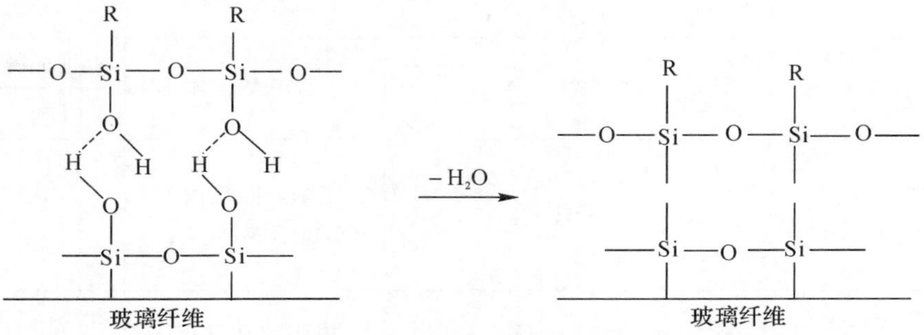

图 10-4　玻璃纤维高温干燥处理中的醚化反应

　　通过以上四步,偶联剂便和玻璃纤维表面结合起来。由于该结合为化学键结合,因而其结合比较牢固。然而这仅是理想的单分子反应机制,在实际处理过程中还会有其他结合机制。不同的偶联剂在玻璃纤维表面处理的过程类似,常用的偶联剂有有机硅烷、有机络合物和钛酸酯等。由于偶联剂一端与基体反应,另一端含有不同的基团,因而经过每种偶联剂处理的纤维,都有自己相应基体聚合物适用范围。表 10-1 给出了常用偶联剂的结构及其对基体聚合物的适用性。

表 10-1　常用偶联剂的结构及其对基体聚合物的适用性

类别	化学名称	结构式	适用聚合物	商品牌号或名称	
				国内	国外
有机硅烷	γ-氨丙基三乙氧基硅烷	$H_2N(CH_2)_3Si(OCH_3)_3$	环氧,酚醛,三聚氰胺,聚酰亚胺,PVC	KH-550	A-1100
	γ-(2,3环氧丙氧基)丙基三甲氧基硅烷	H_2C——CH—$CH_2O(CH_2)_3Si(OCH_3)_3$　O	环氧,聚酯,酚醛,三氧氰胺,PA,PC,PS,PP	KH-560	A-187 Y-4087 Z-6040
	γ-甲基丙烯酸丙酯基三甲氧基硅烷	H_2C=C—$CO(CH_2)_3Si(OCH_3)_3$　CH_3　O	环氧,聚酯,PE,PMMA,PP,ABS	KH-570	A-174 Z-6030 KBM-503
	γ-硫基丙基三甲氧基硅烷	$HS(CH_2)_3Si(OCH_3)_3$	环氧,酚醛,聚氨酯,合成橡胶,PS,PVC	KH-590	A-189 Z-6060 KBM-803
	对-羧基苯基二甲氧基氟硅烷	$HOOC$—⬡—Si—$(OCH_3)_2$　F	聚苯并咪唑		AF-CA-102

续 表

类别	化学名称	结构式	适用聚合物	商品牌号或名称	
				国内	国外
有机络合物	甲基丙烯酸氯化铬盐	CH_3 O—$CrCl_2$ C—C OH CH_2 O→Cl_2Cr	聚酯,环氧,酚醛,PE,PP,PMMA	沃兰	Volan
钛酸酯	异丙基三异钛酰钛酸酯	$(CH_3)_2CH-O-Ti[O-C(C_{17}H_{35})_3]_3$	用于改进工艺性能,适用范围广泛		TTS

对玻璃纤维进行偶联剂处理后,可以显著提高聚合物与纤维的结合强度,复合材料的力学性能和耐环境介质稳定性显著提高。

对于碳纤维,高模量碳纤维一般经过高温石墨化处理,表面非常光滑,比表面能很低,而且大部分的表面积都存在于碳纤维表面轴向的条纹中。因此,用未经表面处理的碳纤维制备的聚合物基复合材料强度一般较低。碳纤维表面处理的方法较多,主要有氧化法、化学气相沉积法、电聚合与电沉积法以及等离子体处理法等。

(1)氧化法是较早采用的碳纤维表面处理技术,其目的在于增加纤维表面粗糙度和极性基含量。该方法又可按氧化介质的形态分为液相法和气相法。液相法的氧化介质为液体,这又可以分为直接氧化和阳极氧化两种方式。直接氧化就是将碳纤维浸入浓硝酸、次氯酸钠、磷酸、高锰酸钾/硫酸等氧化剂中一定时间,然后充分洗涤即可。这种方法处理效果缓和,对纤维力学性能影响较小,不仅可增加纤维表面粗糙度,还可以增加纤维表面的羧基含量。但这种工艺过程对环境污染严重,工业上已很少采用。阳极氧化是目前工业上使用得较普遍的一种氧化处理方法。其主要过程是用碳纤维作阳极,镍板或石墨电极作阴极,在 $NaOH$,NH_4HCO_3,HNO_3,H_2SO_4 等电解质溶液中通电处理,处理后尽快洗去纤维表面的电解质。气相法使用的氧化介质一般为臭氧、空气或空气中加入一定量的氧气,通过改变氧化剂的种类、处理温度和处理时间来改变纤维氧化程度。该方法设备简单、操作方便、反应快、可连续处理,但反应不易控制,容易向纤维纵深氧化,从而导致纤维力学性能严重下降。因此,需精心选择氧化条件和严格控制工艺参数,在空气中加入二氧化硫、卤素或卤化物可抑制纤维深度氧化。

(2)化学气相沉积法是指在高温或还原性气氛中,烃类、金属卤化物等以碳、碳化物、硅化物等形式在纤维表面形成沉积膜或生长晶须。因此,这种工艺有时也称为"晶须化"。该方法既可以改善纤维表面的形态结构,又可以引入希望的新元素,使纤维具有特殊性能。例如,将SiC 沉积到碳纤维表面,不仅可以提高复合材料的力学性能,还可以提高其耐热性。另外,化学气相沉积法还可以用于金属基和陶瓷基复合材料的纤维表面改性。此方法的缺点在于沉积到纤维表面的沉积物可能不均匀,因而影响处理效果。

(3)电聚合法是以电化学聚合反应来对碳纤维进行表面改性的技术。与阳极氧化法类似,仍用碳纤维作阳极,需在电解液中加入丙烯酸酯类、苯乙烯、醋酸乙烯和丙烯腈等不饱和单体,利用电极反应产生自由基,在碳纤维表面发生聚合。由于电解液中的单体也会聚合,因而该方法的浪费较大。电沉积法和电聚合法类似,也是利用电化学的方法使聚合物沉积到纤维表面的条纹和孔槽,完全致密地覆盖在纤维表面,改善纤维表面的物理黏附性能。

(4)等离子体处理法是将碳纤维放入等离子体室中,然后在负压状态下,依靠电离稀薄气体对纤维表面进行处理。稀薄气体可以是活性气体,如 O_2,NH_3,SO_2,CO 等,也可以是惰性气体,如 He,N_2,Ar 等。等离子体又可分为热等离子体、低温(冷)等离子体和混合等离子体。目前处理纤维表面的主要为低温等离子体。低温等离子体处理是一种气-固反应,所需能量较热化学反应低,改性仅发生在纤维表层,不影响纤维本体性能。该方法还有作用时间短、效率高的优点。

除上述介绍的几种方法外,对碳纤维的表面处理方法还有高能辐照、聚合物涂层、表面化学接枝、超声波改性等多种改性方法,有兴趣的读者可以查询相关文献,在此不再进行一一介绍。

聚合物基复合材料常用的纤维还有 Kevlar 纤维、超高相对分子质量聚乙烯纤维等。这些纤维表面处理的方法相对较少,一般可通过等离子体进行处理。

2.金属基复合材料界面设计

金属基复合材料中大部分都存在界面反应,所生成的化合物厚度都较大。界面设计的目的是设置基体和增强体化学反应的障碍,以降低反应速率。常用的方法是增强体表面涂层处理,向基体中添加合金元素,降低制备温度等。

增强体表面涂层处理是比较常见的一种界面控制方法。该方法不仅可以抑制增强体与基体之间的化学反应,还可以改善两者之间的润湿性。例如,对于碳纤维增强铝基复合材料,该复合材料的制备温度一般在 500 ℃以上,此时会发生反应 $4Al+3C \Longrightarrow Al_4C_3$。该反应不仅会损伤纤维,还会生成脆性相的 Al_4C_3,明显降低复合材料性能。化学气相沉积制备的 SiC 涂层可以有效地抑制这种反应。但 SiC 和 Al 之间在 620 ℃以下不存在界面反应,不能实现强界面结合,还需在 SiC 涂层上制备 SiO_2 涂层。SiO_2 与液态 Al 存在界面反应 $3SiO_2+4Al \Longrightarrow 2Al_2O_3+3Si$,这种反应可以通过控制 SiO_2 涂层的厚度来加以控制,以实现界面的强结合而又不对纤维产生损伤。最终该复合材料的体系为 $C/SiC/SiO_2/Al$。

综上可看出,涂层处理较为复杂,而且制备涂层的纤维柔韧性很差,不容易制备编织体复合材料及复杂件。与表面涂层相比,向基体中添加合金元素是比较简单和廉价的改善动力学的方法。对于由碳纤维增强的金属基复合材料,原则上向基体中添加能与碳反应生成碳化物的元素都能改善动力学相容性,如 Ti,Si,Cr 等。这是因为碳纤维表面生成的碳化物会都是有效的扩散阻挡层。如果添加元素可使液体表面能减少,还可以改善润湿性。例如颗粒增强的复合材料加入碱性或碱土元素会使陶瓷类颗粒表面氧化物化学还原,造成界面能下降,提高与基体的润湿性。对于不同的金属基体,一般需根据其特点选择相应的添加元素。

制备工艺对金属基复合材料的组织和性能有十分重要的影响。不同的制备方法,所需的制备温度和高温下的保持时间不同,这也是影响界面反应的关键因素。只有将基体和增强体加热到一定温度,基体才能进入增强体的间隙中。温度高有利于基体浸渗,但高温会导致界面反应严重,且高温下保温时间越长,界面反应也越严重。因此,制定工艺参数时,应在确保金属基体与增强体良好结合的前提下,选择尽可能低的制备温度,保温时间尽可能短。为此,可选择加压渗透等方法降低制备温度。

3.陶瓷基复合材料界面设计

陶瓷基复合材料一般要求界面结合强度较弱,以提高韧性。增强体与基体之间的反应层一般比较均匀,对纤维和基体都能很好地结合。但若发生严重的界面反应,将不利于陶瓷基复合材料的增韧。此时需要进行控制界面反应,主要方法是通过合适的工艺来降低反应温度,抑制界面反应。例如碳纤维增强氮化硅复合材料,采用无压烧结时,由于温度较高,纤维和基体会发生反应 $Si_3N_4 + 3C \Longrightarrow 3SiC + N_2$,导致复合材料性能下降;若采用等静压烧结工艺,则由于温度较低和压力较高,上述反应明显得到抑制,材料性能也明显提高。

对于部分陶瓷基复合材料,需单独制备出界面相。不管是单层界面相还是多层界面相,其设计参数主要包括两类:一是界面相材料的种类,即组分和微结构,二是界面相材料的物理尺度,即厚度和层数(仅对多层界面相而言)。由于陶瓷基复合材料的应用背景主要是高温甚至超高温的非惰性、非常压的复杂恶劣环境,因而界面的优化设计既要包括以强韧化为目标的力学性能优化,还要实现材料在服役过程中的环境性能优化,最终实现力学性能与环境性能的协同优化。

图 10-5 所示为 C/SiC 复合材料热解碳界面层的厚度对其载荷-位移的影响。可以看出,界面层较薄时的 C/SiC 复合材料呈脆性破坏;界面层厚度合适时,C/SiC 不仅强度高,而且呈韧性断裂;界面太厚时,由于剪切破坏,C/SiC 的强度和韧性都有所下降。实验表明,C/SiC 复合材料热解碳界面层的最佳厚度范围是 140~220 nm。该厚度范围可使碳纤维与基体之间形成适当弱的结合强度,既能有效缓解两者的热膨胀失配应力,又可以充分发挥热解碳界面相的裂纹偏转和载荷传递功能,从而使复合材料的弯曲强度稳定在相对较高的水平。

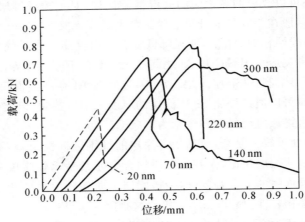

图 10-5　热解碳界面层厚度对 C/SiC 复合材料载荷-位移关系的影响

界面层厚度对 C/SiC 复合材料的环境性能也有重要影响。图 10-6 所示为 700 ℃纯氧环境下界面层厚度对 C/SiC 复合材料的性能影响。可以看出,不同的氧分压下,界面层的最优厚度不同。此外,在不同温度和不同环境下,界面层的最优厚度也有所差异。西北工业大学超高温结构复合材料重点实验室对此进行了系统的研究,并给出了 3D C/SiC 复合材料不同环境下的界面层最优厚度,即纯氧环境条件下:700 ℃,70 nm;1 300 ℃,220 nm;纯水环境条件下:1 200~1 300 ℃,140~220 nm;融盐腐蚀介质环境条件下:1 300~1 500 ℃,220 nm。

除界面层厚度外,界面的热处理也可以对复合材料性能产生显著影响。对于不同纤维的复合材料,界面热处理对复合材料的结构和性能有着不同的影响。这需根据复合材料的特征来选择热处理工艺。

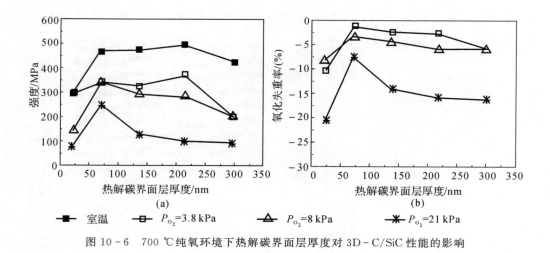

图 10 - 6　700 ℃纯氧环境下热解碳界面层厚度对 3D - C/SiC 性能的影响

10.2.2　复合材料预制体结构设计

部分复合材料制备时是增强体和基体复合与成型同时进行,而部分复合材料需要先成型再复合。称这类先成型再复合的复合材料成型后的结构为预制体。掌握预制体结构特征是进行复合材料结构设计的基础。

预制体按其纤维构造可分为线性(1 维,1D)、平面(2 维,2D)和立体(3 维、3D)等三大类。

(1)1 维复合材料,有时也称为单向结构复合材料,是指复合材料中所有纤维均处于同一个方向,这个方向一般也是复合材料承载方向。第 9 章介绍的复合材料力学特征很多都是针对 1 维复合材料的。纤维束或纤维丝复合材料也属于此类。纤维束、纤维丝与单根纤维的力学特征有所不同。根据 Coleman 和 Daniles 等的研究,纤维束与纤维丝强度直接的关系可通过下式表示:

$$\sigma_N = \sigma_\infty + 0.996BN^{-\frac{2}{3}} \tag{10-1}$$

式中,σ_N 为纤维束强度;N 为纤维束内纤维根数;σ_∞ 为纤维根数趋于无穷大时,纤维束的渐近平均强度;B 为纤维强度系数,当纤维种类、纤维直径、试样长度确定时,B 是一个定值。

可以看出,纤维束的强度和纤维根数有关。纤维根数越多,纤维束平均强度越低,但并不会趋于 0,而是存在着一个极限值。此外,纤维单丝强度虽然高于纤维束强度,但其离散性较大,而合并成束后强度虽然降低,但变得相对集中,这对提高复合材料的性能可靠性具有积极意义。

(2)2 维(2D)结构复合材料的增强相是按照一定铺设角度堆积的各单层(即传统层合板复合材料)或 2 维织物,如 2D 机织(平纹、斜纹和缎纹)、针织(径向和纬向)和编织布(双向和 3 向)等。现在应用的复合材料大部分都是这种结构形式。其特点是无论含有几个方向的纤维束,它们都位于平面内,其特性以相邻纤维束的间距、纤维束尺寸、每个方向上纤维束的含量、纤维束的填充效率和交织的复杂程度来表征。2 维叠层结构如图 10 - 7 所示。平纹、斜纹和缎纹的结构如图 10 - 8 所示。

目前比较常见的 2D 叠层结构是由平纹层叠而成的。该类复合材料具有较高的面内力学性能,适用于制备面内力学性能要求较高的薄壁构件。其主要缺点是层间剪切强度差,尤其是截面较厚时表现更为明显,产品形状受限;由于没有 Z 向纤维,较易分层和产生裂纹。

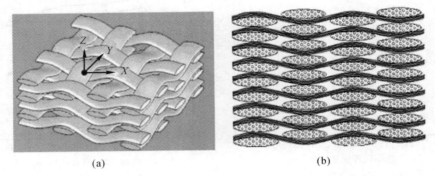

(a)　　　　　　　　　　　　(b)

图 10 - 7　2D 叠层结构示意图

(a)叠层立体示意图;　(b)Z 向侧面示意图

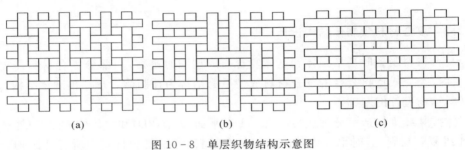

(a)　　　　　　　　　(b)　　　　　　　　　(c)

图 10 - 8　单层织物结构示意图

(a)平纹;　(b)斜纹;　(c)缎纹

　　(3)2.5D 编织结构复合材料是 3 维编织复合材料领域中的一个重要分支,其预制件是采用机织或编织加工而成的。该预制件通过纬纱和经纱之间缠绕形成互锁,纤维束在厚度方向上以一定角度进行交织,材料的整体性较好,具有良好的剪切性能和很强的可设计性,如图 10 - 9 所示。2.5D 编织结构复合材料避免了 2 维复合材料层间性能差和 3 维编织复合材料工艺复杂的缺点,降低了制造成本、缩短了生产周期,且易于制备回转构件,如头锥、壳体等复杂结构件。2.5D 编织结构复合材料本身又包括多种多样的结构,诸如浅交直联、弯交浅联等,再配合不同的纤维原料、粗细、织物密度、织造张力及复合用料,可满足不同的力学性能要求。

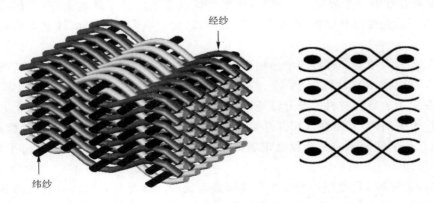

图 10 - 9　2.5D 编织结构示意图

2.5D 针刺预制体是另一种应用较广的 3 维结构复合材料。针刺技术主要过程:先将纤维布,胎网层(无序结构的纤维层)交替层叠,再通过刺针将其进行接力针刺,依靠倒向钩刺把胎网层中的部分水平纤维携带至 Z 向,产生垂直的纤维簇,使纤维布和胎网层相互缠结,相互约束,形成平面和 Z 向均有一定强度的准 3 维独特网络结构预制体。2.5D 针刺结构有时也称 3 维针刺结构,其结构示意图如图 10 - 10 所示。2.5D 针刺结构结合了 2D 和多维编织结构的优点,即在面内具有较好的力学性能,同时大大提高了复合材料的层间力学性能;针刺纤维束和胎网层的孔隙相互贯穿,为后续基体的填充提供了有利条件。

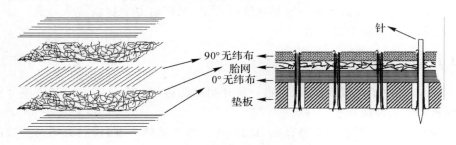

图 10 - 10 3 维针刺结构示意图

(4)航天工业的发展要求其部件和结构具有承受多向载荷应力和热应力的能力,故 3D 结构复合材料应运而生。该结构预制体在 X,Y 和 Z 三个方向上都有纤维,且每个方向上纤维体积分数差别不大,如图 10 - 11 所示。3D 复合材料在各个方向上具有相同优异的性能,其缺点主要是制备成本较高。

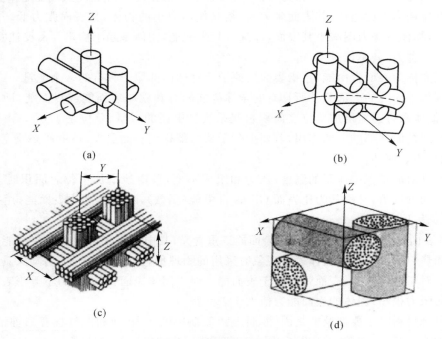

图 10 - 11 三维穿刺预制体结构示意图
(a)单丝矩形; (b)单丝圆柱形; (c)复丝矩形; (d)结构单胞

除上述纤维预制体结构外,还有其他多种预制体结构,如 3 维 4 向、叠层缝合等,在此不再一一介绍。

10.3 复合材料的工艺原理

复合材料设计是基础,复合材料制备是关键。在制备复合材料之前,还需了解复合材料的制备工艺原理。不论哪种类型的复合材料,其制备方法在大类上都可分为液相法、气相法和固相法。三种方法主要涉及的问题分别是润湿动力学、沉积动力学和烧结动力学。每个问题的侧重方向不同,下面分别予以介绍。

10.3.1 润湿动力学

第 6 章简单介绍了润湿现象,这里进一步介绍润湿过程。首先需要先知道两个重要的概念,即表面张力和表面能。

固体或液体中每个质点周围都存在力场。在固体或液体内部,质点力场是对称的。但在表面,质点排列的周期重复性中断,处于表面层质点力场的对称性被破坏,即一方面表面质点受到体相内相同物质原子的作用,另一方面受到性质不同的另一相物质原子的作用,该作用力不能相互抵消,因而界面处分子会显示出一些独特性质。材料表面原子受到体相内相同物质原子的作用力大于与之接触的另一相物质对其的作用力,于是表面原子就沿着与表面平行的方向增大原子间的距离,总的结果相当于有一种张力将表面原子间的距离扩大了,称此力为表面张力。不同材料(液体)的表面张力不同,这与分子间的作用力(包括色散、极性和氢键)大小有关。相互作用大的物体,其表面张力高;相互作用力小的物体,其表面张力低。但不论表面张力大小,物体总是力图减小其表面,以降低其表面能,使体系趋于稳定。需要注意的是,表明张力不是一种力,其单位是 N/m。

表面能亦称为表面自由能,系指表面层原子比物体内部原子具有的多余能量。或者说,表面层中或两相界面处的全部分子所具有的全部势能的总和就叫表面能或界面能,即在恒温恒压条件下,使体系可逆地增加单位表面积引起系统自由能的增量,单位是 J/m^2。由于表面层的分子都受到指向内部的力的作用,若要把分子从内部移到表面层去,环境就必须克服这个力而做功,此功为表面功。

比表面自由能是保持体系的温度、压力和组成不变,可逆地增加单位表面积时,Gibbs 自由能(函数)的增加值,又称其为比表面 Gibbs 自由能(函数),或简称为比表面能,用符号 γ 或 σ 表示,单位为 J/m^2。

γ 具有表面张力、表面自由能和比表面能三重含义,其中表面张力和表面自由能分别是用力学方法和热力学方法研究液体表面现象时采用的物理量,具有相同的量纲,却又具有不同的物理意义。对于液体表面,表面张力等于表面能。对于固体表面,表面张力不等于表面能。由于固体表面张力很小,固体的表面能数值大于表面张力。

制备复合材料时主要涉及的是固-液润湿和毛细现象。固-液润湿过程有三种情况,分别如图 10-12(a)(b)和(c)所示。设气-固、气-液和固-液的界面张力分别为 σ_{g-s},σ_{g-l} 和 σ_{l-s}。下面分别对三种情况讨论。

图 10-12(a)所示是将气-液界面和气-固界面转变为液-固界面的过程。当界面均为 1 个

单位面积时,在恒温、恒压下,这个过程中系统的吉布斯自由能变化为

$$\Delta G_{a} = \sigma_{g\text{-}s} - \sigma_{g\text{-}l} - \sigma_{l\text{-}s} \tag{10-2}$$

图 10-12(b) 所示是将气-固界面转变为液-固界面的过程,而液体表面在这个过程并没有变化。同理,当界面均为 1 个单位面积时,在恒温、恒压下,这个过程中系统的吉布斯自由能变化为

$$\Delta G_{b} = \sigma_{l\text{-}s} - \sigma_{g\text{-}s} \tag{10-3}$$

在图 10-12(c) 中,液-固界面取代了气-固界面的同时,气-液界面也扩大了同样的面积。该润湿过程又称为铺展。在恒温、恒压下,当铺展面积为一个单位面积时,系统的吉布斯自由能变化为

$$\Delta G_{c} = \sigma_{l\text{-}s} + \sigma_{g\text{-}l} - \sigma_{g\text{-}s} \tag{10-4}$$

此时 $-\Delta G_c$ 又成为铺展系数,记为 S。当 $S \geqslant 0$ 时,液体可以在固体表面自动铺展,这是复合材料制备时的理想状态。碳纤维表面处理的目的就是提高 $\sigma_{g\text{-}s}$,以达到聚合物在纤维表面自动铺展的目的。

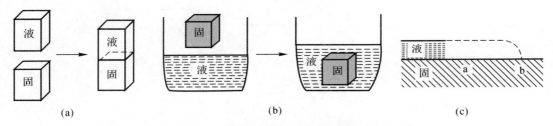

图 10-12 固-液润湿的三种过程示意图

以上只是从热力学角度对润湿情况进行分析,但在实际应用中,只有 $\sigma_{g\text{-}l}$ 可通过实验获得,$\sigma_{l\text{-}s}$ 和 $\sigma_{g\text{-}s}$ 尚无法直接测定。为此,人们引入了接触角的概念。根据图 6-3,平衡时三个界面张力在三相交界线任意点上,力的矢量和为零,可得界面张力和接触角的关系为

$$\sigma_{g\text{-}s} = \sigma_{l\text{-}s} + \sigma_{g\text{-}l}\cos\theta \tag{10-5}$$

这便是著名的杨氏方程(Young 方程),又称为润湿方程。在用液态法进行复合材料制备时,可以先测定基体和纤维的接触角。若接触角太大,需改善纤维表面或基体特性,以提高两者润湿性。

而在工业生产中,通常不会有足够的时间给予有关体系达到热力学平衡。因此,在复合材料制备时还需考虑润湿的动力学问题。假设任意时刻液体界面张力 $\sigma_{g\text{-}l}$ 与液固界面张力 $\sigma_{l\text{-}s}$ 的夹角为 φ,液体黏度为 η,单位流体宽度为 δ。则 φ 随时间变化的关系式为

$$\frac{\mathrm{d}\cos\varphi}{\mathrm{d}t} = \frac{\sigma_{g\text{-}l}}{\eta\delta}(\cos\theta - \cos\varphi) \tag{10-6}$$

式(10-6)表明,液体的黏度越大,其趋向平衡的速率越小;液体越趋近平衡状态,其流动速率越小,甚至趋于零,这与实验结果一致。因此,在制备复合材料时,常常采用其他辅助措施,以得到最佳的润湿速率。

上述讨论是基于固体表面平坦的情况进行的。实际上,纤维表面,如 T300 碳纤维,是比较粗糙的,有很多沟壑。此时,润湿过程由所施压力驱动。Bikerman 假设一个 V 形凹槽缝隙组成的固体表面模型,如图 10-13 所示。当 V 形凹槽有一部分被液体润湿填充时,其跨越曲

面所施加的压力可由 Laplace 毛细公式给出,即

$$\Delta P = \frac{\sigma_{g-1}}{r} \qquad (10-7)$$

r 为曲率半径,由 $x_1 = r\cos(\theta - \alpha)$ 可得

$$\Delta P = \sigma_{g-1}\cos(\theta - \alpha)/x_1 \qquad (10-8)$$

进一步推导可得

$$\frac{dy}{dt} = -\frac{x_0\cos(\theta-\alpha)\sigma_{g-1}}{3\eta}\left(\frac{1}{y} - \frac{1}{y_0}\right) \qquad (10-9)$$

由式(10-9)可以看出,y 越接近 y_0,润湿速率越慢。这暗示固体表面的缝隙永远不能被完全充满,且液体黏度越大,填充缝隙所需时间越长。而从式(10-8)可以看出,只需加相当小的压力就能加速润湿。因此,很多复合材料制备工艺中都有加压辅助工艺。

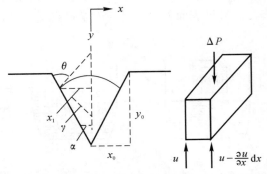

图 10-13　液体部分渗入 V 形凹槽的截面形态和附加压力图解

由于多孔体中孔隙的直径一般都小于 1 mm,因而用液相法制备复合材料时还会有明显的毛细现象。毛细现象是指毛细管插入浸润液体中,管内液面上升,高于管外,毛细管插入不浸润液体中,管内液体下降,低于管外的现象。下面分析毛细现象在复合材料制备时的应用。

由于毛细管直径较小,因而可以忽略重力的作用。在没有外力作用的情况下,浸渗过程中液体受到的作用力主要有三种,即毛细管力 P_1,液体在流动过程中的阻力 P_2,孔隙中气体受压后产生的阻力 P_3(见图 10-14)。

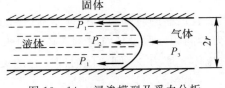

图 10-14　浸渗模型及受力分析

毛细管力 P_1:根据 Young-Laplace 方程,毛细管作用力可表示为

$$P_1 = -\frac{2\sigma_1\cos\theta}{r} \qquad (10-10)$$

式中,σ_1 为液体的表面张力,对于金属硅溶体,$\sigma_1 = 1$ N/m;r 为毛细管半径。

当液-固界面润湿角 $\theta < 90°$ 时,P_1 为负压,即毛细管力指向孔隙内部,而当 $\theta > 90°$ 时,P_1 为正压,阻碍液体浸渗到孔隙中。在毛细管力的作用下,对于孔隙半径为 r 平行排列的毛细管

阵列,液体渗透的深度 h 为

$$h=\frac{2\sigma_1\cos\theta}{\rho g r}\qquad(10-11)$$

式中,ρ 为液体的密度,金属硅溶体 $\rho=2.0\ \mathrm{g/cm^3}$;$g$ 为重力加速度($9.8\ \mathrm{m/s^2}$)。当毛细管半径为 $1\ \mu\mathrm{m}$、液固界面润湿角 $\theta=0°$ 时,熔融硅的最大渗入深度高达 $100\ \mathrm{m}$。由此可见,毛细管力足以保证渗透驱动力的要求。

黏性流动阻力 P_2:通常认为液体在毛细管中的流动状态是层流,液体的黏性流动阻力为

$$P_2=\frac{8ul\eta}{r^2}\qquad(10-12)$$

式中,u 为液体的流速;η 为熔体的黏度($1\,450℃$);金属硅溶体的黏度为 $0.45\ \mathrm{Pa\cdot s}$);l 和 r 分别为毛细管的长度和半径。显然,流动阻力随毛细管直径的减少而急剧增加;毛细管长度愈大,则流动阻力愈大。

气体的阻力 P_3:当液体进入到孔隙时,孔隙内的气体受到压缩,体积逐渐减小,对液体的阻力不断增大,气体的阻力可由真实气体的状态方程描述,即

$$PV=RT\left(1+\frac{B}{V}\right)\qquad(10-13)$$

式中,P 和 V 分别是气体的压力和体积;R 为气体常数;T 为温度;B 为第二维里数。

从上面分析可以看出,流动阻力由液体的性质和多孔体中孔隙的性质所决定,为了减少浸渗过程的阻力,在液相法的工艺中一般采用真空辅助工艺。

10.3.2　沉积动力学

化学气相沉积(Chemical Vapor Deposition,CVD)法是以烷烃类气体或挥发性金属卤化物、氢化物或金属有机化合物等蒸气为原料,进行气相化学反应,生成所需材料的方法。CVD方法主要应用于制备涂层。为进一步应用于复合材料制备,又有了化学气相渗透(Chemical Vapor Infiltration,CVI)法。两种方法的基本原理相同,在此仅介绍 CVI。

CVI 过程分为四个重要的阶段,即反应气体向基体内部扩散阶段,反应气体吸附于纤维或已生成的基体表面阶段,在纤维或基体表面上产生的气相副产物脱离表面阶段,留下的反应物形成新的基体阶段。CVI 速率由反应物扩散和化学反应速率共同决定,在不同阶段主导因素不同。

扩散的驱动力为浓度差。气体分子在多孔体中的扩散可根据分子运动的平均自由程与孔径大小的差别分为分子扩散(菲克扩散,Fick diffusion)和努森扩散(Knudsen diffusion)两种。

分子扩散是通过气体分子之间的碰撞进行的,二元组分的分子扩散系数为

$$D_F=C\frac{T^{1.5}}{p\sigma^2\Omega}\cdot\sqrt{(M_A+M_B)/(M_A\cdot M_B)}\qquad(10-14)$$

式中,D_F 为分子扩散系数(组分 A 在组分 B 中的扩散系数一般记为 D_{AB},由于 $D_{AB}=D_{BA}$,这里统称为分子扩散系数);C 为常数;T 为温度,P 为压强;M_A,M_B 分别为 A,B 的相对分子质量;σ 为分子截面积;Ω 为分子体积。

努森扩散和分子扩散不同,其主要是通过气体分子和孔壁的碰撞,及在固体表面的迁移进行的。因此,努森扩散与压强无关,但与孔径直径 d 成正比,有

$$D_K = \frac{d}{3}\sqrt{\frac{8RT}{\pi M}} \qquad (10-15)$$

式中,d 为孔径直径;R 为气体常数;T 为温度;M 为气体相对分子质量。

气体分子在多孔预制体中的扩散总是同时以上述两种方式进行的,因而总的扩散系数应为包括分子扩散和努森扩散的有效扩散系数 D_{eff},有

$$\frac{1}{D_{eff}} = \frac{1}{D_F} + \frac{1}{D_K} \qquad (10-16)$$

相对分子质量小的烃类分子在孔径大于 $10~\mu m$ 的多孔体扩散时,即在 CVI 初始阶段,努森扩散系数较低,可忽略不计。

为了表征扩散过程对基体生成速率的影响,人们引入有效系数 η 和西勒模数(Thiele 模数)φ 的概念。其中有效系数定义为存在内扩散和消除内扩散影响得到的两个沉积速率的比值;西勒模数则表征化学反应速率和扩散速率的比值。在一级化学反应中,把孔径看作均匀的圆柱形,则西勒模数和有效系数的关系如下:

$$\eta = \frac{\tanh\varphi}{\varphi} \qquad (10-17)$$

$$\varphi = L\sqrt{\frac{k_s}{D_{eff}}} \qquad (10-18)$$

式中,L,k_s 和 D_{eff} 分别为扩散路径长度、反应速率常数和有效扩散系数。

西勒模数和有效系数按不同孔径模型会有不同的关系式,但趋势相同,如图 10-15 所示。对于分解反应的 CVI 过程,在等温等压条件下,原料气的浓度会沿着扩散路径逐渐降低,沉积速率也相应减小,即在细孔内的沉积速率永远不会大于在孔径口处的沉积速率。只有减小西勒模数才可以使基体在孔径内部生成的速率增大,并接近在孔径口的生成速率,如图 10-16 所示。因此,西勒模数不仅反映了化学反应速率和气体扩散速率的比值,还反映了气体扩散路径的长度,是等温、等压化学气相渗透工艺的重要参数。

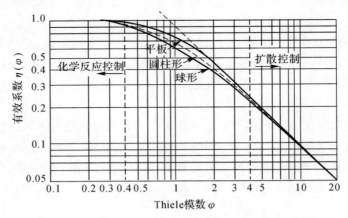

图 10-15　化学气相渗透中有效系数和西勒模数的关系

由于孔径大小会影响扩散机制,因而在 CVI 不同阶段,沉积速率控制因素不同。在初始阶段,预制体内孔径都在数百微米,扩散主要靠分子扩散进行。由于扩散系数和压强成反比,因而当反应器内部总压升高时,扩散系数降低,西勒模数增大,有效系数降低,基体在预制体内

部的生成速率降低,不利于 CVI 的进行。在 CVI 后期,大孔都被致密化,孔的平均直径都降到 $10\ \mu m$ 以下,努森扩散成为主要扩散方式。由于努森扩散系数远小于分子扩散系数,因而等温、等压 CVI 后期沉积速率会非常缓慢。对于一级反应,为提高沉积速率,可适当提高气源分压。这是因为努森扩散和压力无关,提高气源分压不会改变西勒模数,但会加快反应速率。

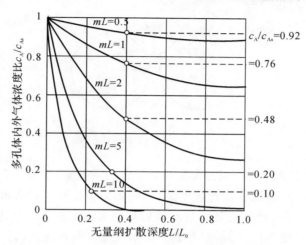

图 10 - 16　化学气相渗透中西勒模数($\varphi = mL$)对多孔预制体内部反应物浓度的影响

10.3.3　烧结动力学

对于很多颗粒增强或晶须增强的陶瓷基复合材料,制备过程都要经过烧结。烧结主要是指粉体经加热而致密化的简单物理过程,不涉及化学变化。但在复合材料制备时,往往会为促进烧结而加入一些添加剂,或者粉体本身中含有些杂质,因而可能会存在部分化学反应。本节只讨论没有化学反应的烧结过程。烧结可根据是否存在液相而分为液相烧结和固相烧结。

从热力学观点看,不论哪种烧结,烧结的推动力不外乎以下三个:粉体表面能与多晶烧结体的晶界能之差,即能量差;颗粒弯曲表面的压力差,简称为压力差;颗粒表面的空位浓度和内部空位浓度差,即空位差。

从烧结动力学来看,烧结的过程主要是质量传递的过程。质量传递的速率直接影响烧结速率。固相烧结和液相烧结的传质机理不同,前者主要是蒸发-凝聚传质和扩散传质,后者主要是流动传质和溶解-沉淀传质,下面分别介绍。

蒸发凝聚-传质主要在高温下蒸气压较大的系统内进行,如图 10 - 17 所示。可以看出,在球形颗粒表面有正的曲率半径,而在两个颗粒连接处有一个小的负曲率半径。固体颗粒表面曲率不同导致其蒸气压不同,其压差可用下式表示:

$$\ln \frac{P_{r_0}}{P_r} = \frac{\gamma M}{\rho RT}\left(\frac{1}{r_0} + \frac{1}{x}\right) \tag{10 - 19}$$

式中,P_{r_0},P_r 分别为曲率半径为 r_0 和 r 的蒸气压;γ 为表面张力;M 为相对分子质量;ρ 为密度;R 为气体常数;T 为绝对温度。

从上述模型和压差公式中可以看出,物质将从蒸气压高的凸形颗粒表面蒸发,通过气相传递而凝聚到蒸气压低的凹形颈部,从而实现质量传递。由于该传质方式和颗粒曲率半径有关,

因而烧结时初始粒度至少为 $10\ \mu m$。研究表明,球形颗粒接触面颈部的生长速率为

$$\frac{x}{r}=\left(\frac{3\sqrt{\pi}\gamma M^{3/2}P_r}{\sqrt{2}\rho^2R^{3/2}T^{3/2}}\right)^{1/3}r^{-2/3}t^{1/3} \qquad (10-20)$$

式中,t 为烧结时间;其他同式(10-19)。

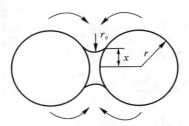

图 10-17 蒸发凝聚传质模型

可以看出,原料起始粒度和烧结温度是烧结工艺的重要参数:粉末的起始粒径越小,烧结速率越快;由于蒸气压 P_r 随温度而指数增加,因而提高温度也可以提高烧结速率。此外,接触颈部生长随时间 t 的 1/3 次方变化。这在烧结初期可以观察到此规律。随着烧结的进行,颈部增长很快停止。因此,对于此类传质过程,延长烧结时间不能达到促进烧结的效果。

从蒸发-传质模型中可以看出,在传质机理下,烧结过程中球与球之间的中心距不变。因而,在这种传质过程中,仅改变气孔形状,坯体不发生收缩,也不影响坯体的密度。若要进一步烧结,还需依靠扩散传质。对于碳化物、氮化物等陶瓷基复合材料,由于高温下蒸气压低,传质更易通过固态内质点的扩散来进行。

根据扩散路径的不同,扩散可分为表面扩散、晶界扩散和体积扩散。表面扩散是指质点沿颗粒表面进行的扩散,晶界扩散是指质点沿颗粒之间的界面迁移,体积扩散主要是指晶粒内部的扩散。根据扩散传质烧结进行的程度,可将扩散过程分为烧结初期、中期和后期。不同阶段起主导作用的扩散方式有所不同。其中,表面扩散起始温度低,远远低于体积扩散,在烧结初期作用较为显著。而晶界扩散和体积扩散则在烧结中期和后期起主导作用。

从烧结动力学来看,在烧结初期,扩散传质为主的烧结过程中,每种烧结机制的烧结速率有所不同。库津斯基综合了各种烧结机制,给出了烧结初期的典型方程,即

$$\left(\frac{x}{r}\right)^n=\frac{F_T}{r^m}t \qquad (10-21)$$

式中,F_T 为温度的函数。在不同的烧结机制中,包含有不同的物理常数,如扩散系数、饱和蒸气压和表面张力等。这些参数都是温度的函数。各种烧结机制的区别反映在指数 m,n 的不同。显然,蒸发-凝聚过程也适用于该公式。不同传质方式的指数见表 10-2。

表 10-2 式(10-21)中不同传质机制下的的指数

传质方式	蒸发-凝聚	表面扩散	晶界扩散	体积扩散
m	1	3	2	3
n	3	7	6	5

可以看出,不管哪种方式,在烧结初期,致密化速率都会随时间延长而稳定下降,并产生一

个明显的终点密度。因此,以上述几种传质为主要传质手段的烧结,用延长烧结时间来达到坯体致密化的目的是不恰当的。

在烧结中期,Coble 根据十四面体模型确定出坯体的密度与烧结时间成线性关系。因而烧结中期致密化速率较快。而烧结后期和中期并无显著差异,当温度和晶粒尺寸不变时,气孔率随时间延长而线性减少。

对于有液相存在的液相烧结,传质机制主要是流动传质和溶解-沉淀传质。在高温下依靠黏性液体流动而致密化是大多数硅酸盐材料烧结的主要传质过程。其在烧结全过程中的烧结速率公式为

$$\frac{\mathrm{d}\theta}{\mathrm{d}t} = \frac{3}{2}\frac{\gamma}{r_0\eta}(1-\theta) \qquad (10-22)$$

式中,θ 为相对密度,即体积密度 / 理论密度;γ 为液体表面张力;r_0 为气孔尺寸;η 为黏度系数;t 为烧结时间。

式(10-22)表明,黏度越小,颗粒半径越小,烧结就越快。因此,颗粒半径一定时,黏度和黏度随温度的迅速变化是需要控制的最重要的因素。另外,当烧结时液相含量很少时,高温下液体流动传质不能看成是黏性流动,而应属于塑性流动。上述公式不再适合,但液体表面张力、粒径大小和黏度对烧结速率的影响是一致的。

当固相在液相中有可溶性时,液相烧结的传质过程变为部分固相溶解而在另一部分固相上沉淀,即为溶解-沉淀传质过程。发生溶解-沉淀传质的条件:有显著数量的液相,固相在液相中有显著的可溶性,液相和液相有良好的润湿性。当烧结温度和起始粒径固定后,溶解-沉淀传质过程的收缩速率为

$$\frac{\Delta L}{L} = K\gamma^{-4/3}t^{1/3} \qquad (10-23)$$

式中,ΔL 为中心距收缩的距离;K 为与温度、溶解物质在液相中的扩散系数、颗粒间的液膜厚度、液相体积、颗粒直径及固相在液相中的溶解度等有关的系数;γ 为液体表面张力;t 为烧结时间。

可以看出,溶解-沉淀传质过程影响因素较多,因而其研究也更为复杂。

从烧结的传质机理可以看出,烧结是一个很复杂的过程。实际制备复合材料时,可能是几种机理在相互作用,在不同的阶段也可能存在不同的传质机理,还可能存在化学反应,尤其是增强体和界面的界面反应。因此,需要考虑烧结过程的各个方面,如原料粒径、粒径分布、杂质、烧结助剂、烧结气氛和温度等,才能真正掌握和控制整个烧结过程。

10.4　本章小结

选择好基体和增强体后,复合材料的设计主要是界面设计和预制体结构设计。界面设计的关键问题是解决基体和增强体的相容性。界面设计决定着复合材料的制备工艺。不同的预制体具有不同的性能特征,需根据复合材料的服役环境、成本和现有制备工艺来选择合适的预制体结构。

复合材料不同的制备工艺有不同的原理方法。提高制备效率是所有制备工艺的共同目标。而其中的动力学过程是决定工艺效率的关键因素。因此,了解每种工艺方法的动力学过

程才能准确地制定工艺流程。但在实际生产中,往往还需和实验配合,才能得到最终的工艺流程。

习　　题

1. 复合材料界面设计的主要目的是什么? 其主要方法是什么?
2. 简述几种(至少三种)常见的纤维预制体结构,并用简图示意。
3. 和润湿速率相关的工艺参数有哪些? 它们分别如何影响润湿速率?
4. 沉积过程主要有哪两种扩散机制? 其工艺参数有哪些?
5. 烧结过程有哪几种传质方式?

第 11 章　树脂基复合材料制备工艺

11.1　概　　述

　　树脂基体种类繁多,不同的基体有不同的制备工艺,总体来说,树脂基复合材料的制备工艺可分为一步法和二步法。一步法(又称"湿法")是将纤维直接浸渍树脂一步固化成型形成复合材料;二步法则是预先对纤维浸渍树脂,使之形成纤维和树脂预先混合的半成品,再由半成品成型制备出复合材料制品。早期制造复合材料都是采用一步法工艺,如成型模压制品是先将纤维或织物置于模具中,倒入配好的树脂后加压成型。

　　一步法工艺简便,设备简单,但存在以下不足:树脂不易分布均匀,在制品中形成富胶区和贫胶区,严重时会出现"白丝"现象;溶剂、水分等挥发物不易去除,形成孔洞;生产效率低,生产环境恶劣。针对一步法的缺点,发展了二步法("干法"):预先将纤维树脂预先混合或纤维浸渍树脂,经过一定处理,使浸渍物成为一种干态或稍有黏性的材料,即半成品材料,再用半成品成型为复合材料制品。二步法由于将浸渍过程提前,可很好地控制含胶量并解决纤维树脂均匀分布问题;在半成品制备过程中烘去溶剂、水分和低分子组分,降低了制品的孔隙率,也改善了复合材料成型作业的环境;通过半成品的质量控制,可有效保证复合材料制品的质量。对连续纤维增强树脂基复合材料,习惯上把这种成型用材料称为预浸料。它是制备复合材料制品的重要中间环节,其质量直接影响着成型工艺条件和产品性能。

　　树脂基复合材料的性能不仅取决于所用树脂及添加剂的种类和配比,而且还与其制造方法有极大关系。图 11-1 所示是树脂基复合材料成型加工的典型工艺流程。由图可知,复合材料成型加工包括预浸料等半成品制备、增强材料预成型和复合材料固化成型等几方面的内容。复合材料半成品的制备主要包括预浸料和预混料的制备,11.2 节将做详细说明。复合材料预成型的目的是得到接近制品形状的毛坯。成型固化工艺包括两方面内容:一是成型,是根据产品的要求,将预浸料铺制成产品的结构和形状;二是进行固化,是将铺制成一定形状的预浸料,在温度、时间和压力等因素下使形状固定下来,并能达到预计的使用性能要求。不同的工艺方法在这三个方面可能同时或分别进行,但都要完成好树脂与纤维的复合、浸渍、固化和成型。在纤维与树脂体系确定后,复合材料的性能主要取决于成型固化工艺。

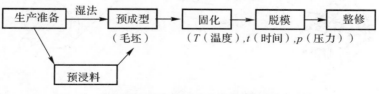

图 11-1　树脂基复合材料成型加工的典型工艺流程

11.2　预浸料的制备

预浸料是在严格控制的工艺条件下使用树脂浸渍连续纤维或织物,制成的树脂基体与增强体的组合物,是制造复合材料的中间材料。预浸料按增强体物理形状可以分为单向预浸料和织物预浸料,按宽度分类分为宽带、窄带(数毫米或数十毫米)预浸料,按增强体种类分为碳纤维增强预浸料、玻璃纤维增强预浸料及芳纶纤维增强预浸料等,按基体品种分为热固性预浸料和热塑性预浸料,按固化温度可分为低温(80 ℃)、中温(120 ℃)、高温(180 ℃)固化预浸料。其中,按增强体种类分类是最常用的分类方式,两者的性能对比见表 11 - 1。

表 11 - 1　热固性预浸料和热塑性预浸料性能对比

热固性预浸料	热塑性预浸料
低温储存	室温长期储存
冷藏运输	没有运输限制
低黏度(易浸渍)	高黏度(浸渍需要高压)
低温到中温固化温度(<200 ℃)	高的熔融/固结温度(>300 ℃)
限制性的回收利用(焚烧、磨碎)	能回收重复使用(熔融)

11.2.1　热固性预浸料的制备

制备热固性预浸料的主要方法包括湿法和干法。湿法也称溶液法,分为滚筒缠绕法和连续浸渍法。

滚筒缠绕法:该方法是指将浸渍树脂基体后的纤维束或织物缠绕在一个金属圆筒上,每绕一圈,丝杆横向进给一圈,这样纤维束就平行地绕在金属圆筒上了。待绕满一周后,沿滚筒母线切开,即形成一张预浸料。该工艺效率低,产品规格受限,目前仅在教学或者新产品的开发上使用。图 11 - 2 为滚筒缠绕法制备预浸料工艺原理图。

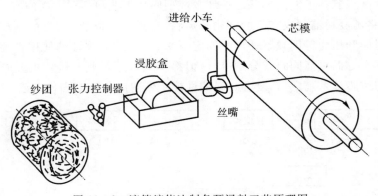

图 11 - 2　滚筒缠绕法制备预浸料工艺原理图

连续浸渍法：该方法是由数束至数十束的纤维平行地同时通过树脂基体溶液槽浸胶,再经过烘箱使溶剂挥发后收集到卷筒上制备预浸料的。其长度不像滚筒法那样受到金属圆筒直径的限制,其工艺过程如图 11-3 所示。

湿法具有设备简单、操作方便、通用性强等特点。其主要缺点是难以精确控制增强纤维与树脂基体比例,不易实现树脂基体材料的均匀分布,难以控制挥发成分的含量。此外,由于湿法过程中使用的溶剂挥发会造成环境污染,并对人体健康造成危害,所以湿法工艺已逐步被淘汰。

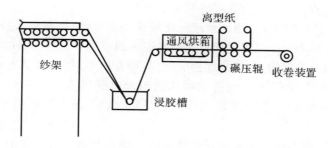

图 11-3　连续浸渍法制备预浸料工艺原理图

干法也称热熔法,它是先将树脂在高温下熔融,然后通过不同的方式浸渍增强纤维制成预浸料的。根据树脂熔融后的加工状态,干法可分为一步法和两步法:一步法是直接将纤维通过含有熔融树脂的胶槽浸胶,然后烘干收卷获得热固性预浸料;两步法又称为胶膜法,它是先在制膜机上将熔融后的树脂均匀地涂覆在浸胶纸上制成薄膜,然后与纤维或织物叠合经高温处理。为了保证预浸料树脂含量的稳定,树脂胶膜与纤维束通常以"三明治"结构叠合,如图 11-4 所示,最后在高温下使树脂熔融嵌入到纤维中形成预浸料。

热熔法的优点是预浸料树脂含量控制精度高,挥发分少,对环境、人体危害小,制品表面外观好,制成的复合材料孔隙率低,避免了因孔隙带来应力集中而导致复合材料寿命减少的危害,对胶膜的质量控制较方便,可以随时监测树脂的凝胶时间、黏性等。热熔法的缺点是设备复杂,工艺繁琐,要求热固性树脂的熔点较低,且在熔融状态下黏度较低,无化学反应,对于厚度较大的预浸料,树脂不容易浸透均匀。为了得到较好的纤维、树脂界面,现通常在与树脂基体复合前对增强纤维进行加热处理,以提高纤维表面的活性,改善纤维树脂的界面结合。

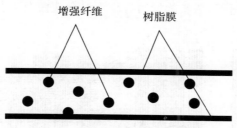

图 11-4　纤维与胶膜叠合的"三明治"结构

11.2.2　热塑性预浸料的制备

工程用高性能热塑性树脂,如聚醚醚酮(PEEK)、聚酰亚胺醚(PEI)、聚苯硫醚(PPS)等的熔点超过 300 ℃,熔融黏度一般大于 100 Pa·s,而且随温度的变化很小。因而制备热塑性树脂预浸料的关键是解决热塑性树脂对增强纤维的浸渍问题。热塑性预浸料制备常用的方法包括溶液法、热熔法、粉末法、悬浮浸渍法和纤维混杂法等。

(1)溶液法:部分非结晶型树脂 PEI,PES 等可溶解在低沸点溶剂中,采用溶液法制备预浸料,但一般需要高温条件,以增加热塑性树脂在溶剂中的溶解度,提高预浸料的树脂含量。但PEEK,PPS 一类结晶型高分子,没有合适的低沸点溶剂可溶,不宜使用溶液法制备预浸料。

(2)热熔法:热塑性树脂的热熔法与热固性树脂的热熔法相似,是先将树脂在一定条件下熔融,然后通过不同的方式浸渍增强纤维制成预浸料。

(3)粉末法:该方法是制备热塑性预浸料比较典型的方法,是指将带静电的树脂粉末沉积到被吹散的纤维上,再经过高温处理使树脂熔融嵌入到纤维中。粉末法的特点是能快速、连续生产热塑性预浸料,纤维损伤少,工艺过程历时少,聚合物不易分解,具有成本低的潜在优势。这种方法的不足之处在于适于这种技术的树脂粉末直径以 5~10 μm 为宜,而制备直径在 10 μm 以下的树脂颗粒难度较大,且浸润所需的时间、温度、压力均依赖于粉末直径的大小及其分布状况。

(4)悬浮浸渍法:该方法的主要过程是纤维通过事先配制好的悬浮液,使树脂粒子均匀分布在纤维上,然后加热烘干悬浮剂,同时使树脂熔融浸渍纤维得到预浸料。悬浮剂多为含有增稠剂聚环氧乙烷、甲基乙基纤维素的水溶液。树脂粉末应尽可能的细小,直径在 10 μm 以下并以小于纤维直径为宜,以便均匀分布并使纤维浸透。这种方法生产的片材纤维分布均匀,成型加工时预浸料流动性好,适合制作复杂几何形状和薄壁结构的制品。但与熔融法一样,该法存在技术难度高和设备投资大的缺点。

(5)纤维混杂法:该方法是先将热塑性树脂纺成纤维或纤维膜带,再根据含胶量的多少将增强纤维与树脂纤维按一定比例紧密地合成混合纱,然后将混合纱织制成一定的产品形状,最后通过高温作用使树脂熔融,嵌入纤维中。制备混合纱的几种典型的混杂方法如图 11-5 所示:将树脂纤维沿纤维长度方向缠绕增强纤维束,然后与增强纤维并排合成混合纱;将增强纤维并排合成纤维纱后采用树脂纤维沿增强纤维直径方向进行缠绕形成混合纱;将增强纤维和树脂纤维进行 0°和 90°混编形成混合纱。混杂法的优点是树脂含量易于控制,纤维能得到充分浸润,可以直接缠绕成型得到复杂外形的制件。其缺点是在树脂浸润过程中,树脂难以实现均匀浸润。此外,采用直径极细(<10 μm)纤维制备热塑性树脂预浸料非常困难,同时织造过程中易造成纤维损伤,因而限制了这一技术的应用。纤维混杂法的独特之处在于树脂浸润过程与预浸料固化过程同时进行,树脂的浸润与纤维混合截面及工艺参数如温度、压力、时间等有很大关系。

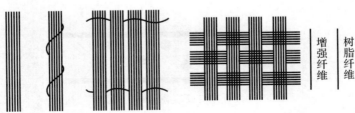

图 11-5　几种混杂纤维形式

11.3　手糊成型工艺

手糊成型工艺又称为接触成型工艺,是制备热固性树脂复合材料的一种最原始、最简单的成型工艺。它是通过手工作业把增强纤维织物(如玻璃纤维织物)和树脂交替铺在模具上,然后固化成型为制品的工艺。

11.3.1　原材料及模具

手糊成型的原材料包括增强材料、树脂基体材料、辅助材料、成型模具和脱模剂等。

(1)增强材料:用于手糊成型工艺的增强材料有玻璃纤维及其织物,碳纤维及其织物,芳纶纤维及其织物等。手糊成型工艺对增强材料的要求如下:①增强材料易被树脂浸润;②有足够的形变性,能满足制品复杂形状的成型要求;③气泡容易被去除;④能够满足制品使用条件的物理/化学性能要求;⑤价格合理,来源丰富。

(2)树脂基体材料:手糊成型工艺中常用的树脂包括不饱和聚酯树脂、环氧树脂,有时也用酚醛树脂、双马来酰亚胺树脂、聚酰亚胺树脂等。固化剂、稀释剂、增韧剂等均归属于树脂基体体系。手糊成型工艺对基体材料的要求如下:①在手糊条件下易浸润纤维增强材料,易排除气泡,与纤维黏结力强;②在室温条件下可以凝胶和固化,而且要求收缩小,挥发物少;③黏度适宜:一般为 $0.2\sim0.5\mathrm{Pa\cdot s}$,不能产生流胶现象;④无毒或低毒;⑤价格合理,来源有保证。

(3)辅助材料:手糊成型工艺中的辅助材料,主要是指填料和色料两类。填料主要改善树脂基体的某些性能(如耐磨性、自熄性、提高强度等),同时可降低生产成本。填料种类繁多,主要有黏土、碳酸钙、白云石、石英砂、金属粉(铁、铝等)、石墨、聚氯乙烯粉等。在某些场合,为使材料色泽美观,在树脂中加入无机颜料(因为有机染料在树脂化过程会使色泽产生大幅度的变化)颜色有黄、橙、红、绿、蓝、乳白、淡蓝、淡黄、灰白、白、黑色等各种颜色。

(4)成型模具:模具是手糊成型工艺中的主要设备,模具必须精心设计、制造,因为模具的优劣直接影响产品的质量和成本。能用作手糊成型模具的材料有木材、金属、石膏、水泥、低熔点金属、硬质泡沫塑料及玻璃钢等。

成型模具可分为阴模、阳模和对模三种,不论是哪种模具,都可以根据尺寸大小、成型要求,设计成整体或拼装模,如图 11-6 所示。设计模具时,必须综合考虑以下要求:满足产品设计的精度要求,模具尺寸精确、表面光滑;要有足够的强度和刚度,保证模具在使用过程中不易变形和损坏;容易制造,脱模方便;不受树脂侵蚀,不影响树脂固化;有足够的热稳定性,制品固化和加热固化时,模具不变形;质量轻,材料来源充分,造价低,材料容易获得,使用寿命长等。

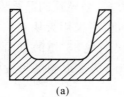 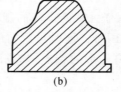 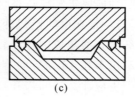

(a)　　　　　　　　(b)　　　　　　　　(c)

图 11-6　模具的类型

(a)阴模；　(b)阳模；　(c)敞口式对模

(5)脱模剂:手糊成型工艺的脱模剂主要有薄膜型脱模剂、液体脱模剂和油膏、蜡类脱模剂。脱模剂的选择应符合以下基本要求:不腐蚀模具,不影响树脂固化,对树脂黏结力小于0.01 MPa;成膜时间短,表面光滑,厚度均匀;使用安全,无毒害作用;耐热,能耐受加热固化温度的作用;操作方便,价格便宜。

11.3.2 手糊成型工艺过程

手糊成型工艺是指用手工将增强材料的纱或毡铺放在模具中,通过浇、刷或喷的方法加入树脂,纱或毡也可在铺放前用树脂浸渍,用橡皮辊或涂刷的方法赶出其中的空气,如此反复,直至达到所需厚度的工艺,手糊成型工艺示意图如图 11-7 所示。

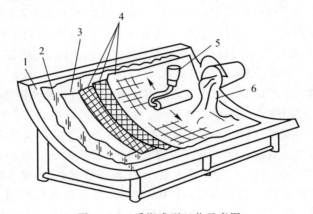

图 11-7 手糊成型工艺示意图
1—模具; 2—脱模剂; 3—胶衣层; 4—玻璃纤维增强材料; 5—手动压辊; 6—树脂(引发剂)

手糊成型的工艺流程主要包括生产准备、糊制与固化和脱模与修整等三个步骤。

(1)生产准备,主要包括原材料准备、树脂材料准备和模具准备。

1)原材料准备。在手糊成型开始之前,增强材料所需要的纤维布一般要预先剪裁。简单形状增强材料可按尺寸进行剪裁,复杂形状则可利用厚纸板或明胶片做成样板,然后按照样板进行剪裁。增强材料剪裁应注意以下几方面:①对于要求各向同性的制品,应注意将纤维布按经纬向纵横交替铺放;对于在某一方向有较高强度要求的制品,则应在此方向上采用单向纤维布增强。②对于一些形状复杂的制件,当纤维布的微小变形不能满足要求时,必须将纤维布在适当部位剪开,并把裁开部位在层间错开,但应注意尽量减少裁剪次数。③纤维布拼接时搭接长度一般为 50 mm,对于要求厚度均匀的制件,可采用对接的办法。剪裁纤维布块的大小,应根据制品尺寸、性能要求和操作难易来确定。布块小则接头多,会导致制品强度较低,因而纤维布拼接接缝应尽量在层间错开。对于强度要求高的制件,应当采用大块布施工。④糊制圆形制品时,将纤维布剪裁成圆环形较困难。这时可沿布的经向成 45°角的方向将纤维布裁剪成布带,然后利用布在 45°角方向容易变形的特点,糊成圆环;圆锥形制品可按样板剪裁成扇形然后糊制,但也应注意层间错开。

2)树脂材料准备。配制树脂时,要注意以下问题:①防止树脂液中混入气泡。②配树脂液不能过多,每次配量尽量保证在树脂凝胶前用完。③树脂黏度适中,黏度过高会造成涂胶困难且不易浸透纤维布;黏度过低又会产生流胶现象,造成制品出现缺胶,影响质量。手糊成型的树脂黏度一般控制在 0.2～0.8 Pa·s 之间。其中,不饱和聚酯胶液的配制可以先将引发剂和树脂混合搅匀,然后在操作前再加入促进剂搅拌均匀后使用,也可以先将促进剂和树脂混合均匀,操作前再加入引发剂搅拌均匀后使用。环氧树脂胶液的配制可以先将稀释剂及其他助剂加入环氧树脂中,使用前加入固化剂,搅拌均匀使用。环氧树脂胶液的黏度、凝胶时间和固化度对制品的质量影响很大。

3)模具准备。主要包括模具清理、模具组装及涂脱模剂等。

(2)糊制与固化。

1)糊制。手工铺层糊制可以分为干法和湿法两种:①干法铺层糊制是以预浸布为原料,先将预浸料按样板裁剪成坯料,铺层时加热软化,然后再一层一层地紧贴在模具上,并注意排除层间气泡。干法铺层糊制多用于后期采用热压罐和袋压进一步成型固化。②湿法铺层糊制是直接在模具上将增强材料浸胶,一层一层地紧贴在模具上,排出气泡,使之密实。一般手糊工艺多用湿法铺层糊制,湿法铺层糊制又分为胶衣层糊制和结构层糊制。

2)固化。可以分为硬化和熟化两个阶段,从凝胶到三角化一般要 24 h,称为硬化,此时固化度达 50%～70%(巴柯尔硬性度为 15),并可以脱模;脱模后在自然环境条件下固化 1～2 周才能使制品具有较高力学强度,称为熟化,此时固化度达 85% 以上。对于手糊制品,一般希望能在 24 h 内具有一定的固化度以保证脱模,所需固化时间更长会影响生产效率。对于室温下不能在希望时间内固化的树脂体系,则应采取加热固化的措施,加热可显著促进固化过程。加热固化方法很多,中小型制品可在固化炉内加热固化,大型制品可采用模内加热或红外线加热。

(3)脱模与修整。

1)脱模。脱模要注意保证制品不受损伤。脱模方法有以下几种:①顶出脱模:在模具上预埋顶出装置,将制品顶出。②压力脱模:模具上留有压缩空气或水入口,脱模时将压缩空气或水压入模具和制品之间,同时用木锤和橡胶锤敲打,使制品和模具分离。③大型制品脱模:可借助千斤顶、吊车和硬木楔等工具进行脱模。④复杂制品可采用手工脱模方法:先在模具上糊制两三层玻璃纤维布,待其固化后从模具上剥离,然后再放在模具上继续糊制到设计厚度,固化后很容易从模具上脱下来。

2)修整。分为尺寸修整和缺陷修补两种。尺寸修整:成型后的制品,按设计尺寸切除多余部分。缺陷修补:包括穿孔修补,气泡/裂缝修补,破孔补强等。

11.3.3　手糊成型工艺特点

手糊成型工艺的主要特点是以手工铺放增强材料,浸渍树脂,或用简单的工具辅助铺放增强材料和树脂。手糊成型工艺的另一特点是成型过程中不需要施加成型压力(接触成型),或者只施加较低成型压力(接触成型后施加 0.01～0.7 MPa 压力,最大压力不超过 2.0 MPa)。

手糊成型工艺的优点如下:①成型不受产品尺寸和形状限制,适宜尺寸大、批量小、形状复杂的产品生产;②易于满足产品设计需要,可在产品不同部位任意增补和增强材料;③手糊制品的树脂含量高,耐腐蚀性能好;④成型设备简单、投资少、见效快;⑤工艺简单、生产技术易掌握。

手糊成型工艺的缺点如下:①生产效率低、速度慢、生产周期长、不宜大批量生产;②产品质量不易控制,产品力学性能较低,性能稳定性不高;③生产环境差、气味大。

11.4 模压成型工艺

模压成型又称为压制成型,是将纤维预浸料等置于模型腔内,借助压力和热量的作用,使物料熔化充满型腔,形成与型腔相同的制品。然后经过加热使其固化,冷却后脱模,便制得模压制品。

模压成型工艺适用于酚醛、脲醛、环氧塑料、不饱和聚酯和有机硅等热固性树脂以及某些热塑性树脂制品的加工生产。模压成型工艺按增强材料物态和模压料品种可分为以下几种:

(1)纤维料模压法,是将经预浸的纤维状模压料放置于金属模具内,在一定的温度和压力下成型、制备树脂基复合材料的方法。该方法简便易行,用途广泛。

(2)碎布料模压法,是将浸过树脂胶液的玻璃纤维布或其他织物,如碳布、麻布、有机纤维布、石棉布或棉布等的边角料切成碎块,然后在金属模具中加温、加压成型为复合材料制品的方法。

(3)织物模压法,是将预织成所需形状的 2 维或 3 维织物浸渍树脂胶液,然后放入金属模具中加热、加压成型为复合材料制品的方法。

(4)片状塑料模压法,是将片状塑料片材按制品尺寸、形状、厚度等要求裁剪下料,然后将多层片材叠合后放入金属模具中加热、加压成型制品片状塑料。

(5)预成型坯料模压法,是先将短切纤维制成品形状和尺寸相似的预成型坯料,将其放入金属模具中,然后向模具中注入配制好的黏结剂(树脂混合物),在一定的温度和压力下成型为树脂基复合材料制品的方法。

(6)层压模压法,是将预浸过树脂胶液的玻璃纤维布或其他织物,裁剪成所需的形状,然后在金属模具中经加温或加压成型树脂基复合材料制品的方法。

11.4.1 模压料

模压料可以是预浸料、预混料,也可以是坯料。当前所用的模压料品种主要有预浸纤维布、纤维预混料等。本节主要讨论应用最广泛的高强度短纤维模压料。

短纤维模压料的基本组分为短纤维增强材料、树脂基体和辅助材料。短纤维增强材料多为玻璃纤维、高硅氧纤维、碳纤维、尼龙纤维以及两种以上纤维混杂材料等。纤维长度多为30～50 mm,质量分数一般为 50%～60%,短纤维模压料呈散乱状态。

树脂基体包括各种类型的酚醛树脂和环氧树脂。酚醛树脂有氨酚醛、镁酚醛、钡酚醛、硼酚醛以及由聚乙烯缩丁醛改性的酚醛树脂等;环氧树脂有双酚 A 型、酚醛环氧型及其他改性型。

为了使模压料具有良好的工艺性和满足制品的特殊性能要求,如改善流动性、尺寸稳定性、阻燃性、耐化学腐蚀性等,可分别加入一定量的辅助材料,如二硫化钼、碳酸钙、水合氧化铝、卤族元素等。

模压成型使用的主要设备是压机和模具。压机常用的是自给式液压机,有上压式、下压式和转盘式压机等,其吨位从数十到数百吨不等。模具分为三种,即溢料式模具、半溢料式模具和不溢料式模具。典型的模压模具均由钢材制成,其基本构造为型腔、加料室、导向机构、型芯、加热/冷却系统、脱模机构和装配件等部分。

短纤维模压料可选用手工预混和机械预混等两种方法。手工预混适合于小批量生产,机械预混适用于大批量生产,高强度短纤维模压料制备工艺流程如图 11-8 所示。

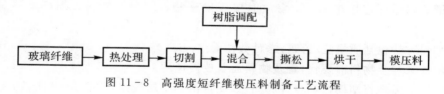

图 11-8　高强度短纤维模压料制备工艺流程

以玻璃纤维/镁酚醛模压料为例,简单说明机械预混法生产步骤,具体如下:

(1)将玻璃纤维在 180 ℃下干燥处理 40～60 min;

(2)将烘干后的纤维切成 30～50 mm 长度并使疏松;

(3)按树脂配方配成胶液,用工业酒精调配胶液密度在 1.0 g/cm³ 左右;

(4)按纤维：树脂＝55：45(质量比)的比例将树脂溶液和短切纤维充分混合;

(5)将捏合后的预混料加入撕松机中撕松;

(6)将撕松后的预混料均匀铺放在网格上晾置;

(7)预混料经自然晾置后,再在 80 ℃烘房中烘 20～30 min,进一步去除水分和挥发物;

(8)将烘干后的预混料装入塑料袋中封闭待用。

11.4.2　模压成型工艺过程

从树脂状态看,模压成型过程可分为三个阶段,即流动阶段、胶凝阶段和固化阶段。整个模压过程都伴随着化学反应,加热初期物料呈现低分子黏流态,官能团相互反应导致部分物料交联,物料流动性逐步降低,并产生一定弹性,物料呈胶凝态,继续加热使物料分子交联反应更趋完善,交联度增大,物料由胶凝态变为玻璃态,树脂体内呈体型结构,此时成型结束。

模压成型工艺过程通常包括预压、预热和成型固化并脱模三个方面。

(1)预压:将松散的树脂原料预先用冷压法(模具不加热)压制成形状规整的密实体。预压的作用有:①防止物料不均匀并避免溢料产生,实现准确、简便和高效加料。②有效降低料粒间的空气含量,提高物料的导热效率,缩短预热和固化时间,从而提高生产效率。③通过预压使模塑料成为坯件形状,可有效地减少物料体积,提高制品质量。④可有效改善物料的压缩率,经预压后,物料的压缩率可由原来的 2.8～3.1 降至 1.25～1.4,这样,物料受热会更均匀,有利提高物料流动性,改进黏度。⑤预压可消除粉状模塑料在加料时飞扬造成的环境污染问题。⑥可有效地提高预热温度和缩短固化时间。预浸料等在高温加热时会发生烧焦或黏附在支撑物上,而预压过的坯料就不会发生此类现象,例如酚醛模塑料预热温度不能超过 100～120 ℃,而预压坯料却可在 170～180 ℃的更高温度下预热。

(2)预热:为了改善物料的成型性能并除去多余的水分和挥发物,需要对预压物进行预热处理。预热作用包括缩短成型周期、提高制品的力学性能、降低模压压力等。预热工艺温度范围通常因为树脂类型的不同而不同。例如酚醛塑料的预热温度分低温和高温两种,低温为 80～120 ℃,高温为 160～200 ℃;脲甲醛塑料的预热温度最高不超过 85 ℃;三聚氰胺甲醛塑料的预热温度为 105～120 ℃。

(3)成型固化并脱模:模压成型工艺过程包括放置嵌件、加料、闭模、排气、保压固化、脱模、清理模具等,如图 11-9 所示。

放置嵌件:放置嵌件时要注意以下事项:① 埋入塑料的部分要采用滚花、钻孔或设置凸出的棱角、型槽等以保证连接牢靠;② 安放时要正确平稳;③ 嵌件材料收缩率要尽量与塑料相近。

加料:加料方法包括质量法、容量法、计数法等。

合模:阳模未触及物料前要快,触及物料后要放慢速度。

放气:闭模后需再将塑模松动少许时间,以便排出其中的气体,一般 1~2 次,20 s/次。

保压固化:热固性塑料依靠在型腔中发生交联反应达到固化定型目的。

脱模:一般是靠推顶杆完成,带嵌件的制品要先用专用工具将成型杆件拧脱,再行脱模。

清理模具型腔:用钢刷或铜刷刮去残留的塑料,并用压缩空气吹净。

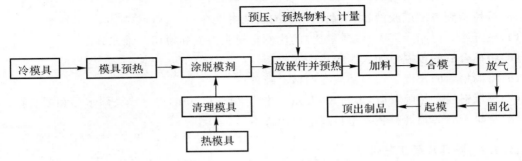

图 11-9　模压成型工艺过程

模压成型固化的控制因素包括压力、温度和时间,俗称"三要素"。

模压压力:可以使模压料在模腔内流动,增加原料的密实性,克服树脂在缩聚反应中放出的低分子物和其他挥发物所产生的压力,避免出现脱层等缺陷;同时可以使模具紧密闭合,使制品具有固定的尺寸和形状,以及防止制品在冷却过程中发生变形。

模压温度:可以使模压料熔融流动充满型腔并为固化过程提供所需热量。调节和控制模压温度的原则是保证充模固化定型并尽可能缩短模塑周期,一般模压温度越高,模塑周期越短。对于厚壁制品,应适当降低模压温度,以防表面过热,而内部得不到应有的固化。模压温度与物料是否预热有关,预热料内外温度均匀,塑料流动性好,模压温度可比不预热的高些。其他影响因素也应确保各部位物料的温度均匀,包括材料的形态、成型物料的固化特征等。

模压时间:是指熔融体充满型腔到固化定型所需时间。当模具温度不变时,壁厚增加需要时间延长。此外,模压时间还受预热、固化速率、制品壁厚等因素影响。

通常,模压压力、温度和时间三者并不是独立的,实际生产中一般是凭经验确定三个参数中的一个,再由试验调整其他两个参数,根据产品质量对已确定的参数进行调整。

11.4.3　模压成型工艺特点

模压成型工艺的主要优点如下:① 生产效率高,便于实现专业化和自动化生产;② 产品尺寸精度高,重复性好;③ 表面光洁,无须二次修饰;④ 能一次成型结构复杂的制品,例如短纤维增强材料在模压时流动性好,适宜制造形状复杂的小型制品;⑤ 容易批量生产,价格相对低廉。

但模压成型的不足之处在于制备过程中纤维强度损失较大,模具制造复杂,投资较大,加上受压机限制,最适合于批量生产中小型复合材料制品。

随着金属加工技术、压机制造水平及合成树脂工艺性能的不断改进和发展,压机吨位和台面尺寸不断增大,模压料的成型温度和压力也相对降低,使得模压成型制品的尺寸逐步向大型化发展,目前已能生产大型汽车部件、浴盆及整体卫生间组件等。

11.5　层压成型工艺

层压成型工艺是指将预浸料或涂有树脂的片层材料叠层成叠合体,送入层压机,在加热和加压条件下,固化成型复合材料制品的一种成型工艺。层压成型技术包含预浸胶布生产技术和压制成型技术两方面内容,具有机械化和自动化程度高、产品质量稳定等特点,但是设备一次性投资大。层压成型工艺主要用于生产各种规格、不同用途的复合材料板材。层压成型工艺是复合材料的一种开口模压成型方法,这种工艺发展较早,此处只做简单介绍。该工艺主要用于生产电绝缘板和印刷电路板材。现在,印刷电路板材已广泛应用于各类收音机、电视机、移动电话机、电脑产品、各类控制电路等所有需要平面集成电路的产品。

11.5.1　预浸胶布

预浸胶布是指生产复合材料层压板材、卷管和布带缠绕制品的半成品。

(1)原材料:预浸胶布生产所需的主要原材料有增强材料(如玻璃纤维布、石棉布、合成纤维布、玻璃纤维毡、石棉毡、碳纤维、芳纶纤维及石棉纸等)和合成树脂(如酚醛树脂、氨基树脂、环氧树脂、不饱和聚酯树脂及有机硅树脂等)。

(2)预浸胶布的制备:使用经热处理或化学处理的增强材料,经浸胶槽浸渍树脂胶液,并通过刮胶装置和牵引装置等控制树脂含量,在一定的温度和时间下进行预固化,使树脂由 A 阶转至 B 阶,从而得到所需的预浸胶布。

11.5.2　层压成型工艺过程

生产工艺中,层压过程中的三个最重要的工艺参数是温度、压力和时间。该工艺参数的过程与模压成型工艺类似,此处不再赘述。本节重点介绍复合材料的层压工艺的热压过程。热压过程一般包括以下五方面:

第一阶段:预热预压阶段。使树脂熔化,浸渍纤维,去除挥发物并且使树脂逐步固化至凝胶状态。此阶段的成型压力为全压的 1/3～1/2。

第二阶段:中间保温阶段。使胶布在较低的反应速度下进行固化。保温过程中应密切注意树脂的流胶情况。当流出的树脂已经凝胶,不能拉成细丝时,应立即加全压。

第三阶段:升温阶段。提高反应温度、加快固化速度。此时,升温速度不能过快,否则会引起暴聚使固化反应放热过于集中,导致材料层间分层。

第四阶段:热压保温阶段。目的在于使树脂能够充分固化。从加全压到整个热压结束,称为热压阶段。热压阶段的温度、压力和恒温时间,也是由配方决定的。

第五阶段:冷却阶段。在保压的情况下,采取自然冷却或者强制冷却到室温,然后卸压,取出产品。冷却时间过短,容易使产品产生翘曲、开裂等现象。冷却时间过长,对制品质量无明显帮助,但是使生产效率明显降低。

11.5.3 层压成型工艺特点

层压工艺主要用于生产各种规格的复合材料板材,具有机械化、自动化程度高、产品质量稳定等特点,但其一次性投资较大,适用于批量生产,并且只能生产板材,板材规格更受到设备的限制。

11.6 缠绕成型工艺

缠绕成型是一种将浸渍了树脂的纱或丝束缠绕在回转芯模上,在常压及室温或较高温度下将其固化成型为复合材料的制造工艺。由于树脂浸润纤维表面的限制,缠绕速率一般限制在 $60\sim120$ m/min;批生产速率较高,可达到每天每台数百件。纤维缠绕成型既适用于制备简单的旋转体,如筒、罐、管、球、锥等,也可用来制备飞机机身、机翼及汽车车身等非旋转体部件。目前大量生产的纤维缠绕成型制品主要有管道、压力容器、导弹发射管、发动机机匣、汽车弹簧片等。

11.6.1 原材料

缠绕成型的基本材料包括纤维、树脂、芯模和内衬。

对于纤维缠绕成型,可供选择的纤维材料应满足以下几方面:①高档纤维产品;②与树脂浸渍性好;③各股张力均匀;④成带性好。常用的纤维包括玻璃纤维、碳纤维和芳纶纤维。

合成树脂与各种助剂的选用要求如下:①工艺性好,黏度与适用期最重要,适用时间大于4 h,黏度一般为 $0.35\sim1$ Pa·s;②树脂基体的断裂伸长率与增强材料相匹配;③固化收缩率低、毒性刺激小;④来源广、价格低。常用的树脂有热固性聚酯、乙烯基酯、环氧和酚醛树脂等。

芯模决定了制件的基本几何尺寸,因而在缠绕和固化过程中,芯模必须能支撑未固化的复合材料,并使其在允许的精度范围内发生变形。芯模的种类主要包括金属芯模、膨胀芯模和一次性使用芯模等。

金属芯模:金属材料通常可以用来制备永久性芯模和重复使用芯模。永久性芯模通常在高压容器内使用。由于大部分复合材料对气体,特别是氮气,并不能完全阻隔,因而容器内采用金属芯模作为抗泄漏层,其优点是无须在制件固化后取出芯模。重复使用的金属芯模在固体火箭发动机工业中较为常见。这些芯模一般为框架结构,在缠绕过程中给固体火箭发动机机匣提供精确的内部尺寸和几何形状。固化后拆卸芯模,通过发动机匣的开口端取出。

膨胀芯模:在固化过程中所有芯模受热后都会膨胀,但有些芯模,尤其是橡胶芯模,能由内部的膨胀为固化过程中的复合材料制件提供形状或压力。例如在制备石油贮罐时就会用到膨胀芯模,将厚橡胶皮做成圆球形状,用空气吹到预定直径,喷涂脱模层,然后用平面缠绕技术缠绕聚酯/纤维层。在室温固化后,放掉橡胶袋内压力并将其从开口处取出获得石油贮罐。膨胀芯模的另一个应用是在阳模上做一个薄的橡胶袋,当缠绕完毕后放到一个闭合阴模内,在阳模和橡胶袋界面上利用压缩空气加压从而使缠绕件在固化过程中向外紧贴闭合阴模,结果可获得高尺寸精度以及光滑的外表面,但不能精确控制内部尺寸。

一次性使用芯模:一次性使用芯模通常为石膏芯模。其制备过程:在一个铁框架结构的模具表面,先缠上一层麻片以增加石膏的黏结性,然后在外表面刮上 10～15 cm 的石膏,当石膏仍处于柔软状态时,使用模板修正外形尺寸,最后放入烤箱内成型硬化。在石膏芯模制备中,钢丝被预埋入石膏层以便脱模。在固化后,用手工涂覆的方法在其表面涂刷环氧树脂密封绝缘层;在复合材料构件缠绕固化后,将铁框架拆卸下来后通过开口端取出,然后除去麻片、拔出钢丝。在这一过程中,绝大部分石膏会被打碎。

11.6.2　缠绕成型工艺过程

纤维缠绕时首先需要连续浸胶和供给纤维,纤维供给必须尽量减小纤维损伤,优化纤维浸润和在芯模上的铺叠。纤维缠绕中最常见的浸胶形式有 3 种,即浸胶法、擦胶法和计量浸胶法(见图 11－10)。

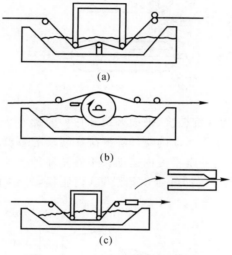

图 11－10　三种不同的浸胶形式
(a)浸胶法;　(b)擦胶法;　(c)计量浸胶法

浸胶法:最简单的浸胶槽通常没有运动的部件,它们由浸胶辊,胶槽和压胶辊组成。多根纤维纱通过浸胶辊浸上树脂,然后通过第二浸胶辊和压胶辊,最后缠绕到芯模上。在高速缠绕时,纤维束的浸润可以通过一个转动的辊使纤维束铺开以改善浸透性。浸胶法适合于玻璃纤维和芳纶纤维缠绕,因为玻璃纤维和芳纶纤维损伤容限较大。

擦胶法:对于碳纤维,由于本身很易受损折断,因而采用擦胶法浸渍更为适宜。在擦胶法浸渍装置中,一个转动的圆筒和树脂槽内的树脂接触带起树脂,经过刮刀后在圆筒表面形成一层树脂薄层,纤维在圆筒上部经树脂薄层浸渍。擦胶法允许在低应力水平下浸渍,因而不易损伤纤维。擦胶法的缺点是断裂的纤维黏在转动圆筒的表面会越积越多,这样会影响纤维/树脂含量的比例及增加纤维损伤,在缠绕中必须注意并清洗。

计量浸胶法:也称为限胶法浸渍。将纤维和树脂引入一个一端大开口的通道,通道的另一端是一个精密的机加孔,在通道内树脂充分浸渍纤维,经过机加孔时多余的树脂被挤出。这一方法的优点是树脂含量可严格控制。其缺点是纤维的接头不能通过,而且对于不同的树脂/纤维体系和不同的含胶量,都必须更换限胶孔。

浸胶完成后再在缠绕机上缠绕。缠绕机主要包括螺旋缠绕机、平面缠绕机、多轴缠绕机、径向缠绕机和 360°缠绕机。在缠绕成型过程中，纱线必须遵循一定的路径。满足一定的缠绕线型,其基本线型如图 11-11 所示。缠绕线型由导丝头(绕丝嘴)和芯模的相对运动实现,必须满足以下两方面:①纤维不重叠、不离缝,均匀、连续布满芯模表面;②纤维在芯模表面位置稳定,不打滑。缠绕成型具有纤维铺放的高度准确性和重复性,能制造小到数十毫米、大到数十米的回转体,纤维含量高(一般 70%～75%),原材料消耗小。湿法缠绕是最普通的缠绕方法,其工艺原理如图 11-12 所示。

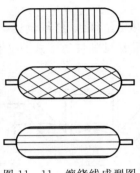

图 11-11　缠绕线成型图

纤维缠绕技术通常可分为螺旋缠绕、平面缠绕和特种缠绕等。

螺旋缠绕时,纤维从一个水平运动的绕丝嘴缠绕在转动的芯模上。而平面缠绕时,芯模在面内转动,由纤维供给单元沿着一定平面内运动。不管是那种纤维缠绕技术,要完成纤维缠绕过程都需要一系列的辅助设备,包括纤维供给装置(树脂槽,纤维束展开装置)、芯模、控制系统、固化和脱模设备等。

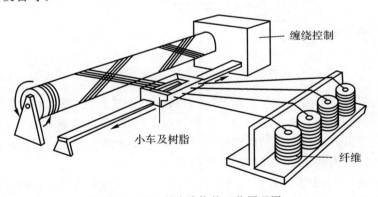

图 11-12　湿法缠绕的工艺原理图

螺旋缠绕:在螺旋缠绕中,纤维束从一个水平移动的绕丝嘴缠绕到一个转动的芯模,如图 11-13 所示,缠绕角由两个相对运动的比率来决定。当水平移动的绕丝嘴到达芯模端部时,它会慢下来、停止,然后向相反方向移动,以一个负缠绕角继续将纤维缠绕在芯模上。在这样的往复运动中,模芯上形成菱形花样。在圆柱芯模上的缠绕花样和最外层形成的花样相似,即形成一个均一厚度且各处缠绕角均为一常数 $\pm\beta$ 的制件。如果芯模是圆锥图形状或不规则,那么不同部位的缠绕角和厚度将会相应发生变化。螺旋缠绕适用于制备细长几何回转体,例如耐压管和发射管。缠绕细长管时,所需缠绕角为 20°～90°,如假定一个加盖的圆柱体径向/

轴向压力比为 2∶1,那么缠绕角应为 54.7°。

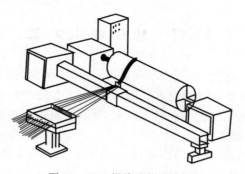

图 11 - 13　螺旋缠绕示意图

平面缠绕:平面缠绕又称极缠绕,如图 11 - 14 所示。在平面缠绕中,纤维供给系统在单一平面内移动,而芯模在面内转动,缠绕结果是一个复式纤维层以 ±β 角度在芯模两端或极点交叠。在平面缠绕中,芯模通常是垂直安装在底座上,在这种情况下即使是一个非常大的芯模,也可以很方便地安装在底面上同时没有弯曲变形。在实际应用中几乎没有卧式的平面缠绕机,因为芯模悬臂梁式的安装,在自重和制件的重力作用下很易发生挠曲。因此,平面缠绕只适合于采用非常小的缠绕角。典型的平面缠绕角度在 5°~15°之间,长径比小于 2 的短而粗的制件,适合采用平面缠绕制备。

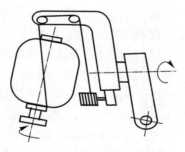

图 11 - 14　平面缠绕示意图

特种缠绕:目前使用的缠绕系统,一般来说是从螺旋缠绕演变而来的,但它们又不同于简单的螺旋缠绕。在管道和汽车主动轴缠绕中使用的缠绕系统,具有一个 360°环形纤维供给系统,当环形纤维供给系统平移且芯模旋转时,数百根纤维可同时进行缠绕,形成以 +β 取向的一缠绕层,在环返回时则以 -β 取向形成另一缠绕层。缠绕管状制件的缠绕系统由可连续平行非旋转芯模和一系列绕丝环组成,当芯模平移穿过一系列绕丝环,每一个环上都安有一定数目的纤维锭,这些纤维锭围绕着环转动从而以一定的角度将纤维缠绕到芯模上。平移和转动速率比决定了缠绕角的大小,这一系统和组合纺织类似。

11.6.3　缠绕成型工艺特点

与其他成型技术相比,纤维缠绕成型的主要优点是可以准确地将纤维束铺放在转动的芯模上。调整缠绕角的大小只需直接调节芯模转动速率和通过链带动的绕丝嘴的平移速度就可实现,同时降低原材料和制造成本,实现制件的高度重复性。该成型工艺最大的缺点是制件固化后须除去芯模,并且它不适宜于带凹曲表面制件的制造,使其适用范围受到一定限制。

11.7 拉挤成型工艺

拉挤成型工艺是将浸渍树脂胶液的增强材料,在牵引力的作用下,通过挤压模具成型、固化,连续不断地生产长度不限的复合材料。因此,拉挤工艺是一种连续的自动化生产工艺。自从1951年第一个关于拉挤工艺的专利诞生以来,复合材料拉挤工艺已经发展成一种制造纤维增强树脂基复合材料的常用方法。

拉挤复合材料根据树脂种类不同,分为热塑性拉挤复合材料和热固性拉挤复合材料两大类。热固性拉挤复合材料的加工范围宽、工艺性能好,在拉挤复合材料中占主导地位。但热塑性拉挤复合材料具有韧性好、拉挤速度快以及可回收等特点。本节主要介绍热固性拉挤复合材料成型技术。

11.7.1 原材料

(1)增强材料。增强材料是纤维增强复合材料的支撑骨架,它从根本上决定了拉挤制品的性能。拉挤成型工艺对增强材料的主要要求有不产生悬垂现象,纤维张力均匀,成带性好,断头少、不易起毛,浸润性好、树脂浸渍速度快,强度及刚度高等。

在拉挤复合材料的增强材料中,应用最广泛的是玻璃纤维无捻粗纱(纤维原丝进行合股、络纱而得到的未加捻的纱线)、玻璃纤维连续毡及短切毡,也有的制品采用玻璃纤维无捻粗纱布及布带等;另外,应用较多的是聚酯纤维(涤纶)及其织物。应用于航空航天工业及汽车工业等领域的先进拉挤复合材料则应用芳纶、碳纤维等高性能纤维及其织物作为增强材料。

相关研究人员研究出具有一定的横向增强效果的膨体无捻粗纱,如卷曲无捻粗纱和空气变形无捻粗纱,能改善拉挤制品的表面质量。为了保证拉挤成型玻璃纤维复合材料的横向强度,还需采用短切原型毡、连续原丝毡、组合毡、无捻粗纱机织物和针织物等增强材料。此外,三维编织技术也被用于拉挤成型工艺,三维编织物的可设计性强,能很好地克服复合材料制品的层间剪切强度低、易于分层等问题。

(2)树脂基体。拉挤成型工艺所用的树脂主要为不饱和聚酯树脂(90%左右),根据制品的性能要求,也可采用环氧树脂、甲基丙烯酸树脂、乙烯基酯树脂、酚醛树脂等。拉挤成型用的树脂要求有较高的耐热性能、较快的固化性能和较好的润湿性。根据拉挤复合材料制品的使用要求和拉挤工艺条件,树脂基体应满足下述要求:①黏度较低,一般在0.2 Pa·s以下,具有良好的流动性和对增强材料的浸润性,便于树脂充分浸渍增强材料。②固化收缩率较低,既可降低制品的固化收缩率,降低制品的内应力,控制制品中微裂纹的发展,还可降低原材料成本。③工艺适用期较长和固化时间较短,以达到连续拉挤快速固化的要求。④黏结性好,只有树脂基体对增强材料有良好的黏结性才能保证复合材料具有良好的力学性能。

随着拉挤工艺的发展和拉挤制品的广泛应用,各公司不断推出了适用于拉挤成型工艺的专用聚酯树脂。专用拉挤聚酯树脂使固化收缩率及制品的表面质量得到了改善,并改善了树脂的适应期和固化速度,提高了拉挤速度。国内外已有大量的拉挤专用树脂供应,因而目前实际使用的不再是通用聚酯树脂而是专用树脂体系。

(3)催化及固化剂。催化剂的作用是引发热固性不饱和聚酯树脂、乙烯基酯树脂以及丙烯酯树脂等交联固化反应。通常拉挤工艺使用单一组成的催化体系,然而很多拉挤成型研究人员发现使用由低温催化剂和高温催化剂组成的复合催化剂效果更好。

在催化剂体系中往往还含有固化剂,固化剂的作用是降低固化温度,加快固化速度,减少催化剂的用量。固化剂的选择将直接影响基体的耐热、力学和耐腐蚀等性能。

(4)其他添加剂。其他添加剂包括脱模剂、填料、着色剂和阻燃剂等。

脱模剂能起到润滑和脱模的作用,降低在牵引时物料所受的阻力,离模后制品表面完整、光滑。脱模剂按用法可分为外脱模剂和内脱模剂。外脱模剂是将原液按照一定比例稀释后喷到模具型腔内生产,内脱模剂是按照生产原料的百分比添加进去生产。早期的拉挤工艺采用外脱模剂,常用的是硅油等,但外脱模剂用量很大且制品表面质量不理想。为了满足难度较大的拉挤工艺的各项特殊要求,现已多采用内脱模剂。通常使用的内脱模剂应满足以下要求:①能均匀地分散在树脂混合物中,并保证相当温度下不聚集,无明显上浮或下沉;②内脱模剂的加入不影响树脂的使用时间及其固化反应特性,不影响制品的性能;③对人体无毒性,不影响操作人员的身体健康;④内脱模剂能在固化过程中及时迁移到树脂表面。因此,所选择的内脱模剂必须是含有弱极性基团和非极性基团的表面活性剂类物质,弱极性基团部分能使内脱模剂均匀分散在环氧树脂中,而非极性部分则起到良好的润滑作用。

填料的主要目的是降低树脂的成本,同时也能改善材料的某些性能。通常情况下,大多数无机填料可以提高材料的机械强度和硬度,减少固化收缩率,提高自熄性,增加树脂黏度和降低流动性。

着色剂能改善拉挤制品的外观,使制品更加丰富多彩。着色方法有外着色和内着色两种:外着色就是在制品表面上色,内着色是将色料与树脂在成型前混合使用。

某些树脂在分子骨架上就带有具有阻燃功能的官能团,但是很多树脂体系还得依靠外加阻燃剂达到阻燃目的。阻燃剂包括有机卤化物、有机磷化物以及某些无机氧化物(如三氧化二锑)等。

此外,为了改善拉挤工艺性和某些特殊性能还可添加一些特殊的添加剂,例如在为了消除树脂中的气泡、提高制品性能而加入的消泡剂等。

11.7.2　拉挤成型工艺过程

拉挤工艺的主要设备是拉挤机,可分为卧式拉挤机和立式拉挤机两种。卧式拉挤机结构比较简单,操作方便,对生产车间结构没有特殊的要求。立式拉挤机的各工序沿垂直方向布置,主要用于制造空心型材。拉挤工艺工程主要包括排纱、浸渍、预成型与固化、牵引以及切割等几方面,拉挤工艺工程示意图如图 11 - 15 所示。

排纱:将增强材料放置在纱架上并将这些材料按设计要求引出。纤维从纱架上引出的方式有两种,一种是纤维从纱筒的内壁引出,另一种是纤维从纱筒的外壁引出。前者的纱筒是静止地放在纱架上的,当纤维从内壁引出时,必然产生扭转现象。而后者的纱筒是放置在旋转芯轴上的,它可以避免纤维扭转现象,纤维从纱架的一侧引出后,通过孔板导纱器或塑料管导纱器集束进入下一道生产工序。

浸渍:增强材料在树脂混合物中的充分浸渍与增强材料的正确排放一样重要。浸渍装置主要由树脂槽、导向辊、压辊、分纱栅板和挤胶辊等组成。浸渍方法要有以下三种:①长槽浸渍法。其浸渍槽一般是钢制的长槽。入口处有纤维滚筒,纤维从滚筒下进入浸渍槽而被浸在树脂里。槽内有一系列分离棒,它们将纤维纱和织物分开,以使它们都能被树脂充分浸渍,被浸渍后的增强材料从浸渍槽出来后进入下一个工序。②直槽浸渍法。在浸渍槽的前、后各设有梳理架,上设有窄缝和孔,分别用于梳理纤维纱、纤维毡及轴向纤维,纤维纱和纤维毡首先通过槽后梳理板,进入浸渍槽,然后浸渍树脂后通过槽前梳理板,再进入预成型导槽。③滚筒浸渍法。在浸渍槽前有一块导纱板,浸渍槽中有两个钢制滚筒,滚筒直径以下部分都浸泡在树脂中,滚筒通过旋转将树脂带到滚筒的上部,纤维纱紧贴在滚筒上部进行树脂浸渍。

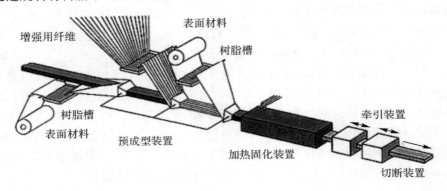

图 11-15　拉挤工艺过程示意图

预成型与固化:预成型的主要作用是诱导浸胶后的扁平带状增强材料逐渐演变成拉挤最终产品的形状,同时挤去增强材料中多余的树脂并排除带入材料中的气泡以获得高体积分数的拉挤复合材料制品。材料从预成型模具中拉出后,进入固化模具,在模具中固化成型后从模具中拉出,这一过程是拉挤工艺过程中最重要的工艺环节。

牵引:当制品在模具中固化后,还需要一个牵引力将制品从模具中拉出,这种牵引力来自牵引装置。为了满足拉挤工艺的需求,对牵引装置应满足以下要求:①在拉挤过程中,牵引装置必须保证连续牵引,否则会破坏模具内的热平衡,造成堵模等严重工艺事故。②牵引力、牵引速度可调,因为不同截面、不同尺寸和不同材料制品所需的牵引力大小各不相同,而牵引速度则应根据树脂基体化学反应特性、模具分布、模具长度等因素调节。牵引速度过慢,树脂在模具内的停留时间长,凝胶点及脱离点靠前,会造成脱模困难,反之则会使树脂固化不完全而影响制品的性能。③夹持力可调,因为牵引力是靠夹持力产生的摩擦力传递给制品的,因而不同牵引力其夹持力也不同。④夹头可随意更换,并在夹持时有衬垫。

切割:切割是拉挤工艺的最后一道工序,它是由移动式切割机来完成的。由于制品是在连续牵引过程中进行切割,因而切割机按照制品的长度被固定在牵引机的某一固定位置上,其运动速度与牵引速度保持同步。

11.7.3　挤拉成型工艺特点

挤拉成型工艺的优点如下:复合材料制品的物理力学性能,特别是纵向比强度和比刚度特别优异;工艺过程容易实现自动控制,产品质量稳定;工艺过程基本上不产生边角废料,原材料有效利用率高;自动化程度高,生产效率高,且人工费用低,制品成本的竞争力强;制品长度只受生产空间限制,与设备能力和工艺因素无关;随着原材料品种和规格的逐步完善和工艺水平的提商,任何复杂截面的直线形横截面复合材料型材,几乎都可以采用拉挤工艺成型,适应不同用途和荷载要求的能力逐渐增强;生产设备造价低。挤拉成型工艺也存在以下缺点:挤拉成型工艺只能加工不含有凹陷、浮雕结构的长条状线性制品和板状制品,制品性能具有明显的方向性,对生产工艺参数的控制必须准确无误。

11.8　树脂传递模塑成型工艺

树脂传递模塑成型简称为 RTM(Resin Transfer Molding),起始于 20 世纪 50 年代,是由手糊成型工艺改进的一种闭模成型技术,可以生产出两面光滑的制品。在国外属于这一工艺范畴的还有树脂注射工艺(Resin Injection)和压力注射工艺(Pressure Infection)。RTM 的基本原理是将纤维增强材料铺放到闭模的模腔内,用压力将树脂胶液注入模腔,浸透纤维增强材料,然后固化,脱模成型制品。从目前的研究水平来看,RTM 技术的研究发展方向将包括微机控制注射机组、增强材料预成型技术、低成本模具、快速树脂固化体系、工艺稳定性和适应性等。

11.8.1　原材料

RTM 所使用的原材料包括树脂体系、增强材料和填料。

树脂体系:可适用于 RTM 成型工艺的树脂体系众多,主要包括不饱和聚酯树脂、乙烯基酯树脂、环氧树脂、双马来酰亚胺树脂和热塑性树脂等。基体树脂工艺性能主要如下:室温或较低温度下具有低黏度及一定的贮存期(大于 48 h);树脂对增强材料具有良好的浸润性、匹配性、黏附性;树脂在固化温度下具有良好的反应性,且后处理温度不应过高(低于 200 ℃)。

增强材料:在 RTM 工艺中,对增强材料的要求较低,其中玻璃纤维、芳纶纤维和碳纤维等均可作为 RTM 增强材料。对于要求高性能、小批量生产的航空航天工业的应用,增强体预制体可采用切割/缝合工艺。该工艺比较简单,但生产速率慢,目前仅停留在实验室水平,尚未实现规模化工业应用。

填料:填料是 RTM 工艺重要的组成单元,虽然其用量只有 20%～40%,但填料不仅能降低成本、改善性能,而且还能在树脂固化放热阶段吸收热量。常用的填料有氢氧化铝、玻璃微珠、碳酸钙和云母等。

11.8.2　树脂传递模塑成型工艺过程

RTM 工艺过程主要包括以下几方面:

(1)预制件的制造:将增强纤维按要求制成一定形状,然后放入模具中待用。预制件的尺寸不应超过模具密封区域,以便模具闭合和密封。

(2)充模:在模具闭合锁紧后,在一定条件下将树脂注入模具,树脂在浸渍纤维增强体的同时将空气赶出,当多余的树脂从模具溢胶口开始流出时,停止树脂注入。

(3)固化:在模具充满后,通过加热使树脂发生反应,交联固化。理想的固化开始时间是在模具刚刚充满树脂时。如果树脂开始固化时间过早,将会阻碍树脂对纤维的完全浸润,导致最终制件中存在空隙,降低制件性能。

(4)开模:当固化反应进行完全后,打开模具取出制件进行后处理。图 11-16 是 RTM 工艺过程示意图。

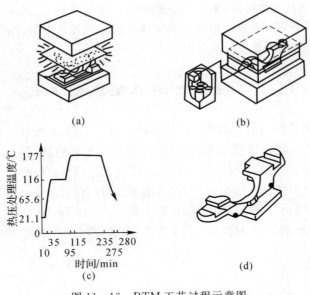

图 11 - 16　RTM 工艺过程示意图
(a)预制件的制造；　(b)充模；　(c)固化过程；　(d)开模

树脂传递模塑成型设备主要包括预制件设备、预制件切合设备、RTM 模具和树脂压注设备等。

预制件成型技术、增强材料、预制体成型设备的正确选择可决定 RTM 工艺应用成功与否。用喷射成型技术制备预制件时需要较大的场地，设备成本较低，适宜批量制造大型预制件，生产效率高。用冲压成型技术制备预制件时生产效率更高，可制备连接纤维增强预制件，提高复合材料制件的性能，但冲压成型设备投资较喷射成型设备高。

预制件切合成型技术包括手工和自动化切割/缝合两种。手工切割/缝合所需设备为不锈钢切割尺和切割台，经切割后的增强材料手工组合、缝合，设备投资少，但其生产效率很低。在航空航天工业领域的预浸料铺贴中正逐渐使用自动化切割/缝合技术，需要具有机械手控制的自动化切割台和铺贴组合设备。但自动化切割设备投资大，主要用于小批量高性能复杂预制件的制造。

RTM 工艺的注入通常采用低压或在真空压力下注入树脂的方法，因而模具采用一个弓形夹合模夹紧，模具制作成本较低。环氧玻璃钢模具是 RTM 小批量生产中常用的模具，其使用寿命最多为数千次。随着制件形状复杂程度的增加，铺放预制件过程会加剧模具磨损，环氧模具的使用次数将下降。环氧模具也可作为组合模具使用，比如在上、下模的一侧或两侧安放可拆卸的填块以获得较复杂的制件形状。

11.8.3　树脂传递模塑成型工艺特点

RTM 技术是一种适宜多品种、中批量、高质量复合材料制品生产的低成本成型技术，近年来得到迅速发展。RTM 工艺的主要优点是适于制备大型制件，也适于制备两面带小斜梢深槽的制件。和其他传统复合材料生产技术相比，RTM 技术有许多优点，具体如下：

（1）能够制造高质量、高精度、低孔隙率、高纤维含量的复杂复合材料构件,无须胶衣树脂也可获得光滑的双表面,产品从设计到投产时间短,生产效率高。

（2）RTM 模具和产品可采用 CAD 进行设计,模具制造容易,材料选择范围广。

（3）RTM 成型的构件与管件易于实现局部增强及局部加厚的构件,带芯材的复合材料能一次成型。

（4）RTM 成型过程中挥发分少,有利于劳动保护和环境保护。

11.9　本章小结

树脂基复合材料已在航空、航天、汽车等军民领域获得广泛应用,随着其性能在不断改进和完善,应用领域将更为广泛。随着技术发展和创新,智能化、规模化、个性化是复合材料未来的重点发展方向。每种成型工艺都有其自身的特点,应该按照产品需求选择合适的成型工艺。手糊成型、缠绕成型等成型工艺已经成熟,已广泛用于各种复合材料制品的制备,RTM 等新型成型工艺处于快速发展阶段。发达国家的树脂基复合材料已由"产量大、消费大"向"个性化、高级化、产量中等"转变,促进了成型工艺的快速发展。

习　　题

1. 举出一个复合材料树脂体系的实例,并说明各组分的作用。

2. 什么是手糊成型? 手糊成型工艺有些优缺点? 该工艺可制备哪些复合材料制品? 手糊成型常用的树脂体系有哪些?

3. 简述制备树脂基复合材料的缠绕成型的优缺点。请结合缠绕成型的特点,说明该工艺适合制备哪些制品。

4. 对 RTM 工艺过程进行简单描述,并说明该工艺的特点,能够制备什么样的制品。给出实际制品的例子,并说明制备该制品的工艺过程及工艺条件。

第12章 金属基复合材料制备工艺

12.1 概　　述

在金属基体中引入强度、刚度更好的增强体制备金属基复合材料可有效提高金属的比强度、比刚度、抗疲劳以及摩擦磨损性能,降低金属的热膨胀系数,有利于提升金属材料的效能和拓展金属材料的应用领域。金属基复合材料已经在航空航天、汽车、微电子等领域获得了广泛应用。随着研究的深入,许多新型高性能金属基复合材料不断涌现,丰富了金属基复合材料的材料体系。

金属基复合材料的性能、特点、应用和成本等较高程度依赖于制备工艺方法。金属的熔点较高,制备温度较高;对增强体表面润湿性较差,甚至不润湿;易与增强体发生界面反应生成脆性相,这些因素都会损害金属基复合材料的性能。与聚合物基复合材料相比,金属基复合材料的制备工艺较为复杂和困难。开发高效、低成本制备工艺一直是金属基复合材料研究的重点。

金属基复合材料制备工艺的关键内容主要包括:①基体与增强剂的选择,基体与增强剂的结合;②界面的形成及其机制,界面产物的控制及界面设计;③增强剂在基体中的均匀分布;④制备工艺方法及参数的选择和优化;⑤制备成本的控制和降低,工业化应用的前景等。

由于金属所固有的物理化学性质与增强材料差别很大,造成二者复合过程中存在一些问题,主要难点如下:

(1)增强材料与金属基体润湿性差。绝大多数金属基体对陶瓷增强材料润湿性差,甚至不润湿,造成界面不相容,复合困难。一般需要对金属基体进行合金改性或对增强材料进行表面处理以提高基体对增强体的润湿性。

(2)高温复合过程中发生不利的化学反应。金属基复合材料制备需要很高的温度(接近或超过金属基体的熔点)。在高温下,金属基体往往会与增强材料发生界面反应,对增强材料造成损伤,降低增强效果。对界面反应可以加以利用以提高二者的界面结合强度,但界面反应产物往往是脆性相,在外载荷作用下容易产生裂纹,成为复合材料整体失效的裂纹源,降低复合材料的整体性能。因此,界面反应需合理控制。

(3)增强材料在金属基体中的均匀分布。增强材料在金属基体中的分布情况对复合材料性能有重要影响。增强材料种类很多,连续纤维、短切纤维、晶须、颗粒等材料的尺寸、形态和理化性能不同,在金属基体均匀分散困难,如何提高增强材料在基体中的分散性是制备工艺研究中的关键问题。

因此,一般来讲,有效的制备工艺应满足以下基本要求:

(1)制备过程应使增强相按设计要求均匀地分布于金属基体中,满足复合材料的结构和强度等设计要求。

(2)制备过程不应降低增强相和基体相的原有性能,特别是不能对高性能增强材料(如碳纤维)造成损伤。

（3）制备过程应尽量避免增强相和金属基体的不利化学反应，制得合适的界面结构，充分发挥复合材料的界面效应、混杂效应或复合效应，达到增强材料的增强效果。

（4）工艺简单，成本低，适合批量规模生产，尽可能制备出接近最终产品的尺寸和结构，避免或减少后续二次加工。

目前，金属基复合材料主要的制备工艺有粉末冶金法、扩散结合法、挤压铸造法、液态金属浸渗法、液态金属搅拌法、共喷沉积法和原位反应法等。归纳起来可分为以下几大类：固态制备工艺、液态制备工艺、原位自生法及其他方法。增材制造工艺是近年来发展的新型制备方法，发展速度非常迅猛，在第 15 章中将专门介绍，此处不再赘述。

（1）固态制备工艺。固态制备工艺是指金属基体在处于固态情况下与增强体材料按照设计要求均匀混合，经过加热、加压制备复合材料的方法。整个制备过程温度较低，金属基体与增强体之间的界面反应可得到一定控制。固态制备工艺包括粉末冶金法、扩散结合法、轧制法、挤压法和拉拔法、锻造法以及爆炸焊接法等方法。

（2）液态制备工艺。液态制备工艺是指金属基体处于液态熔融情况下与固态增强体复合制备成金属基复合材料的方法。液态金属流动性较好，在一定条件下（真空、加压等）容易进入增强体间隙制备成复合材料。与固态制备工艺相比，液态制备工艺更易于制备净成型尺寸的复合材料，减少二次加工，工艺周期短。但液态制备工艺过程中温度相对较高，容易发生严重的界面反应，影响复合材料的性能。界面控制是液态法制备工艺中最关键的问题。液态制备工艺包括液态金属搅拌铸造法、液态金属浸渗法、共喷沉积法等方法。

（3）原位自生法。原位自生法是指金属基复合材料制备过程中，在一定条件下，通过化学反应在金属基体内原位生成一种或几种增强相制备成金属基复合材料的方法。增强相从金属基体中直接生成，生成相的热力学稳定性好，不存在基体与增强相之间的润湿和界面反应等问题，基体与增强相结合良好，较好地解决了界面相容性问题。原位自生法主要包括定向凝固法和反应自生成法等。

12.2　固态制备工艺

在固态制备工艺过程中金属基体处于固态。与液态制备工艺相比，其制备温度低，可减轻高温下增强体与金属基体的化学反应，且增强体在金属基体中混合均匀。现在对固态制备工艺进行具体介绍。

12.2.1　粉末冶金法

粉末冶金法（Powder Metallurgy）是最早开发用于制备金属基复合材料的工艺方法。该技术主要用于制备非连续增强体增强的金属基复合材料，包括制备各种颗粒、晶须、短切纤维、碳纳米管以及石墨烯等增强的铝、铜、银、钛、高温合金等金属基或金属间化合物基复合材料，也可用于制备连续纤维增强的金属基复合材料。粉末冶金法的主要工艺步骤（见图 12 - 1）包括金属（合金）粉末筛分，粉末与增强体均匀混合制得混合粉体，经过压制成型、热压或热等静压致密化等工艺制备锭块胚体，通过二次加工（挤压、锻造、轧制、超塑性成型等）制备零部件，或在致密化过程中净成型直接制备最终产品。

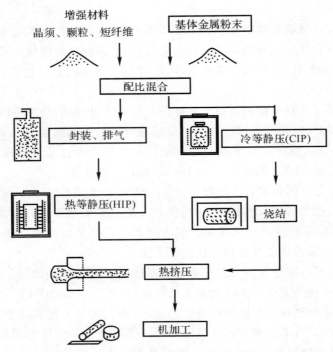

图 12-1 粉末冶金法制备金属基复合材料的一般工艺流程

金属基体粉末与增强材料的均匀混合及防止金属粉末氧化是粉末冶金法的关键工艺环节。金属粉体与陶瓷增强体在粒度、密度和形状方面存在明显差异,在粉末混合的过程中陶瓷粉末容易产生偏聚,混合工艺较难控制,造成陶瓷增强体颗粒分布不均匀。采用纳米粉体为原料制备金属基复合材料时,不均匀情况尤为明显。为改善粉末的混合情况,尤其是采用纳米粉体为原料时,宜常采用高能球磨方法混合粉体。具体工艺过程如下:①按比例选取初始粉末;②选择球磨装置、球磨罐和磨球材料;③将初始粉末和磨球按一定球料比放入球磨罐;④选择保护性气氛防止金属粉末发生氧化;⑤球磨中磨球与球磨罐壁对粉末的高能碰撞使其经过反复产生冷焊-断裂-冷焊过程,经过足够时间形成均匀混合的复合粉末。

粉末冶金法具有以下优点:①由于制备温度低于同类金属材料的铸造法,大大减轻金属与陶瓷的界面反应;②可大范围内精确调整增强体体积分数,且增强体的选择余地较大,可设计性强;③利于增强相与金属基体的均匀混合(对增强相与金属基体的密度和润湿性要求不高);④组织致密、细化、均匀,内部缺陷明显改善;⑤产品尺寸精度较好,易于实现少切削、无切削。

粉末冶金法也存在以下缺点:①制品往往致密度较差;②高纯金属粉末制备复杂;③成本较高,工艺过程复杂。

近年来,超微粉制备技术、快速冷凝、机械合金化、快速全向压制、高速压制、电磁成形、选择性激光烧结、放电等离子烧结、微波烧结、电场活化烧结、自蔓延烧结和粉末注射成形技术等新技术快速发展,促进了粉末冶金法制备的材料向全致密、高性能方向发展。该方法已成为制备非连续增强金属基复合材料的成熟技术。

12.2.2　扩散结合法

扩散结合法是制备连续纤维增强金属基复合材料的传统工艺方法。扩散结合是利用在高温的较长时间和较小塑性变形作用下,接触部位原子间的相互扩散使纤维/金属基体之间以及金属基体相互之间结合在一起的方法。结合表面在加热加压条件下发生变形、移动、表面膜破坏,经过一定的高温时间,纤维与金属粉末之间发生界面扩散和体扩散,结合界面最终消失,完成材料复合。

扩散结合法的主要工艺过程(见图 12-2):首先将纤维与金属基体制成复合材料预制丝(带、板),然后根据设计的纤维排布方向和分布状态将预制体进行层合排布。根据纤维的体积分数,在排布时添加基体金属箔(若需要),放入模具内经加热加压,制得复合材料或构件。扩散结合法常用的模具为不锈钢模具,为防止金属基体与不锈钢发生焊接,模具与金属基体之间可用隔绝层隔开。

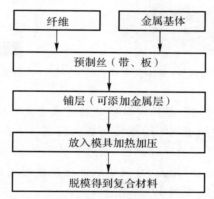

图 12-2　扩散结合法制备连续纤维增强金属基复合材料过程示意图

扩散结合法的工艺过程必须保证预制体表面金属的清洁,尤其是金属表面不能有氧化层,因为氧化层的存在会影响金属的扩散,进而影响金属基体间的相互结合。采用碳纤维、硼纤维等易与金属发生反应的纤维制备复合材料时,应先进行纤维预处理,再进行金属基体制备。如采用化学气相沉积、化学镀金属或溶胶-凝胶等方法在碳纤维表面形成一层 SiC,Al_2O_3,$Ti-B$或 Ni 金属等涂层。

纤维/基体预制丝(带、泊材)的主要制备方法有以下几种:

(1)PVD 法制备纤维/基体复合丝。该方法基本过程示意图如图 12-3 所示。采用磁控溅射等物理气相沉积(PVD)手段将基体金属均匀沉积到纤维表面上,形成纤维/基体复合丝。使用这种复合丝制备复合材料时,主要是基体与基体之间的扩散结合,有利于材料界面的改善,同时通过控制基体沉积层的厚度可控制纤维的体积比。

(2)粉末法制备纤维/基体复合丝。该方法基本过程示意图如图 12-4 所示。首先将金属基体粉末与聚合物黏结剂混合制成基体粉末/聚合物黏结剂胶体,然后将纤维通过带有一定孔径毛细管的胶槽,在纤维表面均匀地涂敷上一层基体粉末黏结剂胶体,干燥后形成具有一定直径的纤维/基体粉末复合丝。复合丝的直径取决于胶体的黏度、纤维的走丝速度以及胶槽的毛细管孔径等。这种预制体在复合材料制备过程中需要预先彻底除去复合丝中的聚合物黏结剂胶体,因而要求聚合物黏结剂(如聚乙烯醇)具有在真空状态的低温下能够完全挥发的特性。

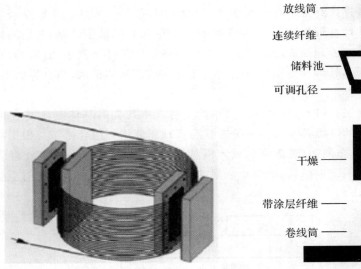

图 12-3　PVD 法制备纤维/基体复合丝　　　图 12-4　粉末法制备纤维/基体复合丝

　　(3)液态金属浸渍法制备纤维/基体复合丝。通过液态金属浸渍-冷却过程制备纤维/金属基体复合丝,这种方法通常适用于铝等熔点较低的金属基体。但碳纤维或石墨纤维与铝液接触会在界面发生反应生成脆性相 Al_4C_3 陶瓷,而过量的脆性相 Al_4C_3 生成会严重影响复合材料的性能。对纤维进行 Ti-B 或(液态)金属钠表面涂层处理可以增加纤维与铝液的润湿性,防止过量的脆性相 Al_4C_3 生成,如图 12-5 所示。

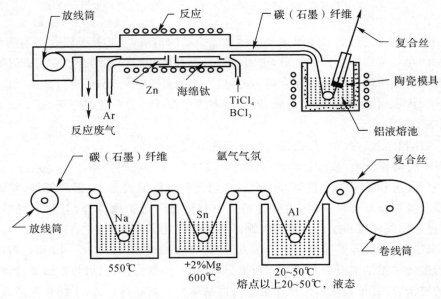

图 12-5　液态金属浸渍法制备纤维/基体复合丝

（4）等离子喷涂法制备纤维/基体箔材预制带。等离子喷涂法是通过等离子喷涂金属将排布好的纤维固定在金属箔上,具体过程如图 12－6 所示:首先将纤维定向,定间距缠绕在包有基体金属箔的圆筒上,然后通过等离子喷涂基体粉末定位,沿垂直于纤维的方向剪开即得到带状预制体。这一过程的关键是得到致密的与纤维黏结良好的基体涂层和避免基体的氧化,因而一般在真空或保护性气氛下进行。

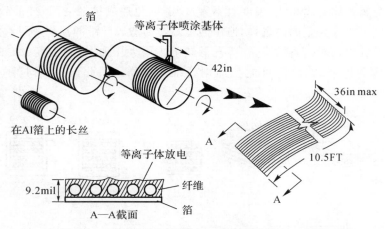

图 12－6　等离子喷涂法制备纤维/基体箔材预制带

注:1 mil＝0.031 85 mm;　1 FT＝30.48 cm;　1 in＝2.54 cm

（5）聚合物黏结法制备纤维/基体箔材预制带。将纤维定向定距缠绕在缠绕鼓（基体箔材）上,涂敷聚合物黏结剂进行定位制备的预制带,也称为无纬布,因为未实现纤维与金属的复合,又称为"生片"。制备过程见图 12－7。一般为,将纤维或纤维束在包有金属衬底（铝箔或钛箔）的金属圆筒芯模上用缠绕机沿圆筒周向平行缠绕,使纤维或纤维束相邻紧密排列,用聚合物黏结剂（同样要求聚合物黏结剂在真空状态的低温下能够完全挥发）固定。缠绕排布一定宽度后沿着与纤维垂直的方向剪开,展开得到无纬布。

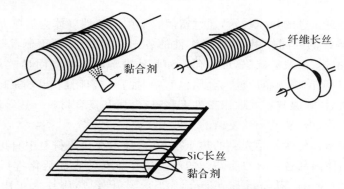

图 12－7　聚合物黏结法制备纤维/基体箔材预制带

（6）纤维嵌入法制备单层带。单层带是在金属箔上开槽,把纤维下到槽里,然后覆盖同样的金属箔压实制备预制体,主要适用于直径较粗的纤维单丝增强金属基复合材料。

热压扩散结合法制备金属基复合材料的加热、加压过程一般在真空中进行,如图 12－8 所示,可减小纤维与金属基体在高温下的氧化,可得到较好的复合效果,有时也可在惰性保护气氛下进行。具体的真空度视制备的金属基复合材料种类而定,一般机械泵即可满足工业生产需求。如果预制体内含有聚合物黏结剂,需要在一定温度下待黏结剂挥发后再补充真空度,弥补黏结剂挥发造成的真空不足。

影响扩散结合过程的主要参数是温度、压力以及保温保压时间。热压温度不宜过高,一般控制在稍低于金属基体的固相线;温度也不宜过低,以免造成扩散受阻,样品致密性不足。加压的压力范围也可在较大范围内选择,但压力过大容易造成纤维的损伤,而压力过小时金属不能充分扩散包围纤维,容易形成"眼角"等孔洞缺陷。增大压力、提高温度、增加保温时间有利纤维与金属基体的扩散结合,但可能会加剧纤维的损伤。因此,选择合适的热压参数尤为重要。

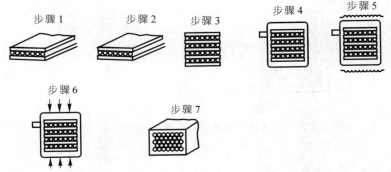

图 12-8　真空热压扩散结合工艺流程示意图

步骤1—铺陈金属层;　　步骤2—裁剪形状;　　步骤3—按需求多层铺陈;　　步骤4—抽真空;

步骤5—加热至制备温度;　　步骤6—施加压力保压保温;　　步骤7—冷却取样

热压设备的常用加压方式为液压单轴加压,要求加压保压稳定。加热方式主要为外热式,即通过外置加热元件对材料进行加热,在加热的同时对材料施以机械压力,即传统的热压技术。

热等静压法是更先进的热压技术,通过密闭容器中的惰性气体为传压介质,工作压力可达200 MPa,在高温高压的共同作用下,被加工件的各向均衡受压,所得制品组织细化、致密、均匀,一般不会产生偏析、偏聚等缺陷,可使孔隙和其他内部缺陷得到明显改善。该方法的具体过程:将预制体按一定比例排布后放入金属包套中,抽真空密闭后装入高压容器中加热加压,保温保压一定时间后,降温减压并取出工件,制备成金属基复合材料。热等静压技术适用于制造多种复合材料的管、筒、柱及形状复杂的工件。

放电等离子烧结也可看作是先进的热压技术,该技术在热压材料中直接通入脉冲电流,产生等离子体使烧结体内部各部分自身均匀的产生焦耳热并使表面活化进行加热烧结,称为放电等离子烧结技术(Spark Plasma Sintering,SPS)。与传统热压技术相比,SPS 技术加热均匀,升温速度快,烧结温度低,烧结时间短,生产效率高,可以得到高致密度的材料,是一种先进的热压技术。

模压成型也是扩散结合的一种手段。该方法是将纤维/基体预制体放置在具有一定形状的模具中进行扩散结合,最终得到一定形状的最终制品。常用该方法制备各种型材。该方法的难点在于模具本身的设计和制造。

纤维的排布对纤维增强金属基复合材料的性能至关重要。纤维排布不均匀、纤维束聚集或间距过近会导致严重的应力集中,造成纤维断裂或基体开裂,在制备或服役过程中引起复合材料失效。

热压和热等静压技术除了用于连续纤维增强技术即复合材料外,也是粉末冶金法中混合粉体致密化的主要手段,致密化过程与上述过程一样,即将混合粉末放入模具中通过加压加热方式致密化制备非连续金属基复合材料。

12.2.3　轧制法、挤压法和拉拔法

轧制、挤压和拉拔技术都是金属塑性加工常用的方法,在金属基复合材料中主要用来进行复合材料的二次加工。

轧制法可用来制备层状金属基复合材料。不同金属基体的复合材料箔材叠层,通过轧制法可制备二元或多元层状复合材料,其过程如图 12-9 所示。轧制法也可用于制备连续纤维增强金属基复合材料。通过纤维和金属箔交替铺层,经过热轧制制备复合材料,轧制过程主要是完成纤维与金属的黏结过程,但由于纤维塑性变形困难,在轧制方向不能伸长,纤维-金属箔轧制时变形量小,轧制次数较多。此外,轧制法还可用于将由粉末冶金法制备好的颗粒(或晶须)增强的金属基复合材料锭块坯体进一步加工成板材。

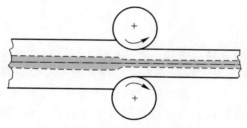

图 12-9　轧制法制备层状金属基复合材料过程示意图

挤压法也是金属基复合材料最常用的二次加工技术。挤压成型过程中复合材料发生较大的塑性变形,会造成纤维与基体的剥离及纤维的破坏。挤压法不适合连续纤维复合材料,一般用于制备由短切纤维(或晶须、颗粒)增强的金属基复合材料。挤压成型过程中,在压力和温度的作用下,增强体与金属基体产生剪切应力,促使金属粉末表层氧化层破碎,有利于增强体与金属基体的界面结合。

在传统挤压成型时,由于金属与挤压筒之间存在摩擦力,造成金属与挤压筒接触部位应力集中,容易引起挤压工件边缘出现毛刺,尤其对于高体积分数增强体的复合材料,由于增强体的大量加入,造成摩擦力增大,毛刺现象更为明显。为减少摩擦引起的毛刺现象,可采用静力挤压技术,在复合材料和挤压筒之间加入高压液体,减小复合材料与挤压筒之间的摩擦力(见图 12-10)。

挤压成型过程会对金属基复合材料的微观结构产生重要影响,例如造成增强体的破坏,增强体沿挤出方向定向排布导致分布不均匀等。适当提高温度(使金属基体出现部分液相)可以减小增强体与金属基体之间的应力,可以减轻挤压过程中对增强体的损伤,尤其是对纤维增强体的损伤。

与挤压法相比,拉拔法可将全部金属基体的塑性变形控制得比较小,而且在拉拔过程中纤

维主要受拉应力,几乎没有弯曲应力,可以避免挤压成型过程中的纤维破坏及纤维/基体剥离,可以用于制备纤维增强金属基复合材料。其工艺过程是:把预制纤维丝真空封装在型腔中,通过加热到一定温度的拉模拉拔可制备复合材料棒材或管材。拉拔温度是该方法的关键参数,温度过高会加剧纤维的损伤,温度过低导致金属基体塑性变形阻力增大,拉拔温度一般控制在金属基体的固相线附近。与挤压法一样,拉拔法也常常用于粉末冶金法制备的非连续纤维增强金属基复合材料的二次加工,可制备各种棒材、管材、型材等。经过轧制、挤压、拉拔等二次加工的非连续纤维增强金属基复合材料内部缺陷减少或消失,性能获得明显提高。

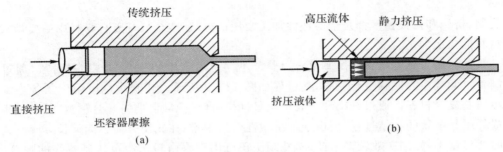

图 12 - 10　传统挤压法与静力挤压法示意图

12.2.4　锻造法

锻造法也是一种常用的金属二次加工方法(见图 12 - 11),由于锻造过程中会发生较大的塑性变形,该方法同样主要适用于颗粒或晶须增强金属基复合材料。通过热压或挤压制备的复合材料在锻压机械的压力下产生塑性变形以获得具有一定机械性能、一定形状和尺寸锻件。将颗粒和金属基体均匀混合后在锻模中冷压预成型制备预制体,将预制体烧结后再经过热锻进一步锻造,将烧结和锻造过程结合起来,可以制备净成形的工件。这减少了后续二次加工过程中的变形,减轻了对增强体的破坏。

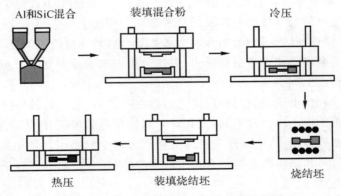

图 12 - 11　锻造法净成型制备过程示意图

12.2.5　爆炸焊接法

爆炸焊接是一种固相焊接方法(见图 12 - 12),利用炸药爆炸产生的冲击力造成工件迅速碰撞而实现焊接。爆炸焊接通常用于制备层合板复合材料。爆炸焊接时,把炸药直接敷在覆板表面,或在炸药与覆板之间垫以塑料、橡皮作为缓冲层。炸药引爆后的冲击波压力高达数百万兆帕,使覆板撞向基板,在金属结合面形成一个高速射流,可以有效除去结合金属表面的氧化膜,形成清洁的金属表面。冲击力使两板接触面紧密接触,产生塑性变形,结合处的金属局部扰动以及热过程使工件连接在一起,结合强度高。该方法不受结合金属的熔点和塑性的差别限制,特别适用于将其他方法不能焊接的金属结合结合在一起。爆炸焊接法作用时间短,材料的温度低,可以有效降低界面反应。爆炸焊接可以制造形状复杂的零件和大尺寸的板材,一次操作可焊接多块复合板,制备效率高。

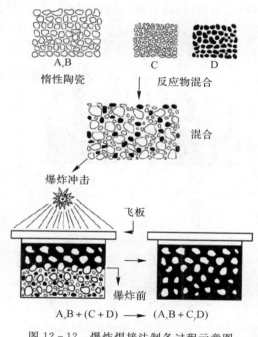

图 12-12　爆炸焊接法制备过程示意图

12.3　液态制备工艺

液态制备工艺是指在高于金属基体熔点温度,金属基体处于液态熔融情况下与固态增强体复合制备金属基复合材料的方法。液态金属更易与增强体紧密接触,形成强界面,但同时也容易造成基体与增强体之间的界面反应,形成脆性相,损害金属基复合材料的性能。根据增强体与液态金属加入方式的不同,此类工艺可分为三大类:①液态金属浸渗法,是将液态金属浸渗进入增强预制体;②液态金属搅拌铸造法,是将增强体加入液态金属;③共喷沉积法,是将金属液体与增强体边混合边成型。

12.3.1　液态金属浸渗法

液态金属浸渗法是指在一定条件下将液态金属浸渗到铸型内具有一定形状和孔隙率的增强材料预制件内,并凝固获得复合材料的制备方法。

液态金属浸渗法的第一步是增强体预制件的制备。各种类型增强体(纤维、颗粒)预制件应具有一定的抗变形能力,以防止在金属熔体浸渗过程中发生位移而造成增强材料在基体分布不均匀,同时要有一定量的连通孔隙,以保证液态金属的浸渗。预制件的制备过程:一般在含有有机剂黏结的溶剂中加入增强物,然后压成所需体积分数的预制件。预制件经高温处理,有机黏结剂挥发形成连通孔隙,保证液态金属的浸渗。

预制件所用材料可以是纤维、晶须、颗粒或混合物。晶须、短纤维、颗粒增强体预制件的制备过程如图 12-13 所示,首先将增强体以合适的浓度放入合适的液体(一般为水)中,加入一定量的分散剂,在机械搅拌或超声波作用下分散,加入胶黏剂一起混合均匀,通过模压成型、气压注射等工艺制备出一定形状的预制件,低温烘干、高温烧结后,在胶黏剂的结合作用下制得具有一定强度的多孔预制件。

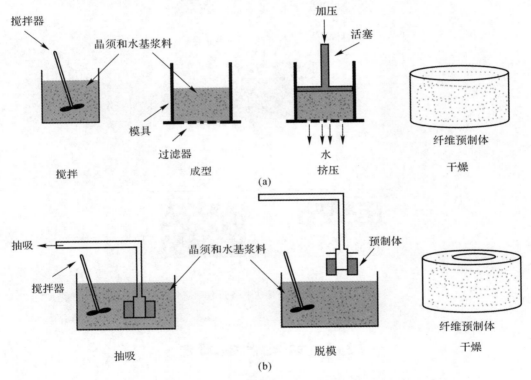

图 12-13　短纤维、晶须或颗粒型预制体制备过程示意图
(a)模压成型过程;　(b)气压注射成型

在预制体制备过程中,胶黏剂是决定预制件质量的关键因素。通常胶黏剂有无机胶黏剂和有机胶黏剂两类。常用的无机胶黏剂有水玻璃、硅胶和磷酸盐等。无机胶黏剂能赋予预制件很好的室温与高温强度,但高温处理后不会完全挥发,部分残留在预制件中,从而会影响复合材料的性能,因而用量要适中。常用的有机胶黏剂有聚乙烯醇、羟甲基纤维素钠盐、酚醛树脂、环氧树脂、淀粉和糊精等,可以赋予预制件很好的室温强度,在高温下容易分解挥发,残留少。预制件的强度随胶黏剂的增加而增强,但过多的胶黏剂残留在预制体中会损害复合材料的性能。

长纤维预制件的制备方法较多,对于回转形状的预制件,可用长纤维缠绕成型制成预制件。对于非回转状纤维可排布为单向铺层结构、纤维布叠层结构以及三维编织结构。对于简单形状的物件,也可以由颗粒增强体及纤维制成预制件。预制件制作时的压力决定了纤维在合金中的体积分数。压力过大会造成纤维断裂,另外还会增大合金液体浸渗时的压力。

用液态金属浸渗法制备纤维增强金属基复合材料时,为改善液态金属对纤维的润湿性问题,通常需要对纤维进行表面改性。在使用碳纤维、硼纤维等易与金属发生反应的纤维(以及其他易与金属反应的增强体,如碳纳米管等)时还需考虑高温下的界面反应问题。

商业用纤维通常表面有一层树脂胶。胶的主要作用是为了在一些操作(缠绕、织造等)中保护纤维,在金属基复合材料制备中,必须先进行去胶处理,以避免高温下树脂胶残碳,同时促进金属与纤维的润湿和接触。除胶的手段主要有化学除胶和热法除胶。

以碳纤维为例,首先在除胶炉中高温处理除去碳纤维生产过程中涂覆的胶,然后对纤维表面做改性处理。改性处理的方法主要有以下几种:

(1)Ti-B 处理法。通过化学气相沉积技术,使用 BCl_3,$TiCl_4$ 为原料,在纤维表面沉积 Ti-B 涂层,可显著改善纤维与铝、镁、铜等金属的复合效果。需要注意的是,Ti-B 涂层处理需要直接转移进行金属浸渗程序,避免接触空气。有结果表明 Ti-B 涂层在接触空气后会发生失效。

(2)液钠处理法。液钠法是将碳纤维在 He 气氛保护下相继通过 Na,Sn,Al 三种熔体,制造碳-铝复合丝(带)。三种金属的温度分别控制在以下范围:Na(550 ± 20) ℃,Sn(600 ± 20) ℃,Al(高于熔点或液相线 20~50 ℃)。纤维束在熔体中的停留时间视其大小而定,对于单束纤维,1 min 即可,对于多束的带,则需 10 min 左右。为了保护纤维表面沉积的金属间化合物不溶解于熔体,在 Na 或 Sn 中添加原子分数为 2% 的 Mg,因为 Mg 可与 Sn 生成熔点为 778 ℃ 的化合物 Mg_2Sn,此外 Mg 还能起到纤维束被 Al 完全浸渍的作用。液钠法的主要缺点是钠污染,必须使用纯度高、价格昂贵的 He 作保护气氛,且环境中不能有水分存在。

(3)镀层法。碳纤维表面的金属和化合物涂层可用电镀、化学镀、化学气相沉积等方法得到,例如 Cu,Ni,Ti,Ta,Nb,B_4C,SiC,TiC 及 Ta,Nb,Zr 的碳化物。这些涂层可以改善润湿性,有些还起阻止基体与纤维发生化学反应的阻挡作用。

在金属基体中添加适当的合金元素同样可以起到改善润湿、保护增强体的效果。例如加入能与碳纤维作用,生成稳定碳化物的合金,这些碳化物既能改善润湿性,又能起反应的阻挡层作用,如制备 C 纤维增强铝基复合材料时,在铝基体中加入适量 Si 元素,可以显著抑制 Al_4C_3 的生成。

预制体制备完成后,下一步是将液态金属浸渗进预制体中并凝固获得复合材料。根据液态金属浸渗条件不同,此工艺可分为真空(或负压)浸渗、挤压浸渗技术、真空压力浸渗技术和无压(或自发)浸渗技术等几种。

(1)真空浸渗技术。真空浸渗技术是把增强体预制件抽真空后注入金属熔体,金属吸入预制件空隙中凝固获得金属基复合材料的方法。图 12-14 所示为真空浸渗法制备纤维增强金属基复合材料的工艺过程。

先把连续纤维用绕线机缠在圆筒上,用聚甲基丙烯酸甲酯等能热分解的有机高分子化合物黏结剂制成半固化带,再把数片半固化带叠在一起压成预制件。把预制件放入铸型中,加热到 500 ℃ 将有机高分子分解、去除。将铸型的一端浸入基体金属液内,另一端抽真空,使液体金属抽入铸型内浸渗纤维,待冷却、凝固后将复合材料从铸型内取出。

真空浸渗法使用范围广,适用于多种熔点不是特别高的金属基体材料,如 Al,Cu,Ti 合金等为基体的金属基复合材料,也适用于连续纤维、短切纤维、晶须和颗粒等各种增强体的复合材料。增强材料的形状、尺寸、含量基本不受限制,可直接制备复合材料工件,特别是形状复杂的工件,基本无须后续加工。金属浸渗过程在真空下进行,铸件缺陷少、组织致密、性能好。但真空浸渗设备比较复杂,工艺周期长,大尺寸工件需要大型设备完成。

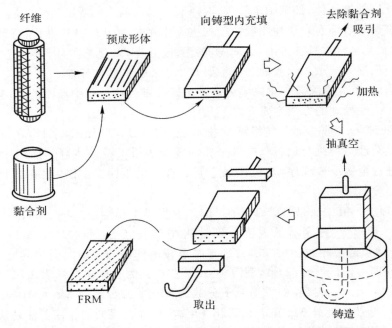

图 12-14　真空浸渗技术制备连续纤维增强金属基复合材料过程示意图

(2)挤压浸渗技术。挤压浸渗法是指将液态金属在一定的压力下强行压入到增强体预制件孔隙中,并在压力下凝固获得复合材料的方法。因其与通常的挤压铸造相近,故又称为挤压铸造法。其与一般压铸工艺的区别在于金属熔体凝固过程中冲头持续移动,弥补凝固的收缩,其工艺过程如图 12-15 所示。先把预制件预热到适当温度,然后将其放入预热的铸型中,浇入液态金属,在压头作用下迫使液态金属浸渗到预制件的孔隙中,保压直到凝固完全,然后取出复合材料铸件。该方法可直接制备最终形状的工件,也可制备用于后续加工的复合材料锭坯。该方法的主要工艺参数包括预制件预热温度、熔体温度和压力。浸渗时,金属熔体一旦进入预制件,热量部分会传给增强体,熔体前端温度下降,浸渗到一定深度后部分熔体开始凝固,造成预制体内熔体浸渗的通道变窄,当通道完全被凝固层堵塞时,浸渗过程结束。提高金属熔体温度和预制体预热温度可减慢熔体在预制体表面凝固的速度。但熔体浇铸温度过高会带来铸件质量下降等问题,因而浇铸温度一般控制在金属液相线以上 50~60 ℃。尽量提高预制件预热温度是工艺过程的主要措施,浇入金属熔体前预制件要充分预热,预热温度要高于基体金属的凝固温度,以防孔隙通道的阻塞。

挤压浸渗技术一般采用的压力较大(70~100 MPa),有利于金属熔体在预制件中的浸渗,但过大的压力往往造成预制件的变形。可采用二级加压工艺改善挤压浸渗技术,即在液态金属浸渗进入预制件时使用较小压力,减轻预制件的变形;液态金属全部进入预制件间隙后,在金属凝固之前施加较大压力,大的压力可以减小复合材料的孔隙率。例如对 SiC 晶须增强铝基复合材料,浸渗压力选择 5 MPa 左右,而凝固时压力选择 50～100 MPa。

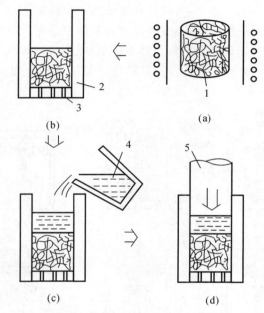

图 12-15　挤压浸渗法制备金属基复合材料过程示意图
(a)装入铸型;　(b)预制件预热;　(c)浇注;　(d)加压浸渗及凝固

　　压铸模具一般选用工具钢制造,模具的选择和设计应该满足以下条件:①能够承受压铸时的高温高压,使用寿命长;②模具型腔尺寸和形状要接近工件的最终尺寸和形状;③合理安排排气通道,使它既能顺畅排气,又不能导致金属熔体渗出。

　　挤压浸渗技术的优点如下:①工艺简单可靠,生产效率高,制造成本低,适合于批量生产,可以制备形状复杂的工件,也可制备用于后续加工的复合材料锭坯,适应性强。②由于与铸型材料接触好,因而散热良好、冷却快,形成的组织细密。③由于挤压时所用压力为 70～100 MPa,这种高压的作用,促进了金属熔体对增强材料的润湿,增强材料不需要进行表面预处理。④熔体与增强材料在高温下接触的时间短,不会出现严重的界面反应。挤压浸渗法制造的零件组织致密,已经成为批量制造陶瓷短纤维(或颗粒、晶须)增强的铝、镁基复合材料零部件的主要方法之一。

　　挤压浸渗的缺点是浸渗需要压室,由于压力大,压室的壁厚较大;不适用于连续制造金属复合材料型材,也不能生产大尺寸的零件;不适合制备连续纤维增强金属基复合材料。此外,挤压浸渗的压力比真空压力浸渗的压力高得多,因而要求预制件具有高的力学强度,能承受高的压力而不变形。

　　(3)真空压力浸渗技术。真空压力浸渗法是在真空和高压惰性气体共同作用下,将液态金属压入增强材料制成的预制件孔隙中,经冷却、凝固制备金属基复合材料工件的方法。该方法兼备真空浸渗和压力浸渗的优点。熔体进入预制件分为底部注入式和顶部注入式两种。

　　图 12-16 为底部注入式真空压力浸渗炉示意图。其具体浸渗过程:首先将增强材料预制

件放入模具,并将基体金属装入坩埚中;然后将装有预制件的模具和装有基体金属的坩埚分别放入浸渗炉的预热炉和熔化炉内,密封和紧固炉体;将预制件模具和炉腔抽真空,当炉腔内达到预定真空度后开始通电加热预制件和熔化金属基体。控制加热过程使预制件和熔融基体达到预定温度,保温一定时间,提升坩埚,将模具升液管插入金属熔体,并通入高压惰性气体。在真空和惰性气体高压的共同作用下,液态金属浸渗预制件中并充满增强材料之间的孔隙,保持一段时间后,完成浸渗过程,形成复合材料。降下坩埚,接通冷却系统,待完全凝固后,即可从模具中取出复合材料零件或坯料。底部注入式的优点是能够将铸型置于低温区,帮助金属迅速凝固,减少金属与预制件在高温下的接触时间。

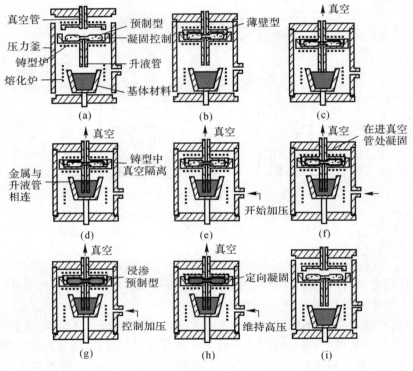

图 12-16　底部注入式真空压力浸渗炉示意图

(a)放入预制体;　(b)合型;　(c)熔化及排气;　(d)真空隔离;
(e)填液;　(f)模型密封;　(g)加压;　(h)凝固;　(i)出料

图 12-17 为顶部注入式真空压力浸渗设备示意图。将预制件放入铸型中,将固态金属基体放置在预制件上,抽真空后加热使金属熔化,在容器中通入压力气体进行浸渗。这种方法的预制件和金属可以同时加热并处于同一温度区,浸渗质量更高,复合材料致密度大、性能好。但这种方式制备复合材料所需的凝固时间较长,一般适用于界面反应性较弱的材料体系。

另一种顶部注入方式是将铸型与金属坩埚分开,铸型和金属采取不同的参数加热。这种方法结合了底部注入式和上述顶部注入式的优点,可用于熔点更高的金属。

在真空压力浸渗法制备金属基复合材料过程中,预制件的制备和工艺参数的控制是获得高性能复合材料的关键。复合材料中纤维、颗粒等增强材料的含量、分布、排列方向由预制件决定,应根据需要采取相应的方法制造满足设计要求的预制件。预制件应有一定的抗压缩变形能力,以防止浸渗时增强材料发生位移或弯曲,形成增强材料密集区和金属基体富集区,导致金属基复合材料性能下降。与挤压浸渗类似,该方法的主要工艺参数有预制件预热温度、金属熔体温度、浸渗压力和冷却速度等。

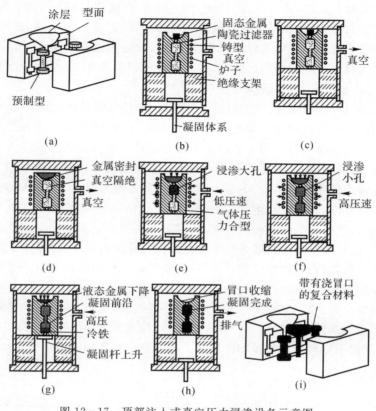

图 12-17　顶部注入式真空压力浸渗设备示意图

(a)放入预制体；　(b)合型；　(c)熔化及排气；　(d)真空隔离；

(e)填液；　(f)加压；　(g)凝固；　(h)冷压；　(i)出料

　　真空压力浸渗法是对真空浸渗技术的改进,兼具真空浸渗的优点,且金属浸渗在真空中进行,凝固在压力下完成,无气孔、疏松、缩孔等铸造缺陷,组织致密,材料性能好。其压力较挤压铸造小得多,可减轻对预制件的压力形变,降低预制件的制备难度,可用于连续纤维增强金属基复合材料。但真空浸渗设备比较复杂,工艺周期长,投资大,制造大尺寸的工件需要大型设备。

　　(4)无压浸渗技术。无压浸渗技术是指金属熔体在无外界压力作用下,借助浸润导致的毛细管压力自发进入预制件孔隙的制备工艺,又称为自发浸渗法,是近些年发展起来的新方法,主要是为了解决复合材料制备过程中要求高温、高压条件,工艺设备要求高、工艺周期长、成本高等问题而提出的。

　　无压浸渗技术要求金属熔体能够自发进入预制件中,但金属往往对陶瓷增强体的润湿性较差,自发浸渗很难进行,或金属熔体高温下与增强体发生化学反应。无压浸渗法的主要工作如下:①基体金属合金化。其基本原理是通过适当的界面反应来改善润湿性。研究表明,

Al-4％Si合金熔体能自发浸渗 SiC 预制体,其原因是熔体与 SiC 的反应生成 Al$_4$SiC$_4$,且该反应只限于界面层;再如 Al-Mg 自发浸渗 Al$_2$O$_3$,Al-Mg-Si 自发浸渗 SiC。②陶瓷表面金属化改性。其原理是利用润湿性良好的金属/金属复合来替代金属/陶瓷的直接复合。例如,用化学镀法在 SiC 晶须上镀镍,可实现 Al-Mg,Al-Mg-Si 熔体的自发浸渗。陶瓷表面金属化处理无疑是实现金属/陶瓷自发浸渗的有效方法,但因其工艺技术要求高、效率较低、成本高,产业化比较难。③金属间化合物的自发浸渗。将与共价键陶瓷增强体反应的金属替换为金属间化合物可以大大减弱反应的剧烈程度,并得到较好的浸润效果。金属间化合物本身具有优异的力学性能,且熔点固定,熔体流动性好,易渗入。

无压浸渗方法可分为直接浸渗法和间接浸渗法。直接浸渗法即预制件与基体金属熔体直接接触,其又可分为蘸液法、浸液法和上置法三种,如图 12-18 所示。蘸液法的主要特点是,熔体在毛细管压力的驱动下自下而上地渗入多孔预制件。渗入前沿呈简单几何面向前推进,预制件内气体随渗入前沿向上推进而排出预制件,这样能较有效地减少缺陷和实现致密化。但此法可能导致重力作用下制品上、下渗入程度欠均匀及凝固时上、下熔体收缩量不一致。浸液法是指预制件被淹没在熔体内,熔体在毛细管压力作用下从预制件周边渗入体内。与蘸液法相比,优缺点恰好相反。但此法操作简便,可实现规模生产。预制件内气体的排出受液/气表面能降低驱动,经过较复杂的步骤最终能完全排除。在上置法中,渗体固块放置在支架支撑着的预制件试样上部,它们一同置于加热装置中,加热熔化后熔体自上而下浸渗体内。这种方法可避免重力作用产生的不均匀性,但凝固收缩及渗流的可控性较差。

间接自发浸渗法的原理如图 12-19 所示。在间接浸渗法中,预制件试样置于与试样相同材质的立于基体金属熔体的导柱上。自发浸渗时,熔体先覆盖导柱表面并达到导柱与试样的间隙,然后再自下而上地自发浸渗预制件试样。该方法主要适用于润湿性非常好的体系。

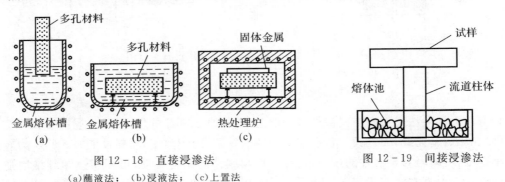

图 12-18　直接浸渗法

(a)蘸液法;　(b)浸液法;　(c)上置法

图 12-19　间接浸渗法

需要特别指出的是,增强体尺寸也会影响无压浸渗的质量。颗粒越大,浸渗深度越大,越易于浸渗。但大颗粒制备的复合材料增强体体积分数较低,在制备高体积分数复合材料时,通常采用不同尺寸的颗粒混杂的方法制备预制件。

无压浸渗技术具有工艺简单、成本较低,可实现净近成型等优点,预制件可制成所需的各种形状,无压浸渗后预制件保持性好,尺寸精确可控。该方法主要适应于润湿性良好的体系,目前已成功地用于低熔点韧性金属/高温金属的复合,同时金属/陶瓷的复合、金属间化合物/陶瓷的复合也在研究中。

(5)其他浸渗技术。超声辅助浸渗技术把高能超声引入到增强体与金属熔体的混合熔体中,改善二者的界面润湿性。超声参数对浸渗组织的影响很大,合理地控制超声参数是该方法的关键所在。

熔剂浸渗技术通过在金属熔体中加入可以改善金属与增强体间的润湿性的化合物来实现更好的浸渗。

离心浸渗技术将颗粒状增强体放置在坩埚的外径,在离心力作用下,金属液体浸渗到增强颗粒的间隙,凝固后制得表面复合材料。

12.3.2　液态金属搅拌铸造法

液态金属搅拌铸造法是利用传统金属铸造技术,将增强颗粒直接加入到基体金属熔体中,通过搅拌使颗粒均匀地分散在液态金属中,然后浇铸成特定形状的工件,或简单浇铸成锭坯经过挤压、轧制等二次加工制备工件,完成金属基复合材料制备的方法。该方法通常用来制备颗粒增强的金属基复合材料。随着增强颗粒的加入,金属熔体黏性变大,不利于颗粒的分散,因而该方法不适合制备高体积分数的复合材料。另外,连续纤维不易在搅拌过程中均匀混合在液态金属中。因此,该方法也不适于制备连续纤维增强的复合材料。液态金属搅拌铸造法借助传统的金属铸造设备即可完成,工艺简单,成本低,适合大规模生产,是工业制备颗粒增强金属基复合材料的主要方法。

在液态金属搅拌工艺过程中,由于增强颗粒的团聚、沉淀以及增强颗粒与金属基体润湿性较差,颗粒较难在金属基体中均匀分散;强烈的搅拌容易造成金属熔体的氧化和大量空气的吸入。该方法最关键的问题是颗粒在金属基体中的均匀分散及金属的氧化防护。主要措施如下:

(1)在金属熔体中添加合金元素:某些合金元素可以降低金属熔体的表面张力,改善液态金属与陶瓷颗粒的润湿性。例如在铝熔体中加入钙、镁、锂等元素可以明显降低熔体的表面张力,提高铝熔体对陶瓷颗粒的润湿性,有利于陶瓷颗粒在熔体中的分散,提高其复合效率。

(2)颗粒表面处理:比较简单有效的方法是对颗粒进行高温热处理,使有害物质在高温下挥发、脱除。有些颗粒,如 SiC,在高温处理过程中发生氧化,在表面生成 SiO_2 薄层,可以明显改善熔融铝合金基体对颗粒的润湿性,也可以通过电镀、化学镀等方法使陶瓷颗粒表面改性,从而改善润湿性。

(3)复合过程的气氛控制:由于液态金属氧化生成的氧化膜阻止金属与颗粒的混合和润湿,吸入的气体又会造成大量的气孔,严重影响复合材料的质量,因而要采用真空或惰性气体保护来防止金属熔体的氧化和吸气。

(4)有效的搅拌:强烈的搅动可使液态金属以高的剪切速度流过颗粒表面,能有效改善金属与颗粒之间的润湿性,促进颗粒在液态金属中的均匀分布。通常采取高速旋转的机械搅拌或超声波搅拌来强化搅拌过程。

(5)缩短凝固时间:由于增强颗粒与金属熔体密度不同,在停止搅拌后及浇入到铸型的凝固过程中会发生增强颗粒的上浮或下沉现象,造成增强颗粒的分布不均匀,因而需要减少搅拌后的停留时间及缩短凝固时间来避免增强颗粒在金属基体中的分布不均匀。

(6)选择适当的铸造工艺:因固体颗粒的加入,熔体的流动性显著降低、充型能力不好,一般采用挤压铸造、液态模锻等工艺比较合适。

金属搅拌铸造法根据工艺特点及所选用的设备差异,可分为旋涡法、杜拉肯(Duralcon)法和复合铸造法。

(1)旋涡法:基本原理是利用搅拌器桨叶高速旋转搅动金属熔体,使其强烈流动,并形成以旋转轴为中心的旋涡。将颗粒增强体加到旋涡中,依靠旋涡的负压抽吸作用使颗粒进入熔体并在其中均匀分散(呈复合态),将含有颗粒的熔融金属液注入模具内腔,冷凝后从模具中取出获得颗粒增强金属基复合材料工件。旋涡搅拌法的设备简图示如图 12-20 所示。

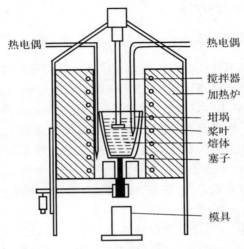

热电偶　　　　　　　　　　　热电偶

搅拌器
加热炉
坩埚
桨叶
熔体
塞子

模具

图 12-20　旋涡搅拌法设备示意图

旋涡法的主要工序有基体金属熔化、除气和精炼、颗粒预处理、搅拌金属复合、浇注、冷却凝固以及脱模等。旋涡法的主要工艺参数为搅拌速度(一般控制在 500~1 000 r/min),搅拌时基体金属熔体的温度(一般选基体金属液相线以上 100 ℃),颗粒加入速度。搅拌器通常为螺旋桨形。

另外,也可以采用电磁搅拌及电磁机械复合搅拌的方法制备颗粒增强金属基复合材料。

(2)杜拉肯(Duralcon)法:该方法是 20 世纪 80 年代中期由 Alcon 公司研究、开发的一种无旋涡搅拌法,主要用于制备颗粒增强铝、镁、锌基复合材料。该方法与旋涡法的主要区别:基体金属熔化、精炼与通过搅拌加入颗粒分别在不同装置中进行,不仅可使每种设备的复杂程度降低,而且可以适应大生产规模;搅拌金属熔体和加入颗粒是在真空或保护气氛下进行的,避免了金属氧化和吸气。这种方法现已成为工业规模的生产方法。

杜拉肯法的主要工艺过程:将熔炼好的金属熔体注入可抽真空或有惰性气体保护并能保温的搅拌炉中,加入颗粒增强体,搅拌器在真空或充氩气条件下进行高速搅拌,颗粒在金属熔体内分布均匀后,浇铸获得颗粒增强金属基复合材料产品。其搅拌器由主、副两种搅拌器组成。主搅拌器具有同轴多桨叶、旋转速度高的特点,可在 1 000~2 500 r/min 范围内变化。高速旋转对金属熔体和颗粒起剪切作用,使细小的颗粒均匀分散在熔体中,并与金属基体润湿复合。副搅拌器沿坩埚壁缓慢旋转。转速小于 100 r/min,起着消除旋涡和将黏附在坩埚壁上的颗粒刮离并带入到金属熔体中的作用。搅拌过程中金属熔体保持在一定温度,一般以高于基体液相线 50 ℃ 为宜。搅拌时间通常为 20 min 左右。搅拌器的形状结构、搅拌速度和温度是该方法的关键,需根据基体合金的成分、颗粒的含量和大小等因素确定。

由于杜拉肯法在真空或氩气中进行搅拌,有效地防止了金属的氧化和气体吸入,复合好的颗粒增强金属基复合材料熔体中气体含量低、颗粒分布均匀,铸成的锭坯的气孔率小于 1%,组织致密,性能好。金属基复合材料熔体可以采用连续铸造、金属型铸造、低压铸造等方法制成各种零件,及供进一步轧制、挤压用的坯料。目前杜拉肯法是工业规模生产颗粒增强铝基复合材料的主要方法。

(3)复合铸造法:该方法的特点是搅拌在半固态金属中进行,而不是在完全液态的金属中进行。其工艺过程:将颗粒增强体加入正在搅拌中的含有部分结晶颗粒的基体金属熔体中,半固态金属熔体中有大约 40%~60% 的结晶粒子,加入的颗粒与结晶粒子相互碰撞、摩擦,使颗粒与液态金属润湿并在金属熔体中均匀分散;然后再升至浇铸温度进行浇铸,获得金属基复合材料零件或坯件。

该方法可以用来制造颗粒细小、含量高的颗粒增强金属基复合材料,也可用来制造晶须、短纤维增强的金属基复合材料。该方法存在的主要问题是基体合金体系的选择受限较大,即必须选择结晶温度区间较大的基体材料,且必须对搅拌温度严格控制。

液态金属铸造法除利用搅拌技术制备均匀的复合材料外,还可利用特殊手段将增强体按照设计梯度分散,制备梯度复合材料。利用离心铸造技术制备金属基复合材料刹车盘就是一个非常典型的例子,如图 12-21 所示。这种方法制备的复合材料在满足刹车盘边缘耐磨损性能要求的同时,降低了中心位置的增强体含量,有利于机加工。

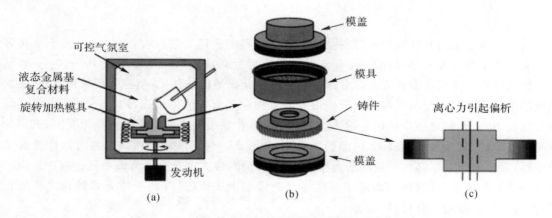

图 12-21　离心铸造法制备金属基复合材料刹车盘示意图

12.3.3　共喷沉积法

共喷沉积法于 1969 年由 A. R. E. Siager 发明,随后由 Osprary 金属有限公司工业化生产。它实质上是在喷射沉积基础上开发的一种新型颗粒增强金属基复合材料制备方法。喷射沉积是一种快速凝固工艺。金属或合金加热熔化被雾化后喷射出来,雾化液滴经过快速凝固得到细小颗粒。在喷射沉积过程中引入增强体颗粒,颗粒液态金属凝固的过程复合在一起制备复合材料。

共喷沉积法的基本原理是液态金属基体通过特殊的喷嘴在惰性气体气流的作用下雾化成细小的液态金属液滴,同时将增强颗粒加入,共同喷向成型模具的衬底,凝固形成金属基复合材料。共喷沉积法的工艺设备简图如图 12-22 所示,它主要由熔炼室、雾化沉积室、颗粒加入器、气源和控制台等组成。共喷沉积法装置的核心部分是雾化室中的雾化用喷嘴和沉积用衬底。共喷沉积工艺过程包括基体金属熔化,液态金属雾化,颗粒加入及与金属雾化流的混合、沉积和凝固等工序。其主要工艺参数有熔融金属温度,惰性气体压力、流量、速度,颗粒加入速度,沉积底板温度等。

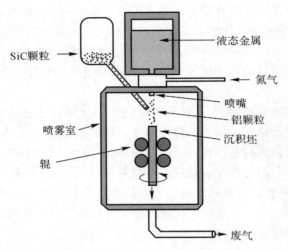

图 12 - 22　共喷沉积法工艺过程示意图

液态金属雾化是共喷沉积法制备金属基复合材料的关键工艺过程,它决定了液态金属雾化液滴的大小和尺寸分布、液滴的冷却速度。雾化后金属液滴的尺寸一般在 $10\sim300~\mu m$,呈非对称性分布。金属液滴的大小和分布主要决定于金属熔体的性质、喷嘴的形状和尺寸、喷射气流的参数等。液态金属在雾化过程中形成的液滴在气流作用下迅速冷却,不同大小的液滴冷却速度不同,颗粒越小冷却速度越快。液态金属雾化后最细小的液滴迅速冷却凝固,大部分液滴处于半固态(表面已经凝固、内部仍为液体)和液态。为了使颗粒增强材料与基体金属复合良好,要求液态金属雾化后液滴的大小有一定的分布,使大部分金属液滴在到达沉积表面时保持半固态和液态,在沉积表面形成厚度适当的液态金属薄层,以利于填充到颗粒之间的孔隙,获得均匀致密的复合材料。

增强体的形状尺寸及加入时机对增强体在复合材料中的分布有很大影响。晶须等增强体由于形状尺寸的限制比较难以均匀加入。增强颗粒一般要求在金属基体雾化后马上加入,这时金属完全处于液态,有利于颗粒表面均匀包覆金属液滴,凝固后颗粒分布均匀;增强颗粒加入完成后,雾化金属开始凝固,处于半凝固状态时加入会导致颗粒进入液态金属困难,造成颗粒的局部堆积。

雾化金属液滴与颗粒的混合、沉积和凝固是最终形成复合材料的关键过程之一。沉积和凝固是交替进行的过程,为使沉积和凝固顺利进行,沉积表面应始终保持一薄层液态金属膜,直到过程结束。为了达到"沉积-凝固"的动态平衡,要求控制雾化金属流与颗粒的混合沉积速度和凝固速度,这主要可通过控制液态金属的雾化工艺参数和稳定衬底的温度来实现。

共喷沉积法作为一种制备颗粒增强金属基复合材料的新方法已受到各国科技界和工业界的高度重视,正逐步发展成为一种工业化生产方法,该方法具有以下特点:

(1)适用面广:可用于铝、铜、镍、钴等有色金属基体,也可用于铁和金属间化合物基体;可

加入 SiC，Al_2O_3，TiC，Cr_2O_3，石墨等多种颗粒；产品可以是圆棒、圆锭、板带、管材等。

（2）生产工艺简单、效率高：与粉末冶金法相比，没有繁杂的制粉、研磨、混合、压型、烧结等工序，而是快速一次复合成坯料，凝固速度快，制备速率高，可达 $6 \sim 10\ kg/min$。

（3）冷却速度快：金属液滴的冷却速度可达 $10^3 \sim 10^6\ K/s$，所得复合材料基体金属的组织与快速凝固相近，组织细，无宏观偏析，组织均匀，性能好；制备时间短，降低增强体与金属基体的化学反应。

（4）颗粒分布可调：通过改变不同阶段增强体（数量甚至种类）的加入，可制备梯度复合材料。

共喷沉积法是制造各种颗粒增强金属基复合材料的有效方法，可以用来制造铝、铜、镍、铁、金属间化合物等为基体的金属基复合材料。但由该方法制备的复合材料一般比较疏松，对于用于制造各种复合材料的坯料，需要通过二次加工获得复合材料产品。另外该方法对设备要求高，前期投入大。

12.4　原位自生成法

金属基复合材料一般由金属基体和陶瓷增强相组成，除了金属基体和陶瓷增强体的种类及体积分数，金属基体/陶瓷增强相的界面结构对金属基复合材料的性能影响很大。本章前述粉末冶金法、液态金属浸渗法、液态金属搅拌铸造法等传统工艺方法都是通过复合外加增强体与金属基体以制备金属基复合材料的方法，工艺过程较为复杂。这些工艺方法中增强体与金属基体润湿性差，容易造成界面结合不良，或增强体与金属基体在制备或服役过程中发生化学反应，导致金属基复合材料的性能下降。虽然可以通过增强体表面改性、合金元素改性或真空压力辅助等方法缓解或解决这些问题，但组织控制较困难、工艺较复杂、成本较高。针对这些问题，发展了原位自生成法。

原位自生成法是指增强体在金属基复合材料的制备过程中在金属基体中原位生成的方法。原位自生成法中增强体可以以共晶的方式从基体中定向凝固析出，称为定向凝固法；也可以通过化学反应生成，称为反应自生成法。与传统外加增强体复合材料相比，原位自生复合材料中增强体与基体相容性好，界面清洁，结合力强，且增强体尺寸、体积分数可以通过调整工艺参数有效控制。

12.4.1　定向凝固法

定向凝固法应用于共晶（偏晶）合金体系，通过控制共晶合金凝固过程中的凝固方向，在基体中定向凝固析出排列整齐的类似纤维的条状或片层状共晶增强体，制备得到金属基复合材料。常见的定向凝固法的原理示意图如图 12-23 所示。定向凝固法一般采用感应线圈加热，当铸型型壳被预热到一定过热温度后，浇入过热的合金液，将铸型以一定的速度向下拉出，经过冷却圈时得到一定的温度梯度，形成定向凝固自生共晶复合材料，整个过程需要在真空或惰性气氛保护下进行。

定向凝固法的关键工艺参数主要有两个：①凝固过程中固/液界面前沿液相中的温度梯度；②固-液界面的推进速度，即凝固速度。通过控制不同的工艺参数，纤维状共晶的尺寸可在 $1\ \mu m$ 至数百微米之间变化，以及体积分数可在百分之几至百分之二十间变化。为了维持稳定的固-液界面,保证共晶能够稳定的定向凝固,凝固速度通常需要非常慢(1~5 cm/h)。一般而言,为了使增强体成共晶杆状而不是片层状,提高增强效果,需要有大的温度梯度和较低的凝固速度。定向凝固自生复合材料的典型组织如 12-24 图所示,图(a)为纵向组织,图(b)为横向组织,可见共晶增强体呈纤维状均匀分布。

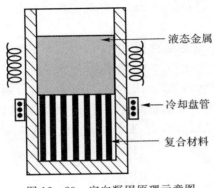
图 12-23　定向凝固原理示意图

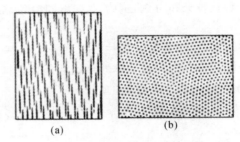
图 12-24　定向凝固自生复合材料的典型组织
(a)纵向；　(b)横向

与传统复合材料相比,定向凝固共晶复合材料有以下优点:①由于第二相是在凝固过程中结晶析出的,界面结合良好,结合强度高,有利于载荷的传递,同时避免了传统复合材料的界面润湿、反应等问题;②由于两相是在高温接近平衡条件下缓慢生长而成的,两相界面能低,具有很好的热稳定性;③通过控制工艺参数,使得增强体分布均匀,且避免了传统复合材料制备过程对增强体的损害。

定向凝固共晶复合材料界面结合良好,在接近共晶熔点的高温下仍能保持高的强度、良好的抗疲劳和抗蠕变性能,但其生产周期长,生产成本很高,主要用于高温条件下对性能要求很高的高温结构部件,如航空发动机叶片等。常用的基体金属为镍基和钴基合金。该方法也存在很多不足:①为了确保控制微观组织,需要非常慢的凝固速度;②合金体系的选择限制很大,只有共晶或偏晶系的合金才有可能;③对增强材料的体积分数有很大限制,体积分数高时第二相呈片层状而不是纤维状,对复合材料性能不利等。

12.4.2　反应自生成法

反应自生成法是指复合材料的增强相(通常为颗粒)在制备过程中通过与加入的相应元素发生反应,或合金熔体中的某种组分与外加元素或化合物之间的化学反应原位生成,制备金属基复合材料的方法。该方法的基本原理:根据材料的设计要求,选择适当的反应剂(气相、液相或粉末固相),在适当的温度下,通过元素之间或元素与化合物之间的化学反应,在金属基体内原位生成一种或几种高硬度、高弹性模量的陶瓷增强相,从而强化金属基体。

与传统复合材料相比,反应自生成复合材料具有以下优点:①自生增强相是在金属基体中原位生长的热力学稳定相,有利于高温下复合材料性能的保持;②增强体表面无污染,界面干净,结合牢固;③通过合理选择反应元素(或化合物)可有效地控制原位反应生成增强体的种类、大小、分布及体积分数;④可省去单独合成、处理和加入增强体的工序,增强体在基体中分布均匀,工艺简单,成本低等。

目前已经开发的反应自生成方法主要有自蔓延高温合成法(SHS)、放热弥散法(XD™)、熔体直接氧化法(DIMOX)、反应自发浸渗法(PRIMEX)、反应喷射沉积法、反应机械合金化法以及气-液反应合成法(VLS)等方法技术。

(1)自蔓延高温合成法(SHS)。自蔓延高温合成法(Self-Propagating High Temperature Synthesis, SHS)是指利用反应生成热足够高的反应物,起燃后燃烧波的自蔓延生成反应产物的制备方法,反应物一旦被引燃,便会自动向未反应的区域蔓延,直至反应完全。该方法是由苏联科学家 A. G. Merzhanov 等于 20 世纪 60 年代末在研究 Ti 和 B 的混合压实燃烧时提出的,并相继获得了美国、日本、法国、英国等国家的专利,主要用于反应制备陶瓷、金属间化合物及其复合材料。自蔓延高温合成法用于制备金属基复合材料的主要过程:先将基体金属粉末与可反应生成增强相的反应物粉末充分混合,将其压制成具有一定致密度的预制体,放入绝热性好的反应器中,在真空或惰性气氛中引燃,直至反应全部完成。反应物燃烧后生成的增强体弥散分布于金属基体中,得到金属基复合材料。

为使自蔓延反应能够自动持续的进行,反应体系应满足一定的条件:①反应必须为强放热反应,放出的热量应足够使未反应的部分达到起燃温度,使反应持续进行。据计算,需要的反应热应达到－167 kJ/(g·mol)。②反应过程中热量的损失(对流、辐射、热传导)应小于反应放热的增量,以保证反应不因热量过量损失而中断,因而反应过程应在绝热性良好的容器中进行。③某一反应产物应能形成液态或气态,便于扩散传质,使反应快速进行。

与传统制备方法相比,自蔓延高温合成法的主要优点:①工艺设备简单、周期短、生产效率高;②反应合成所需要的能量由自身产生,能耗低;③合成过程中极高的温度可对产物进行自纯化(高温下低沸点杂质挥发掉),得到的产品纯度高、质量好等。

该方法在制备金属基复合材料时也有很多局限性:①基体金属不参与放热反应,起稀释作用,过度稀释会因反应放热量不足而导致燃烧波的衰减,难以维持反应界面的向前推进,因而只有高生成热的陶瓷增强相才适应 SHS 工艺;②陶瓷增强相的体积分数要高(即金属的体积分数要低),以保证反应不会因基体材料的稀释而停止,有研究表明,通过该方法制备 TiC (TiB$_2$)增强铝基复合材料时,增强相 TiC/TiB$_2$ 在铝基复合材料中的体积分数不少于 30%;③该方法制备的金属基复合材料孔隙率高,需要经过二次塑性加工获得致密的产品,或用于制备复合材料的中间体,如将其加入铝合金中熔体中通过搅拌铸造法制备低体积分数的铝基复合材料,或将其破碎再通过粉末冶金的方法制备致密的复合材料,即该方法难以一次性制造复合材料零部件;④该方法反应速度快,过程比较难控制,产品中容易出现缺陷集中和非平衡过渡相。

(2)放热弥散法(XD)。放热弥散法(Exothermic Dispersion, XD)由美国 Brupbacher 等于 1983 年发明,并申请了专利。该方法是在自蔓延高温合成法(SHS)的基础上改进的。该方法的基本工艺过程如图 12-25 所示:将预期反应生成增强相(通常为金属的化合物、陶瓷相)的反应物粉末与基体金属粉末按一定比例均匀混合,压制成预制体,然后在真空或惰性气氛下加热到反应温度以上,发生化学反应,生成粒径小、分布均匀的弥散颗粒,同时反应放出热量,温度迅速升高,使反应继续下去。加热温度通常高于基体金属的熔点但低于陶瓷相的名义生成温度。

从制备原理而言,该法实际上是有辅助加热的高温自蔓延法。通过辅助加热,持续提供外加热量,以弥补因反应放热量较少无法维持反应持续进行的不足。与传统高温自蔓延法相比,其适应范围明显扩大,不受反应放热大小的限制,可以制备多种细小颗粒增强金属基复合材料。通过这种方法能制造碳化物(TiC,SiC),硼化物(TiB₂),氮化物(TiN)等颗粒增强的铝基,钛基,镍基以及 NiAl,TiAl 等金属间化合物基复合材料;常用这种方法制得颗粒含量很高的中间复合材料,然后与主要合金混合重熔,得到需要颗粒含量的复合材料,并通过各种复合材料成型工艺获得复合材料零部件产品。

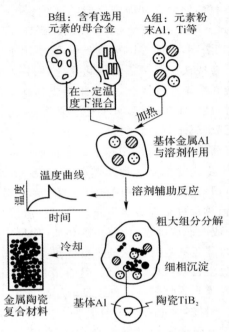

图 12-25　放热弥散法制备过程示意图

将 XD 法与复合材料的致密化工艺结合,实现复合材料的合成与致密化同时进行,可缩短工艺流程,节约成本。例如将 XD 法与热压烧结方法相结合,将增强相反应物粉末(如 Ti,B)与基体金属(如 Al)粉末的混合粉末装入热压烧结炉的模具中,在高于基体合金熔点、加压条件下反应制备致密的颗粒增强金属基复合材料。如通过该方法以 TiO₂-Al-B 混合粉末可以制备 Al₂O₃-TiB₂ 粒子增强铝基复合材料。再如将 XD 法与液态金属搅拌铸造法相结合,将增强相反应物粉末或粉末预制体直接加入到基体金属熔体中,通过反应物之间或反应物与基体金属之间的化学反应制备陶瓷增强相,再通过铸造成型获得金属基复合材料。如 Maity 等通过在 973 K 的铝合金熔体中,边搅拌边加入一定量的 TiO₂ 粒子,通过反应可获得尺寸约为 3 μm 的 Al₂O₃ 粒子增强铝基复合材料。

(3)熔体直接氧化法(DIMOX)。熔体直接氧化法(Directed Metal Oxidation,DIMOX)是由美国的 Lanxide 公司开发的一种制备延性金属-陶瓷复合材料的合成方法。该方法的基本过程为使液体金属(如镁、铝、钛等合金)在高温下(对于铝合金,通常为 1 273~1 673 K)暴露在空气中发生氧化,在其表面氧化生成一层氧化膜(如 MgO,Al₂O₃,TiO₂ 等),将液体金属通过氧化产物中曲折的微观通道不断地输送到氧化物与空气的界面,使生长持续进行,直到金属耗尽或反应界面因屏蔽涂层阻止而停止为止。最终制备得到相互连接的网状氧化物,其间由金属填充的复合材料。另外,在反应界面前沿生长路径上放置填料(如粒子、晶须、纤维等)可加速氧化物的生长。在此情况下,液体金属连续地浸渗到陶瓷预制体中,并同时进行氧化反应。氧化物从金属熔体与陶瓷预制体的界面连续生长,合金熔体通过氧化产物的细微通道不断地提供到向空气-金属反应界面。最终的复合材料由陶瓷预制体和相互连接的基体(陶瓷反应产物和残留金属)组成。

该方法的最典型应用是制备 Al_2O_3 增强 Al 基复合材料。在 Al_2O_3/Al 复合材料中,由于生成的 Al_2O_3 薄膜非常致密,往往导致氧化反应因表面 Al_2O_3 薄膜阻挡难以进行。为保证 Al 基体的氧化反应不断进行,通过在 Al 基体中加入一定量的 Mg,Si 等合金元素,它们可破坏表层 Al_2O_3 薄膜的连续性,使氧化反应能不断进行下去。

该法的主要优点有:①产品成本低,工艺简单。②能够形成比较复杂、致密度高的复合材料,也可制成较大型复合材料部件。③其性能可以设计,通过改变工艺条件,调节残余金属液体的含量,可以满足各种应用对性能的要求。通过残余一定量的未反应金属,可提高制品的韧性,该工艺被广泛用于陶瓷的增强增韧。该技术的主要缺点是氧化物的生长量和生长形态不易控制,氧化物增强体的分布均匀性也比较难控制。

(4)反应自发浸渗法(PRIMEX)。反应自发浸渗法(Pressureless Metal Infiltration,PRIMEX)也是由 Lanxide 公司开发的技术,有时与 DIMOX 技术合称为 Lanxide 技术。该技术与 DIMOX 技术的不同之处在于使用的气氛是非氧化性的(如 N_2)。该工艺的实质是金属无压浸渗到陶瓷预制件中,在金属熔体向多孔预制体浸渗的同时,金属熔体与预制体或环境气氛反应生成尺寸细小、热稳定性高的陶瓷增强相。其具体过程是将金属或合金锭置于石墨模具中的陶瓷预制件上,将它们一起在氮气气氛中加热到金属或合金的熔点以上,熔融金属自发地浸渗到陶瓷预制件中,在此过程中发生反应生成新的陶瓷颗粒。为使熔融金属顺利渗透到多孔陶瓷预制件中,往往需要采用基体金属合金化(如在铝中加镁、钛等)或预制体表面改性等工艺来消除氧化膜、改善润湿性。

该方法的典型应用是在 Al_2O_3 预制体中原位制备 AlN 增强 Al 基复合材料。具体过程为将含有一定量 Mg,Ti 合金的 Al 锭和 Al_2O_3 预制体一起放置在(N_2+Ar)混合气氛中,加热到一定温度至金属熔化浸渗到预制体中,同时 Al 与 N_2 原位反应生成 AlN 颗粒,冷却后即获得原位生成 AlN 颗粒和预制体 Al_2O_3 颗粒增强的 Al 基复合材料。研究表明,通过合理控制熔体成分、N_2 分压和处理温度等参数可有效控制原位生成的 AlN 的含量及粒径大小。

PRIMEX 技术的优点为工艺简单、原料成本低、可净成形。但该技术需要金属基体自发浸渗到预制体中,要求金属熔体与预制体具有很好的浸润性,且需要制备预制体具有良好的机械强度和高温性能。

(5)反应喷射沉积法。反应喷射沉积法与共喷沉积法过程相似,只是这种技术中加入的固相增强颗粒是通过反应原位生成的。在喷射沉积过程中金属液流被雾化为粒径很小的液滴,这种液滴处于较高的温度,加上比表面积很大,为沉积过程中的化学反应提供动力。借助液滴在飞行过程中或在沉积基底上沉积凝固过程中与反应性气体或反应剂粒子之间的化学反应,生成粒径细小、分散更均匀的增强相陶瓷颗粒或金属间化合物颗粒。例如 Lee 等利用含 Ti 元素的 Cu 合金液和含 B 元素的 Cu 合金液共喷时 Ti 与 B 之间生成 TiB_2,成功制备了 8% TiB_2 增强 Cu 基复合材料。Layemia 等在含 Y 和 B 元素的 Ni_3Al 合金液喷射沉积过程中通入 N_2 和 O_2 作为反应剂,制备了 Ni_3Al 中弥散分布 Al_2O_3 和 Y_2O_3 颗粒的复合材料,通过控制 O_2 的含量可控制氧化物颗粒的含量及尺寸分布。

反应喷射沉积法结合了共喷沉积成型技术和反应合成陶瓷颗粒的技术,具有近净成形的优点,并且增强颗粒的分布更均匀,粒径可控,理论上可制备大体积分数的复合材料,增强颗粒与金属基体之间通过化学或合金形式结合,结合性更好。但该技术工艺过程复杂,喷射沉积过程控制困难,所需设备昂贵,性价比不高,还处于研究阶段。

(6)反应机械合金化法。反应机械合金化技术是利用机械合金化过程中产生高能状态诱发粉末间各种化学反应原位制备复合粉末,再利用后续热等静压等技术处理复合粉末以制备复合材料的过程。机械合金化是一种高能球磨技术。通过磨球、粉末和球罐在高能球磨机转动下产生的强烈作用下,混合粉末之间发生变形、断裂和冷焊,这一系列过程使粉末不断细化,使未反应的表面不断暴露,增加了反应接触面积,促成了不同颗粒之间的扩散和固态反应,实现了合金化。机械合金化过程中粉末颗粒内产生大量的应变和缺陷,降低了生成物所需要的有效反应能,同时提供了在低温下固态反应传质的条件,因而机械合金化技术可用于制备一些常规方法无法制备的合金材料。

在反应机械合金化制备过程中,增强体粒子是在常温或低温化学反应过程中生成的,其表面清洁、尺寸细小、分散均匀;在机械合金化过程中形成的过饱合固溶体在随后的成型过程中会脱溶分解,生成弥散细小的金属化合物粒子;粉末系统储能高,有利于降低其后续制备过程中的致密化温度。机械合金化技术已广泛应用于陶瓷颗粒增强金属基复合材料的制备。

(7)气-液反应合成法(VLS)。气-液反应合成法(Vapor Liquid Synthesis,VLS)由Koczak和Kuma在1989年发明并申请专利。该方法的基本原理:在高温下,向金属熔体中通入可分解得到某些可以和金属元素(例如Ti,Al等)发生反应的元素(例如C,N等)的气体,利用反应生成硬质相颗粒,从而制备金属基复合材料。其装置示意图如图12-26所示。具体工艺过程(以制备TiC增强体为例):先在真空条件下熔炼Al-Ti合金,接着向真空室内充入纯净的氩气(其也是传输介质),当升高到适当的处理温度后,将纯净的含碳气体吹入Al-Ti熔体中。通过气体分解出来的碳与合金熔体中的钛反应生成TiC制备复合材料。该技术中使用的载气一般为氩气;含碳气体一般为CH_4,也可采用C_2H_6或CCl_4;含氮气体一般为N_2或NH_3。目前用该方法成功制备了SiC/Al-Si,TiC/Cu,TiC/Ni,HfC/Al,TaC/Al,NbC/Al,AlN/Al,TiN/Al等复合材料。

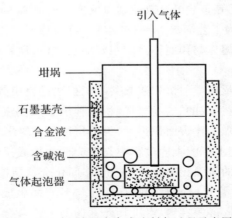

图12-26 气-液反应合成法制备过程示意图

该方法的优点：生成粒子的速度快、表面清洁、粒度小；工艺连续性好，反应后的熔体可直接进行净尺寸成型；工艺简单，成本低等。但该技术也存在一些不足之处：增强相的种类受限；颗粒体积分数一般低于 15%；制备工艺需要同时满足高于合金熔点、气体可分解以及高于增强相的合成温度等，一般要高于 1 200～1 400 ℃。

（8）其他原位制备方法。

液-液反应法：将可以发生反应生成陶瓷增强相的合金液体混合，通过合金液体内的元素反应制备复合材料。例如将 Cu－Ti 合金和 Cu－B 合金分别熔炼，将两种合金液在混合室内混合，生成 TiB_2/Cu 混合溶液，经过铸造等工艺制备 TiB_2 颗粒增强 Cu 基复合材料。

接触反应法：该方法是在 SHS 法和 XD 法的基础上改进的一种方法，其基本过程为将金属基体粉末和强化相元素（或化合物）粉末按一定比例混合后压制成预制体，将预制体压入一定温度的合金液中，通过反应在合金液中生成尺寸细小的强化相，该合金液经过搅拌铸造等工艺可用来制备复合材料。常用的元素粉末有 Ti，C，B 等，化合物粉末有 Al_2O_3，TiO_2，B_2O_3 等。

固态内氧化法：以 Cu_2O 为氧化剂，通过其与雾化的 Cu－Al 合金粉末反应生成 Al_2O_3 增强 Cu 基复合材料。为了加快氧化速度，结合机械合金化手段，先将纯 Al 和纯 Cu 高能球磨制备 Cu－Al 合金，而后加入 Cu_2O 粉末进行二次球磨，将复合粉末高温烧结即可制备 Al_2O_3 增强 Cu 基复合材料。

混合盐反应法：将 KBF_4 和 K_2TiF_6 两种盐类物质混合后，加入到高温金属液体中，在高温下，两种物质分解还原得到的 Ti 和 B 发生反应生成 TiB_2 增强相，除去副产物制备复合材料。

12.5　本章小结

金属基复合材料制备的关键是实现增强相与金属基体的合理结合，充分发挥增强体的增强效果，提高金属基复合材料性能。稳定、高效、低成本的制备技术是金属基复合材料技术发展的关键，是金属基复合材料商业化应用的基础。目前金属基复合材料制备技术的主要发展方向为新型高性能复合材料制备技术和复合材料的低成本制备技术。前者的目标是制备新型复合材料（例如石墨烯增强复合材料）、高体积分数增强体复合材料等。后者的目标是降低复合材料制备成本，提高制备工艺的稳定性等。

习　题

1.金属基复合材料的主要制备方法可分为哪几类？结合工艺原理说明它们各有何优缺点。

2.颗粒增强金属基复合材料的主要制备方法有哪些？连续纤维增强金属基复合材料的主要制备方法有哪些？

3.简述用扩散结合法制备连续纤维增强金属基复合材料的过程及注意事项。

4.结合实际例子简述液态金属浸渗法制备颗粒增强金属基复合材料的制备过程。

第13章 陶瓷基复合材料的制备工艺

13.1 概　　述

按照复合材料增强体的几何形状和尺寸分类,可以将陶瓷基复合材料分为晶须增强陶瓷基复合材料、颗粒增强陶瓷基复合材料和连续纤维增强陶瓷基复合材料。不同的增强体体系对应不同的制备工艺。

晶须与颗粒增强陶瓷基复合材料的制备工艺过程比较相像,都可以采用与传统单相陶瓷的基本相同的工艺过程。其主要包括三个阶段,即晶须的分散、成型和烧结:把晶须和增强颗粒加入介质中用机械方法使其分散,然后加入陶瓷粉料,通过搅拌使其与陶瓷粉均匀混合后成型,烘干后进行烧结(如热压烧结或热等静压烧结)。成型方法主要包括半干法成型、注浆成型、流延成型、模压成型、注射成型、挤出成型、冷等静压成型和轧模成型等。烧结方法主要包括热压烧结、反应烧结、无压烧结、真空烧结或热等静压烧结等。成型工艺与烧结工艺在陶瓷材料的制备技术中已有较多描述,此处不再赘述。

晶须或颗粒增强陶瓷基复合材料的制备工艺主要有以下两种:①外加晶须或颗粒法。即通过晶须和颗粒分散后与基体混合、成形,再经烧结制得晶须或颗粒增韧陶瓷基复合材料的方法,例如将 SiC 晶须加入到氧化物、碳化物、氮化物等基体中得到 SiC 晶须增韧的陶瓷基复合材料。这种制备工艺较为传统。②原位生长晶须法。将陶瓷基体粉末、晶须和增强颗粒生长助剂等直接混合成形,在一定的条件下原位合成晶须,同时制备出含有该晶须增强的陶瓷基复合材料。这种制备工艺的晶须生长较难控制。

连续纤维增强陶瓷基复合材料的形状通常由纤维预制体来实现,再在纤维预制体内部制备陶瓷基体,属于增材制造的范畴。连续纤维增强陶瓷基复合材料的制备通常采用化学转化法。通过化学转化法降低陶瓷基体的制备问题进而保证复合材料的结构性能。其制备方法主要有化学气相沉积/渗透(CVD/CVI)法、先驱体浸渍裂解法(PIP)法和反应性熔体浸渗(RMI)法三种,这也是本章讲述的重点。

13.2 化学气相渗透法

化学气相渗透(Chemical Vapor Infiltration,CVI)法起源于 20 世纪 60 年代中期,是在化学气相沉积(Chemical Vapor Deposition,CVD)法基础上发展起来的一种制备陶瓷基复合材料的新方法。CVD 广泛用于涂层工艺,是一种较成熟的技术,它与 CVI 的区别在于 CVD 主要从外表面开始沉积,而 CVI 则是通过孔隙渗入内部沉积,由此会带来沉积过程中的反应气体流动、气体扩散以及固相产物形核和生长方面的差异。CVI 法主要应用于碳/碳复合材料和陶瓷基复合材料的制备,它是制备无机材料的新技术。在碳/碳复合材料的制备过程中,化学气相渗透法是将一种或几种烃类气体化合物通过高温分解、缩聚之后将碳基体沉积在多孔碳纤维预制体内部,使材料致密化的方法。在陶瓷基复合材料的制备过程中,化学气相渗透法属于陶瓷工程范畴,是使先驱气体渗透到纤维预制体内部,在高温下反应生成陶瓷基体、形成纤维增强陶瓷基复合材料的制备方法。

在 20 世纪 70 年代初期,Fitzer 和 Naslain 分别在德国 Karsruhe 大学和法国 Bordeaux 大学利用 CVI 法进行了碳化硅陶瓷基复合材料(CMC - SiC)的制备,1984 年 Lackey 在美国 Oak Ridge 国家实验室(ORNL)提出了强制对流化学气相渗透(Forced CVI)法制备陶瓷基复合材料,但有关 CVI 基础理论和模型的研究直到 20 世纪 80 年代后期才逐步开展。

13.2.1　CVI 法的工艺方法与过程

按照沉积炉内温度和压力方式的不同,CVI 法通常可以分为五种,即等温等压 CVI、热梯度等压 CVI、等温强制对流 CVI、热梯度强制对流 CVI 和脉冲 CVI 等。图 13-1 为五种常见的 CVI 方法示意图,其中最典型的有等温等压 CVI、热梯度强制对流 CVI 和压力脉冲 CVI 三种。现在对这三者进行简要介绍。

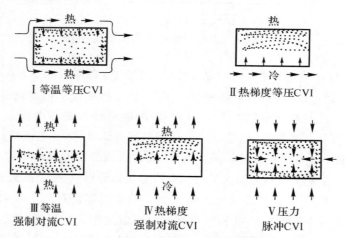

图 13-1　五种常见的 CVI 工艺方法示意图

(1)等温等压 CVI:该方法又称静态法。将纤维预制体放在温度和气氛压力均匀的空间,反应物气体通过扩散渗入纤维预制体内发生化学反应并进行沉积,而副产物气体再通过扩散向外逸散。按照沉积过程中使用的炉压的不同,等温等压 CVI 工艺分为常压等温等压 CVI 工艺和负压等温等压 CVI 工艺。两种工艺各有其优缺点:常压等温等压 CVI 工艺的主要优点是可以获得较长的气体滞留时间和较高的气体浓度,致密化速率较高,缺点是难以制备出高密度制件;负压等温等压 CVI 工艺的缺点是致密化速率较低,但是负压等温等压 CVI 工艺能够制备高密度的陶瓷基复合材料,比常压等温等压 CVI 工艺更容易实现批量生产,因而负压等温等压 CVI 得到了更加广泛的应用。通常所说的等温等压 CVI 工艺一般也是指负压等温等压 CVI 工艺,也称其为低压化学气相沉积(LPCVI)。

等温等压 CVI 中整个预制体温度均一且预制体内无强制气体流动,气态前驱体的供给及副产物的排除都完全通过扩散作用。由于气体在预制体表面的输送状态远好于芯部,基体在表面优先沉积下来,导致过早地封闭孔洞,切断芯部气体传输的通道,产生明显的密度不均匀性。为减缓这种结果,只能采用低温、低气体浓度,使得沉积速率缓慢。尽管这样,还是会产生较大的密度梯度且表面容易沉积结壳。通常的处理方法是借助机加工除去表面结壳,继续沉积,如此循环几次,这样导致致密化周期时间较长(数百至上千小时)。等温等压 CVI 的另一个缺点是反应气体利用率低,一般仅为 1%～2%,若不回收、利用将造成很大浪费。但等温等压 CVI 法的最大优点是能在同一沉积炉制造出大量的复合材料构件,并且构件的尺寸和几何形状不受限制。扩大沉积炉规模可以有效弥补沉积时间长的不足,降低单件的平均制造周期,使其非常适合于工业化大批量生产。图 13-2 为等温等压 CVI 示意图。

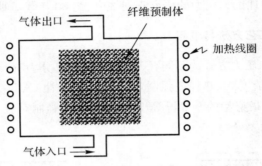

图 13-2 等温化学气相沉积(ICVI)示意图

　　(2) 热梯度强制对流 CVI:美国橡树岭国家实验室(Oak Ridge National Laboratory, ORNL)为了解决致密化速度慢的问题,提出了热梯度强制对流 CVI。这种方法是动态 CVI 法中最典型的方法。在热梯度强制对流 CVI 过程中,在纤维预制体内施加一个温度梯度,同时施加一个反向的气体压力梯度,迫使反应气体强行通过多孔体,在温度较高处发生沉积。在此过程中,沉积界面不断由高温区向低温区推移,或在适当的温度梯度沿厚度方向均匀沉积,如图 13-3 所示。热梯度强制对流 CVI 的最大优点是能够实现快速致密化,对于厚度为 10 mm 的板材,只需要 36 h,致密度就能达到 80%。热梯度强制对流 CVI 技术综合了热梯度 CVI 和等温压力梯度 CVI 的优点,可在较短时间内完成致密化过程,一步致密,适用于厚壁、形状简单制件的成型,先驱体转换率高(3%～24%)。但其不足之处是,不适于形状复杂件的制备和批量生产,制件内部存在着多种基体组织,设备复杂、昂贵。

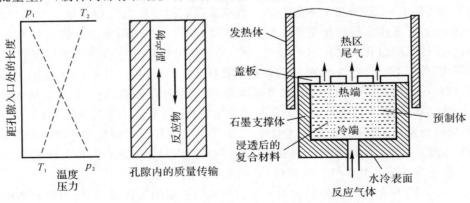

图 13-3 热梯度强制对流 CVI 过程示意图

（3）压力脉冲 CVI(Pressure-pulsed CVI,PCVI)：该方法的基本工艺特征是交替地向反应室通入反应物气体和抽真空，即沉积室内气氛的压力呈脉冲性变化，从而有效地避免了等温等压 CVI 过程中沿孔隙长度方向气体浓度梯度的形成，保证了沉积产物的厚度均匀性。PCVI 的这种工艺特征非常适合于极其微小尺度的材料制备。值得指出的是，PCVI 过程中气体压力脉冲周期非常短(数秒)，目前只适合于实验研究，因为大型工业化设备难以在数秒内实现充气和抽气周期性的工作。该工艺的缺点是对设备的要求很高，如果不对反应废气回收处理，则浪费过大。这一技术至今还没有得到广泛的应用和研究。然而，一些模型计算表明，这一技术对提高致密化速率有重大意义。

CVI 法制备陶瓷基复合材料的基本工艺过程(见图 13-4)包括纤维预制体的编织成型、复合材料界面的制备、复合材料基体的制备、对半致密化的复合材料进行机械加工去掉表面结壳以及重复基体制备和机械加工过程以获得致密复合材料。

制备陶瓷基体是 CVI 法中最重要的工艺环节：首先将纤维预制体悬挂于 CVI 沉积炉中，采用 CVI 法制备复合材料界面。然后采用 CVI 法制备复合材料基体。CVI 工艺过程中存在浓度梯度，导致制备的陶瓷基体出现密度梯度，从而影响复合材料的致密化过程，称这种现象为瓶颈效应。因此，复合材料制备中期需要进行机械加工去掉表面结壳，使复合材料沉积通道重新打开，最后进一步制备陶瓷基体使复合材料致密化。

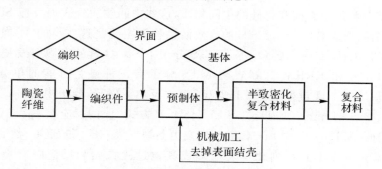

图 13-4　CVI 法制备陶瓷基复合材料的工艺流程图

目前陶瓷基复合材料的基体主要包括 SiC，Si_3N_4，BN、B_4C，SiCN，SiBCN，ZrC，ZrB 等，不同的沉积产物需要不同的沉积先驱体，具体见表 13-1。但目前的陶瓷基体仍以 SiC 基体为主，因此本节以 CVI SiC 基体为例，分析其沉积过程。

表 13-1　CVI 法制备的主要陶瓷类型及其先驱体

沉积产物	常用的先驱体
SiC	$CH_3SiCl_3 + H_2$
Si_3N_4	$SiCl_4 + NH_3 + H_2$
BN	$BCl_3 + NH_3 + H_2/BF_3 + NH_3 + H_2$
B_4C	$BCl_3 + CH_4 + H_2/BCl_3 + C_3H_6 + H_2$
SiCN	$CH_3SiCl_3 + NH_3 + H_2/SiCl_4 + NH_3 + CH_4 + H_2/$ $SiCl_4 + NH_3 + C_3H_6 + H_2$

续 表

沉积产物	常用的先驱体
SiBCN	$CH_3SiCl_3 + BCl_3 + NH_3 + H_2 / SiCl_4 + BCl_3 + NH_3 + CH_4 + H_2$
ZrC	$ZrCl_4 + CH_4 + H_2 / ZrCl_4 + C_3H_6 + H_2$
ZrB_2	$TiCl_2 + 2BCl_3 + H_2$

不少文献报道了以 MTS 为先驱体 CVD 沉积 SiC 的宏观动力学模型,它们均反映出 CVD SiC 过程的复杂性及碳和硅独立的化学反应路经,但没有测定反应速率常数,只是定性解释了实验现象。Besmann 提出的动力学方程式反映了 HCl 对沉积 SiC 的抑制作用,用实验数据评价了动力学常数;Chiu 等以气相化学反应达平衡态和 Langmuir-Hinshelwood 原理为前提,解释了化学计量 SiC 的生成。关于 MTS CVD SiC 的化学反应模型更少,早期 Y. Okabe 和 M. Endo 在实验中观察到大分子聚合碳硅烷物的生成,认为 SiC 是这些聚合物分解形成的。随着理论和实验研究的逐渐深入,尤其是分析检测技术在化学气相沉积中的应用,人们对 MTS CVD SiC 沉积机理的理解逐渐深入,虽然没有定论,但在一些方面达成了共识,具体如下:

有机碳硅烷分解产生含碳和含硅的中间物质,这些中间物质经表面反应 Si—Cl,C—H 键断裂和 HCl 的消除形成 SiC。形成 SiC 的有效活性物质主要是这些小的、不饱和分子或自由基,如 $SiCl_3$,$SiCl_2$,CH_3,C_2H_2,C_2H_4 等。MTS 分子中 Si—C 键的断裂引发整个气相和表面化学反应,Ab Initio 和 RRKM 计算表明 MTS 分子有三种最为可能的单分子分解方式:① Si—C 键断裂;② C—H 键断裂;③ 1,2HCl 消去反应。MTS 分子中 Si—C 能量最小(290 kJ/mol,Si—Cl:359 kJ/mol,C—H:338 kJ/mol),且方式 ① 的反应速率是方式 ② 和 ③ 的 100 倍以上。因此,MTS 分子中 Si—C 键首先发生断裂形成 CH_3 和 $SiCl_3$,然后 CH_3 和 $SiCl_3$ 与体系中原气体分子发生一系列化学反应形成其他过渡物质和反应副产物。Allendorf 和 Gorden 依据 Ab Initio 理论的计算也表明约 75% MTS 分子中 Si—C 键断裂形成 CH_3 和 $SiCl_3$,其余的 MTS 分子发生 1,2HCl 消去反应生成 CH_2SiCl_2 和 HCl。这种理论分析观点得到一些实验结果支持。但也有少数研究者认为是 MTS 与体系中存在的其他物质(MTS,H_2 和 HCl)相互作用引发整个沉积反应。因此,沉积 SiC 的一般模式为:

$$CH_3SiCl_3 + H_2 \longrightarrow IP_{C(g)} + IP_{1(g)}$$
$$IP_{C(g)} + * \longrightarrow IP_{C(g)} * ;$$
$$IP_{Si(g)} + * \longrightarrow IP_{Si(g)} * ;$$
$$IP_{C(g)} * + IP_{Si(g)} * \longrightarrow SiC + IP_{2(g)}$$

13.2.2 CVI 法的工艺特点

一般来说,CVI 法具有以下特点:

(1)适用面广。可用于多种陶瓷基体的形成并能实现微观尺度上化学成分的设计与制造,如 Si_3N_4,SiC,Al_2O_3,B_4C,BN,SiCN,SiBN,TiC,ZrO_2 等,可以形成高纯度的一种基体或几种混杂基体,易于制成大尺寸和形状复杂的陶瓷基复合材料部件。

(2)工艺温度低。由于陶瓷基体是通过气体先驱体转化形成的,因而可以在较低的反应温度下形成高熔点的陶瓷基体,从而避免了高熔点陶瓷的高温烧结困难等问题。

例如 SiC 陶瓷材料的烧结温度通常高达 2 000 ℃ 以上,而采用 CVI 法则能在 900～
1 100 ℃ 的温度下制备出高纯度和高致密度的 SiC 陶瓷,即

$$CH_3SiCl_3 + H_2 \longrightarrow SiC(s) + 3HCl + H_2 \tag{13-1}$$

二硼化钛(TiB_2)的熔点为 3 225 ℃ 左右,这是已有的任何纤维都难以承受的高温,但采用
CVI 技术,在 900 ℃ 左右即可通过先驱体转化形成 TiB_2,其反应式为

$$TiCl_2 + 2BCl_3 + 4H_2 \longrightarrow TiB_2 + 8HCl \tag{13-2}$$

(3)对纤维的损伤小。在 CVI 过程中基本不需要对预成型体施加压力,输送气态先驱体
和排除挥发性副产物均在低压下进行,纤维在 CVI 过程中不承受或极少承受机械应力;通过
适当调节纤维/基体界面,还可使因热膨胀差而产生的残余应力尽量小,因而对纤维的机械损
伤较其他成型方法大大减少。同时,低的制备温度有效地避免了纤维在制备过程中的热损伤。

(4)近净成型。如果使预成型体具有制品要求的形状和尺寸,在 CVI 过程中,它将基本上
保持不变,制得的复合材料件也将具有与之相同的形状和尺寸,不需再经过机械加工或仅需稍
加磨削即可达到要求的形状和尺寸。因此,CVI 方法适于制备大型薄壁复杂构件。

(5)多孔性。由于 CVI 是气态先驱体通过孔隙渗透进入预制体进而反应沉积获得基体
的,随着基体材料的不断沉积,沉积过程的瓶颈效应会导致材料内部形成许多闭孔而使气态先
驱体无法继续渗入,因而复合材料制品中一般含有 5% ～ 20% 的残留孔隙。CVI 法不能制备
出完全致密的陶瓷基复合材料。这些孔隙一方面会增加复合材料内部的裂纹偏转等增韧机
制,提高复合材料的强韧性,另一方面也会成为复合材料服役过程中的氧化介质(如氧气和水)
的扩散通道,影响材料的使用寿命。

与其他方法(液相法和固相法)相比,CVI 法由于其高度可设计性和适于制备大型薄壁复
杂构件,是连续纤维增强陶瓷基复合材料最先实现产业化制造的方法,也是连续纤维增韧陶瓷
基复合材料最先进的基础制造方法。CVI 法的主要缺点是设备较复杂,制造成本较高,生产
周期较长,复合材料致密度不高(通常都存在 5% ～ 20% 的孔隙率)。

13.3　先驱体浸渍裂解法

先驱体浸渍裂解法(Precursor Infiltration Pyrolysis,PIP)起源于先驱体转化陶瓷
(Polymer Derived Ceramics,PDC)。

PDC 是首先通过化学方法制得的可经热处理转化为陶瓷材料的聚合物先驱体,在一定温
度范围内发生裂解可以获得先驱体转化的陶瓷。早在 20 世纪 70 年代初,Aylett,Dantrell 和
Popper 等就提出了利用无机聚合物合成陶瓷先驱体。Verbeek 在 1973—1974 年申请了采用
先驱体制备陶瓷纤维的专利:将三氯甲基硅烷(CH_3SiCl_3)与甲胺(CH_3NH_2)反应生成
$CH_3Si(NHCH_3)_3$,经热缩合得到一种固态硅氮烷树脂,该树脂经熔融纺丝和不熔化处理后在
1 100 ℃ 下烧成氮化硅陶瓷纤维。1975 年日本 Yajima 等则用二氯二甲基硅烷与金属钠反应
生成聚硅烷,并随后将聚硅烷经裂解重排生成聚碳硅烷,然后经熔融纺丝和不熔化处理后裂解
制备了 SiC 纤维。Verbeek 和 Yajima 在先驱体法制备陶瓷材料方面的成功引起了材料界极
大的兴趣,并且迅速掀起了先驱体转化(Polymer Derived)制备陶瓷材料的研究热潮。

在 PDC 基础上,PIP 法将有机先驱体溶液浸渍纤维预制体,在一定条件下固化,然后将其

在一定温度(800~1 000 ℃)和气氛(惰性气体或真空)下裂解转化为无机陶瓷基体,经重复浸渍裂解最终制得致密陶瓷基复合材料。

13.3.1　PIP 法的工艺过程

PIP 法制备陶瓷基复合材料的基本工艺过程包括(见图 13-5):纤维预制体的编织成型、先驱体浸渍液的制备及其对纤维预制体的浸渍、先驱体在预制体中的原位高温裂解和重复先驱体浸渍/裂解的材料致密化过程。

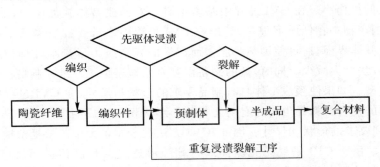

图 13-5　PIP 法制备陶瓷基复合材料的工艺流程图

先驱体浸渍纤维预制体是 PIP 法中的重要工艺环节。浸渍效率的高低会影响先驱体对孔隙的填充程度,最终影响材料致密度和材料性能,同时,浸渍效率也直接影响材料制备周期。先驱体的浸渍方法包括常压浸渍、真空浸渍和加热加压浸渍。常压浸渍是指在常压(1 atm)环境下采用先驱体对纤维预制体进行浸渍。为提高先驱体浸渍效率,常采取真空浸渍方法进行浸渍,通过抽真空排除掉纤维预制体中的空气,有利于先驱体填充到纤维预制件的孔隙中去,从而提高浸渍效率。在真空浸渍基础上,通过加热加压浸渍可以进一步提高浸渍效率,加热加压浸渍是利用加热时先驱体流动性增强,加压促使先驱体进入常压下无法进入的微孔,从而显著提高浸渍效率的方法。

为保证先驱体对纤维预制体浸渍的高效率,一般设计和合成的先驱体相对分子质量不能太大,以保证先驱体有较好的流动性,然而相对分子质量不高的先驱体,其高温裂解的陶瓷产率一般也不高。为了解决浸渍效率和陶瓷产率的矛盾,一般在先驱体支链上引入活性基团,在先驱体浸渍到纤维预制体内后,通过热交联反应,使原来相对分子质量不大的先驱体交联呈高度网络结构的大分子,实现高陶瓷产率。先驱体的交联反应一般采用自由基引发热交联加聚反应,交联反应要力争彻底。

浸入纤维预体的先驱体在真空或惰性气氛中高温裂解,完成有机高分子向无机陶瓷的转变过程是 PIP 法中最重要的环节。在高温裂解过程中,先驱体发生了极为复杂的化学和物理反应,其中包括分子键断裂、自由基碎片生成、小分子挥发物的逸出、陶瓷基体的形成以及结构与密度变化导致的体积收缩等。如果裂解温度过高,预制体中的纤维在高温下也可能会发生变化,即表面的界面反应和内部的结构变化。因此,先驱体高温裂解过程对复合材料的结构与性能有重要影响。必须对先驱体高温裂解过程的工艺条件,如升温速率、裂解温度与时间、保护气氛的纯度和压力等进行严格控制。由于先驱体在裂解过程中有大量小分子挥发和有机/无机转变引起的材料密度变化,先驱体转化的陶瓷会产生大的体积收缩,因而一次浸渍/裂解过程不能实现复合材料的致密化,多次反复的浸渍/裂解才能逐步实现复合材料的致密化。

采用 PIP 法制备陶瓷基复合材料的致密化过程取决于先驱体的陶瓷转化率、先驱体浸渍液的浓度以及先驱体溶液与纤维的润湿性等。先驱体的陶瓷转化率越高,复合材料的致密化过程越快,制备周期越短。提高先驱体陶瓷转化率,除采用合成转化率高(80%以上)的新型先驱体之外,还可以通过两种陶瓷转化率低的先驱体混合交联的方法。例如在 1 000 ℃ 裂解时,聚甲基乙烯基硅氧烷(Polymethylvinylsiloxane,PMVS)的主链断裂,其陶瓷转化率为 44%,而全氢聚硅氮烷(Perhydropoly Silazane,PHPS)的陶瓷转化率为 58%左右。当两者以 1:2 质量比混合后,混合物的陶瓷转化率可提高至 81%。先驱体裂解时有大量的气体逸出会导致气孔的产生,而且先驱体在裂解过程中伴有质量损失和密度增大两个变化,必将导致体积收缩。为此,研究人员提出在先驱体中加入活性填料(Active Filler)来弥补 PIP 法的不足,其主要作用如下:①活性填料可能与先驱体裂解产生的挥发组分或保护气氛(如 N_2)反应以提高体系在裂解后的产率;②活性填料反应前、后产生的体积膨胀,可以填充材料的孔隙、增加材料的致密度;③活性填料可以抑制先驱体裂解的收缩,使复合材料在裂解前、后不发生体积变化,实现材料的净尺寸成型。先驱体浸渍液的黏度及其与纤维的润湿性决定了先驱有机聚合物的浸渍效率。先驱体浸渍液的黏度范围在 0.001~10 Pa·s 之间为宜,最好在 0.002~2 Pa·s 之间。可采用含硼化合物(如硼酸、硅硼烷)进行纤维表面改性以改善先驱体浸渍液与纤维之间的润湿性。图 13-6 所示为纤维表面改性制备纤维增强陶瓷基复合材料的工艺流程。

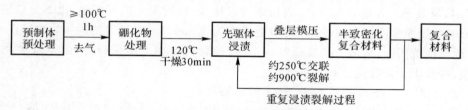

图 13-6　纤维表面改性制备纤维增强陶瓷基复合材料的工艺流程

在陶瓷基复合材料中,应用最早和最多的有机聚合物先驱体是聚碳硅烷(Polycarbosilane,PCS)和聚硅氮烷(Polysilazane,PSZ),它们通过裂解可以转化为碳化硅和硅碳氮。目前用于 PIP 工艺的聚合物先驱体已由聚碳硅烷和聚氮硅烷扩展到聚硅氧烷(Polysiloxane,PSO)、聚硼硅烷、聚硼硅氮烷、聚钛硅烷、聚铝硅烷、聚甲基硅烷和硼吖嗪等。适合 PIP 法制备的陶瓷基体也由传统的 SiC,扩展到了 BN,ZrC,SiBN 陶瓷等。

有机聚合物先驱体的选择是整个 PIP 法的关键,由不同的先驱体可获得不同的陶瓷材料。Seyferth 等提出可用作陶瓷先驱体的有机聚合物和有机金属聚合物必须具备的条件:①可操作性。在常温下应为液态,或在常温下可溶或可熔的固态,在 PIP 法工艺过程中(如浸渍和纺丝等)具有适当的流动性。②室温性质稳定,长期放置不发生交联变性,最好能实现在潮湿和氧化环境下保存。③陶瓷转化率高。陶瓷转化率指的是从参加裂解的有机聚合物中获得陶瓷的比例,陶瓷转化率应不低于 50%,以大于 80% 为优。④工艺简单、价格低廉,聚合物的合成工艺简单、产率高。⑤安全性高。裂解产物和副产物均毒性小、污染小,也没有其他危险性。

在所有 PIP 法制备的陶瓷基复合材料中,PIP 法制备 SiC 基复合材料是研究最深入的系统。因此,本节以 PIP 法制备 SiC 基复合材料的原理为例讨论 PIP 法的工艺原理,主要涉及

PCS 裂解转化制备 SiC 陶瓷基体的原理和过程。其主要过程如下：

Yajima 等采用相关分析表征方法，确定了聚碳硅烷从室温到 1 600 ℃所发生的转化。结果表明，PCS 转变为 SiC 陶瓷主要经历了以下 6 个阶段：

200~350 ℃：低相对分子质量物质蒸发；

300~550 ℃：发生去氢或去氢缩合反应；

550~850 ℃：侧链基团降解，形成无定形三维网络结构；

850~1 050 ℃：形成无定形网状结构的反应结束；

1 050~1 300 ℃：出现平均晶粒尺寸为 2 nm 的 SiC 结晶，同时生成游离碳及 SiO₂；

1 300~1 600 ℃：SiC 晶粒长大，Si—O 键含量下降。

与这些反应阶段相对应，PCS 裂解变化过程如下：

200~550 ℃：聚合物的结构变化不明显，侧链的有机官能团未显著断裂，但网络程度上升，渐次成为不熔固体。同时由于低相对分子质量气体逸出，失重约 13%。

550~800 ℃：主链部分向无机物的转化较显著，大多数 Si—H，C—H 链断裂，Si 的四面体结构及聚合物的 Si—C 骨架依然存在。由侧链基团断裂产生的逸出气体主要为碳氢化合物及甲基硅烷等。

800~1 000 ℃：裂解产物为均一的无定形无机物，含一定量的氢。无定形产物结构主要由三种化学四面体构成：氢化无定形 SiC、氢化无定形 Si—O—C 和无定形 SiO₂。当温度达到 1 000 ℃时，氢及 Si—X 键含量下降，自由碳含量增加，同时发生以下现象：由 Si—C 链断裂产生的低分子烷烃原位降解但不逸出，其断裂温度为 1 000 ℃；在显微结构上，产生了一些 SiC 晶须，在此温度范围内，载流子的流动性较低，致使材料呈现电绝缘行为；由于氢化，Si—C 键部分断裂，释放出少量硅烷、CO 等。

1 000~1 200 ℃：SiC 晶核数量增多，但晶核尺寸变化不大；氢含量下降，氢化无定形 SiC 消失，残存的无定形相为 SiO₂（Si—O—C）。当晶核从无定形相生长时，自由碳含量缓慢上升。SiC 晶核被自由碳的薄层包围，材料的电学性质从绝缘体变为半导体。

1 200~1 400 ℃：氢全部消失，形成连续的 SiC 结晶相，同时 SiO₂（Si—O—C）含量下降，自由碳含量略上升，电学性质仍属半导体。

1 400~1 600 ℃：SiC 微结构出现明显晶粒组化现象，平均晶粒尺寸大于 50 nm，同时无定形 SiO₂（Si—O—C）的含量急剧下降，SiO 和 CO 逸出。

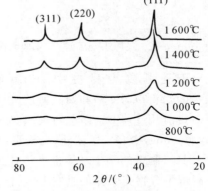

图 13-7　PCS 的 XRD 谱图与处理温度的关系

PCS 的 XRD 谱图与处理温度的关系如图 13-7 所示。当温度高于 1 200 ℃后，SiC 的结晶与晶粒长大迅速。PCS 在 1 600 ℃温度经 60 min 裂解后产物主要为 SiC(81.9%)，同时含有 w_{SiO_2} = 4.87% 的 SiO₂ 和 w_C = 13.23% 的游离碳。

13.3.2　PIP 法的工艺特点

用 PIP 法制备陶瓷基复合材料的主要优势如下：

(1)可设计性:能够对先驱体聚合物的组成、结构进行设计与优化,从而实现对陶瓷及陶瓷基复合材料的可设计性。

(2)复合性:可实现复合材料的增强体与基体的理想复合,在先驱体聚合物转化成陶瓷的过程中,其结构经历了从有机线型结构到三维有机网络结构,从三维有机网络结构到三维无机网络结构,进而到陶瓷纳米微晶结构的转变。因而通过改变工艺条件对不同的转化阶段实施检测与控制,有可能获得陶瓷基体与增强体间的理想复合。

(3)具有良好的工艺性:先驱体聚合物具有树脂材料的一般共性,如可溶、可熔、可交联和固化等。利用这些特性,可以在陶瓷基复合材料制备的初始工序中借鉴某些塑料和树脂基复合材料的成型工艺,再通过裂解制成陶瓷基复合材料的各种构件。它便于制备增强体单向、2维或 3 维配置与分布的纤维增强复合材料。

(4)裂解温度低:先驱体聚合物转化为陶瓷的烧结温度远远低于相同成分的陶瓷粉末烧结的温度。

虽然 PIP 法在制备陶瓷基复合材料方面具有一定的优势,但是其工艺本身也存在一些固有缺陷。PIP 法制备陶瓷基复合材料存在的问题主要如下:

(1)聚合物先驱体裂解过程中有大量的小分子逸出,导致复合材料孔隙率很高,难以制得致密的陶瓷基复合材料,也很难获得高纯度和化学计量比的陶瓷基体。

(2) 先驱体聚合物在经高温裂解转化为无机陶瓷的过程中,密度变化很大(从聚合物的约 1.0 g/cm^3 变化为陶瓷的 3.2 g/cm^3),因而基体在制备过程中的体积变化很大(约收缩50%~60%),收缩产生的微裂纹与内应力造成制品性能较低,松散的陶瓷基体也导致复合材料的抗氧化等性能不足。

(3)通过反复浸渍-裂解虽然可以在一定程度上弥补上述缺陷,但因工艺周期长(当要求制品密度达到 2.0 g/cm^3 时,一般需经过 6~8 个浸渍/裂解循环),因而生产效率低,工艺成本较高。

(4)聚合物先驱体本身的合成过程较复杂,价格较贵,因而造成复合材料的价格较高,不利于推广应用。

13.4　反应性熔体浸渗法

反应性熔体浸渗法(Reactive Melt Infiltration,RMI)又称为熔体渗透法(Melt Infiltration,MI)或熔融渗硅法(Melt/liquid Silicon Infiltration,MSI/LSI)。该方法是于 20 世纪 50 年代由 UKAEA (United Kingdom Atomic Energy Authority)用于黏结 SiC 颗粒而发展起来的,它也被称为自黏结 SiC 或反应黏结 SiC 法。20 世纪 70 年代,美国通用电器公司(General Electric Company)利用 RMI 工艺研究出了一种 Si/SiC 材料,即著名的 SILCOMP 工艺。SILCOMP 工艺是液 Si 渗入碳纤维的预制体中,液 Si 与碳纤维反应生成具有纤维特性 SiC,制备出一种 Si/SiC 复合材料。Hucke 在此基础上研究了由有机物裂解制备具有均一微孔的碳多孔体,然后将液 Si 渗入多孔体制得高强度的 Si/SiC 复合材料。20 世纪 80 年代,德国材料科学家 Fitzer 首先用液硅浸渗 C/C 多孔体制备 C/C‑SiC 复合材料,随后德国航空中心(German Aerospace Center,DLR)进一步发展了该工艺。

13.4.1 RMI 法的工艺过程

RMI 法制备陶瓷基复合材料的基本工艺过程包括(见图 13-8)纤维预制体的编织成型、复合材料中碳基体的制备以及液硅渗透工艺,以获得致密复合材料。

制备复合材料基体是 RMI 法中的最重要工艺环节:首先使用 CVI 法或 PIP 法制备碳基体获得预制体,碳基体可保护纤维不受损伤;使用特定粒径的硅粉包埋预制件,并放入 RMI 炉中;在制备温度下碳基体可与液态硅反应形成 SiC 陶瓷基体,即可获得纤维增韧陶瓷基复合材料。同时,为提高液态硅在预制件中的渗透性,RMI 法通常采用低压气氛。

另外碳基体的制备中也常采用树脂传递模塑成型技术获得聚合物基纤维预浸料,在 900℃以上和惰性气体气氛中热解聚合物基纤维预浸料,使树脂基体热解成为非晶态碳基体,进而获得多孔 C/C 或碳化硅 SiC/SiC 预制体,最后采用 RMI 工艺获得致密化的复合材料。该制备工艺是美国 GE 公司制备陶瓷基复合材料的主要工艺之一。

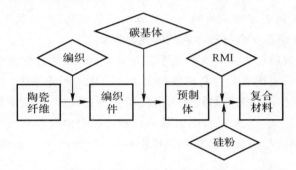

图 13-8 RMI 法制备陶瓷基复合材料的工艺流程图

与一般熔体浸渗过程不同,熔融 Si 在浸渗入纤维预制体内的同时,还伴随着 $Si_{(l)}+C_{(s)}\longrightarrow SiC_{(s)}$ 的化学反应。由于 SiC 的摩尔体积($12.47\ cm^3 \cdot mol^{-1}$)大于 C 的摩尔体积($5.71\ cm^3 \cdot mol^{-1}$),反应过程中体积膨胀了 2.18 倍。为了避免在 RMI 过程中材料的表面孔隙过早封闭,多孔材料必须具有足够的孔隙率。

随着 RMI 过程的进行,毛细管直径不断减小,渗透率 K(permeability)也随之下降。这样渗透率 K 不仅是位置的函数,而且也是时间的函数,即 $K=K(l,t)$。在 RMI 过程中,熔融 Si 的渗透规律可用 Hagen-Poiseuille 定律描述,即

$$l^2=\frac{2K}{\eta}\Delta Pt \tag{13-3}$$

式中,ΔP 为作用在熔体前沿液面上的压力差,对毛细管渗浸 $\Delta P=\frac{2\sigma_1\cos\theta}{r}$,对真空渗浸 $\Delta P=\frac{2\sigma_1\cos\theta}{r}+\Delta P'$,$\Delta P'$ 为真空度。从式(13-3)可以看出,反应性熔体浸渗过程服从抛物线规律。

Si-C 反应过程及其机理十分复杂,目前对其反应机理尚没有统一的认识,但是上述分析结果对实际过程仍具有一些指导意义,具体如下:

(1)浸渗深度随压力差 ΔP 的增加呈抛物线规律变化。对于熔融 Si 浸渗 C 多孔体系统,$\sigma_1=1\ N \cdot m^{-1}$,$\theta=0°$。当毛细管半径 $r=1\ \mu m$ 时,毛细管力为 2 MPa。当有外力 P' 存在时,

$\Delta P = 2$ MPa $+ P'$，即外力对提高浸渗深度的影响是有限的。但在实际过程中，为了保护纤维预制体不受氧化，减少孔隙内部的气体因压缩造成的阻力，一般采用真空浸渗的方法。

（2）浸渗深度随化学反应速度的增加而明显降低。对于给定的反应体系，化学反应常数是温度的函数，服从 Arrhenius 关系。因此，提高浸渗温度必然会使毛细管孔隙过早封闭，降低浸渗深度，造成不完全浸渗。但这种不完全浸渗则可用于碳素材料的防氧化涂层的制备。如利用 Si-Mo 合金熔体在 1 650 ℃对多孔石墨进行浸渗时，可获得厚度为 150 μm 的 $MoSi_2$-SiC 系防氧化涂层。

（3）为了提高浸渗深度，可采取的方法主要有两种：①加入添加剂以降低化学反应速度，如在 Si 中加入适量的 Al 后，能显著降低 Si-C 反应速度，防止孔隙的过早封闭；②加入添加剂以降低共晶点的温度，如在 Si 中加入 Mo 和 B 后，能将共晶点降低到 1 400 ℃以下。

13.4.2 RMI 法的工艺特点

RMI 法的优点主要体现在：

（1）制备周期很短，是一种典型的低成本制造技术；

（2）能够制备出几乎完全致密的复合材料；

（3）在制备过程中不存在体积变化。

但从 RMI 的工艺过程可以看出，硅熔体渗入多孔 C/C 复合材料中，在与基体碳反应的过程中，也不可避免地与碳纤维反应，从而造成对纤维的损伤，复合材料的力学性能较低；由于复合材料内部存在一定量的游离 Si，会降低材料的高温力学性能。

13.5 浆料浸渍结合热压法

浆料浸渍结合热压法（Slurry Infiltration and Hot Press，SI+HP）是制备纤维增强玻璃和低熔点陶瓷基复合材料的传统方法（一般温度在 1 300 ℃以下），也是最早用于制备纤维增强陶瓷基复合材料的方法。该工艺也能够制备连续碳纤维增强 SiC 陶瓷基复合材料，且成本较低。该方法制备 C/SiC 复合材料的典型工艺是将 SiC 粉末、烧结助剂粉末与有机黏结剂等用溶剂制成泥浆，碳纤维经泥浆浸渍后纺制成无纬布，切片模压成型后热压烧结。

13.5.1 SI+HP 法的工艺过程

SI+HP 法是一种传统的陶瓷基复合材料制备方法。该方法的工艺过程：先将纤维束高温处理除胶，然后通过装有陶瓷料浆的料浆槽中，使陶瓷料浆均匀涂挂在每根单丝纤维的表面，再将浸过料浆的纤维缠绕在轮毂上制成无纬布，无纬布经过干燥后切割成预制片，最后将预制片叠层至所需的结构和厚度放在石墨模具中进行热压烧结，最终制成陶瓷基复合材料，如图 13-9 所示。

在料浆浸渗结合热压烧结法中，料浆的组成和性能将直接影响复合材料的性能。料浆通常由溶剂（水和乙醇等作为载体）、陶瓷粉末和有机结合剂三部分组成。为了改善溶剂与陶瓷粉末及纤维之间的润湿性能，料浆往往需要加入表面活性剂。

陶瓷粉末的形状最好为球形并且尺寸应尽可能细小。当粉末的直径与纤维直径之比值大于 0.15 时（碳纤维直径为 5~7 μm，碳化硅纤维直径 10~14 μm），粉末很难浸渗到纤维束内部的单丝纤维之间。因此,为保证粉末充分向纤维束内部浸渗,粉末与纤维的直径之比通常应小于 0.05。在混合浆料中各材料组元应保持散凝状,即在浆体中呈弥散分布,这可通过调整水溶液的 pH 值来实现,对浆料进行超声波振动搅拌则可进一步改善弥散性。加入少量烧结助剂,能显著降低材料的烧结温度,避免纤维和基体之间发生化学反应。如在 C/Si$_3$N$_4$ 体系中,加入少量 Li$_2$O,MgO 和 SiO$_2$,可使烧结温度从 1 700 ℃ 降低到 1 450 ℃;加入 ZrO$_2$ 可以有效地改善纤维和基体之间热应力失配情况,避免基体上出现热裂纹。

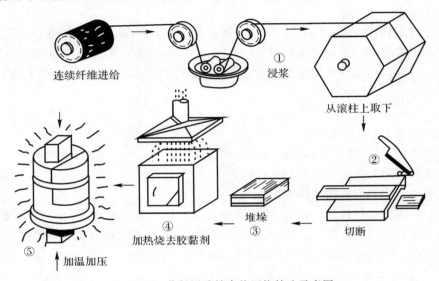

图 13-9 浆料浸渍结合热压烧结法示意图

热压烧结(Hot-pressing,HP)是陶瓷材料使用最为广泛的烧结方式。热压烧结是烧结和加压同时进行,促使粉末流动、重排并提高烧结制品的致密性的工艺。热压烧结具有相对较低的烧结温度和相对较短的烧结时间,有利于提高烧结制品的硬度、强度和致密度。由于热压烧结温度要比常压烧结温度低 120 ℃ 左右,晶粒的生长受到一定的限制,最终的粉末晶粒较细,陶瓷的硬度和强度提高,且其密度可接近理想密度。但热压烧结只适于烧结简单形状的制品,难以制备复杂形状和结构的制品。因此,热压烧结产品的应用领域受限。

13.5.2 SI+HP 法的工艺特点

SI+HP 法具有下述突出优点:

(1)烧结时间短,制造成本低:由于采用热压方法进行烧结,复合材料的致密化时间非常短,仅需约 1 h。

(2)复合材料的致密度高:在高温烧结过程中通常都存在一定数量的液相,在机械压力的作用下能实现复合材料的充分烧结,显著降低复合材料内部的残留孔隙,提高复合材料致密度。

(3)适合纤维增强的玻璃和玻璃陶瓷基复合材料:如 C/SiO$_2$,SiC/LAS,SiC/BAS 和 SiC/GAS等玻璃或玻璃陶瓷基复合材料,同时也适于制造烧结过程中存在足够多液相的陶瓷基复合材料,如 C/Si$_3$N$_4$ 复合材料加入足够的液相烧结助剂时,可采用 SI+HP 法。

SI+HP 法也具有自身的不足,具体如下:

（1）复合材料的结构和形状受限：由于纤维预制体是通过铺层的方法获得的，因而只能制造形状简单的复合材料，并且具有明显的各向异性。

（2）复合材料的高度和尺寸受限：为了保证烧结过程的顺利进行，必须对预制体施加 20～30MPa 的机械载荷，这样石墨模具的强度限制了构件的尺寸大小；同时在对预制体施加压力的过程中，由于摩擦力的作用会沿高度方向造成压力梯度，为了保证复合材料内部密度的均匀性，构件的高径比以小于 0.45 为宜。

（3）不适合固相烧结的材料体系：在热压烧结过程中作用在固体粒子的机械载荷作用会对纤维造成严重损伤，严重限制该制备方法在陶瓷基复合材料领域的应用。

13.6　组合制备方法

CVI，PIP 和 RMI 是连续纤维增韧的陶瓷基复合材料研究和工程化生产的主要方法，但各种方法都有优点和缺点，不能完全满足产品性能和成本的综合要求。因此，可综合利用各种方法的优势，采用两种或两种以上的组合工艺方法制备连续纤维增韧陶瓷基复合材料，以满足产品高性能和低成本的综合要求。

（1）PIP＋CVI 组合法：该工艺是采用 PIP 工艺快速填充纤维预制体的内部孔隙，然后采用 CVI 工艺对半致密化的陶瓷基复合材料残留的纳米微孔和束间孔隙进行填充，获得致密陶瓷基复合材料的。它充分利用了两种工艺的一系列优点：PIP 法制备的复合材料具有基体成分均匀，能够制备出形状复杂的构件，但其陶瓷产率低、基体存在大量收缩裂纹和孔洞等会导致低名义模量；CVI 法制备的陶瓷基体名义模量高，但制备周期长。PIP＋CVI 同时克服 PIP 法制备的复合材料低名义模量和大量孔洞及 CVI 法制备的复合材料周期较长、沉积均匀性差等问题，同时充分利用不同方法的优势降低材料内部纳米微孔的数量，提高材料密度和材料性能。

图 13－10 是 C 纤维增强 PIP－SiC 和 CVI－SiC 基体复合材料抽象出的示意图。图中黑色实心圆代表 C 纤维，黑色实心圆周围浅灰色的部分代表由 PIP 制备的 SiC 基体，外围深灰色的部分代表由 CVI 制备的 SiC 基体。聚碳硅烷裂解得到的是非晶态 SiC，其模量小于由 CVI 制备的 SiC。由模量的混合法则可知，以纤维束中心为起点，PIP－SiC 基体改性 C 纤维束复合材料的基体模量也呈现出递增的趋势。

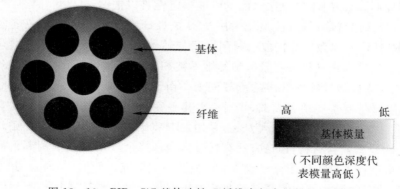

图 13－10　PIP－SiC 基体改性 C 纤维束复合材料的示意图

孟志新等的研究结果表明:对于 1K Mini-C/SiC 复合材料而言,当纤维体积分数小于71.67％时,PIP+CVI 法制备的 C/SiC 复合材料的强韧性优于 CVI 法制备的 C/SiC 复合材料;当纤维体积分数大于 71.67％时,CVI 法制备的 C/SiC 复合材料的强韧性优于 PIP+CVI 法制备的 C/SiC 复合材料,但延伸率和断裂功却低于 PIP+CVI 法制备的 C/SiC 复合材料。

综上所述,该复合材料的模量需满足以下匹配原则:纤维束内部的基体模量要低于纤维束外部的基体模量,靠近纤维丝和纤维束的基体模量要低于远离纤维丝和纤维束的基体模量。这样有利于获得强韧性优异的复合材料。因此,PIP+CVI 法制备的复合材料可以满足模量的匹配原则,在降低制备周期和成本的同时获得强韧性优异的复合材料。

(2)CVD+PIP 组合法:该工艺是采用 CVD 工艺快速填充纤维预制体的内部孔隙并使基体含量达到一定要求后,对半致密化的陶瓷基复合材料进行机械加工去掉表面结壳,然后采用 PIP 工艺对半致密化的陶瓷基复合材料残留的微孔和束间孔隙进行填充,获得致密的陶瓷基复合材料。该工艺充分利用了 CVD 工艺致密化速度快和 PIP 工艺技术的特点,缩短了复合材料试件生产周期。采用 CVD+PIP 的主要原因是 CVD 工艺进行到后期时,材料表面开孔变少并发生表面沉积结壳。为使复合材料的密度进一步提高,必须进行表面机械加工处理,以提高材料的开孔率。CVD+PIP 法可避免 CVD 工艺后期因表面结壳而对材料表面进行多次机械加工损伤,而只需在 PIP 工艺前进行一次精加工,从而很大程度地减少机械加工次数。采用该混合工艺明显减少了浸渍裂解和机械加工次数,最终复合材料综合性能得以提高。采用该混合方法提高复合材料性能的主要原因:CVD 基体致密化后复合材料残余的大孔隙被PIP 基体有效填充,进而使最终复合材料具有良好的抗氧化耐烧蚀性能;减少了多次机械加工及高温热处理对纤维造成的损伤,保持了复合材料中纤维的完整度和连续性,进而使得最终复合材料具有良好的力学性能。该工艺主要针对于 CVD 法沉积速率较快、沉积均匀性较差的陶瓷基体。与 CVD 或 PIP 单一工艺相比,它具有生产成本明显降低、复合材料综合性能大幅度提高的优点。

当然,由于 PIP+CVI 和 CVD+PIP 工艺相对复杂,在具体实施工业化过程中会存在以下缺点:

(1)要求设备既能满足工艺的 CVD/CVI 沉积设备又具有成套的浸渍、高温裂解装置,导致前期厂房和设备的资金投入较大;

(2)当 CVD 和 PIP 两种工艺转化时,具体操作过程中 CVD 沉积到何种密度再进一步采用 PIP 法较难控制,从而对不同批次产品的性能稳定性难以把握。

(3)CVI+RMI 组合法:该方法是先采用 CVI 法在纤维预制体内制备一定含量的陶瓷基体,然后采用 RMI 法对半致密化的复合材料进行快速致密化并获得陶瓷基复合材料的方法。该方法中一定含量的陶瓷基体可有效保护纤维不被 Si 熔体所侵蚀,同时先前 CVI 过程中还能引入界面层,从而更好地发挥碳纤维的承载能力。由于低成本 RMI 工艺的引入,CVI+RMI 方法可以大幅度降低制备周期和成本,并制备出几乎完全致密且性能优异的复合材料。徐永东等通过 CVI 制备一定密度的多孔 C/SiC,采用 PIP 将碳引入到多孔 C/SiC 中,通过 RMI 得到致密 C/SiC 陶瓷基复合材料,但该方法会使基体内部残余 Si 影响复合材料的高温性能。为此殷小玮课题组进行了反应性熔体浸渗 MAX 相的相关研究。例如 Ti_3SiC_2,其理论密度较低($4.53~g/cm^3$),独特的层状结构使其晶粒在外力作用下会发生滑移、扭曲、断裂以至形成扭结带,使得裂纹沿着 Ti_3SiC_2 的晶粒扩展过程中易发生偏转、桥连、分叉,从而消耗大量的断裂能,抑制裂纹扩展并限制受损区域的扩大,提高机体的损伤容限,从而更好地抵抗残余热应力对基体的损伤。

13.7 其他制备方法

除了上述组合制备方法,研究人员还发展了陶瓷基复合材料的其他制备方法,主要包括溶胶-凝胶法、直接氧化沉淀法和纳米熔渗瞬时共晶法等。增材制造技术也在陶瓷基复合材料制备获得研究和应用,但它目前只能制备晶须或短切纤维增强陶瓷基复合材料,本书第 15 章将专门介绍。

(1)溶胶-凝胶法。溶胶(Sol)是由于化学反应沉积而产生的微小颗粒(直径<100 nm)的悬浮液;凝胶(Gel)是水分减少的溶胶,即比溶胶黏度大的胶体。用有机先驱体制成的溶胶浸渍纤维预制体,然后水解、缩聚,形成凝胶,凝胶经干燥、煅烧和热压工艺制备陶瓷基复合材料。图 13-11 为溶胶-凝胶法(Sol-Gel)制备陶瓷粉体和陶瓷基复合材料示意图。该方法可控制材料的微观结构,使均匀性达到微米、纳米甚至分子量级水平。此处以制备 SiO_2 陶瓷为例,简单介绍 Sol-Gel 法的原理:

$$Si(OR)_4 + 4H_2O \longrightarrow Si(OH)_4 + 4ROH \tag{13-4}$$

$$Si(OH)_4 \longrightarrow SiO_2 + 2H_2O \tag{13-5}$$

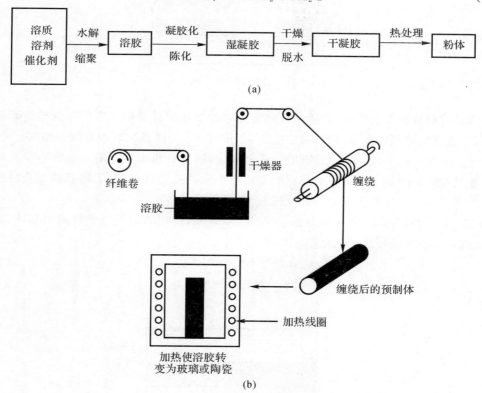

图 13-11 溶胶-凝胶法制备纤维增强陶瓷基复合材料示意图

(a)溶胶-凝胶制备陶瓷粉体; (b)溶胶凝胶制备陶瓷基复合材料

Sol-Gel法制备陶瓷基复合材料的优点：①热解温度不高（低于1 400 ℃），对纤维的损伤小；②溶胶易与纤维润湿，所制得的复合材料较完整，且基体化学均匀性高；③在裂解前，经过溶胶和凝胶两种状态，容易对纤维及其编织物进行浸渗和赋形，因而便于制备连续纤维增强复合材料。

该工艺的主要缺点：①醇盐的转化率较低、收缩较大，导致复合材料的致密周期较长，制品经热处理后收缩大、气孔率高、强度低；②陶瓷基体必须利用醇盐水解制备，因而仅限于制备氧化物陶瓷复合材料，不适于制备非氧化陶瓷基复合材料。

（2）直接氧化沉积法（Direct Oxidizing Deposition），是利用熔融金属氧化制备陶瓷基复合材料的一种方法，其工艺过程如图13-12所示。这种工艺最早是由美国Lanxide公司发明的，故又称为LANXIDE法，其制品已经被用作坦克防护装甲材料。直接氧化沉积法的工艺过程是将纤维预制体置于熔融金属上，金属液面在虹吸作用下浸渍到预制体中，另一面在1 200～1 400 ℃的高温下被空气氧化生成陶瓷，沉积和包裹在纤维周围，形成纤维增韧陶瓷基复合材料。虽然通过氧化反应可生成氧化物的金属很多，但这些金属或者熔点过高或者生成的氧化物不适合用作结构陶瓷。因此，直接氧化沉积法目前主要限于用金属铝制备氧化铝基陶瓷基复合材料。

图13-12　直接氧化沉积法示意图

为降低材料的制备温度，在铝液中通常需要添加少量的硅和镁。它们在加热时和铝一起被氧化，生成氧化硅和氧化镁，在材料中起助烧剂的作用，以降低材料的的制备温度。另外，由于在这样的氧化条件下，金属不能被彻底、完全氧化，所以材料中不可避免地含有少量的残余金属。通过控制加热温度可以在一定程度上控制金属的残留量，但由于陶瓷基复合材料中还存在一些尚未完全氧化的金属，因而高温性能会有所下降。

图13-13所示为熔化金属的生长过程。在空气中，熔化的铝将形成氧化铝基体；在氮气中，熔化的铝与氮反应可形成氮化铝。其反应式为

$$Al + 空气 \longrightarrow Al_2O_3 \tag{13-6}$$

$$Al + 氮气 \longrightarrow AlN \tag{13-7}$$

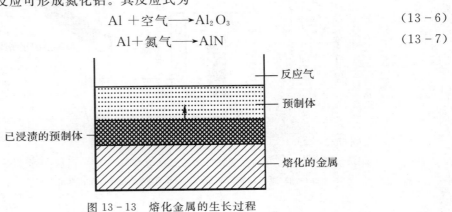

图13-13　熔化金属的生长过程

（3）纳米熔渗瞬时共晶法（Nano Infiltration and Transient Eutectoid，NITE），是通过纳米陶瓷粉末和烧结助剂在存在界面相的纤维预制体中熔渗，然后通过高温（温度略高于瞬态共晶相熔点）、高压下的热压成型制备陶瓷基复合材料的方法，如图 13-14 所示。采用该工艺可获得高热导率、耐腐蚀、密封性好，同时具有好的强度和韧性的复合材料。其主要缺点是使用烧结助剂和高温高压烧结，对复合材料的性能产生一定影响。NITE 工艺目前主要应用于耐温性能优异的 SiC_f/SiC 复合材料的制备，但该工艺基于热压烧结，难以制备大型复杂构件，目前公开报道的仅有平板或管状 SiC_f/SiC 复合材料试样。

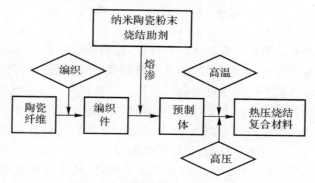

图 13-14　纳米熔渗瞬时共晶法工艺示意图

13.8　本章小结

陶瓷基复合材料是新型的战略性热结构复合材料，已在航空、航天、汽车、卫星探测等领域获得工程应用，表现出巨大性能优势。不同应用领域对复合材料的性能和制备工艺要求差别较大，其制备工艺将向多样化、组合化、低成本以及自动化等方向发展。

陶瓷基复合材料的制备工艺各有特点，应该根据不同应用需求，构建陶瓷基复合材料的制备工艺体系。CVI 法因其优异的柔性和鲁棒性，易于实现复合材料的可设计、可加工、可连接、可组装、可纠错、可修复与可兼容等诸多特性，被公认为陶瓷基复合材料最先进的基础制造方法。因此，与 CVI 法相关的制备方法是未来发展的重点。

习　　题

1. 陶瓷基复合材料有哪些增强材料？
2. 陶瓷基复合材料的常用制备方法有哪些？举例说明化学气相渗透方法的工艺过程。
3. 对比说明连续纤维增强陶瓷基复合材料几种常用工艺的优缺点。
4. 举例说明组合制备工艺的优缺点。

第 14 章　碳/碳复合材料制备工艺

14.1　概　　述

碳/碳复合材料,即碳纤维增强碳基体复合材料,是由碳纤维和碳基体共同组成的复合材料。碳材料高熔点的本质属性,赋予了碳/碳复合材料优异的耐热性(可以经受 2 000 ℃以上的高温),使之成为惰性气氛下使用温度最高的材料。但碳材料的特性也决定了不能用一般无机材料或复合材料的制备方法来制备碳/碳复合材料,比如碳材料超高的耐温性不可能像金属基复合材料那样可以使用熔体浸渗法制备;碳原子之间强而稳定的共价键结构决定了碳原子在烧结过程中移动性很差,不能通过碳粉烧结手段制备。

碳/碳复合材料的制备技术主要分为两个基本步骤,即碳纤维预制体制备和预制体致密化。前一个步骤是根据产品形状和使用需求将碳纤维制成多孔纤维预制体,后一个步骤是利用液相或气相的含碳化合物先驱体热解形成基体碳,填充碳纤维预制体的孔隙,从而制得碳/碳复合材料。根据碳纤维种类(短切纤维、连续长纤维)及纤维的排布方式不同,碳纤维预制体的主要形式有单向碳纤维束、2 维碳布、各种碳毡及 3 维或多维碳纤维编织体等。将基体碳填充到预制体孔隙内的方法主要有两种,即液相浸渍碳化法和化学气相渗透(CVI)法。按照使用的含碳先驱体的不同,液相浸渍碳化法又分为两种,即聚合物浸渍碳化法和沥青浸渍碳化法。

碳/碳复合材料整个体系均由碳元素组成,其力学性能、热物理性能及摩擦、磨损性能与碳相的石墨化程度密切相关。在碳/碳复合材料致密化程度达到设计要求后,对复合材料进行高温石墨化处理,通过调整、控制复合材料各组元及整体的石墨化状态,得到最终综合性能满足使用要求的复合材料。碳/碳复合材料的制备工艺路线如图 14-1 所示。

14.2　液相浸渍碳化法

液相浸渍-碳化工艺是制造石墨材料的传统工艺,目前已成为制造 C/C 复合材料的一种主要工艺。液相浸渍碳化法制备碳/碳复合材料起源于试验过程中的误操作:1958 年,美国 CHANCE VOUGHT 航空公司的研究人员在测定碳/酚醛复合材料中碳纤维的含量时,由于实验过程操作失误,酚醛基体没有被氧化,却被热解成了碳基体,获得具有非常特殊的结构和性能的复合材料,即碳/碳复合材料。液相浸渍碳化法原理:通过碳基体先驱体(最初的酚醛聚合物是碳先驱体的一种)热解碳化增密碳纤维预制体制备复合材料。

液相浸渍碳化法的工艺流程如图 14-2 所示,它主要依赖多次浸渍、碳化、石墨化循环来达到预定密度。浸渍是指在一定温度和压力下,使液态有机浸渍剂渗透到碳纤维预制体的空隙中去;碳化是指在惰性气氛保护下,通过热解处理使有机浸渍剂脱氢生成碳的过程。浸渍过程中先抽真空,有利于浸渍剂的渗透。液相浸渍碳化法按基体先驱体种类的不同可分为聚合物浸渍-碳化工艺和沥青浸渍-碳化工艺。按浸渍压力可分为常压工艺(0.1 MPa)、高压工艺(一般为数十兆帕)和超高压工艺(100 MPa 以上)。

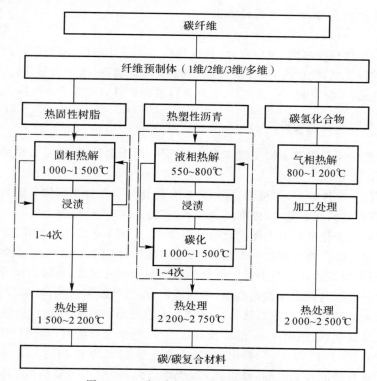

图 14-1　碳/碳复合材料制备工艺流程

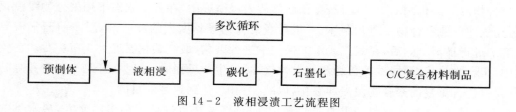

图 14-2　液相浸渍工艺流程图

14.2.1　选择浸渍剂

浸渍剂作为基体碳的先驱体在热解碳化过程中转化为固态碳基体和小分子气体挥发物。浸渍剂不仅关系到复合材料浸渍增密的效果,也直接影响碳化后基体碳的结构和性能,进而关系到最终复合材料的性能。一般来讲,高温裂解后可以生成碳的有机物均可作为碳的先驱体,但用于制备碳/碳复合材料浸渍剂的有机物应满足以下几个条件:

(1)浸渍剂碳化后产碳率要高,以提高浸渍效率,得到致密碳基体;

(2)浸渍剂黏度适宜、流变性好、易于浸渍到空隙中;

(3)浸渍剂与碳纤维润湿性好,易于充分浸渍,固化或碳化后与碳纤维有良好的物理相容性(热膨胀系数是否匹配等);

(4)浸渍剂碳化后要有合适的微观结构,满足复合材料的使用要求。

满足上述条件的浸渍剂主要有两种,即酚醛聚合物等热固性聚合物和热塑性的沥青。两种浸渍剂又有很大的不同,相对于沥青裂解碳和CVI碳,聚合物浸渍剂有以下特点:

(1)部分聚合物黏度大,难以渗透纤维束;

(2)产碳率一般不高;

(3)碳化过程中体积收缩大,热应力大,且碳化后基体开孔率低,不利于再次浸渍;

(4)碳化后碳强度高,硬度大,耐酸能力强,但主要为玻璃碳,难于石墨化;

(5)成碳密度低,一般为 $1.5\sim1.7$ g/cm^3,而沥青碳和CVI碳成碳密度可达 2.0 g/cm^3 以上。

14.2.2 聚合物浸渍碳化法

液相浸渍工艺中浸渍用聚合物先驱体需精心选择,适于制备碳/碳复合材料基体的聚合物先驱体需要满足以下条件:

(1)黏度适宜、流变性好、易于浸渍,可以使聚合物充分浸渍到预制体孔隙内部;

(2)碳化后有较高的产碳率,以提高浸渍效率,获得高密度制件;

(3)浸渍、固化及碳化过程中的体积收缩尽可能小,以减少对纤维的损伤。

虽然热塑性聚合物作为基体碳的先驱体,如聚醚醚酮(PEEK)、聚醚酰亚胺(PEI),可有效减少浸渍次数,但需要在固化过程中施压以保持试样的结构完整性,实际应用并不多。

工业化中大量使用的是热固性聚合物,如酚醛聚合物、环氧聚合物、呋喃聚合物、糠酮聚合物、炔类聚合物、聚酰亚胺、聚苯撑与聚苯撑氧等。大多数热固性聚合物在较低温度下($150\sim250$℃)聚合形成高度交联、热固性、不熔的玻璃态固体,化学重排困难,碳化后形成各向同性的玻璃碳,很难石墨化,同时留下很多闭气孔,导致复合材料密度相对较低(一般为 $1.5\sim1.7$ g/cm^3)。但这种玻璃碳强度高,硬度大,耐酸能力强,一般用于航空、航天烧蚀部件的制造及碳素行业耐腐蚀部件的制造。

聚合物浸渍碳化法的工艺流程:将预制体放入浸渍罐中,在真空状态下用聚合物浸没预制体,再充气加压使聚合物浸透预制体,对于酚醛聚合物等黏度大的浸渍剂,浸渍前通常需要用有机溶剂进行稀释。然后,在氮气或氩气保护下进行碳化,最终碳化温度为 $1\ 000$ ℃。在碳化过程中,聚合物热解,形成碳残留物和挥发性气体,发生质量损失,同时在样品中留下孔隙。这样,需要再进行重复的聚合物浸渍和碳化,以减少孔隙,达到致密的目的。

聚合物是碳/碳复合材料的重要浸渍剂,人们对聚合物也进行了很多的研究,最常见的聚合物产碳率为 $45\%\sim60\%$,一些产碳率高的聚合物也陆续出现。研究比较多的几种聚合物如下:

(1)酚醛聚合物:用于制备碳/碳复合材料基体先驱体的第一代热固性聚合物主要是酚醛聚合物,酚醛聚合物的产碳率较高,约为 $57\%\sim65\%$,一些新问世的改性酚醛聚合物(如含氰酸酯的酚醛聚合物,苯并恶嗪聚合物,丙炔基醚化酚醛聚合物等)的产碳率达 70% 以上。

(2)炔类聚合物:国外已经成功地将其应用于C/C复合材料的制备。目前国内也开展了这方面的研究工作,主要涉及聚芳乙炔(PAA)和丙炔基取代环戊二烯聚合物(PCP)。聚芳乙炔是高度交联的芳香族聚合物,具有黏度小、易加工、碳化收缩率低和高产碳率的优点(800 ℃,$80\%\sim90\%$),且获得的碳纯度很高,但其合成方法操作复杂,试剂昂贵,成本较高。20 世纪 90 年代中期,美国研制了丙炔基取代环戊二烯聚合物,它具有原料易得、合成工艺简便、聚合物黏度低、产碳率高(可达 95%)等优点,很有发展潜力。

(3)其他聚合物:呋喃聚合物多作为 C/C 复合材料的重复浸渍聚合物,在 800 ℃下的产碳率约为 58%。采用邻苯二甲腈合成的酞菁聚合物复合材料在 800 ℃下的产碳率可以达到 93%以上,也是一种很有发展前途的聚合物先驱体。

聚合物在裂解产碳过程中,会发生一系列聚合、脱水、分解等反应,小分子挥发,形成碳相。酚醛甲醛聚合物在不同温度阶段可能的反应及挥发物如图 14-3 所示。在失重的过程中会发生体积收缩,过度的体积收缩会引起较大的应力,造成基体开裂或纤维损伤。因此,在聚合物热解过程中升温速率一般较低。

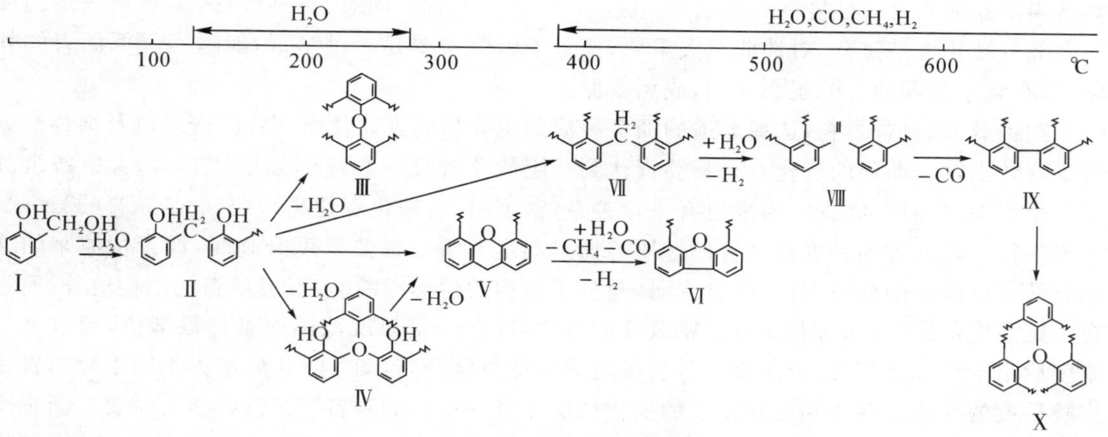

图 14-3　酚醛甲醛聚合物裂解过程示意图

总体而言,相对于沥青,聚合物浸渍剂的黏度弹性值范围大,碳化不需要加压,对设备要求低,但其缺点是碳化过程收缩大,热应力大、产碳率低,且生产的碳性能不符合石墨化性、导热性等要求。尽管一系列高产碳率的新型聚合物陆续出现,但这些聚合物一般成本过高、合成复杂,因此酚醛聚合物和呋喃聚合物等传统聚合物依然是目前应用最广泛的浸渍聚合物。

14.2.3　沥青浸渍碳化法

沥青具有产碳率高、成本低,形成的碳易石墨化、软化点低和熔化时黏度低等特点,是用浸渍碳化法增密碳/碳复合材料的主要浸渍剂。沥青在传统碳素行业中已被广泛应用,关于沥青浸渍的工艺和设备相对比较成熟,可以给碳/碳复合材料的沥青浸渍碳化法生产提供借鉴。因此,目前沥青浸渍碳化工艺研究比较成熟。

沥青是煤焦油或石油加工副产物经过进一步热加工而成的产物,是一种以多核缩合芳烃为主体、相对分子质量分布宽且熔点各不相同的多种有机物的混合物。沥青根据其来源可分为煤沥青和石油沥青。煤沥青是在煤焦油加工过程中,经过蒸馏去除液体馏分以后的残余物,其结构复杂,主要成分为多环、稠环芳烃及其衍生物,具体化合物组成十分复杂,且随原煤煤种和加工工艺的不同而有所不同。石油沥青是原油加工过程中经过蒸馏、氧化、乳化等手段得到的一种产物,其结构同样非常复杂,且与石油原料和生产工艺有关。沥青成分复杂,分析具体的化学成分困难,通常用不同的溶剂萃取沥青组分,将其分成若干组分。对同一种沥青,使用不同的溶剂得到的组分及其所占的比例不同。在碳素行业中,沥青组分一般被分为以下几种:

(1)喹啉不溶物(QI)。沥青里不溶于喹啉的大相对分子质量的芳香组分(平均相对分子质量大于2 000)和游离碳等固体杂质,是沥青中相对分子质量最大的组分的混合物,也被称为α组分。

(2)苯不溶物(TI)。沥青里不溶于苯或甲苯,但溶于喹啉的组分,平均相对分子质量在300~2000之间,也被称为β组分。

(3)苯可溶物(TS)。沥青里可溶于苯的低分子组分,也被称为γ组分,也是很多碳氢化合物的混合物,平均相对分子质量低于500。

一般来讲,高分子组分是沥青焙烧时形成焦化残碳的主要载体,其本身没有黏结性,但其对石墨制品的孔度及强度有一定影响;中分子组分常温时呈固态,黏结性好,加热至一定温度后大部分转化为结焦碳,对性能至关重要;低分子组分主要是一种溶剂,能适当降低沥青的软化点,有利于改善沥青的浸润作用,成焦量低。

制备碳/碳复合材料,选择合适的沥青浸渍剂主要从沥青软化点、黏度、密度以及结焦产碳量等参数出发。沥青的软化点是指沥青达到一定软化程度时相应的温度,它与沥青中各组分的含量有关,同时与沥青的密度也有一定关系(密度越大,软化点越高)。黏度是沥青的另一个重要参数。煤沥青的黏度和沥青的性质与加热温度有关。加热温度升高时,沥青从原来的玻璃态转变成流动的液态,分子间键变弱,超分子结构的桥形键断裂,形成了新的结构组分,而且在一定温度范围内,沥青黏度有急剧改变的特性,即在一定温度范围内维持最低值,超过某一温度后由于小分子挥发、分子聚合等反应造成黏度急剧升高,图14-4所示为不同组分沥青黏度随温度的变化。沥青黏度随温度的变化情况对复合材料的制备工艺选择至关重要。沥青产碳率同样与沥青成分有很大关系,沥青中QI和β组分的产碳率高达95%和85%,而苯可溶物的产碳率在30%~50%之间(随平均相对分子质量不同而不同)。因此,从产碳率的角度考虑,沥青含QI和β组分的含量越高越好。但这些成分会增加沥青的黏度,降低其与碳纤维的润湿性,导致浸渍难度增加,并且会改变生产碳的显微结构。选择沥青时要综合考虑。

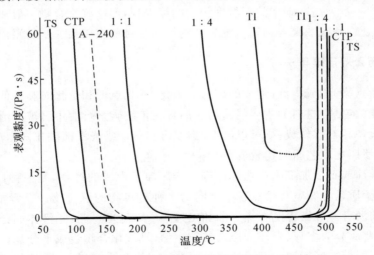

图14-4 不同组分沥青黏度随温度的变化

1.工艺过程

沥青浸渍碳化工艺的过程可用图14-5来表示。其中,真空压力浸渍和碳化是最关键的两个步骤,在浸渍的过程中,抽真空和施加压力都是为了使预制体更加充分地浸渍沥青。

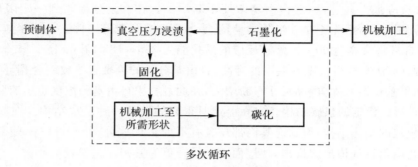

图 14-5　沥青浸渍碳化工艺过程示意图

2.沥青碳化机理

沥青的碳化过程大致包括以下反应历程:C—H 和 C—C 键断裂形成具有化学活性的自由基,分子的重排,热聚合,芳香环的稠化,侧链和氢的脱除等。

上述的几个反应过程并不是孤立存在的,在沥青碳化过程中的任意时刻,这些反应往往交叉进行、同时发生。沥青内部含有许多低分子芳烃,在沥青受热过程中,芳烃很容易失去 H 原子或基团而成为自由基。当芳香烃分子的键断裂时,主要有两种自由基生成,即 σ 基和 π 基。σ 基是由芳香 C—H 键断裂产生的,这个反应过程所需要的能量比较高,其离解能为 420 kJ/mol,因而 σ 基非常不稳定。与 σ 基相比,π 基要稳定一些,它是由甲基 C—H 键断裂形成的,离解能也比 σ 基小得多,约为 325 kJ/mol。自由基一般具有比较高的化学活性,互相之间容易聚合而成为更大的分子,并且温度越高,自由基的浓度也越高,化学反应的速度也就越快,直到形成半焦为止。因此,自由基的产生是沥青碳化的基础和必经过程,自由基历程与煤沥青碳化具有密切的联系。实际上,在碳化的整个过程中,它始终伴随着自由基的动态变化过程。根据自由基浓度的变化规律,煤沥青的整个碳化过程可分为以下三个阶段:

第一阶段(室温~300 ℃):在此温度区间,煤沥青主要脱除水分和低分子化合物,不稳定轻组分缓慢挥发,即 γ 组分挥发较多,此时分子的分解反应很少,自由基浓度的含量也很低,约为 8%~12%。伴随着挥发物逸出,煤沥青分子侧链 C—C 键缓慢断裂,均裂生成各种结构的 σ 自由基。它们极不稳定,很快发生自由基聚合反应生成各种聚合物,因此这时 QI 的含量(α 成分)会有所增加,同时一部分未配对电子经芳环平面分子共轭离域,形成比较稳定的 π 自由基。这一阶段反应的活化能为 42~71 kJ/mol。

第二阶段(300~550 ℃):此阶段的反应比较复杂、激烈,沥青内部成分的变化也比较大,是沥青热解的主要过程。300 ℃ 以后煤沥青热分解速度加快,随着温度提高,挥发物大量排出,约在 350 ℃ 失重速率达到最大值,剧烈的热分解导致不稳定化学键不断断裂,产生大量自由基(其中大多数为不稳定的 σ 自由基)。这样低分子化合物大量逸出,同时残留产物脱氢缩聚,碳化产物的 QI 含量(α 组分)增加较快,稠环芳烃分子不断长大,自由基浓度逐渐增加。在 350~450 ℃ 温度范围内,沥青的变化将经历中间相小球体形成阶段,自由基分子发生一定程度的聚合反应,稠环芳烃平面分子逐渐长大,并借助范德华力互相重叠堆砌,碳化产物的 QI 含量也有较大提高,微晶尺寸将明显增加,稳定自由基的浓度将会有所减少。450 ℃ 以后微晶发生合并,导致微晶尺寸迅速增大,分子结构进行重排。由于此时处在晶体变形阶段,所以晶体的规整性会有所下降,表现在晶体参数 d_{002} 有所增加。约在 500 ℃煤沥青热解出现放热效应,脱氢缩聚反应最为显著,稳定自由基浓度不断增加。在 β 组分提高到一定限度的同时,α 组分含量急剧增加,然后无论是 β 组分含量,还是 γ 组分含量都有下降。此时半焦已经开始形成,α 组分的含量将会高达 90%。裂解反应的活化能为 335～785 kJ/mol。

第三阶段(550 ℃以后):随着温度的升高,自由基分子的再聚合导致缩合稠环芳烃平面分子增长,氢和甲基逐渐脱除,微晶尺寸不断增大,在此过程中自由基的浓度也迅速降低,温度达到 1 000 ℃时形成稳定的焦碳结构。实际上这时得到的碳是一种乱层结构。在 600 ℃时,已经形成比较稳定的半焦结构,但这时其内部还含有不少非 C 成分,如 O,H 等,随着温度升高,它们将从晶粒内部以气体形式逸出,使层面之间结合更为紧密,d_{002} 继续减小。

沥青的热解过程可以用图 14-6 来说明。开始的小芳烃分子最后转变成三维有序的石墨结构。这只是一种理想化的模型,实际的反应过程要复杂得多。这是因为沥青分子的种类非常多,不仅同类分子之间会发生聚合,而且绝大多数聚合发生在异类分子之间,聚合的方式也是千差万别。另外,即使是在同类分子之间也有许多聚合方式。例如,Lewis 教授对蒽的反应产物进行的研究发现,仅仅由于聚合位置的不同,两个蒽分子之间的结合产物就有 11 种之多(见图 14-7)。可能出现的结构数量随着相对分子质量的增大会成级数地增加。随着温度的升高和时间的延续,稠化反应只是很缓慢地进行着。这是由于中间所生成的聚合物中,只有一部分物质的结构适合稠化(如(7)、(8)、(9)、(10)、(11)),它们能生成比较稳定的稠环系统。这种稠环系统进一步聚合,并脱 H 后,就成为石墨层状的物质。在图 14-7 的产物中,(1)、(4)、(5)、(6)则很难进行稠化,它们的碳化产物更倾向于形成互相交织的玻璃碳结构(各向同性结构)。因此,要完全弄清楚沥青内部每个分子间精确的反应历程是相当困难的,只能对具体条件下的反应规律作一定的探索和概括。

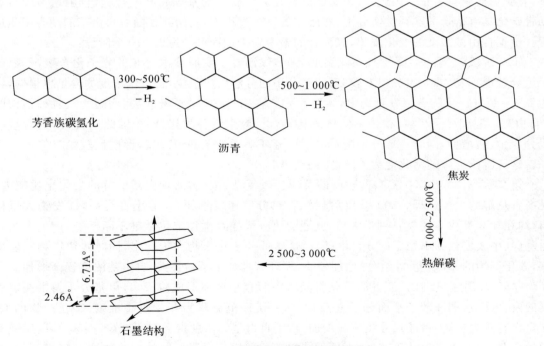

图 14-6 沥青的热解过程示意图

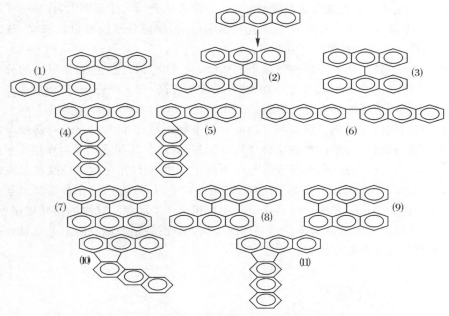

图 14-7　蒽热解过程中可能存在的二聚物类型

3. 中间相的形成与碳化过程

沥青碳化与聚合物碳化过程一个最主要的区别是碳质中间相的形成。碳质中间相是指沥青类有机物向固态半焦过渡时出现的一种介于液态和晶体之间的液晶状态。碳质中间相首先由 J. D. Brooks 和 H. Taylor 发现。20 世纪 60 年代后期人们对中间相进行了大量的研究，认为凡是经过凝聚相碳化的物质，在 2 500～3 000 ℃高温处理后能得到高度石墨化结构的，必须在低温转化阶段经历一个可塑性的中间相液晶状态，即所有在非液相状态下的有机物的热解过程（未经历中间相）都将生成难以石墨化的硬碳。

(1) 中间相的形成。沥青液相状态碳化，常常在低于 500 ℃的条件下进行。一方面热解生成低分子化合物，另一方面在液相中发生芳构化和缩聚反应。温度升高，将促进有机化合物的缩聚，使系统的黏度不断增加，直至全部变成固态。在这个转变过程中，出现一种以缩合稠环芳香族结构为主体的液晶状态，这种液晶状的物质通常被称为中间相（mesophase）。也就是说，液晶系统出现在固体碳晶体发生之前。中间相的形成，使缩合碳网的层状堆积有序化，最终形成三维有序结构的易石墨化碳。但是，如果相同的液相反应有添加剂，如氧气、氯气、硫等，将会在形成中间相物质之前进行剧烈的氧化反应和交联反应，就会不经过中间相而成为无定形固态，形成难石墨化碳。因此研究中间相的形成、性质对碳素材料具有十分重要的意义。

中间相小球体是一种向列液晶，具有向列液晶大部分的特性：①组成小球体的分子是平面的，它的边沿带有不同长度的脂肪侧链，这种分子具有偶极矩；②小球体有可塑性，能互相合并成较大的球；③高度的光学各向异性，在偏光显微镜下可观察到各向异性的条纹；④在磁场内，它的层面能沿磁力线定向，具有导磁的各向异性；⑤小球体的平面状分子能沿其接触的固体表面平行排列；⑥在中间相形成的初期，小球体的出现和消失具有可逆性。（如果滞留时间足够长，初始向列相液晶的组分分子之间就可能发生化学成键作用，使中间相失去可逆效应。）

中间相的形成需要满足两方面的条件：一是平面芳烃分子尺寸足够大，保证分子间较强的相互作用力；二是反应体系维持在一个合适的黏度范围，保证分子能够自由移动，这是中间相形成的外部条件。两个条件缺一不可。

中间相的形成过程：沥青在惰性气氛下加热时，在350 ℃以上，它们各组分的分子将发生分解和聚合反应（自由基的生成与合并）。随着温度的升高，在400～430 ℃温度范围保温一段时间后，聚合的稠环芳烃的相对分子质量达到1 000～1 500而形成环数为几个到二十几个的稠环芳烃时，它们凭借分子热运动而相互接近。分子间由范德华力和分子间偶极矩而产生的分子力作用而平行叠合，为使这种叠层分子形成的新相稳定，其在表面张力作用下形成圆球。

这是一种均相成核的过程，所形成的小球不溶于喹啉（QI）。它们在持续保温或缓慢升温的条件下，会逐渐融并长大。当其直径达到100 μm以上时，可以用偏光显微镜观察到它们的形态，其内部结构如图14-8所示。小球中的层片相当于中间相小球中的网状碳层面，小球中平面状分子的堆积形式大致取与赤道相平行的方向，从而形成地球仪模型，当层面延伸到接近球面时，层面弯曲而与球表面垂直。

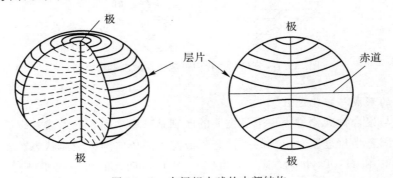

图14-8 中间相小球的内部结构

（2）中间相的碳化。在形成中间相之后的碳化过程中，由于温度逐渐上升，系统的流动性不断增加，分子的活动能力增强，这就促进了分子间的结合。小球体生成后，不断从周围各向同性的流体物质中吸收新的稠环物质而成长、长大。液相中稠环分子插入或连接于边缘的层片上。同时，最初位于球体表面的分子经过转动变成内部位置的层片。影响球体成核和生长速度的主要因素是温度和时间。一般说来，碳化速率越低，生成的小球数量越少，但生长速度越大，容易长成大的中间相球体。当小球体不断长大，互相靠拢时产生融并。小球长大到一定程度后解体，直至最后形成固体的半焦物质。

在碳化过程中影响中间相形成的主要因素有沥青的种类、组成、结构以及与之共存的固体杂质（游离碳等），杂环化合物（O，N，S等），金属有机化合物（U，Ni等），热处理条件（温度、时间、压力等）。

（1）沥青成分的影响。组成沥青的环烃分子的平面性、所带脂肪族侧链的多少和大小是影响中间相组成的重要因素。分子间的力与分子的极化率成正比，而分子的极化率又随着侧链长度的增加而增大，使分子长轴方向的分子间的力强，分子取向排列容易。但是侧链太长，侧链末端的分子间的力较弱，使取向排列形成的层状结构变硬，会影响其流动性和进一步的融并。沥青中喹啉（QI）不溶物对中间相形成也有很大影响。QI主要分为原生QI和次生QI。原生QI由无机QI和有机QI构成。无机QI含量少，主要是加工过程中设备或环境中的杂质污染造成的。它主要以铁、钠、硅、铝及其氧化物形式存在,且多附着在更大的有机 QI 中。有机 QI 主要是由煤的大芳烃分子裂化生成的,也有由裂化产物中低相对分子质量的芳烃在焦炉中聚合而成的。有机 QI 性质与炭黑类似,但尺寸较大,且不像炭黑那样会形成链状或网状解结构。这种原生 QI 对中间相的成核、融并的影响说法不一,有研究认为 QI 粒子作为晶核会加速中间相的形成,也有研究指出会阻碍中间相小球的成形与融并,没有定论。次生 QI 是在煤焦油蒸馏形成沥青的过程中生成的,微晶排列有序性好,属中间相组织或中间相先驱体,对中间相有利。

(2)热处理条件的影响。当热处理温度低于 350 ℃时,即使保温时间很长,也不会出现中间相小球;而热处理温度过高时(大于 500 ℃),初生的小球立即融并;热处理温度在 350～450 ℃之间为宜。在同一温度下,保温时间越长,中间相小球成长、融并越充分。压力对中间相的影响主要是通过改变沥青液相时的黏度实现的。黏度大会阻碍中间相小球的融并,但实际制备复合材料时往往需要施加压力。

(3)固体杂质、杂环化合物、金属有机化合物的影响。沥青里的游离碳和炭黑是最常见的固体杂质,这些杂质会使中间相小球形成“洋葱”状结构。金属有机化合物具有催化作用,会加快中间相的形成,使小球在成长之前发生融并,成为镶嵌结构,影响基体的石墨化性能。同样,杂环化合物也会参与加快中间相的成核。同时这些杂环化合物往往也是交联剂,使分子失去平面性而成为交链结构,不利于小球的生长与融并。

14.2.4 常用的浸渍碳化工艺

(1)常压浸渍碳化法。这是一种广泛使用的方法。即将碳纤维做成的预制体放入液态沥青中,在负压条件下,借助沥青与碳纤维的物理吸附作用,液态沥青浸入预制体内部的孔隙;然后在常压的惰性气氛下,对沥青进行碳化;最后形成 C/C 复合材料。一般情况下,需要经过多次反复才能达到可以接受的密度。

常压碳化工艺如图 14-9 所示。为防止沥青在高温下发生氧化,碳化反应在 N_2 保护下进行。碳化工艺的关键是升温速度不能太快,否则不但沥青的剧烈反应会使浸入试样孔隙中的沥青发生过多的倒流,降低致密效率,而且沥青中的许多成分来不及反应就挥发出去,造成产碳率的下降。

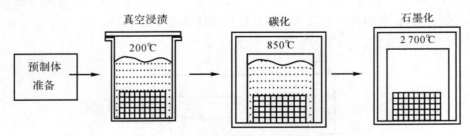

图 14-9 常压浸渍碳化工艺过程示意图

由于浸入试样孔隙中的液态沥青在高温处理时不可避免地存在倒流,并且沥青经过碳化后将发生体积收缩,所以经过一次浸渍-碳化工序后,试样表面还存在许多开气孔,影响制件的密度。因而这种工序需要重复多次,有时还需要进行以打开气孔为目的的高温处理。随着循环次数的增多,开气孔所占体积越来越小,浸渍效果也逐渐降低。试验研究表明,循环次数以

4～5 次为宜。

决定复合材料密度的重要因素是产碳率和致密效率。常压工艺的优点是工艺简单,操作方便。其缺点是沥青在常压下碳化时,产碳率比较低(一般为 50% 左右);热解产生的气体会将真空条件下浸入孔隙中的沥青排出,降低致密效率。这两方面的结果都导致 C/C 复合材料致密效率的降低。这种工艺得到的制件密度一般在 1.60 g/cm³ 以下。为了解决此难题,许多学者进行了试验研究,并提出了沥青预处理的几种措施。

第一种措施是在沥青中加入炭黑,其作用是抑制中间相沥青碳化时体积的膨胀,降低沥青热解开始温度,相当于扩大了沥青热解时的温度范围,从而避免了沥青在较窄温度范围内剧烈热解和大量气体排出而导致的中间相沥青的急剧膨胀,使热解气体很缓慢地从正在固化的沥青中释放出来。实际上,炭黑的加入能够提高沥青产碳率,而对沥青在低温(<425 ℃)时的流动性能的影响并不大。这种方法的缺点是,炭黑有可能妨碍中间相小球的合并,出现细镶嵌组织或各向同性组织,从而降低基体的石墨化性能。

第二种措施是对沥青进行预氧化处理,所用的氧化剂有氧气、碘等。氧化的目的与加入炭黑相似,都是阻止中间相沥青碳化体积的膨胀、提高产碳率等。J. L. White 曾在 2 维沥青基 C/C 复合材料制备工艺中对中间相沥青进行预氧化处理,明显抑制了试验件的膨胀。中间相沥青碳化时产生体积膨胀是由于中间相的黏度较大,制件内部沥青热解时产生的气体无法排出,从而使内部气孔越来越大,造成制件膨胀。中间相沥青经过预氧化,会转化为具有部分层状结构的交联聚合物。交联的结果直接导致玻璃转化温度的提高,从而也就间接地提高了产碳率(可达 90%)。这时,挥发性的芳香物质减少,主要反应产物是 CO_2,CO,与不处理相比,CH_2 和 H_2 也极少。通过碘预处理后发现,产碳率由 73% 提高到 93%,碳化后基体组织由流线型变为镶嵌型。

(2)高压浸渍碳化法。常压工艺产碳率较低,虽然经过各种处理措施后有所提高,但这些改进工艺仍停留在实验室阶段,工艺不稳定,操作困难,周期长,从而增加了材料的制造成本,并且这种工艺效果还不太稳定。因此,高压工艺应用更普遍。在高压下,沥青的产碳率能达到 90% 以上。

高压浸渍碳化工艺与常压浸渍碳化工艺相比,不同之处在于,整个碳化反应系统是在一个密闭的、高压环境中进行的。其原理如图 14-10 所示。在工业生产中,通常采用热等静压机来完成。这种设备工作时的高压是由复杂的气体加压系统来实现的。

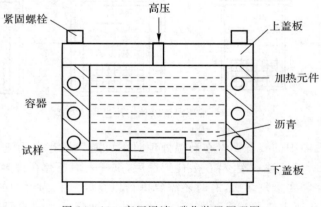

图 14-10　高压浸渍-碳化装置原理图

在很多高压浸渍碳化工艺中,通常将高压碳化与常压碳化相结合使用。碳化过程分为两步,即高压碳化和常压碳化。典型的高压碳化操作规程如图 14-11 所示。

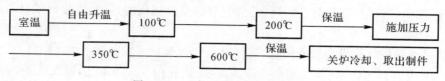

图 14-11　高压碳化操作典型规程

以上的操作规程是根据沥青的化学组成、物理特性及碳化特点而定的。在 100 ℃之前,沥青中的低分子还很少挥发,因此可以采取自由升温方式。超过 100 ℃以后,逐渐有低分子的挥发,需慢速加热。高压碳化过程中,何时施加碳化压力是一个关键技术问题,需要选择在合适的温度范围。如果选择的温度太低,液态沥青的黏度较大,不利于沥青在高压下向制件孔隙的浸入;如果选择的温度过高,由于低分子的挥发,原先浸入孔隙中的沥青将出现倒流现象,并且由于沥青的化学变化,黏度已有所升高,此时即使加压也不易使流出的液态沥青重新浸入制件中。施压时的温度点选择为沥青软化点的 1.5～2.0 倍为比较合适。350 ℃以后,沥青的化学反应进入剧烈阶段,而沥青内部中间相等各向异性物质的形成是一个缓慢过程,因此需要慢速加热,直到 600 ℃形成沥青的半焦产物,保温一段时间以后,关炉冷却,降至室温后,打开容器,取出制件。此时沥青碳基体中的非 C 元素,如 H,O,N 等还比较多,需要进一步高温处理,以除去这些非 C 原子,因而后续采用常压碳化的方式。以上工序重复数次,就可以满足密度要求。

在高压工艺中,为了得到高密度、高性能的 C/C 复合材料制件,要解决的关键技术问题如下:

1)温度控制。这包括升温、降温及保温点的确定与升、降温速率的选择。

2)压力控制。这与 HIP 设备及所用浸渍剂有关,且应与温度曲线相匹配。

3)浸渍剂沥青的种类、牌号,对温度、压力的选择及最终基体碳的微观结构有较大影响。

(3)热等静压(HIP)工艺。在高压浸渍碳化中比较常用的是热等静压工艺。热等静压(HIP)又称为热等静成型。它是使材料在加热过程中经受各向均衡的气体压力,在高温高压同时作用下使材料致密化的工艺。它于 1955 年在美国研制成功,当时的目的是黏结核燃料元件。20 世纪 60 年代是 HIP 技术研究工作非常活跃的年代,铍是第一种用 HIP 工艺成型的结构材料。20 世纪 70 年代是 HIP 技术走向工业化应用的阶段。1975 年美国 Howmet 公司首先建立了精密件 HIP 处理的工业生产线。HIP 设备实现了大型化,采用了石墨发热体使工作温度提高到 1 700～2 000 ℃。20 世纪 80 年代则是这项技术高速发展,日趋成熟的阶段。

HIP 的基本工艺过程:首先将粉末用模压、冷等静压、爆炸成型等方法预压成一定密度的坯料。其次将坯料装入金属或非金属包套中(或者将球形粉末直接震动装入包套中),抽出包套及坯料中的空气并封焊包套。再次将包套装入 HIP 机处理。最后用机械法或化学法除去包套,即可得到制品。

HIP 工艺的优点主要有:①在成型方面保持了冷等静压的长处,可以压制密度和性能均匀的复杂形状产品。②能制备形状及尺寸精密的产品,将材料利用率由原来的 10%～20%提高到 50%,使生产成本降低。③能获得接近理论密度的产品。一般生产工艺所得的制品中仍存在 0.05%～0.20% 的孔隙度,而经 HIP 处理的制品使残留孔隙度降低到 0.000 1%～0。④使材料具有精细的组织和优良的各向同性性能。⑤开辟了材料加工处理的新方法,如消除铸件中的缩孔、气孔等缺陷,改善铸件的性能,修复疲劳蠕变损伤的零件,连接同质材料和异质材料等。

HIP 技术的局限性是设备投资高、工艺周期长和包套技术较复杂等。

制备 C/C 复合材料时,往往采用热等静压浸渍-碳化(HIPIC)工艺,其工艺流程示意图如图 14-12 所示。热等静压浸渍-碳化工艺(HIPIC)多用于制造大尺寸的块状、平板或厚壁轴对称形状的多向 C/C 复合材料。一个典型的例子是用热等静压浸渍-碳化工艺制造尺寸约为 150 mm×150 mm×300 mm 的正交三向织物结构 C/C 复合材料(用来加工洲际导弹鼻锥帽)和整体编织 C/C 喉衬及喷管结构(用于固体火箭发动机)。首先把纤维织物采用真空-压力浸渍方法浸渍沥青,并在常压下碳化,这时织物被浸埋在沥青碳中,加工之后取出已硬化的制品,把它放入一个薄壁不锈钢容器(称作包套)中,周围填充好沥青,并把包套抽真空焊封起来。然后将包套放入热等静压机中,慢慢加热,最高温度到 650～700 ℃,同时加压 7～100 MPa。

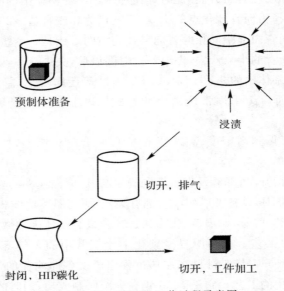

预制体准备

浸渍

切开,排气

封闭,HIP碳化

切开,工件加工

图 14-12　HIPIC 工艺过程示意图

经过热等静压浸渍-碳化之后把包套解剖,取出制品进行粗加工去除表层。接着在氩气保护在 2 500～2 700 ℃进行石墨化处理。至此,完成了一个热等静压浸渍-碳化循环。这样的循环需要重复进行 4～5 次,以达到 1.9～2.0 g/cm³ 的密度。热等静压浸渍-碳化工艺形成容易石墨化的沥青碳,这类碳当热处理到 2 400～2 600 ℃时能形成基体结构高度完善的石墨片层。高压碳化工艺与常压碳化工艺相比,沥青的产碳率可以从 50% 提高到 90%,高产碳率减少了工艺中制品破坏的危险和致密化循环的次数,提高了生产率。为了获得高质量的 C/C 复合材料,需要严格按照工艺规范的规定进行工艺参数(如温度与压力)控制,而沥青碳化过程非常缓慢,有时甚至要超过 1～2 天,才能保证完成一次浸渍-碳化循环。因此,为了保证 HIPIC 工艺过程的温度与压力控制,一般需采用计算机等现代控制技术来进行工艺参数控制。如需石墨化处理,则在每次浸渍-碳化工艺后,在氩气气氛下于 2 500～2 700 ℃进行石墨化。

HIPIC 工艺多用于大尺寸的块状或厚壁轴对称形状的多维 C/C 复合材料,因为在等静压下既可提高沥青的碳化率,也可降低 C/C 复合材料的开裂危险。

(4)超高压浸渍碳化工艺。超高压浸渍碳化工艺是在热等静压浸渍-碳化工艺基础上经过改进而研制的一种高效制备工艺,由西北工业大学于 1996 年提出并获得了该专利技术授权。其特点是在密封容器中加热加压,使得碳化压力达到 100 MPa,有效地提高致密化效率、产碳率和制品密度。采用该工艺可以获得密度达到 2.0 g/cm³ 的 C/C 复合材料。

14.3　化学气相渗透(CVI)法

14.3.1　工艺过程

化学气相渗透工艺(CVI)是化学气相沉积(CVD)的一种特殊形式,其本质是气-固表面多相化学反应。CVI 中预制体是多孔低密度材料,沉积主要发生于其内部纤维表面;而 CVD 是在衬底材料的外表面上直接沉积涂层。C/C 复合材料的 CVI 工艺是将具有特定形状的碳纤维预制体置于 CVI 沉积炉中,气态的碳氢化合物(CH_4,C_2H_6 等)通过扩散、流动等方式进入预制体内部,在一定温度下发生热解反应,生成热解碳并以涂层的形式沉积于纤维丝表面;随着沉积的持续进行,纤维表面的热解碳涂层越来越厚,纤维间的空隙越来越小,最终各涂层相互重叠,成为材料内的连续相,即碳基体。以甲烷(CH_4)为碳源沉积碳的过程可表示为

$$CH_4(气) \longrightarrow C(固) + 2H_2(气)$$

在沉积过程中,一般使用 H_2 来调节进入沉积炉中碳氢化合物的浓度。在 CVI 增密碳纤维预制体的过程中,碳纤维是热解碳生长的天然核心,二者结合紧密;同时热解碳的微观结构可以通过调节工艺参数来灵活调控,以获得满足性能要求的热解碳结构。

对热解沉积过程可作如下描述:①通过扩散或流动传质,气体由多孔预制体表面向内部纤维表面渗透;②反应气体在纤维表面被吸附;③吸附物在纤维表面或表面附近发生化学反应,生成热解碳沉积于纤维表面;④副产物分子从纤维表面解吸;⑤气态副产物通过传质作用从预制体内排出。这些过程是依次发生的,最慢的一步控制着总的沉积速率。其中①⑤气体传输步骤,表示气体分子在主气流和生长表面间的迁移,由这两步控制的沉积过程称为"传输控制";②③④与表面沉积反应相关的步骤,由这些步骤控制的速率称为"化学反应控制"。沉积温度较低时化学反应速率比气体传输速率小,沉积主要受化学反应控制;随温度的提高,化学反应加速,气体传输逐渐成为总速率的制约因素。因此,高温时,沉积主要受气体传输控制。用 CVI 法制备 C/C 复合材料的目的是获取具有结构完整性和密度均匀性的制件。为实现这一点,就要协调好气体的输送和反应温度的关系,使制件不同的部位都能获得良好的沉积效果。由于整个致密化过程是在动态条件下进行的,很难用平衡态热力学描述,就目前而言工艺控制主要依赖于经验。

CVI 致密化工艺的优点是工艺简单、基体与纤维结合紧密、基体性能好、增密的程度便于精确控制,由其所制备 C/C 复合材料的综合性能要好于由液相浸渍法制备的,通过改变 CVI 工艺参数,还可以得到不同结构、不同性能的 C/C 复合材料,是制备高性能碳碳复合材料的首选方法。其缺点是制备周期太长,生产效率较低。

在液相浸渍工艺中,先驱体在反复的碳化及石墨化过程中会发生显著的体积收缩,导致纤

维损伤及纤维/基体界面结合较差,大大影响材料的使用性能;而 CVI 工艺是将热解碳直接涂覆于纤维表面,避免了浸渍工艺中挥发物的排除、有机材料的收缩等问题,赋予了 C/C 复合材料较好的综合性能。为提高 C/C 复合材料的致密化效率,提高材料性能,CVI 工艺也可与液相浸渍工艺混合使用。Mc Allister 等研究发现,经 CVI 辅助致密化后,酚醛基 C/C 复合材料的强度有了显著提高,其主要原因是 CVI 辅助工艺对材料内的残余孔隙进行了填充,减少了材料内的应力集中。

14.3.2　常用的化学气相渗透法

由于 CVI 中沉积反应与气体输送存在内在的竞争,沉积速率相对气体输送过快会产生严重的密度梯度,影响材料性能,而过慢则使致密化所需时间过长。因此各种 CVI 工艺都在保证致密化均匀性的同时,尽快提高沉积速率。

目前已发展了多种 C/C 复合材料 CVI 致密化工艺。最为传统、也是目前应用最为广泛的是等温 CVI 工艺(ICVI)。它具有设备简单、适用面广等优点,且对复杂形状制件可处理性强,并可实现多制品同时渗透。但 ICVI 工艺存在气体扩散传输与预制体渗透性方面的限制,为保证制件的密度均匀性,只能通过低温、低气体浓度来增进渗透作用,这导致致密化周期很长(500～600 h 甚至上千小时),制件成本较高。

为提高气态先驱体的传输效率、增大基体的沉积速率、缩短 C/C 复合材料的致密化周期、提高制件密度的均匀性,多年来,各国研究人员对 ICVI 工艺进行了多方面改进。从控制气体传输模式与预制体温度特征两方面出发,主要发展了四种 CVI 工艺,即等温压力梯度 CVI、热梯度 CVI、脉冲 CVI 及热梯度强制流动 CVI(FCVI)。这些方法在第 13 章陶瓷基复合材料的CVI 制备工艺中已做具体表述,在此不再赘述。

在常用 CVI 工艺的基础上,通过等离子体、电磁场等辅助手段加强 CVI 过程,发展了一些新型 CVI 工艺,其中比较成熟的有以下几种:

(1)等离子体增强等温(或热梯度)低压 CVI。等离子体增强等温(或热梯度)低压 CVI 过程如图 14-13 所示,反应室通入 CH_4 或 CH_4/H_2 混合气体,预制体位于两极之间的放电区域中,被激活的中间先驱体产物持续时间约 1 s,自由基持续 0.1～10 ms,类似于常规 CVI 中的气体驻留时间。预制体内通入电流而得以加热,沉积温度可从通常的 1 100 ℃降至 850 ℃,沉积速率可提高 4～10 倍,材料密度可达到 1.65 g/cm³,其微观组织结构为光滑层热解碳基体。该技术与 ICVI 相比,可在同样的沉积速率下降低制备温度,从而降低能耗,但沉积 20 h 需中断工艺清理反应室,且总的制备时间相对来说仍较长,制件内存在密度梯度,外表面密度高,芯部密度较低。

(2)限域变温压差 CVI(LTCVI)。限域变温压差 CVI 工艺是西北工业大学开发的一种新的 C/C 复合材料快速致密化专利技术。该工艺以 FCVI 工艺为基础,综合了热梯度 CVI 和等温压力梯度 CVI 的优点,同时加入了致密化进程控制手段。随致密化的进行,通过限域加热控制,使预制体内不同位置的受热环境发生改变,有效控制沉积区域的温度,达到对整个致密化进程控制的目的,有利于在整个预制体内获得较为彻底的致密化效果。该工艺中气体首先在预制体上表面沉积,再调节工艺参数,使沉积表面逐渐向下移动,实现预制体自上而下的逐层致密化(见图 14-14),最终制得的 C/C 复合材料具有比较均匀的密度。采用该工艺可在 80 h 内制备出厚度为 10 mm、密度在 1.7 g/cm³ 以上的 C/C 复合材料制件(且具有较好的密度均匀性和组织均匀性),在快速制备高性能 C/C 复合材料制件方面有很大潜力。

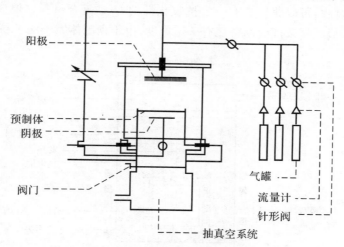

图 14-13 等离子体增强低压 PCVI 工艺简图

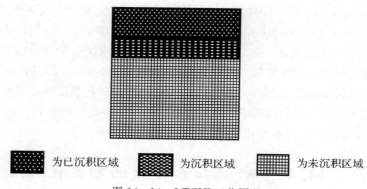

图 14-14 LTCVI 工艺原理

(3)HCVI 技术。中国科学院金属研究所的刘文川等于 1999 年发明了一种新的化学气相渗透技术,称为 HCVI,并申报了专利。该技术在热梯度 CVI 基础上,利用电磁耦合原理,使得反应气体中间产物即自由基在交变电磁场作用下更加活泼、碰撞概率增多,从而提高了沉积速率。沉积 20 h,尺寸为 200 mm×100 mm×25 mm 的样品密度即可达到 1.7 g/cm³,沉积速率提高了 30~50 倍。该技术的整个沉积过程都在常压下进行,原料气体可以用液化石油气或其他碳氢气体。

(4)液相气化 CVI 法。由法国科学家 Houdayer 等提出的液相气化 CVI 专利技术(LV-CVI),引入了新思维、新概念,3 h 内预制体密度可达到 1.75 g/cm³,致密化速率可达 1.5~2.0 mm/h,是传统 ICVI 工艺的 100 倍以上。该专利技术有很大潜力,是目前国际国内研究领域的研究热点之一。该工艺如图 14-15 所示。将预制体浸入液态烃中,对整个系统加热后,液态烃沸腾越来越剧烈,液态烃沸腾气化热损失使预制体外表面一侧温度下降而与发热体接触的内表面一侧仍保持高温,在预制体内部产生较大的热梯度,预制体内侧高温区发生裂解反应沉积出热解碳,随着时间的延长,致密化前沿从预制体内侧逐渐向外侧推移,完成致密化。

该技术致密化时间短,可一步成型,工艺简单,并且如果将适当的抗氧化性成分混合在先驱体中,一起参与沉积过程,可以获得具有一定抗氧化性的C/C复合材料。但该技术也有不足之处:一次致密多件、形状复杂件的制备还有一定难度;由于预制体完全浸于易燃的液态烃中,需要采取安全措施。

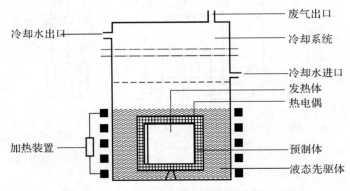

图 14-15　LV-CVI 装置示意图

与传统的气相 CVI 相比,CLVI 反应体系中的沸腾传质方式大大提高了传质效率,在CLVI 沉积过程中,从内侧到外侧,多孔预制体骨架依次处于气相,液、气两相共存及液相的"浸泡"中。在加热初始升温阶段,靠近试样发热体内侧区域依次会发生单相自然对流阶段、泡态(核态)沸腾阶段、部分膜态沸腾阶段及稳定膜态沸腾四个不同阶段。加热到工艺温度后即沉积稳定阶段,在预制体由外侧到内侧整个区域内也依次存在着稳定膜态区域、部分膜态沸腾区域、泡态沸腾区域及单相自然对流区域这四个区域段,且随沉积的进行,这四个区域段渐进向外移动,在气、液共存区内的温度梯度非常大。

14.4　碳/碳复合材料的石墨化

在碳/碳复合材料制备过程中,高温石墨化处理是必不可少的一步。碳/碳复合材料的力学性能、热物理性能及摩擦、磨损性能与材料碳的结构密切相关。石墨化程度是碳材料最重要的结构参数之一。通过控制、调控碳/碳复合材料各组元及整体的石墨化状态,可以赋予复合材料不同的综合性能,满足不同的使用要求。一般来说,随着石墨化程度的提高,材料的导电、导热性能提高,摩擦、磨损性能得到改善,但力学性能会受到损伤。因此,根据材料的使用要求,合理调控石墨化程度至关重要。

碳结构的基本单元是由碳原子组成的六角网平面。在石墨中,六角网平面的堆积按ABAB…或 ABCABC…的规则排列。而在经过低温处理过的焦炭、玻璃碳等中,网平面的堆积没有规则性,网平面中存在空隙、位错、杂质原子等各种缺陷,发生扭曲,不符合石墨晶体结构的堆积规则,称为乱层结构。在高温热处理下,乱层结构向理想石墨晶体结构转化,这一过程即为石墨化转变过程。

碳材料的石墨化进程受石墨化温度和保温时间控制。在石墨化过程中,体系从外界吸收能量,实现乱层结构石墨晶体结构的有序转化,与此同时,原子的热运动也将导致局部的无序化。在一定温度下,这种有序-无序转化达到热力学平衡,石墨化进程终止。达到这种平衡状态的所需的时间受材料的种类和石墨化温度等的影响。对于同一种材料,温度越高,这一时间越短。此外,在有催化剂、应力或高压状态下碳材料的石墨化进程加速,可石墨化程度提高。

(1)催化石墨化。石墨化是一种无序向有序转变的固态反应,这种转变阻力很大,容易形成亚稳态,使石墨化难以进行。通过添加金属或金属化合物,有可能降低石墨化所需要的温度并可提高可石墨化性能。催化石墨化是一个复杂的过程,目前提出的催化机理主要有 2 种,即溶解再析出机理和碳化物转化机理。

溶解再析出机理认为催化剂能够溶解碳,且当无序碳溶解饱和时,石墨晶体结构为过饱和,溶解的部分碳就会趋向低能级的石墨晶体结构并沉积出来。这一过程的动力是有序碳和无序碳之间的自由能之差。碳化物转化机理认为金属元素首先和碳化合生成碳化物,然后再分解生成石墨或易石墨化的碳结构,再转化为石墨。催化石墨化效率与金属元素在碳中的分散程度有关,与催化剂的颗粒尺寸、含量、存在状态(固态、液态或气态)等也有关。

(2)应力石墨化。聚合物碳化制备碳/碳复合材料时,先驱体聚合物体积收缩,碳纤维体积膨胀,两者热膨胀的不匹配使碳纤维和基体碳之间产生局部应力。在这种应力作用下,聚合物碳层状结构取向排列且层间距减小,在石墨化过程中生成较为完善的石墨结构。应力石墨化现象多见于聚合物碳化碳/碳复合材料中,纤维与聚合物基体界面结合越好,越容易产生应力石墨化。

(3)高压石墨化。高压也可能降低石墨化所需的温度或使难以石墨化的碳发生石墨化转变。

14.5　本章小结

碳/碳复合材料独特的结构决定了其独特的制备方法。目前碳/碳复合材料制备主要的问题是制备周期长,成本高。开发新型碳源材料、优化制备过程、保证复合材料性能的基础上尽可能缩短制备周期是未来碳/碳复合材料制备工艺研究的主要问题。

习　题

1.结合碳/碳复合材料的结构特点简述其制备工艺的独特性。
2.简述浸渍剂的选择依据及树脂与沥青浸渍剂的优缺点。
3.简述 CVI 工艺制备碳/碳复合材料的工艺过程及主要影响参数。
4.碳/碳复合材料石墨化处理的意义什么?

第 15 章　增材制造技术

15.1　概　　述

增材制造技术又称加成制造,是 20 世纪 70 年代末 80 年代初出现的快速原型技术发展而来的一种先进制造技术。

按照美国材料与试验协会(ASTM)增材制造技术委员会(F42)的定义,增材制造技术是根据 3D CAD 模型数据,通过增加材料逐层制造的方式,直接制造与相应数学模型完全一致的三维模型的制造方法。其核心是将所需成型的工件通过切片处理转化成简单的 2D 截面组合,而不需要采用传统的加工机床。增材制造工艺涉及的技术包括 CAD 建模、测量技术、接口软件技术、数控技术、精密机械技术、激光技术和材料技术等。

增材制造技术的成型过程主要包括:①利用增材制造设备中的软件,沿试件高度方向进行分层切片,获得各层的 2D 轮廓图;②按照 2D 轮廓图,通过增材制造成型设备进行分层制造材料,成型一系列 2D 截面片层;③通过增材制造成型设备将这些片层黏结,使这些片层顺序堆积成 3D 试件。

目前,已出现 20 多种增材制造技术(也可称为固体快速无模成型技术),其中一些技术在机械制造、高分子材料等行业已实现商业化应用。增材制造技术拥有无可比拟的灵活性,可用于制备传统方法无法制备的复杂形状。将增材制造技术用于复合材料构件的制备不仅可进一步拓宽复合材料的应用范围,同时借助增材制造技术的独特优势有望进一步提高复合材料的性能。

15.2　增材制造技术的工艺方法及过程

目前典型的增材制造技术包括光固化立体成型(SLA)、熔融沉积成型(FDM)、三维打印成型(3DP)、分层实体成型(LOM)和激光选区烧结成型(SLS)等。

(1)光固化立体成型(SLA):属于"液态树脂固化成型"。其技术原理:在树脂槽中盛满有黏性的液态光敏树脂,在紫外线光束照射下光敏树脂快速固化。成型过程开始时,可升降工作台处于液面下一个截面层厚的位置,沿液面扫描,使被扫描区域树脂固化,从而得到具有截面轮廓的薄片,然后工作台下降一层薄片厚度,再进行下一层面树脂的固化。SLA 过程示意图如图 15-1 所示。

国际上有许多公司在研究 SLA 技术,其中成果较为突出的主要有光固化快速成型技术的开创者——美国 3D Systems、德国 EOS 公司、日本 C-MET 和 D-MEC 公司等。目前,光固化所用的预聚物类型基本包括了所有预聚物类型,但预聚物必须引入可以在光照射下发生交联聚合的双键或环氧基团,如能发生游离基聚合的不饱和聚酯、聚酯丙烯酸酯等,能发生游离基加成的聚硫醇-聚丙烯等以及能发生阳离子聚合的环氧丙烯酸等。

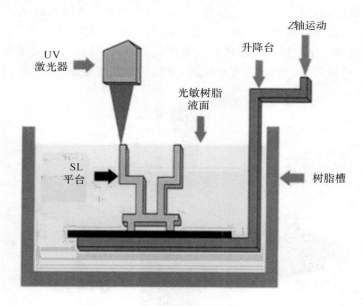

图 15-1　光固化立体成型示意图

　　SLA 主要应用于树脂高分子材料的成型,其工艺过程比较简单,此处不做陈述。后来也将 SLA 应用于陶瓷材料的成型,其基本过程是将陶瓷粉与可光固化树脂混合制成陶瓷料浆,铺展在工作平台上,通过计算机控制紫外线选择性照射液面,陶瓷料浆中的溶液通过光聚合形成高分子聚合体并与陶瓷相结合;通过控制工作平台沿试件高度方向的移动,可以使未固化料浆流向已固化部分表面,如此反复工作,最终就可形成陶瓷坯体。Brady 等对 Al_2O_3,SiO_2 和羟基磷灰石(HA)进行立体光刻成型,将陶瓷粉末与丙烯酸酯光敏树脂混合得到成型浆料,固相体积分数达到 50% 以上。Michelle 等采用丙烯酰胺水和二丙烯酸盐非水溶液作为光聚合溶液进行 SiO_2,Si_3N_4 和 Al_2O_3 的立体光刻成型,发现 Al_2O_3 和 SiO_2 水基体系浆料固化深度和流动性均适合成型,固化成型的 Al_2O_3 试件在 1 550 ℃烧结后均匀、致密,平均晶粒尺寸为 1.5 μm,可达到理论密度且层间界面不明显。

　　Cheah 等将短纤维混合在液态光敏树脂中,经紫外线扫描,光敏树脂发生固化反应使短纤维与树脂复合在一起形成复合材料。将短玻璃纤维与丙烯酸基光敏聚合物混合通过光固化成型复合材料零件,零件的抗拉强度提高 33%,同时降低了后固化过程引起的收缩变形。Karalekas 等利用 SLA 技术进行纤维增强树脂基复合材料制造,成型过程中在试件中间层加入一层连续纤维编织布,在光敏聚合物发生聚合反应转变为固体过程中,将纤维布嵌入到树脂基体中形成复合材料,复合材料的极限抗拉强度与弹性模量都有明显的提高。

　　SLA 工艺具有以下优势:是最早出现的一种快速成型工艺,成熟度最高;成型速度快,系统稳定性高;打印尺寸变化幅度较大;尺寸精度高,表面质量好。但 SLA 工艺具有以下不足:设备造价高昂、使用和维护成本较高;对环境要求苛刻;成型材料多为树脂材料或树脂浆料,不利于长期保存;成型产品对贮藏要求高等。

　　(2)熔融沉积成型(FDM):又称熔丝沉积,是目前使用最广泛的增材制造技术之一。FDM

是将热塑性塑料、蜡或金属等低熔点材料融化后,通过由计算机数控的精细喷头按 CAD 分层截面数据进行二维打印,喷出的丝材经冷却、黏结、固化生成一薄层截面,层层叠加形成三维实体的技术。FDM 示意图如图 15-2 所示。该方法也可使用陶瓷-高分子复合原料通过挤制工艺形成的细丝来成型三维立体陶瓷坯体。在此工艺中,陶瓷粉体与高分子黏结剂混合制备细丝是关键,需要合适的黏度、柔韧性、弯曲模量、强度和结合性能等。

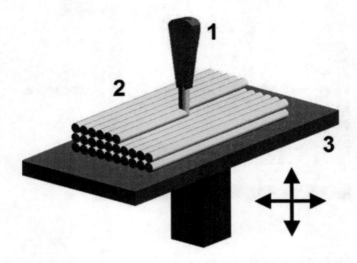

图 15-2　熔融沉积成型示意图
1—喷嘴;　2—沉积材料;　3—可以多方向移动的平台

　　Agarwala 研究了 Si_3N_4 细丝熔融沉积制备,将 Si_3N_4 与黏结剂相混合,并用成型机挤出细丝,采用 FDM 法制得 Si_3N_4 坯体后进行脱脂。脱脂过程包括两个阶段:第一阶段在氮气气氛下将坯体埋在活性炭或氧化铝粉中,脱去 $w=90\%\sim95\%$ 的黏结剂;第二阶段则在更高的温度下($>600\ ℃$)进行处理,然后在高温压力下烧结。由于成型压力不同,FDM 得到的坯体密度低于挤出成型工艺,但得到的烧结密度以及强度与挤出成型和等静压成型工艺基本相近。

　　北京航空航天大学通过将短切玻璃纤维加入到 ABS 中,制备成短切玻纤增强 ABS 复合材料丝材,成功应用于 FDM 工艺,所制备的复合材料试件抗拉强度明显高于纯 ABS 打印件。2015 年,使用 FDM 工艺的纤维增强热塑性复合材料的增材制造,实验研究加入碳纤维(不同的含量和长度)到 ABS 塑料可以提高 FDM 制品的力学性能,并对拉伸性能(包括抗拉强度、弹性模量、屈服强度、韧性、延性)和弯曲性能(包括弯曲应力、弯曲模量、弯曲韧性、弯曲屈服度)的影响进行了调查。

　　东京理科大学的研发人员同样采用连续纤维预浸丝束进行连续碳纤维增强聚乳酸(PLA)复合材料的 FDM 工艺研究,当纤维含量为 6.6% 时,所制备复合材料试样的拉伸强度达到了 200 MPa,弹性模量达到了 20 GPa。相比采用 FDM 工艺制造的普通 PLA 试样,强度和模量分别增加了 6 倍和 4 倍。田小永等提出了一种基于 3D 打印连续纤维增强热塑性复合材料的新型制备过程,将连续碳纤维与 PLA 线材分别同时送入打印头进行熔融沉积成型,研究了 3D 打印连续碳纤维增强 PLA 复合材料的界面和性能。研究表明,通过工艺参数能很容易地控制纤维含量。当纤维含量达到 27 % 的时候,弯曲强度达到 335 MPa,模量为 30 GPa,

使其有望应用在航空航天领域。

FDM 工艺也用于制备高质量颗粒增强预制体。其主要原理：增强体/高分子混合原料经过加热形成塑性浆料，通过喷头挤压打印，形成特定形状，在高温下处理除去高分子，得到增强预制体，然后经过金属液态浸渗技术等制备金属基复合材料。这一技术的关键在于供料中增强颗粒的分布及浆料的流动性，除了增强体颗粒，混合原料一般包含聚合物、增黏剂、塑化剂以及分散剂。聚合物用于保证混合原料的强度，增黏剂保证原料的黏结性，塑化剂提高原料的流动性，分散剂用于保证增强体在其中的分散性。Bandyopadhyay 等通过 FDM 技术制备了 Al_2O_3 陶瓷预制体，经过液态浸渗技术制备了 Al_2O_3 增强 Al 基复合材料，改变 Al_2O_3 陶瓷预制体的结构，可以灵活调节增强体的含量及分布，实现了复合材料的性能调节。

FDM 工艺具有以下优势：设备使用和维护简单，维护成本较低；设备体积小巧；成型速度快；成型材料来源广泛，热塑性材料、金属和陶瓷粉体/高分子均可；原材料利用率高；后处理过程简单。但 FDM 工艺也存在一定不足，如成型精度低，表面有明显台阶效应；成型过程中需要支撑结构，支撑结构需要手动剥除，同时影响制件表面质量。

（3）三维打印成型（3DP）：也称粉末材料选择性黏结，是一种基于喷射技术，从喷嘴喷射出液态微滴或连续熔融材料束，按照一定路径逐层堆积成型的快速成型技术。3DP 示意图如图 15-3 所示。该方法是通过喷头喷出黏结剂将材料结合在一起，主要研究树脂、陶瓷、石膏和铸造砂等无机非金属材料。3D 打印具体工作过程如下：

1）采集粉末原料；

2）将粉末铺平到打印区域；

3）打印机喷头在模型截面定位，喷黏结剂；

4）送粉活塞上升一层，实体模型下降一层，以继续打印；

5）重复上述过程直至模型打印完毕；

6）去除多余粉末，固化模型，进行后处理操作。

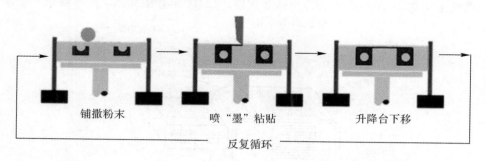

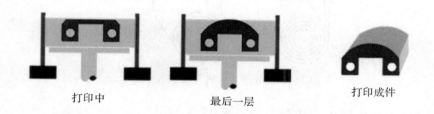

图 15-3 三维打印成型示意图

美国 MIT 的三维打印实验室使用二氧化硅溶胶作黏结剂,对 Al_2O_3 进行黏结并用 3DP 成型,成型件经烧结处理可得到陶瓷制件,3DP 的最小层厚为 0.127 mm,最小成形尺寸达 0.432 mm。该方法制造的陶瓷模具可用于直接铸造低熔点合金。Moon Jooho 等对陶瓷粉末的 3DP 过程进行了理论分析与实验研究,结果表明,黏结剂的黏度、表面张力、陶瓷粉末的表面粗糙度和孔隙率对黏结剂的渗透动力和黏结成型的宽度有显著影响。

德国维尔茨堡大学医院将聚丙烯腈短切纤维、尼龙短切纤维和玻璃短切纤维掺入石膏粉体中,采用 Z corporation 公司的 Z Printer310 打印机制备了纤维增强的复合材料,加入纤维后,其强度提高了 80%。英国 3Dynamic Systems 公司用 3D 打印平台将陶瓷纤维嵌入聚合物基体中,之后在热炉中加热至 1 450 ℃,将其转化为一个具有理想结构和热性能的陶瓷基复合材料部件。

3DP 技术可用于不同增强颗粒,可灵活控制预制体的形状及密度分布,可实现复合材料的不同功能设计及梯度复合材料的制备。Brian D. Kernan 等使用 WC/Co_3O_4 混合粉末为原料,通过三维打印技术将粉体成型,在 Ar/H_2 混合气体中经过高温处理,Co_3O_4 还原为 Co 金属,进而得到 WC 增强 Co 基复合材料。3DP 技术在金属基复合材料制备中的另一应用是增强预制体的制备。首先通过三维打印成型技术将增强颗粒/纤维黏结固化制备多孔预制体,然后通过金属液态浸渗技术制备颗粒增强金属基复合材料。N. Travitzky 等首先通过 3DP 制备多孔碳预制体,然后通过自发浸渗技术将 TiCu 合金高温浸入多孔碳预制体,高温下碳与 Ti 发生反应,原位生成 TiC 增强体,制备了 TiC/Ti-Cu 复合材料。

3DP 工艺具有以下优势:成本低,体积小;成型速度快;材料类型广泛;工作过程无污染;运行费用低且可靠性高。但其也存在以下不足:制件强度低,制件精度有待提高,只能使用粉末原型材料。

(4)分层实体成型(LOM):是通过材料层层叠加裁剪制备构件的一种方法,原材料为片层状。其基本原理:片层状材料在高温加热条件下通过结合层叠加,叠加的每一层通过高能激光按照三维模型切割,一层一层叠加得到最终构件。LOM 示意图如图 15-4 所示。

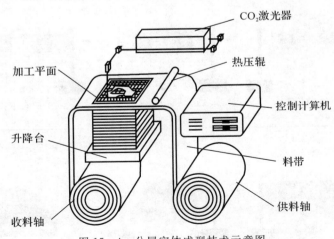

图 15-4 分层实体成型技术示意图

LOM 工艺已成功应用于结构陶瓷部件的制备,Griffin E. A. 等用 LOM 法对 ZrO_2/Al_2O_3 复合材料的成型进行了研究,一层成分为 12% CeO_2-ZrO_2,另一层为 50%Ce-ZrO_2

和50% Al_2O_3 的混合物,两层薄片交替叠加。烧结后得到的复合材料的强度为 $570\sim688$ MPa,断裂韧性约为 10 MPa·$m^{1/2}$。Klosteman 采用 SiC 粉、碳粉以及聚合物黏结剂制成 LOM 用陶瓷薄片,通过反应结合烧结工艺来使 SiC 坯体致密化,制得的 SiC 试样的四点弯曲强度为 $200\sim270$ MPa。

分层实体成型技术也可用于复合材料层状预制体的制备,颗粒或纤维增强的层状复合材料需要提前制备以便后续进行复合材料的层层叠加,层状复合材料一般是通过聚合物黏结剂将复合材料黏结、制备的。分体实体成型技术的一大优势是可以通过改变每一层材料的成分或结构制备具有功能梯度的层状复合材料。例如 Zhang Yumin 等以 Ti/C/Ni 混合粉末为原料,通过 PVA 黏结剂制备混合粉末的预制带,经过 LOM 技术打印出三维预制构件,然后利用自发燃烧技术(SHS)经过 Ti 和 C 的反应制备 TiC 增强 Ni 复合材料。在这一过程中改变每层预制带中 Ni 的含量,都可以制备增强体含量梯度分布的复合材料。为得到致密的构件,构件高温除黏结剂的过程一般在高压下进行,有必要时往往会进行二次浸渗处理以填补聚合物挥发留下的空隙,提高致密度。

分层实体成型技术制备过程中预制带没有进一步的形变,可以很好地应用于连续纤维增强复合材料,这一技术在连续纤维增强聚合物基及陶瓷基复合材料中均得到应用。1998 年,Donald Klosterman 等将连续玻璃纤维与热固性的环氧树脂制备成预浸条带,通过全自动快速成型的 LOM 打印,发现纤维与基体形成良好的界面性能,零件抗拉强度达到 700 MPa 左右。LOM 法是制备连续 SiC 纤维增韧 SiC 陶瓷基复合材料的主要方法,其工艺流程图如图 15-5 所示。具体流程如下:SiC 纤维与热固性树脂浸渍获得预浸片层,采用 LOM 法将纤维预浸片层与陶瓷浆料层交替叠加获得复合材料坯体,进一步对坯体进行后处理即可获得纤维增韧陶瓷基复合材料,包括低温热解树脂和高温烧结过程。虽然没有 SiC_f/SiC 复合材料相关性能数据,但根据其微结构可以推断该复合材料具有接近商品化复合材料的优异性能。

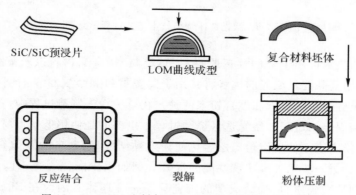

图 15-5　LOM 法制备 SiC/SiC 复合材料工艺流程图

LOM 工艺具有以下优势:原型精度高,无须后固化处理,废料易剥离,制件尺寸大,成型速度快等。但 LOM 工艺也存在以下不足:不能直接制备塑料工件,工件的抗拉强度和不够好,工件表面有台阶纹,前、后处理费时、费力,且不能制造中空结构件。

(5)激光选区烧结成型(SLS):利用高能量激光(如 CO_2 激光器)作为热源,在依据零件形状构建的三维模型控制下,选择性逐层烧结粉末制造构件的一种增材制造技术。其基本工艺过程为,通过分层切片软件将零件三维结构进行分割,形成若干个薄层平面。烧结成形时,首先用铺粉装置进行铺粉,然后激光根据层面的几何形状有选择地对材料进行扫描,使粉末熔化,并使其黏结在下层材料上,而未被激光扫描烧结部分仍保持粉末状态,用作零件支撑体。在完成一层烧结后,工作台下降一个切片厚度,重新铺粉、烧结,重复这样的过程,直到烧结完成,最终去除未烧结粉末,得到整个零件。SLS 过程示意图如图 15-6 所示。与光固化立体成型、熔融沉积成型等其他增材制造技术相比,激光选区烧结成型中未烧结的粉末可用于已烧结构件的支撑,不需要单独提供零件支撑。

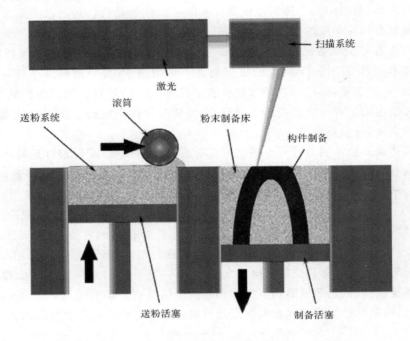

图 15-6 激光选区烧结技术工艺过程示意图

激光选区烧结技术可用于热固性树脂材料、玻璃材料、金属材料以及陶瓷材料等材料体系,但目前主要利用其高能量激光的优势将其用于陶瓷材料和金属材料的制备。用于激光选区烧结技术的粉末分为单一粉末和混合粉末两种。在单一粉末制造过程中,在激光作用下,粉末表面部分熔融实现烧结过程。激光选区烧结过程中更多的是使用低熔点材料包覆的混合粉末,在制造过程中粉末表面低熔点包覆层熔化使粉末黏结成型,制备的胚体有时致密度低,力学性能较差,需进行进一步热处理实现性能的提升。例如用于陶瓷激光选区烧结成型的粉料通常是含有黏结剂的陶瓷粉料,烧结成型的陶瓷只是一个坯体。因为在 SLS 过程中,激光对粉末颗粒的能量辐射时间极短,一般在 $0.1\ ms \sim 0.1\ s$,在极短的时间内几乎不能实现粉末间的熔化连接,只能与陶瓷粉末混合或表面包覆的黏结剂形成黏性熔体来实现陶瓷颗粒之间的结合。Griffin 采用聚合物包覆 Al_2O_3 粉末进行 SLS 成型陶瓷坯体,其相对密度只有$30.2\% \sim 31.5\ \%$,该坯体在一定温度下脱除黏结剂,然后于 $1\ 550\ ℃$烧结,仅得到 $53\% \sim 65\%$理论密度的 Al_2O_3;为了达到致密化烧结,将坯体进行冷等静压处理,使坯体密度提高至 55%,再烧结后可达 99.7% 的理论密度。

SLS 同样可以应用于复合材料的制备。SLS 制备金属基复合材料的主要过程:将增强体和金属基体粉末通过球磨等方式均匀混合,以混合粉末作为原料,在高能激光作用下金属粉末熔融凝固实现复合材料的烧结。这一工艺主要用于颗粒增强体系。使用连续纤维时会使粉末铺层不平整,影响烧结质量,同时连续纤维与金属粉末的均匀混合也比较困难。这一工艺制备的复合材料往往致密度不足,可通过添加烧结助剂提高烧结致密度,或通过金属浸渗得到致密构件。例如在 WC - Co/Cu 复合材料体系中引入少量 La_2O_3,可以减小金属熔体的表面张力,抑制晶粒生长,提高金属凝固均匀性,可以有效提高增强体的均匀分布,提高增强体与金属的界面结合力,提高复合材料的烧结能力,使致密度增加 11.5%;由激光选区烧结成型技术制备的 WC - Co 复合材料零件很难烧结致密,机械性能较差,可以通过金属液态浸渗技术进一步浸渗金属材料(如青铜合金)制备致密复合材料,在保证 WC - Co 耐磨特性的基础上提高复合材料的机械性能。

充分利用激光的能量,诱发混合粉末之间的化学反应生成增强相,这一技术可用于制备原位自生增强复合材料,提高增强相的均匀分布及增强相与金属基体的润湿性。例如 Cu/Ti/B_4C 混合粉末在激光作用下,Ti 与 B_4C 发生反应生成 TiB_2 和 TiC,制备 TiB_2/TiC 增强 Cu 基复合材料;CuO 和 Al 反应生成 Al_2O_3 增强 Cu 基复合材料等。

激光选区熔融成型技术(SLM)是由德国 Frauhofer 研究所于 1995 年最早提出,在金属粉末选区激光烧结技术的基础上发展起来的。其工艺过程与激光选区烧结成型技术类似,区别在于选区激光烧结技术中粉末材料往往是一种金属材料与另一种低熔点材料的混合物。成形过程中,仅低熔点材料熔化或部分熔化把金属材料包覆黏结在一起,其原型表面粗糙、内部疏松多孔、力学性能差,需要经过高温重熔或渗金属填补空隙等后处理才能使用;而激光选区熔融成型技术利用高亮度激光直接熔化金属粉末材料,无须黏结剂,烧结致密,性能优异,在高性能金属构件制备中使用广泛。并且激光直接制造属于快速凝固过程,金属零件完全致密、组织细小,性能可超过铸件。

激光选区烧结技术具有以下优势:①适用范围广,可用于多种材料体系;②制造速度快,节省材料,降低成本;③可以生产用传统方法难于生产甚至不能生产的形状复杂的零件;④可在零件不同部位形成不同成分和组织的梯度功能材料结构等;⑤激光选区熔融成型技术利用高亮度激光直接熔化金属粉末材料,无须黏结剂,烧结致密,性能优异,在高性能金属构件制备中使用广泛;⑥激光直接制造属于快速凝固过程,金属零件完全致密、组织细小,性能可超过铸件。SLS 工艺缺点也较为明显:①工作时间长。在加工之前,需要大约 2 h,把粉末材料加热到黏结熔点的附近,在加工之后,需要大约 5～10 h,等到工件冷却之后,才能从粉末缸里面取出原型制件。②后处理较复杂。SLS 技术原型制件在加工过程中,是通过加热并融化粉末材料,实现逐层黏结的,因此制件的表面呈现出颗粒状,需要进行一定的后处理。③烧结过程会产生异味。高分子粉末材料在加热、融化等过程中,一般都会发出异味。④设备价格较高。为了保障工艺过程的安全性,加工室里面充满了氮气,进而提高了设备成本。

15.3　增材制造技术的特点

增材制造技术具有以下特点和优势:

(1)数字制造:借助 CAD 等软件可将产品结构数字化,数字化文件还可通过网络进行传递,实现异地分散化制造的生产模式,驱动机器设备加工制造成器件。

（2）节约成本：不用剔除边角料，提高材料利用率，通过摒弃生产线而降低了成本。增材制造不再需要传统的刀具、夹具和机床或任何模具，就能直接从计算机图形数据中生成任何形状的零件；无须模具，任何高性能、难成型的部件均可通过"打印"方式一次性直接制造出来，不需要通过组装拼接等复杂过程来实现。

（3）高精度和复杂结构：可进行曲线外形和功能梯度等设计，通过从下而上的堆积方式，"无中生有"生长出三维物体。原理上增材制造技术可制造出任何复杂的结构，而且制造过程更柔性化。

（4）快速高效：可以自动、快速、直接和精确地将计算机中的设计转化为模型，甚至直接制造零件或模具，从而有效地缩短产品研发周期；增材制造工艺流程短、全自动、可实现现场制造。

（5）组装性能好：增材制造大幅降低组装成本，甚至可以挑战大规模生产方式。

任何一个产品都应该具有功能性，而如今由于受材料等因素限制，增材制造也存在一定问题和不足，具体如下：

（1）技术问题：与国外相比，国内整个产业的技术储备不足，增材制造相关的核心技术及专利都被国外企业把持。

（2）精度问题：由于分层制造存在"台阶效应"，每个层次虽然很薄，但在一定微观尺度下，仍会形成具有一定厚度的"台阶"，如果需要制造的对象表面是圆弧形的，那么就会造成精度上的偏差。

（3）材料的局限性：目前打印机所使用的材料非常有限，并且打印机对材料也非常挑剔。能够应用于增材制造的材料还非常单一，主要包括石膏、陶瓷粉体、光敏树脂、塑料和部分金属等。

15.4　本章小结

增材制造为纤维增强复合材料的低成本、高性能制造提供了可能，在航空航天、新能源汽车等领域有着巨大的应用前景。通过对研究现状分析，不难发现现有热固性树脂基复合材料的增材制造技术仅在实验室实现，且热固性树脂基韧性差，耐冲击性能差，尚未进行应用推广；对于热塑性树脂基复合材料，短纤维对于试件力学性能提升非常有限，因此连续纤维增强热塑性树脂基复合材料增材制造技术成为了目前的研究前沿，有望实现高性能复合材料的低成本快速制造；除此之外航空发动机正在向高温、长寿命复合材料方向发展，陶瓷基和金属基复合材料在航空、航天、国防等众多领域有着巨大的应用价值。今后的研究方向将进一步完善原材料的制备技术及复合材料成型工艺，推动复合材料制备工艺的发展。

习　　题

1. 简述增材制造技术的成型过程。
2. 目前常用的增材制造方法包括哪些？就其中两种方法的工艺过程进行简单分析。
3. 简述增材制造现在面临的主要问题或难点。

参 考 文 献

[1] 王荣国,武卫莉,谷万里. 复合材料概论[M]. 哈尔滨:哈尔滨工业大学出版社,2009.

[2] 益小苏,杜善义,张立同. 复合材料手册[M]. 北京:化学工业出版社,2009.

[3] 张立同. 纤维增韧碳化硅陶瓷复合材料:模拟、表征与设计[M]. 北京:化学工业出版社,2009.

[4] 倪礼忠,陈麒. 聚合物基复合材料[M]. 上海:华东理工大学出版社,2007.

[5] Landel R F, Nielsen L E. Mechanical properties of polymers and composites[M]. Boca Raton:CRC Press, 1993.

[6] Clemens H, Mayer S. Design, processing, microstructure, properties, and applications of advanced intermetallic Ti – Al alloys[J]. Advanced Engineering Materials, 2013, 15(4):191 – 215.

[7] 许崇海,孙德明,赵彤,等. 陶瓷材料可靠性分析中的统计断裂强度理论 I ——经典统计断裂强度理论[J]. 中国陶瓷, 2000(5):34 – 36.

[8] Meyers M A, Chawla K K. Mechanical behavior of materials[M]. Cambridge:University Press Cambridge, 2009.

[9] Callister W D, Rethwisch D G. Fundamentals of materials science and engineering[M]. New York:Wiley, 2013.

[10] 师昌绪,仲增墉. 我国高温合金的发展与创新[J]. 金属学报,2010,46(11):1281 – 1288.

[11] Basu B, Balani K. Advanced structural ceramics[M]. Hoboken:John Wiley & Sons, 2011.

[12] Levin E M, Robbins C R, McMurdie H F. Phase diagramsfor ceramists[M]. Columbus:American Ceramic Society,1964.

[13] 程金树,李宏,汤李缨,等. 微晶玻璃[M]. 北京:化学工业出版社,2006.

[14] Barsoum M W. MAX phases:properties of machinable ternary carbides and nitrides[M]. Hoboken:John Wiley & Sons, 2013.

[15] 周新贵. PIP 工艺制备陶瓷基复合材料的研究现状[J]. 航空制造技术,2014,450(6):30 – 34.

[16] 张长瑞,周新贵,曹英斌,等. SiC 及其复合材料轻型反射镜的研究进展[J]. 航天返回与遥感,2003,24(2):14 – 19.

[17] Inagaki M, Kang F. Materials science and engineering of carbon:fundamentals[M]. Oxford:Butterworth – Heinemann, 2014.

[18] 郑辙,高翔. 卡宾碳———一种新的元素碳的同素异形体[J]. 矿物学报,2001,21(3):303 – 306.

[19] Pesin L A. Review structure and properties of glass – like carbon[J]. Journal of Materials Science, 2002, 37(1):1 – 28.

[20]   Bunsell A R，Renard J. Fundamentals of fibre reinforced composite materials[M]. Boca Raton：CRC Press，2005.

[21]   Rahimian M，Parvin N，Ehsani N. Investigation of particle size and amount of alumina on microstructure and mechanical properties of Al matrix composite made by powder metallurgy[J]. Materials Science & Engineering A，2010，527(4－5)：1031－1038.

[22]   卢裕杰. 准脆性材料强度尺寸效应的统计途径及其数值模拟[D]. 北京：清华大学，2010.

[23]   张伟刚. 化学气相沉积：从烃类气体到固体碳[M]. 北京：科学出版社，2007.

[24]   王汝敏，郑水蓉，郑亚萍. 聚合物基复合材料及工艺[M]. 北京：科学出版社，2004.

[25]   徐燕，李炜. 国内外预浸料制备方法[J]. 玻璃钢/复合材料，2013 (8)：3－7.

[26]   刘雄亚，谢怀勤. 复合材料工艺及设备[M]. 武汉：武汉理工大学出版社，1994.

[27]   倪礼忠，陈麒. 复合材料科学与工程[M]. 北京：科学出版社，2002.

[28]   陈祥宝，包建文，娄葵阳. 树脂基复合材料制造技术[M]. 北京：化学工业出版社，2000.

[29]   于化顺. 金属基复合材料及其制备技术[M]. 北京：化学工业出版社，2006.

[30]   益小苏，杜善义，张立同. 中国材料工程大典：第 10 卷复合材料工程[M]. 北京：化学工业出版社，2005

[31]   Chawla N，Chawla K K. Metal matrix composites[M]. 2ed. New York：Springer，2013.

[32]   Clyne T W，Withers P J. An introduction to metal matrix composites [M]. Cambridge：Cambridge University Press，1993.

[33]   王玲，赵浩峰，等. 金属基复合材料及其浸渗制备的理论与实践[M]. 北京：冶金工业出版社，2005.

[34]   Fridlyander J N. Metal matrix composites[M]. London：Chapman & Hall，1995.

[35]   Nishida Y. Introduction to metal matrix composites：fabrication and recycling[M]. Tokyo：Springer Japan，2013.

[36]   Suresh S，Mortensen A，Needleman A. Fundamentals of metal－matrix composites [M]. Oxford：Butterworth－Heinemann，1993.

[37]   Tjong S C，Ma Z Y. Microstructural and mechanical characteristics of in situ metal matrix composites [J]. Materials Science and Engineering Reports，2000，29：49－113.

[38]   Kainer K U. Metal matrix composites：custom－made materials for automotive and aerospace engineering [M]. Weinheim：WILEY－VCH Verlag GmbH & Co.，2006.

[39]   Besmann T M，Sheldon B W，Kaster M D. Depletion effects of silicon carbide deposition from methylchlorosilane[J]. J. Am. Ceram. Soc.，1992，75(10)：2899－2903.

[40]   Chiu C C，Desu S B，Tsai C Y. Low pressure chemical vapor deposition of SiC on Si (100) using MTS in a hot wall reactor[J]. J. Mater. Res. 1993，8(10)：2617－2626.

[41] Okabe Y, Hojo J, Kato A. Formation of fine silicon carbide powders by a vapor phase method[J]. J. Less – common Met. , 1979, 68(1) :29 – 41.

[42] Endo M, Sano T, Mori K, et al. Preparation of ultra fine powders by pyrolysis of tetramethyldisilane[J]. Yogyo – Kyokaishi,1987,95:114 – 120.

[43] Tanaka S, Komiyama H. Growth mechanism of silicon carbide films by chemical vapor deposition below 1 273K[J]. J. Am. Ceram. Soc. , 1990, 3 (10): 3046 – 3052.

[44] Ying B G, Gordon M S, Battaglia F. Theoretical study of the pyrolysis of methyltrichlorosilane in the gas phase. 1[J]. Thermodynamics. J. Phys. Chem. A. , 2007, 11 (8): 462 – 1474.

[45] Popper D. Special Ceramics[M]. New York:Academic Press,1965.

[46] Yajima S, Hayashi J, Omori M, et al. Development of tensile strength silicon carbide fiber using or ganosilicon precursor[J]. Nature, 1976, 261: 525 – 528.

[47] Birot M, Pillot J P, Dunogues J. Comprehensive chemistry of polycarbosilanes, polysilazanes, and polycarbosilazanes as precursors of ceramics [J]. Chemical reviews, 1995, 95(5): 1443 – 1477.

[48] Hillig W B. Silicon/silicon carbide composites[J]. Ceramic Bulletin,1975,54:1054 – 1060.

[49] Mehan R L. Effect of SiC content and orientation on the properties of Si/SiC ceramic composite[J]. J. Mater. Sci. , 1978, 13: 358 – 366.

[50] Hillig W B. Making ceramic composites by melt infiltration[J]. American Ceramic Society Bulletin, 1994, 73(4): 56 – 62.

[51] 肖鹏，熊翔，张红波，等. C/C – SiC 陶瓷制动材料的研究现状与应用[J]. 中国有色金属学报，2005, 15(5):667 – 674.

[52] 零森,黄培云.特种陶瓷[M].2 版.长沙:中南大学出版社,2005.

[53] 刘春轩. PIP 及 RMI 工艺制备耐烧蚀碳/碳复合材料及其性能研究[D]. 长沙:中南大学，2014.

[54] Xu Y D, Cheng L F, Zhang L T. Carbon/silicon carbide composites prepared by chemical vapor infiltration combined with silicon melt infiltration[J]. Carbon, 1999, 37(8): 1179 – 1187.

[55] Fan X, Yin X, Cao X, et al. Improvement of the mechanical and thermophysical properties of C/SiC composites fabricated by liquid silicon infiltration[J]. Composites Science and Technology, 2015, 115: 21 – 27.

[56] Fan X, Yin X, He S, et al. Friction and wear behaviors of C/C – SiC composites containing Ti_3SiC_2[J]. Wear, 2012, 274: 188 – 195.

[57] Cheah C M, Fuh J Y H, Nee A Y C, et al. Mechanical characteristics of fiber – filled photo – polymer used in stereolithography[J]. Rapid Prototyping Journal, 1999, 5 (3): 112 – 119.

[58] Karalekas D E. Study of the mechanical properties of nonwoven fibre mat reinforced photopolymers used in rapid prototyping[J]. Materials & design, 2003, 24(8): 665 –

670.

[59] Zhong W, Li F, Zhang Z, et al. Short fiber reinforced composites for fused deposition modeling [J]. Materials Science and Engineering: A, 2001, 301 (2): 125 – 130.

[60] Tian X, Liu T, Yang C, et al. Interface and performance of 3D printed continuous carbon fiber reinforced PLA composites[J]. Composites Part A: Applied Science and Manufacturing, 2016,88:198 – 205.

[61] Bandyopadhyay A, Atisivan R, Kuhn G, et al. Mechanical properties of interconnected phase alumina – Al composites[J]. Proc. SFF, Texas, 2000: 24 – 31.

[62] Rambo C R, Travitzky N, Zimmermann K, et al. Synthesis of TiC/Ti – Cu composites by pressureless reactive infiltration of TiCu alloy into carbon preforms fabricated by 3D – printing[J]. Materials Letters, 2005, 59(8): 1028 – 1031.

[63] Zhang Y, Han J, Zhang X, et al. Rapid prototyping and combustion synthesis of TiC/Ni functionally gradient materials[J]. Materials Science and Engineering: A, 2001, 299(1): 218 – 224.

[64] Klosterman D, Chartoff R, Graves G, et al. Interfacial characteristics of composites fabricated by laminated object manufacturing [J]. Composites Part A: Applied Science and Manufacturing, 1998, 29(9): 1165 – 1174.

[65] Gu D, Shen Y, Zhao L, et al. Effect of rare earth oxide addition on microstructures of ultra – fine WC – Co particulate reinforced Cu matrix composites prepared by direct laser sintering[J]. Materials Science and Engineering: A, 2007, 445: 316 – 322.

[66] Kumar S. Manufacturing of WC – Co moulds using SLS machine[J]. Journal of materials processing technology, 2009, 209(8): 3840 – 3848.

[67] Leong C C, Lu L, Fuh J Y H, et al. In – situ formation of copper matrix composites by laser sintering[J]. Materials Science and Engineering: A, 2002, 338(1 – 2): 81 – 88.